Springer-Lehrbuch

Gerhard Wunsch · Helmut Schreiber

Digitale Systeme

Grundlagen

Vierte Auflage mit 156 Abbildungen

Springer-Verlag Berlin Heidelberg GmbH

Prof. Dr.-Ing. habil. Dr. e.h. Gerhard Wunsch
Salemer Straße 17
23911 Mustin

Prof. Dr.-Ing. habil. Helmut Schreiber
Institut für Grundlagen
der Elektrotechnik / Elektronik
TU Dresden
Mommsenstraße 13
01069 Dresden

Die vorhergehenden Auflagen sind 1982, 1986 und 1989 im Verlag Technik Berlin erschienen.

Die Deutsche Bibliothek - Cip-Einheitsaufnahme
Wunsch, Gerhard: Digitale Systeme: Grundlagen / Gerhard Wunsch; Helmut Schreiber. - 4. Aufl.
Berlin; Heidelberg; New York; London; Paris; Tokyo; HongKong; Barcelona; Budapest: Springer, 1993
  (Springer-Lehrbuch)
  ISBN 978-3-540-56298-6   ISBN 978-3-642-77994-7 (eBook)
  DOI 10.1007/978-3-642-77994-7

NE: Schreiber, Helmut

Satz: Reproduktionsfertige Vorlage der Autoren

68/3020 - 5 4 3 2 1 0 - Gedruckt auf säurefreiem Papier

Vorwort

Die Theorie der Systeme mit diskreter Zeit und endlichen Alphabeten, zu der die (endlichen) Automaten und speziell die linearen Automaten gehören, hat in den letzten Jahren eine ständig wachsende Bedeutung erhalten. Die Entwicklungen auf dem Gegiet der Mikroelektronik (Schaltkreistechnik) haben das Anwendungsgebiet der Automatentheorie beträchtlich erweitert. Genannt seien hier nur die Prozeß–Rechentechnik, die Datenverarbeitung und –übertragung, die Kodierungstechnik und die Technik der Erzeugung von Zufallsprozessen.

In diesem Buch werden sowohl die mathematischen Grundlagen (Algebra) als auch die Anwendung dieser Grundlagen zum Entwurf von Automaten dargelegt. Dem Charakter eines einführenden Lehrbuches entsprechend, wurde eine breite und (durch zahlreiche Bilder vermittelte) anschauliche Form der Darstellung gewählt, wobei überall das Grundlegende und Allgemeingültige in den Vordergrund gestellt wurde. Speziellere Methoden und Verfahren, die oft von dem jeweiligen technologischen Stand stark mitbestimmt sind, findet der Leser in der reichhaltigen Spezialliteratur.

Der gesamte Stoff ist in drei Hauptabschnitte unterteilt.

Im ersten Abschnitt sind die mengentheoretisch-algebraischen Grundlagen zusammengefaßt, wobei es hier vor allem auf die Herausarbeitung des allgemeinen Abbildungs- und des Operationsbegriffes ankam. Ohne ein klares Verständnis dieser (und einiger anderer) Begriffe ist das Studium der modernen Literatur über Digitaltechnik kaum noch möglich.

Der zweite Abschnitt behandelt die Boolesche Algebra und deren Anwendung zur Beschreibung von Struktur und Funktion endlicher Automaten.

Im dritten Abschnitt werden zunächst sehr kurz die Grundbegriffe des linearen Raumes (Vektorraumes) und des endlichen Körpers besprochen. Danach folgt die Anwendung dieser Begriffe bei der Analyse und Synthese linearer Automaten.

Zu allen Abschnitten werden zahlreiche Beispiele und Übungsaufgaben gegeben. Die Lösungen bzw. Lösungsanleitungen der Übungsaufgaben sind im letzten Abschnitt zusammengefaßt.

Bei der Überarbeitung dieser Auflage hat uns Herr Dipl.-Ing. *M. Kortke* in dankenswerter Weise unterstützt. Gleichzeitig gilt unser Dank dem Springer–Verlag für die verständnisvolle Zusammenarbeit.

Dresden, im Juni 1993

G. Wunsch   H. Schreiber

Inhaltsverzeichnis

Formelzeichen

A, B, C, D	Matrizen (Zustandsgleichungen des linearen Automaten)
$A, B, \ldots, M, N, \ldots$	Bezeichnung für Mengen
$a, b, c, \ldots, x, y, \ldots$	Elemente einer Menge
$(A_1, \ldots, A_m; \varphi_1, \ldots, \varphi_n)$	algebraische Struktur, universelle Algebra
$(A \times B, \varphi \times \psi)$	Produktstruktur (Produktalgebra)
$(B, \vee, \wedge, \neg)$	Boolesche Algebra
$(B, \vee, \wedge, \neg, 0, 1)$	Schaltalgebra ($B = B_2 = \{0, 1\}$)
$\mathrm{Bin}(j)$	Binärdarstellung von $j \in \mathbb{N}$
$\mathbb{C}$	Menge der komplexen Zahlen
D_σ	Definitionsbereich von σ
e	neutrales Element
f	Überführungsfunktion (eines Automaten)
F	erweiterte Überführungsfunktion
g	Ergebnisfunktion (eines Automaten)
G	erweiterte Ergebnisfunktion
$(G, *)$	Gruppoid
$(G, *, e)$	Monoid
$GF(p)$	Galois-Feld (Restklassenring, p Primzahl)
$\underline{H}$	Übertragungsmatrix (Originalbereich), $\underline{H} = ((\underline{h}_{ij}))$
$\underline{H}^*$	Übertragungsmatrix (Bildbereich), $\underline{H}^* = ((\underline{h}_{ij}^*))$
id	indentische Abbildung, $id(x) = x$
$\underline{M}$	Mengen 2. Stufe (Mengensystem)
$m_i(x_1, \ldots, x_k)$	Minterm (in k Unbestimmten)
M^n	Mengenpotenz (n-faches kartesisches Produkt von M)
$m\sigma\cdot$	Bild von $m \in M$
$|M|$	Kardinalzahl von M
$\mathbb{N}$	Menge der natürlichen Zahlen
$\underline{n} = \{1, 2, \ldots, n\}$	Menge der natürlichen Zahlen $1, 2, \ldots, n$
$\overline{N} = C_M(N) = M \setminus N$	Komplement von N bezüglich M
N^M	Menge aller Abbildungen von M in N
$N(x_1, \ldots, x_k)$	Normalpolynom (in k Unbestimmten)
$\emptyset$	leere Menge
P	Polynom
$\underline{P}(n)$	Menge aller Polynome in n Unbestimmten
pr_i	i-te Projektion (bei n-Tupeln), Projektionsabbildung

$\mathcal{P}(x)$	Prädikat, Aussage über x
$\underline{P}(M)$	Potenzmenge der Menge M
$\mathbb{Q}$	Menge der rationalen Zahlen
$\mathbb{R}$	Menge der reellen Zahlen
$T_n = \{t_0, t_1, \ldots, t_n\}$	endliche Zeitpunktmenge
T	Zeitmenge
$W(M)$	Menge aller Wörter über M
W_σ	Wertebereich von σ
$\tilde{x}$	zu x inverses Element: $x * \tilde{x} = e$
$x_1 \mid x$	„x_1 teilt x“ (x_1 ist Teiler von x)
$[x]$	Klasse (einer Klasseneinteilung), die Element x enthält
$\underline{x}$	Eingabewort $\underline{x} : T_n \to X$ (endlich)
$\underline{X}$	Menge aller endlichen Eingabewörter $\underline{x}$
$X = B^q$	Eingabealphabet
(x, y)	geordnetes Elementepaar
$(x_1, \ldots, x_n)$	geordnetes n-Tupel
(X, Y, Φ)	kombinatorischer Automat
(X, Y, Z, f, g)	sequentieller Automat
$\underline{x}^*, \underline{y}^*, \underline{z}^*$	Zeta-Transformierte von $\underline{x}, \underline{y}, \underline{z}$
$\underline{X}^*, \underline{Y}^*, \underline{Z}^*$	Menge aller $\underline{x}^*, \underline{y}^*, \underline{z}^*$
$\underline{y}$	Ausgabewort $\underline{y} : T_n \to Y$ (endlich)
$\underline{Y}$	Menge aller endlichen Ausgabewörter $\underline{y}$
$Y = B^m$	Ausgabealphabet
$(y_i)_{i \in \mathbb{N}}$	Folge
$\mathbb{Z}$	Menge der ganzen Zahlen
$\underline{z}$	Zustandswort (Trajektorie) $\underline{z} : T_n \to Z$
$\underline{Z}$	Menge aller Zustandswörter $\underline{z}$
$Z = B^n$	Zustandsraum, Zustandsalphabet
$\mathbb{Z}_p = \{0, 1, \ldots, p - 1\}$	Restmenge
π	Äquivalenzrelation
$\underline{\Pi}(M)$	Klasseneinteilung von M
σ	Relation (Teilmenge von $M \times N$)
σ^{-1}	inverse Relation
$\cdot \sigma n$	Urbild von $n \in N$
φ	Abbildung φ (von M in N, $\varphi : M \to N$)
$\varphi : B^n \to B$	n-stellige Schaltfunktion
$\underline{\varphi}$	einfache Wortabbildung
φ^{-1} (auch $\overset{-1}{\varphi}$)	Urbildfunktion
φ / M	Einschränkung (von φ auf M)
$\Phi : X \to Y$	Alphabetabbildung (kombinatorischer Automat)
$\varphi_1 \times \varphi_2$	kartesisches Produkt von φ_1 und φ_2
$\varphi_1 \circ \varphi_2$	Komposition (Verkettung von φ_1 und φ_2)
$\langle \varphi_1, \varphi_2 \rangle$	direktes Produkt von φ_1 und φ_2
Φ^*	Fundamentalmatrix (Bildbereich der ζ-Transformation)
Φ	Fundamentalmatrix (Originalbereich)

ζ	Unbestimmte (der Zeta-Transformierten)
$\nabla, +, \cdot, *, \ldots$	zweistellige Operationen
$\times$	kartesisches Produkt (von Mengen)
$\bigtimes$	mehrfaches kartesisches Produkt
$\cup$	Vereinigung (von Mengen)
$\bigcup$	mehrfache Vereinigung
$\cap$	Durchschnitt (von Mengen)
$\bigcap$	mehrfacher Durchschnitt
$\wedge$	„und" (Konjunktion von Aussagen)
$\vee$	„oder" (Disjunktion von Aussagen)
$\bigwedge$	mehrfache Konjunktion
$\bigvee$	mehrfache Disjunktion
$\cong$	Isomorphie
$\prec$	Ordnungsrelation
$()^+$	adjungierte Matrix
$\bigwedge\limits_x$	für alle x gilt
$\bigvee\limits_x$	es existiert ein x
$\subset$	Inklusion ($\ldots$ ist Teilmenge von $\ldots$)
$\in$	ist Element von
$\setminus$	Differenz (von Mengen)
Δ	symmetrische Differenz (von Mengen)
$\rightarrow$	Abbildung von $\ldots$ in $\ldots$
$\mapsto$	Zuordnungssymbol ($\ldots$ ist $\ldots$ zugeordnet)
$\Rightarrow$	Implikation (aus $\ldots$ folgt $\ldots$)
$\Leftrightarrow$	Äquivalenz ($\ldots$ ist gleichbedeutend mit $\ldots$)
$\neg\mathcal{P}(x)$	Negation der Aussage $\mathcal{P}(x)$
$\sim$	Gleichmächtigkeit (von Mengen)
$\oplus$	Moduloaddition
$\odot$	Modulomultiplikation
$\overset{p}{=}$	gleich modulo p

Einführung

Das heutige Forschungs- und Anwendungsgebiet der Systemanalyse (im weiteren Sinne) ist dadurch gekennzeichnet, daß die betrachteten Gegenstände und Probleme einen hohen Grad an Kompliziertheit aufweisen (z. B. Energiesysteme, Verkehrssysteme, biologische und ökologische Systeme usw.).

Demgegenüber untersucht man bei der Analyse vieler technischer Systeme folgende (relativ einfache) Aufgabe: Gegeben ist ein System (z. B. elektrische Schaltung, mechanische Apparatur o.ä.), die durch eine Eingangsgröße (z. B. Strom, Spannung, Kraft o.ä.) erregt wird. Gesucht ist die Reaktion des Systems auf diese Erregung.

Je nach der Art der Zeitabhängigkeit und dem Charakter der Eingangs-, Ausgangs- und inneren Systemgrößen unterscheidet man drei Teilgebiete der Systemanalyse, die mit drei wichtigen Systemklassen eng verknüpft sind und sich zunächst relativ selbständig entwickelt haben.

Ein besonders einfacher Sonderfall liegt vor, wenn die zur Beschreibung des Systemverhaltens verwendeten Größen nur endlich viele diskrete Werte (z. B. aus der Menge $\{0,1\}$, aus der Menge $\{x_1, \ldots, x_n\}$ usw.) annehmen können und die Zeit t ebenfalls eine diskrete Variable (z. B. $t = 0, 1, 2, \ldots$) ist. Die Untersuchung von Systemen unter diesen und einigen weiteren Voraussetzungen mit mathematischen Methoden, die hauptsächlich der Algebra zuzuordnen sind, führte zum Begriff des *digitalen Systems* bzw. *Automaten*.

Eine weitere Klasse bilden die Systeme, bei denen die Eingangs-, Ausgangs- und inneren Systemgrößen sowie die Zeit t Werte aus der Menge der reellen Zahlen annehmen können. Aus der Mechanik, Elektrotechnik, Regelungstechnik und Akustik sind viele Beispiele für solche Systeme bekannt, bei denen z. B. die Eingangsgrößen durch stetige Zeitfunktionen (häufig mit sinusförmiger Zeitabhängigkeit) beschrieben werden. Die Entwicklung der Systemtheorie in dieser Richtung vollzog sich hauptsächlich auf der mathematischen Grundlage der (Funktional-) Analysis und Funktionentheorie und führte zum Begriff des *analogen Systems*.

Bei den bisher genannten Systemklassen wurde angenommen, daß die das Systemverhalten beschreibenden Funktionen (z. B. Ein- und Ausgangsgrößen, gewisse Systemcharakteristiken usw.) determiniert sind. Es gibt aber auch Fälle, bei denen diese Funktionswerte nicht genau bekannt sind. Häufig kann man in solchen Fällen aber gewisse Wahrscheinlichkeitsaussagen über die Funktionswerte als gegeben voraussetzen, wobei diese Funktionen selbst endlich viele diskrete Werte (die mit gewissen Wahrscheinlichkeiten auftreten) oder Werte aus der Menge der reellen Zahlen annehmen können und die Zeit t eine diskrete oder stetige Variable sein kann. Die Grundlage für die mathematische Beschreibung solcher Systeme ist die Wahrscheinlichkeitsrechnung, insbesondere die Theorie der zufälligen Prozesse. Ihre Verbindung mit der Automatentheorie und der Theorie der analogen Systeme führte zum Begriff des *stochastischen Systems*.

Die Menge $\underline{X}$ aller als Eingabe möglichen (zeitlich veränderlichen) Größen $\underline{x}$ bildet einen (Eingabe–) *Prozeß.* Entsprechend bildet die Menge aller (von $\underline{X}$ abhängigen) Ausgangsgrößen y einen (Ausgabe–) Prozeß $\underline{Y}$. Ein System stellt somit zwischen einem Eingabeprozeß $\underline{X}$ und einem Ausgabeprozeß $\underline{Y}$ eine bestimmte Beziehung her. Damit wird der Prozeßbegriff zum Grundbegriff der gesamten Systemtheorie, die – mathematisch gesehen – als eine Theorie bestimmter Relationen (Beziehungen, Abhängigkeiten) zwischen zwei Prozessen aufgefaßt werden kann.

Hauptanliegen dieses Buches ist es, dem Studierenden die fundamentalen und tragenden Begriffe der Theorie der digitalen Systeme verständlich zu machen. Zusammen mit zwei weiteren Lehrbüchern (*Analoge Systeme* [WS93] und *Stochastische Systeme* [WS92]) soll es zu einem einheitlichen und systematischen Herangehen bei der Lösung von Aufgaben der Systemanalyse beitragen.

1 Mathematische Grundlagen

1.1 Mengen

1.1.1 Grundbegriffe der Mengenlehre

1.1.1.1 Aussagen

Eine Eigenschaft eines Objektes x findet ihren sprachlichen Ausdruck durch eine *Aussage* über x (z. B. „x ist eine natürliche Zahl") und wird mit $\mathcal{P}(x)$ bezeichnet. $\mathcal{P}(x)$ ist entweder *wahr* (z. B. für $x = 3$) oder *falsch* (z. B. für $x = 1,25$).

Sind $\mathcal{P}_1(x)$ und $\mathcal{P}_2(x)$ zwei Aussagen über x, so bilden auch folgende vier *Aussagenverbindungen* eine Aussage über x:

a) $\mathcal{P}_1(x)$ *und* $\mathcal{P}_2(x)$, in Zeichen $\mathcal{P}_1(x) \wedge \mathcal{P}_2(x)$;

b) $\mathcal{P}_1(x)$ *oder* $\mathcal{P}_2(x)$, in Zeichen $\mathcal{P}_1(x) \vee \mathcal{P}_2(x)$;

c) *wenn* $\mathcal{P}_1(x)$, *so* $\mathcal{P}_2(x)$, in Zeichen $\mathcal{P}_1(x) \Rightarrow \mathcal{P}_2(x)$;

d) $\mathcal{P}_1(x)$ *genau dann, wenn* $\mathcal{P}_2(x)$, in Zeichen $\mathcal{P}_1(x) \Leftrightarrow \mathcal{P}_2(x)$.

Der *Wahrheitswert* („wahr" oder „falsch") dieser Aussagenverbindungen hängt nur vom Wahrheitswert der miteinander verbundenen Aussagen ab. Die folgenden *Wahrheitstabellen* sollen das näher erläutern (w bedeutet „wahr", f bedeutet „falsch"):

$\mathcal{P}_1(x)$	$\mathcal{P}_2(x)$	$\mathcal{P}_1(x) \wedge \mathcal{P}_2(x)$
w	w	w
w	f	f
f	w	f
f	f	f

$\mathcal{P}_1(x)$	$\mathcal{P}_2(x)$	$\mathcal{P}_1(x) \vee \mathcal{P}_2(x)$
w	w	w
w	f	w
f	w	w
f	f	f

$\mathcal{P}_1(x)$	$\mathcal{P}_2(x)$	$\mathcal{P}_1(x) \Rightarrow \mathcal{P}_2(x)$
w	w	w
w	f	f
f	w	w
f	f	w

$\mathcal{P}_1(x)$	$\mathcal{P}_2(x)$	$\mathcal{P}_1(x) \Leftrightarrow \mathcal{P}_2(x)$
w	w	w
w	f	f
f	w	f
f	f	w

Die Verneinung einer Aussage $\mathcal{P}(x)$ wird mit $\neg\mathcal{P}(x)$ bezeichnet. Hierfür gilt die folgende Wahrheitstabelle:

$\mathcal{P}(x)$	$\neg\mathcal{P}(x)$
w	f
f	w

Die logischen Symbole $\wedge$ (Konjunktion), $\vee$ (Disjunktion), $\Rightarrow$ (Implikation), $\Leftrightarrow$ (Äquivalenz) und $\neg$ (Negation) werden wir zur Vereinfachung oder Präzisierung von mathematischen Aussagen weiterhin ständig verwenden. Ebenfalls häufig verwendete Symbole sind

$$\bigvee_x \quad (\text{„für alle } x\text{“}) \quad \text{und} \quad \bigexists_x \quad (\text{„es gibt ein } x\text{“}).$$

1.1.1.2 Mengenbildung

Faßt man alle Objekte, für die eine Aussage(-verbindung) $\mathcal{P}(x)$ wahr ist, zusammen, so erhält man eine *Menge M*: die Menge aller x, für die gilt $\mathcal{P}(x)$, in Zeichen

$$\boxed{M = \{x|\mathcal{P}(x)\}.} \tag{1.1}$$

Die Aussage $\mathcal{P}(x)$ ist dann mit der Aussage „x ist ein Element von M“ ($x \in M$) gleichbedeutend:

$$x \in M \Leftrightarrow \mathcal{P}(x). \tag{1.2}$$

Die Aussage $x \in M$ ist – unabhängig von der Wahl von x – wahr bzw. falsch ($x \notin M$), genau dann, wenn $\mathcal{P}(x)$ wahr bzw. falsch ist. Die Äquivalenz (1.2) gilt also für alle x, und man bringt dies oft korrekter durch die Schreibweise

$$\bigvee_x (x \in M \Leftrightarrow \mathcal{P}(x))$$

zum Ausdruck. Hier werden wir zur Vereinfachung der Symbolik den *Generalisator* $\bigvee_x$ immer weglassen.

Im allgemeinen werden wir zur Kennzeichnung von Mengen große lateinische Buchstaben, z. B. $A, B, \ldots, M, N, \ldots$ verwenden. Einige spezielle Mengen, mit denen wir häufig zu tun haben, erhalten besondere Symbole:

$$
\begin{aligned}
\mathbb{R} &= \{x|x \text{ ist reelle Zahl }\}, \text{ die Menge der reellen Zahlen;} \\
\mathbb{R}^+ &= \{x|x \in \mathbb{R} \wedge x \geq 0\}, \text{ die Menge der nichtnegativen reellen Zahlen;} \\
\mathbb{Q} &= \{x|x \text{ ist rationale Zahl }\}, \text{ die Menge der rationalen Zahlen (Brüche);} \\
\mathbb{Z} &= \{x|x \text{ ist ganze Zahl }\}, (x = \ldots, -2, -1, 0, 1, 2, \ldots) \\
\mathbb{N} &= \{x|x \text{ ist natürliche Zahl }\}, (x = 1, 2, 3, \ldots), \\
\mathbb{C} &= \{x|x \text{ ist komplexe Zahl }\}, \\
\underline{n} &= \{x|x \in \mathbb{N} \text{ und } x \leq n\}, (n \in \mathbb{N}).
\end{aligned}
$$

Endliche Mengen können auch durch Auflistung ihrer endlich vielen Elemente x_1, $x_2, \ldots, x_n$ charakterisiert werden:

$$M = \{x_1, x_2, \ldots, x_n\},$$

ebenso Mengen mit abzählbar vielen (durchnumerierbaren) Elementen:

$$M = \{x_1, x_2, x_3, \ldots\}.$$

Ist $\mathcal{P}(x)$ immer falsch, so ist M eine *leere Menge*, die wir mit $\emptyset$ bezeichnen werden.

Wählt man aus M einen Teil der Elemente aus, so erhält man eine *Teilmenge N* von M, in Zeichen

$$N \subset M.$$

Es gilt dann

$$\boxed{(N \subset M) \Leftrightarrow (x \in N \Rightarrow x \in M).} \tag{1.3}$$

Formal ist dann immer $M \subset M$ und $\emptyset \subset M$. Zwei Mengen M und N sind *gleich*, $M = N$, genau dann, wenn $x \in M \Leftrightarrow x \in N$ oder

$$\boxed{(M = N) \Leftrightarrow (M \subset N \wedge N \subset M).} \tag{1.4}$$

Gilt $N \subset M \wedge N \neq M$, so heißt N *echte Teilmenge* von M.

Nach (1.4) kann man die Gleichheit zweier Mengen M und N dadurch beweisen, daß man zeigt, daß jede dieser Mengen Teilmenge der anderen ist. Um also z. B. in (1.4) zu zeigen, daß $M \subset N$ ist, ist mit (1.3) zu zeigen: Wenn (es wahr ist, daß) x zu M gehört, dann muß x auch zu N gehören (vgl. Übungsaufgabe 1.1-8).

1.1.1.3 Mengenverknüpfungen

Aus zwei Mengen M und N läßt sich auf verschiedene Weise eine neue Menge bilden. In Abb. 1.1 sind durch ein Mengendiagramm (*Venn–Diagramm*) veranschaulicht:

a) die *Vereinigung* $M \cup N$ von M und N:

$$\boxed{M \cup N = \{x \mid x \in M \vee x \in N\},} \tag{1.5}$$

b) der *Durchschnitt* $M \cap N$ von M und N:

$$\boxed{M \cap N = \{x \mid x \in M \wedge x \in N\},} \tag{1.6}$$

c) die *Differenz* $M \setminus N$ von M und N:

$$\boxed{M \setminus N = \{x \mid x \in M \wedge x \notin N\},} \tag{1.7}$$

d) die *symmetrische Differenz*:

$$\boxed{M \triangle N = (M \setminus N) \cup (N \setminus M).} \tag{1.8}$$

Ist speziell N Teilmenge einer fest gegebenen (Grund–) Menge $M = G$, so heißt $G \setminus N$ auch das *Komplement* $\overline{N}$ von N (bezüglich G):

$$\boxed{G \setminus N = \overline{N} = C(N)} \qquad (N \subset G). \tag{1.9}$$

Das zugehörige Venn–Diagramm zeigt Abb. 1.1e.

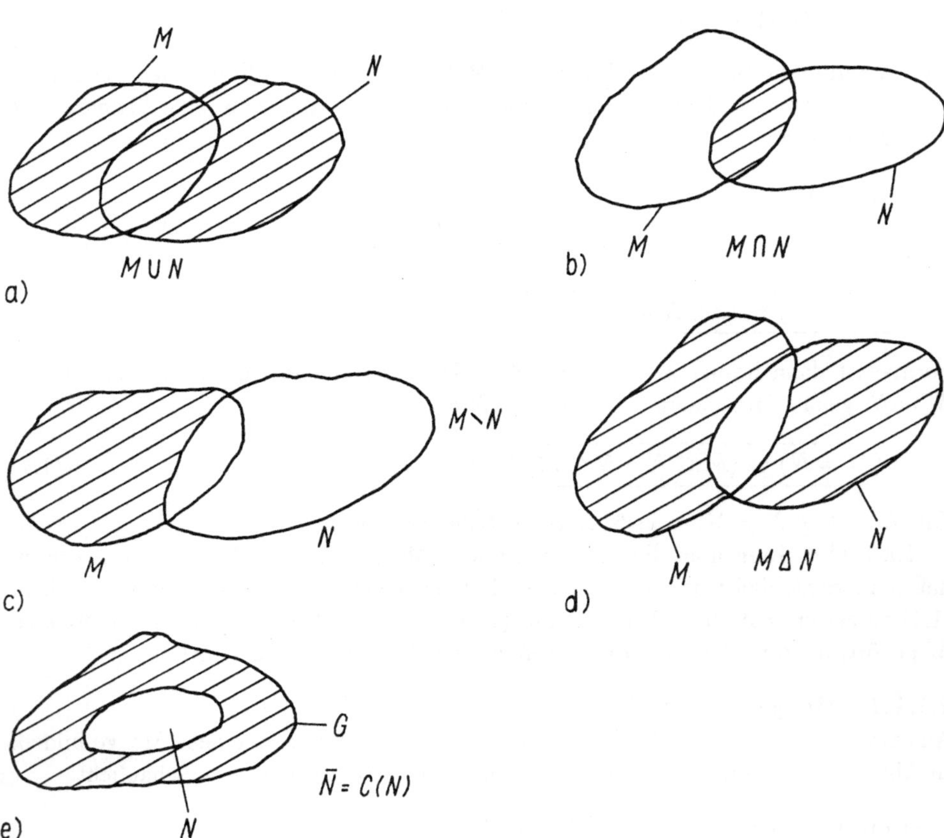

Abb. 1.1. Mengenverknüpfungen: a) Vereinigung; b) Durchschnitt; c) Differenz; d) Symmetrische Differenz; e) Komplement.

Beispiel: Gegeben sind die Mengen $M = \{1, 2, 3\}$ und $N = \{2, 3, 4, 5\}$. Daraus lassen sich durch Verknüpfung folgende neue Mengen bilden:

$$M \cup N = \{1, 2, 3, 4, 5\}, \quad M \setminus N = \{1\},$$
$$M \cap N = \{2, 3\}, \qquad M \Delta N = \{1, 4, 5\}.$$

Setzen wir noch $G = \{1, 2, 3, 4, 5\}$, so ist das Komplement von $\{1,4,5\}$ bezüglich G: $\{1, 2, 3, 4, 5\} \setminus \{1, 4, 5\} = \overline{\{1, 4, 5\}} = \{2, 3\}$. $\qquad\qquad \square$

Zur Ergänzung wollen wir noch folgendes festhalten:
Ist der Durchschnitt von M und N leer $(M \cap N = \emptyset)$, so nennt man M und N *disjunkt* (durchschnittsfremd).

Für Mehrfach–Verknüpfungen von Mengen (z. B. $M \cup (N \cap P)$) gelten zahlreiche *Rechenregeln*.

Wir erwähnen hier nur einige wichtige Grundregeln:

a) $\qquad M \cup N = N \cup M \qquad$ ($\cup$ ist kommutativ), $\hfill$ (1.10-a)

b) $\qquad M \cup (N \cup P) = (M \cup N) \cup P \qquad$ ($\cup$ ist assoziativ), $\hfill$ (1.10-b)

c) $\qquad M \cup M = M \qquad$ ($\cup$ ist idempotent), $\hfill$ (1.10-c)

d) $\qquad M \cup (N \cap P) = (M \cup N) \cap (M \cup P) \qquad$ ($\cup$ ist distributiv[1]) $\hfill$ (1.10-d)

e) $\qquad M \cup (M \cap N) = M \qquad$ ($\cup$ ist adjunktiv[1]) $\hfill$ (1.10-e)

Zu den angegebenen Grundregeln ist folgendes zu bemerken:

1. Wegen der Assoziativität kann in (1.10-b) die Klammer entfallen: $M \cup (N \cup P) = M \cup N \cup P$.

2. Die Regeln (1.10-a,b,c) bleiben richtig, wenn man überall $\cup$ durch $\cap$ ersetzt; in (1.10-d,e) können $\cup$ und $\cap$ ihre Plätze tauschen.

3. Die Gültigkeit vorstehender Regeln folgt entweder direkt aus der jeweiligen Definition oder auch aus der Konstruktion entsprechender Venn–Diagramme.

Außer den obigen Grundregeln notieren wir noch die folgenden wichtigen Regeln:
Für $M, N \subset G$ gelten die *Regeln von de Morgan*

a) $\qquad \overline{M \cup N} = \overline{M} \cap \overline{N} \text{ und } \overline{M \cap N} = \overline{M} \cup \overline{N} \hfill$ (1.10-f)

sowie

b) $\qquad M \setminus N = M \cap \overline{N}. \hfill$ (1.10-g)

Anhand von Beispielen (Mengendiagrammen) kann man sich auch leicht klarmachen, daß

$$M \subset M \cup N \text{ und } M \cap N \subset M \hfill (1.11\text{-a})$$

gilt.

Außerdem ist für $N \subset M$

$$M \cup N = M \text{ und } M \cap N = N, \hfill (1.11\text{-b})$$

und für $M \subset G$ gilt

$$M \cup \overline{M} = G \text{ und } M \cap \overline{M} = \emptyset. \hfill (1.11\text{-c})$$

Zur Illustration der genannten Regeln betrachten wir noch zwei Beispiele.

---

[1]bezüglich $\cap$

Beispiel 1: Es sei $G = \{1,2,3,4,5\}, M = \{1,2,3\}, N = \{3,4\}$ Dann gilt mit (1.10-f)

$$\begin{aligned}
\overline{M \cup N} &= \overline{\{1,2,3,4\}} = \{5\}, \\
\overline{M} \cap \overline{N} &= \{4,5\} \cap \{1,2,5\} = \{5\},
\end{aligned}$$

und mit 1.10-g gilt:

$$\begin{aligned}
M \setminus N &= \{1,2\}, \\
M \cap \overline{N} &= \{1,2,3\} \cap \{1,2,5\} = \{1,2\}.
\end{aligned}$$

$\square$

Beispiel 2: Vereinfachen Sie den Ausdruck $(M \setminus N) \cup (M \cap N)$ $(M, N \subset G)$ unter Ausnutzung obiger Rechenregeln!
Lösung:

$$\begin{aligned}
(M \setminus N) \cup (M \cap N) &= M \cap \overline{N} \cup (M \cap N) && \text{(Regel 1.10-g)} \\
&= M \cap (\overline{N} \cup N) && \text{(Regel 1.10-d)} \\
&= M \cap G && \text{(Regel 1.11-c)} \\
&= M && \text{(Regel 1.11-b)}
\end{aligned}$$

$\square$

1.1.2   Spezielle Mengen

1.1.2.1   Mengensysteme

In den Anwendungen spielen Mengen eine große Rolle, deren Elemente selbst Mengen sind. Solche Mengen heißen auch *Mengensysteme* und werden durch Unterstreichung gekennzeichnet, z. B. $\underline{M}$, $\underline{N}$.

In den wichtigsten Fällen sind alle Elemente von $\underline{M}$ Teilmengen einer gegebenen Menge M, z. B. (endliches Mengensystem):

$$\underline{M} = \{M_1, M_2, \ldots, M_n\}, \qquad M_i \subset M \qquad (i = 1, 2, \ldots, n). \tag{1.12}$$

Insbesondere kann man *alle* Teilmengen einer Menge M zu einem Mengensystem zusammenfassen. Dieses besondere Mengensystem heißt *Potenzmenge* der Menge M und wird mit $\underline{P}(M)$ bezeichnet, in Zeichen

$$\boxed{\underline{P}(M) = \{X \mid X \subset M\}.} \tag{1.13}$$

Beispiel: Zu $M = \{1,2,3\}$ gehört die Potenzmenge $\underline{P}(M)$ mit

$$\underline{P}(M) = \{\emptyset, \{1\}, \{2\}, \{3\}, \{1,2\}, \{1,3\}, \{2,3\}, M\}.$$

$\square$

Allgemein enthält das Mengensystem $\underline{P}(M)$ genau 2^n Mengen, wenn M eine endliche Menge mit n Elementen ist (vgl. Übungsaufgabe 1.1-6).

Man kann die Vereinigung aller Mengen M eines Mengensystems $\underline{M}$ bilden, in Zeichen

$$\bigcup_{M\in\underline{M}} M. \tag{1.14}$$

Für endliche oder abzählbare Mengensysteme kann man auch

$$\bigcup_{i=1}^{n} M_i = M_1 \cup M_2 \cup \ldots \cup M_n \tag{1.15}$$

bzw.

$$\bigcup_{i=1}^{\infty} M_i = M_1 \cup M_2 \cup \ldots \tag{1.16}$$

schreiben. Diese Menge enthält alle Elemente x, die wenigstens einer Menge M aus dem Mengensystem $\underline{M}$ angehören.

Entsprechend enthält die Menge

$$\bigcap_{M\in\underline{M}} M \tag{1.17}$$

alle x, die Elemente jeder Menge $M \in \underline{M}$ sind.

Neben der Potenzmenge $\underline{P}(M)$ einer Menge M spielt noch die *Klasseneinteilung (Partition)* $\underline{\Pi}(M)$ einer Menge $M \neq \emptyset$ eine wichtige Rolle. Man versteht darunter ein Mengensystem, das sich durch Zerlegung von M in paarweise disjunkte (nichtleere) Teilmengen ergibt (Abb. 1.2). $\underline{\Pi}(M)$ ist also ein aus nichtleeren Teilmengen X von M gebildetes Mengensystem mit folgenden Eigenschaften:

Sind X_1, X_2 verschiedene Elemente aus $\underline{\Pi}(M)$, so gilt:

a) $\qquad X_1 \cap X_2 = \emptyset,$ $\hfill$ (1.18-a)

b) $\qquad \bigcup_{X\in\underline{\Pi}(M)} X = M.$ $\hfill$ (1.18-b)

Offensichtlich ist $\underline{\Pi}(M)$ eine Teilmenge von $\underline{P}(M)$.

Abb. 1.2. Veranschaulichung der Klasseneinteilung.

Man bezeichnet die Elemente X von $\underline{\Pi}(M)$ auch als *Klassen*. Da jede Klasse X durch jedes ihrer Elemente x vollständig charakterisiert ist, setzt man

$$X = [x] \tag{1.19}$$

und nennt x einen *Repräsentanten* der Klasse $[x]$.

Beispiel: Gegeben sei die Menge $M = \{x_1, x_2, x_3, x_4, x_5, x_6\}$. Eine Klasseneinteilung $\underline{\Pi}(M)$ von M ist dann beispielsweise

$$\underline{\Pi}(M) = \{\{x_1\}, \{x_2, x_3\}, \{x_4, x_5, x_6\}\},$$

und z. B. besitzt die Klasse $\{x_2, x_3\}$ die Repräsentanten x_2 und x_3, und deshalb kann man setzen

$$\{x_2, x_3\} = [x_2] \text{ bzw. } \{x_2, x_3\} = [x_3].$$

$\square$

Der Begriff der Klasseneinteilung ist für die Konstruktion neuer mathematischer Objekte und deren klare formallogische Beschreibung insofern von großer Bedeutung, als sich mit jeder Klasseneinteilung $\underline{\Pi}(M)$ einer Menge M ein Abstraktionsprozeß verbinden läßt. Dieser Abstraktionsprozeß besteht darin, daß man von allen Unterschieden der Elemente einer Klasse absieht und die Klassen selbst als neue mathematische Objekte ansieht *(Definition durch Abstraktion)*.

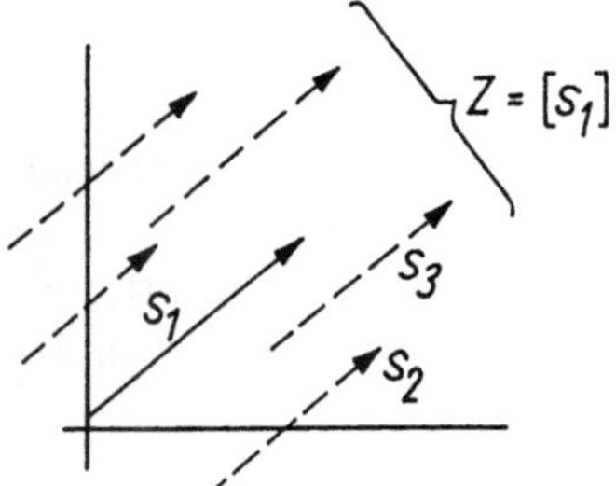

Abb. 1.3. Gerichtete Strecken der Ebene.

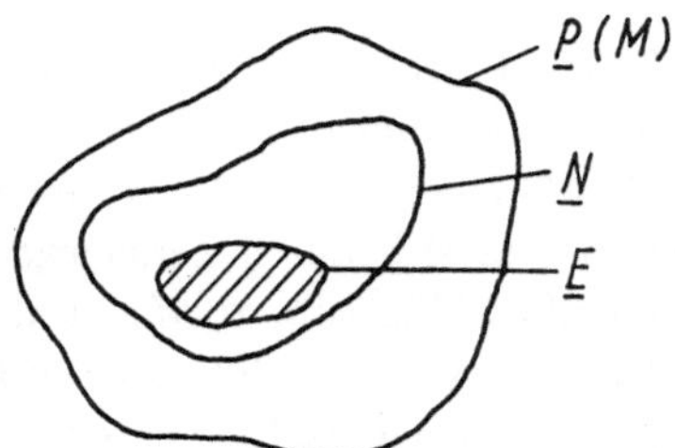

Abb. 1.4. Von $\underline{E}$ erzeugtes Mengensystem $\underline{N}$.

Beispiel: Faßt man alle gleichgerichteten, parallelen und gleich langen Strecken (Pfeile) s der Ebene zu einer Menge zusammen, so erhält man eine Klasseneinteilung $\underline{\Pi}(S)$ in der Menge S aller gerichteten Strecken s der Ebene (Abb. 1.3).

Die Elemente (Klassen) $Z = \{s_1, \ldots, s_2, \ldots, s_3 \ldots\}$ von $\underline{\Pi}(S)$ können als neue Objekte, z. B. als „Bild" („Modell") einer komplexen Zahl z betrachtet werden, und jedes $s \in Z$ (z. B. s_1) kann als Repräsentant von Z angesehen werden, so daß man $Z = [s]$ (z. B. $Z = [s_1]$) setzen kann. $\square$

Als weiteres wichtiges Prinzip, aus gegebenen Mengen neue Mengen zu bilden, nennen wir noch das *Induktionsprinzip*, für das wir das folgende Beispiel geben.

Beispiel: Gegeben seien die Menge M und ein System $\underline{E}$ von Teilmengen E von M. Wir konstruieren ein neues System $\underline{N}$ von Teilmengen aus M auf folgende induktive Weise:

a) Alle $E \in \underline{E}$ gehören zu $\underline{N}$.

b) Gehören N_1 und N_2 zu $\underline{N}$, so gilt $N_1 \setminus N_2 \in \underline{N}$.

c) Gehören N_1 und N_2 zu $\underline{N}$, so gilt $N_1 \cup N_2 \in \underline{N}$.

Offenbar gilt dann $\underline{E} \subset \underline{N} \subset \underline{P}(M)$ (Abb. 1.4).

Zu $\underline{N}$ gehört z. B. die Menge $N = [[(E_1 \cup E_2) \setminus E_3)] \cup E_4] \setminus E_5$, wenn $E_i \in \underline{E}$ ($i = 1, \ldots, 5$), denn dann gehören sukzessiv zu $\underline{N}$ definitionsgemäß:
$E_1 \cup E_2, (E_1 \cup E_2) \setminus E_3, [(E_1 \cup E_2) \setminus E_3] \cup E_4$ und schließlich die angegebene Menge N.

Man bezeichnet $\underline{N}$ als das von $\underline{E}$ *erzeugte Mengensystem*. Es enthält $\underline{E}$ als Teilmengensystem, und man kann zeigen, daß es kein Mengensystem $\underline{N}' \subset \underline{P}(M)$ gibt, das $\underline{E}$ enthält und „weniger" Elemente besitzt als $\underline{N}$. $\qquad\Box$

Wir bemerken abschließend noch, daß Mengensysteme $\underline{M}$ auch als *Mengen 2. Stufe* bezeichnet werden. Faßt man Mengensysteme zusammen, so erhält man *Mengen 3. Stufe* usw.

1.1.2.2 Produktmengen

Auf eine besondere Weise kann man aus zwei Mengen M und N eine neue Menge bilden, indem man jedes $x \in M$ mit jedem $y \in N$ zu einem *geordneten Elementepaar* (x,y) kombiniert. Die Menge aller möglichen Paare (x,y) heißt *kartesisches Produkt $M \times N$* von M und N:

$$\boxed{M \times N = \{(x,y) | x \in M \wedge y \in N\}.} \qquad (1.20)$$

Die Menge $M \times N$ ist eine Menge, deren Elemente (x,y) neue Objekte, nämlich Paare von Elementen aus M und N darstellen. Es sind geordnete Paare insofern, als (x,y) als verschieden von (y,x) angesehen wird (falls nicht $x = y$ ist), d. h., es gilt

$$(x,y) = (x',y') \Leftrightarrow (x = x') \wedge (y = y'). \qquad (1.21)$$

Als Beispiel sei hier die komplexe Zahl z erwähnt, die als geordnetes Paar (x,y) reeller Zahlen x und y definiert ist. Die Menge aller geordneten Paare (komplexen Zahlen) ist die Menge $\mathbb{R} \times \mathbb{R}$.

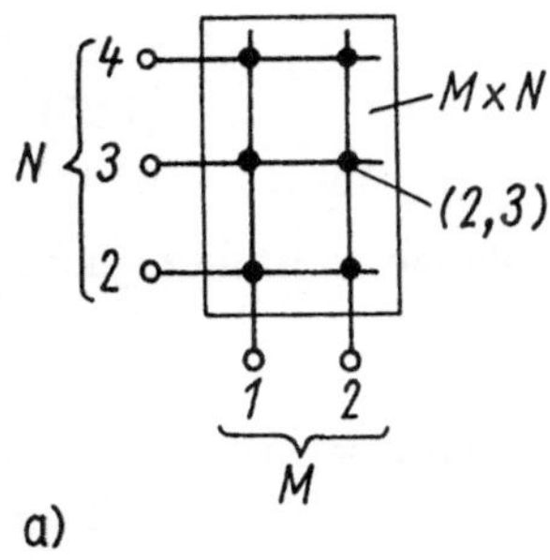

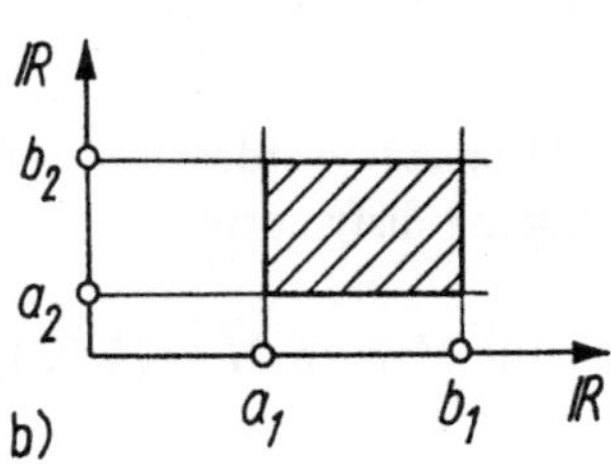

Abb. 1.5. Veranschaulichung des kartesischen Produktes: a) Punktgitter; b) Rechteckfläche.

Beispiel 1: Es sei $M = \{1,2\}$ und $N = \{2,3,4\}$. Dann gilt

$$M \times N = \{(1,2),(1,3),(1,4),(2,2),(2,3),(2,4)\}.$$

Die Abb. 1.5a zeigt die Veranschaulichung durch ein Punktgitter. $\qquad\Box$

Beispiel 2: M und N seien Intervalle reeller Zahlen:

$$M = [a_1, b_1], \quad N = [a_2, b_2].$$

Dann kann

$$M \times N = [a_1, b_1] \times [a_2, b_2]$$

als Rechteck in der Ebene gedeutet werden (Abb. 1.5b).   □

Die in (1.20) gegebene Definition des kartesischen Produktes kann leicht auf mehrere Faktoren erweitert werden:

$$M_1 \times M_2 \times \ldots \times M_n = \underset{i=1}{\overset{n}{\times}} M_i = \{(x_1, \ldots, x_n) | x_1 \in M_1 \wedge \ldots \wedge x_n \in M_n\}. \tag{1.22}$$

Die Elemente x dieses mehrfachen Produktes sind die *geordneten n–Tupel*

$$\boxed{x = (x_1, x_2, \ldots, x_n).} \tag{1.23}$$

Für $M_1 = M_2 = \ldots = M_n = M$ schreibt man statt (1.22) auch kurz M^n *(Mengenpotenz)*. In (1.23) ist wieder die Reihenfolge der x_i $(i = 1, 2, 3, \ldots, n)$ zu beachten.

Als Beispiel für ein geordnetes Tripel (x_1, x_2, x_3) nennen wir hier nur das Koordinatentripel (Tripel reeller Zahlen) eines Punktes des dreidimensionalen Euklidischen Raumes.

Als Beispiel für zahlreiche *Rechenregeln* seien hier nur die folgenden Identitäten genannt:

$$(M \times N) \cap (P \times Q) = (M \cap P) \times (N \cap Q), \tag{1.24}$$

$$M \times (N \cap P) = (M \times N) \cap (M \times P). \tag{1.25}$$

In (1.25) darf $\cap$ durch $\cup$ ersetzt werden, d. h., die Produktbildung $\times$ ist bezüglich Durchschnitt und Vereinigung distributiv.

Beispiel: Gegeben seien die Mengen $M = \{1, 2, 3\}, N = \{2, 5\}$ und $P = \{5\}$. Dann gilt

$$\begin{aligned}
M \times (N \cap P) &= \{1, 2, 3\} \times \{5\} = \{(1, 5), (2, 5), (3, 5)\}, \\
(M \times N) \cap (M \times P) &= \{(1, 2), (1.5), (2, 2), (2, 5), (3, 2), (3, 5)\} \\
&\quad \cap \ \{(1, 5), (2, 5), (3, 5)\} \\
&= \{(1, 5), (2, 5), (3, 5)\}.
\end{aligned}$$

                                                                 □

1.1.3 Aufgaben zum Abschnitt 1.1

1.1-1 Welche der folgenden Aussagen sind wahr, welche falsch bzw. sinnlos? Man erkläre dies!
a) $2 = \{2\}$; b) $2 \in \{2\}$; c) $0 = \emptyset$; d) $0 \in \emptyset$.

1.1-2 Für welche Menge B gibt es nur eine einzige Menge A mit der Eigenschaft $A \subset B$?

1.1-3 Gegeben ist die Menge $A = \{1, 2, 3\}$. Man bestimme die Mengen B, für die gleichzeitig die Bedingungen $\{1\} \subset B$, $B \subset A$ und $B \neq A$ gelten!

1.1-4 Man bilde zu $M = \{a, b, c, d\}$ die Potenzmenge $\underline{P}(M)$!

1.1-5 Man betrachte die Potenzmenge $\underline{P}(A)$ von $A = \{x, y, z\}$ und erkläre die Richtigkeit folgender Aussagen:

a) $\emptyset \notin A$, aber $\emptyset \in \underline{P}(A)$;

b) $x \in A$, aber $x \notin \underline{P}(A)$;

c) $\{x, y\} \notin A$, aber $\{x, y\} \in \underline{P}(A)$;

d) A ist ein Element, aber keine Teilmenge von $\underline{P}(A)$;

e) $\{A\}$ ist kein Element, aber eine Teilmenge von $\underline{P}(A)$.

1.1-6 Eine Menge M habe n Elemente. Man zeige, daß ihre Potenzmenge $\underline{P}(M)$ genau $m = 2^n$ Elemente besitzt!

1.1-7 Man beweise mengentheoretisch die Beziehung

$$A \setminus (A \setminus B) = A \cap B$$

und vereinfache mit ihrer Hilfe den Ausdruck

$$(A \cup B) \setminus [(A \cup B) \setminus B]!$$

1.1-8 Man beweise grafisch und mengentheoretisch

$$M \setminus N = M \setminus (M \cap N)!$$

1.1-9 Alle in den folgenden Beziehungen vorkommenden Mengen seien Teilmengen einer Grundmenge G. Zur Abkürzung setzen wir $C(M) = \overline{M}$. Man vereinfache die Beziehungen

a) $A \cup (B \setminus A)$;

b) $(A \setminus B) \cap (B \setminus A)$;

c) $(A \cup B) \setminus B$;

d) $(A \setminus B) \cup (A \cap B)$;

e) $(A \cap B) \cup (A \cap \overline{B})$;

f) $(A \cap \overline{D}) \cup (A \cap B \cap D) \cup (A \cap D)$;

g) $\overline{(A \cap B) \cup (A \cap \overline{B}) \cup (\overline{A} \cap \overline{B})}$!

1.1-10 Was erhält man für

$$D_n = A \triangle A \triangle A \ldots \triangle A,$$

wobei die Menge A n-mal über die $\triangle$-Operation mit sich selbst verknüpft werden soll?

1.1-11 a) Die Menge $A \cup B$ ist unter Verwendung eines Venn-Diagramms als Vereinigung disjunkter Mengen darzustellen. Es gelte $A \cap B \neq \emptyset$.

b) Stellt das Mengensystem

$$\{A \setminus B, A \cap B, B\}$$

eine Klasseneinteilung von $A \cup B$ dar?

1.1-12 Welche der folgenden Beziehungen gelten für beliebige Mengen $X,\,Y,Z \subset G$ (Grundmenge), welche nur für spezielle Mengen?

  a) $X \cap (Y \cup Z) = (X \cap Y) \cup (X \cap Z)$;
  b) $X \cap (X \cup Y) = X$;
  c) $\overline{X} \cup \overline{Y} = \overline{X \cup Y}$;
  d) $X \cup (X \cap Y) = X$;
  e) $X \cup (\overline{X} \cap Y) = X$;
  f) $\overline{X \cup Y} = \overline{X} \cap \overline{Y}$.

1.1-13 Es seien $M = \{1,2,3\}, N = \{1,2\}$ und $P = \{1,2,3,4\}$ gegeben. Man gebe die Elemente der Mengen

  a) $M \times M$;
  b) $M \times N$;
  c) $M \times (P \setminus N)$;
  d) $P \times (M \cap N)$;
  e) M^3

an!

1.1-14 Man beweise die beiden Distributivgesetze

  a) $A \times (B \cap C) = (A \times B) \cap (A \times C)$;
  b) $A \times (B \cup C) = (A \times B) \cup (A \times C)$

und finde eine geeignete grafische Darstellung dieser Gesetze!

1.2 Abbildungen

1.2.1 Relationen

1.2.1.1 Grundbegriffe

Zwischen den Elementen x einer Menge M und den Elementen y einer Menge N können gewisse Beziehungen (Relationen) bestehen, die ihren sprachlichen Ausdruck in einer (zweistelligen) Aussage $\mathcal{P}(x,y)$ finden.

Beispiel: Gegeben seien die Mengen $M = \{1,2,3,4\}$ und $N = \{4,5\}$. Für diese Mengen ist die (zweistellige) Aussage

$$\mathcal{P}(x,y): \; \text{„}x \text{ ist kleiner als } y\text{“}\quad (\text{kurz } x < y) \tag{1.26}$$

z. B. für $x = 2$ und $y = 4$ wahr; denn es gilt $2 < 4$. Es gilt aber nicht $4 < 2$, so daß man genauer sagen muß: Für das geordnete Elementepaar $(2,4)$ aus $M \times N$ ist die Aussage $\mathcal{P}(x,y)$ in (1.26) wahr.

Die Menge aller Paare $(x,y) \in M \times N$, für die $\mathcal{P}(x,y)$ wahr ist, ist im obigen Beispiel durch die Menge

$$\sigma = \{(x,y)|\mathcal{P}(x,y)\} = \{(1,4),(1,5),(2,4),(2,5),(3,4),(3,5),(4,5)\} \tag{1.27}$$

gegeben, dabei ist $\sigma \subset M \times N$. $\qquad\qquad\qquad\qquad\qquad\qquad\qquad\qquad$ □

Allgemein wird durch eine Beziehung (Relation) zwischen den Elementen x und y zweier Mengen M und N – ausgedrückt durch eine Aussage $\mathcal{P}(x,y)$ – eine Teilmenge σ von $M \times N$ ausgezeichnet. Diese Teilmenge enthält alle Paare (x,y) aus $M \times N$ (und nur diese), die in der betreffenden Beziehung (Relation) zueinander stehen.

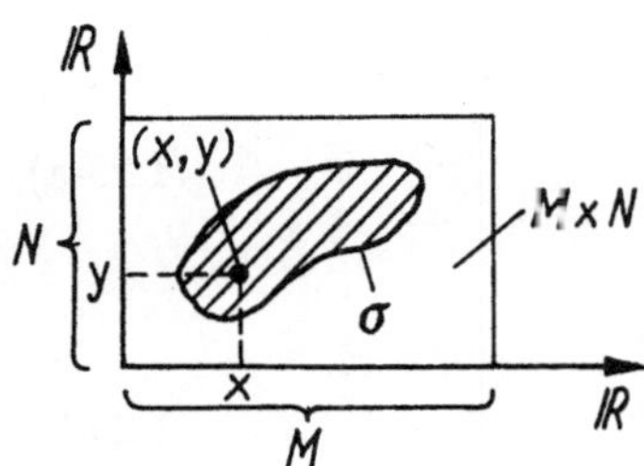

Abb. 1.6. Veranschaulichung des Relationsbegriffes.

Man definiert deshalb (Abb. 1.6):

Eine (zweistellige) *Relation aus* der Menge M *in* die Menge N ist eine Teilmenge σ von $M \times N$, in Zeichen

$$\sigma \subset M \times N. \tag{1.28-a}$$

Auf diese Weise wird der Begriff „Relation" nicht auf den Begriff „Aussage(–form) $\mathcal{P}(x,y)$", sondern auf den (Teil–)Mengenbegriff zurückgeführt.

Ist $(x, y) \in \sigma$, so sagt man auch

  „x befindet sich in der Relation σ zu y"

und schreibt dafür kürzer in Zeichen

  $x\sigma y$.

Man kann also mit (1.27) setzen

$$\boxed{x\sigma y \Leftrightarrow (x, y) \in \sigma \Leftrightarrow \mathcal{P}(x, y)}. \qquad (1.28\text{-b})$$

Die Relation σ kann also gleichbedeutend entweder durch $x\sigma y$, durch $(x,y) \in \sigma$ oder durch eine Aussage $\mathcal{P}(x,y)$ charakterisiert werden.

Zur Erläuterung von (1.28-b) muß noch folgendes bemerkt werden:
In dieser Beziehung bezeichnet das Symbol σ

a) eine bestimmte, sprachlich aber nicht genauer fixierte *Beziehung*, die zwischen den Gliedern x und y des Paares (x,y) besteht, ausgedrückt durch die Schreibweise $x\sigma y$, und gleichzeitig

b) die *Menge aller Paare* (x,y), für die diese Beziehung gilt, ausgedrückt durch die Schreibweise $(x,y) \in \sigma \subset M \times N$.

Man lasse sich durch diese „Doppeldeutigkeit" nicht verwirren. Die Beziehung σ zwischen x und y findet ihren sprachlichen Ausdruck in der Aussage $\mathcal{P}(x,y)$, und da mit (1.27) äquivalente Aussagen (genauer: Aussageformen) zu gleichen Relationen σ führen, kann man σ auch als Klasse äquivalenter Aussagen ansehen.

Eine Relation σ notieren wir entweder in der ausführlichen Schreibweise

a) $\qquad \boxed{\sigma \subset M \times N : x\sigma y \Leftrightarrow \mathcal{P}(x, y)} \qquad\qquad (1.29\text{-a})$

oder in der Kurzform

b) $\qquad \boxed{\sigma : x\sigma y \Leftrightarrow \mathcal{P}(x, y)} \qquad\qquad\qquad (1.29\text{-b})$

bzw.

c) $\qquad \sigma = \{(x, y) | \mathcal{P}(x, y)\}, \qquad\qquad\qquad (1.29\text{-c})$

wenn aus dem Zusammenhang hervorgeht, welche Mengen M und N gemeint sind. Statt $x\sigma y$ kann natürlich auch $(x,y) \in \sigma$ notiert werden, und ist σ eine endliche Menge, so kann man die Angabe dieser Menge notieren:

$$\sigma = \{(x_1, y_1), (x_2, y_2), \ldots, (x_n, y_n)\} .$$

Beispiel: Gegeben seien die Mengen $M = \{2,3,4,5\}$ und $N = \{6,7,8,9\}$ und die Relation

$$\sigma : x\,\sigma y \Leftrightarrow \text{ „}x \text{ ist Teiler von } y\text{“} .$$

Die Relation σ als Teilmenge von $M \times N$ lautet dann

$$\sigma = \{(2,6),\ (2,8),\ (3,6),\ (3,9),\ (4,8)\}.$$

$\square$

Im Fall endlicher Mengen läßt sich eine Relation auch durch ein *Pfeildiagramm* darstellen. Jedes Element von M wird durch einen Punkt x und jedes Element von N durch einen Punkt y repräsentiert, und es wird vereinbart:

$$x\sigma y \Leftrightarrow \text{ „von } x \in M \text{ führt ein Pfeil nach } y \in N\text{“}.$$

Die in obigem Beispiel betrachtete Relation wird dann durch den *Relationengraphen* (Abb. 1.7) dargestellt. Man beachte, daß bei einem Relationengraphen im allgemeinen von jedem $x \in M$ mehrere Pfeile ausgehen und zu jedem $y \in N$ mehrere Pfeile hinführen können.

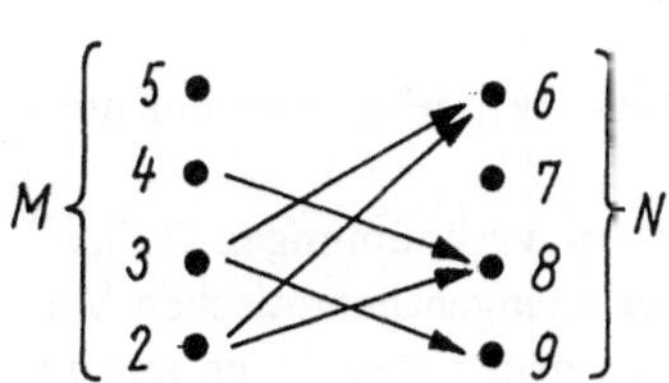

Abb. 1.7. Relationengraph (Beispiel).

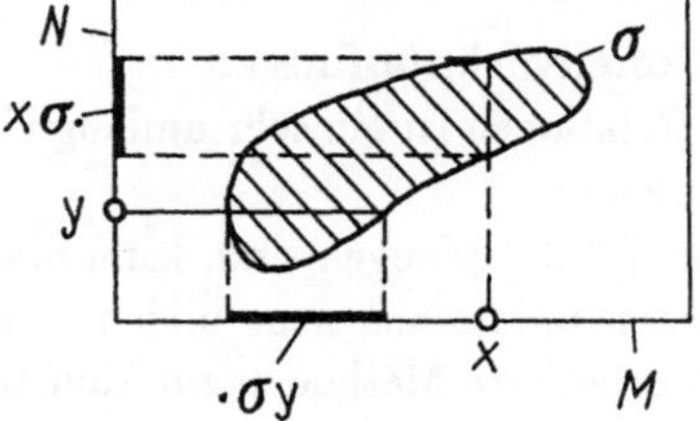

Abb. 1.8. Veranschaulichung von Bild und Urbild.

Es ist zweckmäßig, noch folgende Begriffe zu definieren. Ist $\sigma \subset M \times N$, so heißt (Abb. 1.8):

$$x\sigma\cdot = \{y \mid x\sigma y\} \quad \textit{Bild} \text{ von } x \in M \text{ (bezüglich } \sigma), \tag{1.30-a}$$

$$\cdot\sigma y = \{x \mid x\sigma y\} \quad \textit{Urbild} \text{ von } y \in N \text{ (bezüglich } \sigma), \tag{1.30-b}$$

$$\bigcup_{x \in M} x\sigma\cdot = W_\sigma \quad \textit{Wertebereich} \text{ von } \sigma, \tag{1.31-a}$$

$$\bigcup_{y \in N} \cdot\sigma y = D_\sigma \quad \textit{Definitionsbereich} \text{ von } \sigma. \tag{1.31-b}$$

Der Wertebereich von σ ergibt sich also durch Vereinigung der Bilder aller $x \in M$ und der Definitionsbereich von σ durch Vereinigung der Urbilder aller $y \in N$.

Man kann M als Definitions– und N als Wertemenge von σ bezeichnen. Anschaulicher kann man auch sagen (vgl. Abb. 1.7): Der Wertebereich ist die Menge aller Elemente y aus N, bei denen Pfeile ankommen, der Definitionsbereich die Menge aller Elemente x aus M, von denen Pfeile ausgehen.

Beispiel: In Abb. 1.7 gilt also

$$W_\sigma = \{6, 8, 9\} \subset N \text{ und } D_\sigma = \{2, 3, 4\} \subset M.$$

Weiter ist hier

$$\begin{aligned}
2\sigma\cdot &= \{6, 8\}, & \cdot\sigma 6 &= \{2, 3\}, \\
3\sigma\cdot &= \{6, 9\}, & \cdot\sigma 7 &= \emptyset, \\
4\sigma\cdot &= \{8\}, & \cdot\sigma 8 &= \{2, 4\}, \\
5\sigma\cdot &= \emptyset, & \cdot\sigma 9 &= \{3\}.
\end{aligned}$$

Man liest diese Gleichungen folgendermaßen:

„Das Bild des Elementes 2 ist die Menge $\{6,8\}$",

„Das Urbild des Elementes 6 ist die Menge $\{2,3\}$" usw.

Durch Vereinigung erhält man mit (1.31-a) bzw. (1.31-b) wieder

$$\bigcup_{x \in M} x\sigma\cdot = \{6, 8\} \cup \{6, 9\} \cup \{8\} = \{6, 8, 9\} = W_\sigma,$$

$$\bigcup_{y \in N} \cdot\sigma y = \{2, 3\} \cup \{2, 4\} \cup \{3\} = \{2, 3, 4\} = D_\sigma.$$

□

1.2.1.2 Relationenverknüpfungen

Die Theorie der Relationen ist ein sehr umfangreiches Gebiet. Wir geben hier nur noch folgende Ergänzungen:

Da Relationen (Teil–) Mengen sind, kann man mittels der Verknüpfungen $\cup, \cap, \ldots$ usw. aus gegebenen Relationen neue bilden. Außer diesen mengentheoretischen Verknüpfungen gibt es weitere Methoden zur Konstruktion von neuen Relationen aus gegebenen. Wir erwähnen hier zunächst die Bildung der *inversen Relation* σ^{-1}.

Man definiert: $\sigma^{-1} \subset N \times M$ ist invers zu $\sigma \subset M \times N$, wenn gilt

$$\boxed{(y, x) \in \sigma^{-1} \Leftrightarrow (x, y) \in \sigma.} \tag{1.32}$$

Zur inversen Relation kommt man also, indem man in allen Paaren (x, y) aus σ die Elemente vertauscht (die Pfeilrichtungen aller „σ –Pfeile" im Relationengraphen werden umgekehrt). Die inverse Relation σ^{-1} ist also eine Relation aus N in M!

Beispiel: Zu der in Abb. 1.7 dargestellten Relation σ gehört die inverse Relation

$$\sigma^{-1} = \{(6,2),(8,2),(6,3),(9,3),(8,4)\}.$$

□

Eine weitere wichtige Relationenverknüpfung ist das *Relationenprodukt* (Komposition), das wie folgt definiert ist:

Sind $\sigma_1 \subset M \times N$ und $\sigma_2 \subset N \times P$ zwei Relationen, so kann man mit ihnen eine neue Relation $\sigma \subset M \times P$ durch die Vorschrift

$$(x, z) \in \sigma \Leftrightarrow \bigvee_y x\sigma y \wedge y\sigma z \tag{1.33}$$

bilden. Man bezeichnet σ mit $\sigma_1 \circ \sigma_2$ und nennt $\sigma_1 \circ \sigma_2$ Produkt von σ_1 und σ_2. Offenbar ist $\sigma \neq \emptyset$ nur dann, wenn $W_{\sigma_1} \cap D_{\sigma_2} \neq \emptyset$ ist.

Beispiel: Gegeben seien die drei Mengen $M = \{a, b, c, d\}$, $N = \{1, 2, 3, 4, 5\}$ und $P = \{\alpha, \beta, \gamma\}$ sowie die beiden Relationen $\sigma_1 = \{(a, 2), (c, 2), (c, 4), (d, 5)\}$ und $\sigma_2 = \{(1, \alpha), (2, \gamma), (4, \beta)\}$.
Daraus ergibt sich das Relationenprodukt

$$\sigma = \sigma_1 \circ \sigma_2 = \{(a, \gamma), (c, \gamma), (c, \beta)\}.$$

Den Relationengraphen zeigt Abb. 1.9. Der Relationengraph von $\sigma = \sigma_1 \circ \sigma_2$ enthält alle Pfeile von M nach P, deren „Anfangsstück" zu σ_1 und deren „Endstück" zu σ_2 gehört. $\qquad\qquad\qquad\qquad\qquad\qquad\qquad\qquad\qquad\qquad\qquad\qquad\qquad\qquad\qquad$ □

Natürlich lassen sich nach entsprechender Verallgemeinerung von (1.33) auch mehr als zwei Relationen miteinander verknüpfen. Insbesondere kann man auch die *Potenz* $\sigma^n = \sigma \circ \sigma \circ \ldots \circ \sigma$ betrachten, wobei die Relation σ n–mal mit sich selbst verknüpft wird.

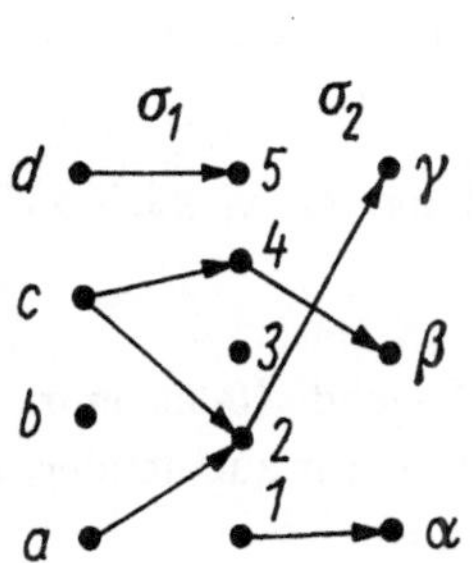

Abb. 1.9. Relationenverknüpfung.

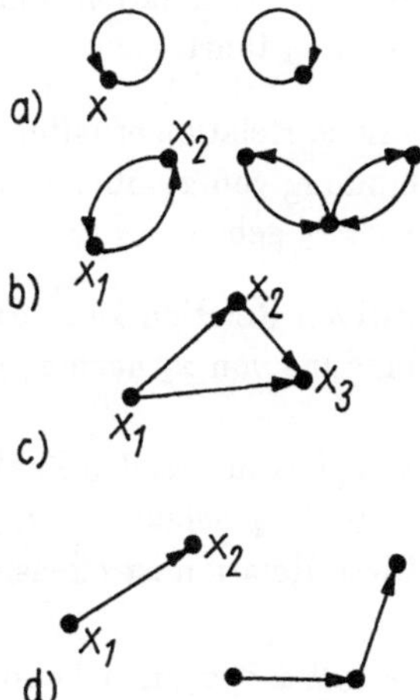

Abb. 1.10. Relationengraphen: a) reflexive Relation; b) symmetrische Relation; c) transitive Relation; d) indentitive Relation.

1.2.1.3   Spezielle Relationen

Viele in den Anwendungen auftretende Relationen σ sind Relationen aus M in M, d. h. $\sigma \subset M \times M$. Man spricht in diesem Fall von einer Relation σ *auf M*.

Die Einteilung der Relationen σ auf M erfolgt nach bestimmten Grundeigenschaften. Eine Relation σ auf M heißt

a) *reflexiv*, falls sich jedes Element x aus M in der Relation σ zu sich selbst befindet, in Zeichen

$$x\sigma x \qquad (\text{für alle } x \in M), \tag{1.34-a}$$

b) *symmetrisch*, alls aus $x_1\sigma x_2$ folgt, daß auch $x_2\sigma x_1$ gilt, in Zeichen

$$(x_1\sigma x_2) \Rightarrow (x_2\sigma x_1) \qquad (x_1, x_2 \in M), \tag{1.34-b}$$

c) *transitiv*, falls aus $x_1\sigma x_2$ und $x_2\sigma x_3$ folgt, daß auch $x_1\sigma x_3$ gilt, in Zeichen

$$(x_1\sigma x_2) \wedge (x_2\sigma x_3) \Rightarrow (x_1\sigma x_3) \qquad (x_1, x_2, x_3 \in M), \qquad (1.34\text{-c})$$

d) *identitiv*, falls aus $x_1\sigma x_2$ und $x_2\sigma x_1$ immer $x_1 = x_2$ folgt, in Zeichen

$$(x_1\sigma x_2) \wedge (x_2\sigma x_1) \Rightarrow (x_1 = x_2) \qquad (x_1, x_2 \in M). \qquad (1.34\text{-d})$$

Im Relationengraphen (Abb. 1.10) bedeutet das folgendes:

a) Bei einer reflexiven Relation führt der von x wegführende Pfeil wieder zu x zurück („Schlinge").

b) Bei einer symmetrischen Relation führt auch immer ein Pfeil von x_2 zu x_1, falls ein Pfeil von x_1 zu x_2 führt.

c) Bei einer transitiven Relation erhalten wir den Relationengraphen Abb. 1.10c. Zu jeder Pfeilverbindung von x_1 über x_2 nach x_3 muß es auch die „direkte" Verbindung von x_1 nach x_3 geben.

d) Bei einer identitiven Relation kann es zu jeder Pfeilverbindung von x_1 nach x_2 keine Pfeilverbindung von x_2 nach x_1 geben.

Beispiel: Auf der Menge $\mathbb{R}$ der reellen Zahlen betrachten wir die folgende Relation σ: Zwei reelle Zahlen x_1 und x_2 befinden sich genau dann in der Relation σ zueinander, wenn $x_1 \leq x_2$ gilt. Diese Relation ist offensichtlich

a) reflexiv, denn es gilt $x \leq x$ für beliebige $x \in \mathbb{R}$,

b) nicht symmetrisch, denn aus $x_1 \leq x_2$ folgt nicht $x_2 \leq x_1$,

c) transitiv, denn aus $x_1 \leq x_2$ und $x_2 \leq x_3$ folgt $x_1 \leq x_3$,

d) identitiv, denn aus $x_1 \leq x_2$ und $x_2 \leq x_1$ folgt $x_1 = x_2$. $\square$

Wichtige Relationen haben mehrere Eigenschaften zugleich. Ist eine Relation reflexiv, transitiv und identitiv (wie in obigem Beispiel), so heißt sie *Ordnungsrelation* und wird durch das Symbol $\prec$ gekennzeichnet.

Eine Menge M, auf der eine Ordnungsrelation $\prec$ erklärt ist, heißt eine *geordnete Menge*. Man schreibt dafür kurz $(M, \prec)$.

Beispiele geordneter Mengen sind : $(\mathbb{N}, \leq), (\mathbb{Z}, \leq)$ und $(\mathbb{R}, \leq)$. Dabei wird $x \prec y$ gelesen als „x vor y". Gilt stets

$$x \prec y \vee y \prec x,$$

so heißt $(M, \prec)$ *linear geordnet*.

Beispiel: $(\mathbb{R}, \leq)$. $\qquad\qquad$ □

Wir definieren nun noch einige Begriffe, die mit dem Begriff der Ordnungsrelation eng zusammenhängen.

Das Element $x_k \in M$ heißt *kleinstes Element* der geordneten Menge $(M, \prec)$ genau dann, wenn $x_k \prec x$ für alle $x \in M$ gilt, in Zeichen

$$x_k \text{ kleinstes Element} \Leftrightarrow \bigwedge_x (x_k \prec x).$$

In Analogie dazu definiert man das *größte Element* einer geordneten Menge $(M, \prec)$ durch

$$x_g \text{ größtes Element} \Leftrightarrow \bigwedge_x (x \prec x_g).$$

Ein kleinstes bzw. größtes Element muß nicht in jeder geordneten Menge existieren, ist es aber vorhanden, so ist es eindeutig bestimmt.

So ist in der geordneten Menge $(\mathbb{N}, \leq)$ der natürlichen Zahlen z. B. das kleinste Element $x_k = 1$, während in der Menge $(\mathbb{Z}, \leq)$ der ganzen Zahlen kein kleinstes und kein größtes Element existieren.

Eine weitere wichtige spezielle Relation ist die folgende: Ist eine Relation reflexiv, symmetrisch und transitiv, so nennt man sie *Äquivalenzrelation* und kennzeichnet sie durch das Symbol π. Wir betrachten hierzu die folgenden Beispiele:

Beispiel 1: Ist $\underline{\Pi}(M)$ eine Klasseneinteilung von M mit den Klassen $[x] \subset M$, so ist offenbar die Relation

$$\sigma \subset M \times M : x_1 \sigma x_2 \Leftrightarrow x_1 \text{ liegt mit } x_2 \text{ „in der gleichen Klasse"}$$
$$\Leftrightarrow [x_1] = [x_2]$$

eine Äquivalenzrelation, denn

a) x liegt (trivialerweise) in der Klasse, in der x liegt (Reflexivität);

b) liegt x_1 mit x_2 in einer Klasse, so gilt auch die Umkehrung (Symmetrie);

c) liegen x_1 und x_2 sowie x_2 und x_3 jeweils in einer Klasse, so auch x_1 und x_3 (Transitivität). $\qquad\qquad$ □

Es gilt auch allgemeiner die Umkehrung:
Ist $\sigma \subset M \times M$ eine Äquivalenzrelation auf M, so definiert σ eine Klasseneinteilung $\underline{\Pi}(M)$ von M. Dabei gilt

$$[x_1] = [x_2] \Leftrightarrow x_1 \sigma x_2.$$

Ist σ eine Äquivalenzrelation auf M und gilt $x_1 \sigma x_2$, so nennt man x_1 und x_2 auch *äquivalente Elemente* aus M. Eine Klasse ist also, kurz gesagt, eine Teilmenge äquivalenter Elemente aus M.

Beispiel 2: Auf der Menge S (Abschn. 1.1.2.1) aller gerichteten Strecken s der Ebene ist

$$\sigma \subset S \times S : s_1 \sigma s_2 \Leftrightarrow \text{„} s_2 \text{ ist eine Parallelverschiebung von } s_1 \text{“}.$$

eine Äquivalenzrelation auf S. Den Klassen $[s]$ der zugehörigen Klasseneinteilung $\underline{\underline{\Pi}}(S)$ entsprechen neue Objekte z (komplexe Zahlen). $\qquad\qquad\Box$

Relationen können auch drei- und mehrstellig sein. Wir schreiben dann

$$\sigma \subset M_1 \times M_2 \times \ldots \times M_n : (x_1, x_2, \ldots, x_n) \in \sigma \Leftrightarrow \mathcal{P}(x_1, x_2, \ldots, x_n). \tag{1.35}$$

Beispiel: Gegeben sei die Relation

$$\sigma \subset \mathbb{R}^3 : (x_1, x_2, x_3) \in \sigma \Leftrightarrow x_1 + x_2 = x_3.$$

Das Tripel (x_1, x_2, x_3) reeller Zahlen x_1, x_2 und x_3 befindet sich also genau dann in der (dreistelligen) Relation σ, wenn x_3 die Summe von x_1 und x_2 ist. $\qquad\qquad\Box$

> Der Begriff der Relation ist der zentrale Grundbegriff der gesamten Systemtheorie (Theorie von dem allgemeinen Verhalten von miteinander in Wechselwirkung stehenden Erscheinungen), und man bezeichnet die Mengen M und N zusammen mit einer Relation σ, in Zeichen (M, N, σ) auch als *allgemeines System*.

Die Elemente der Mengen M und N in dem Tripel (M, N, σ) können grundsätzlich beliebiger Natur sein (z. B. kann M ein Mengensystem oder eine Produktmenge bezeichnen). Insbesondere können die Elemente von M und N auch reelle (*Zeit-*) *Funktionen* darstellen. Wir geben zur Veranschaulichung des Systembegriffes nun noch zwei einfache Beispiele an:

Beispiel 1: In der Schaltung von Abb. 1.11 stehen Strom i und Spannung u in *Wechselwirkung*, d. h., nicht alle Paare (u, i) reeller (*Zeit-*) Funktionen u und i der reellen Veränderlichen t (Zeit) sind physikalisch möglich, denn i und u müssen den eine Beziehung zwischen u und i vermittelnden Bedingungen

$$u = u_R + u_C, \quad u_R = iR, \quad i = C \frac{du_C}{dt}$$

genügen, die sich zu der einen Bedingung

$$\frac{du}{dt} = \frac{di}{dt} R + \frac{i}{C}$$

zusammenfassen lassen. Bezeichnet U und I die Menge aller (stetig differenzierbaren) reellen Funktionen u bzw. i auf dem (reellen) Intervall $\mathbb{R}^+$, so ist

$$\sigma \subset U \times I : u \sigma i \Leftrightarrow \frac{du}{dt} = \frac{di}{dt} R + \frac{i}{C} \tag{1.36}$$

eine Relation aus U in I (Teilmenge von $U \times I$).

Wie man leicht nachrechnet, ist z. B. der Stromverlauf

$$i = at^2 \qquad (t \geq 0) \tag{1.37-a}$$

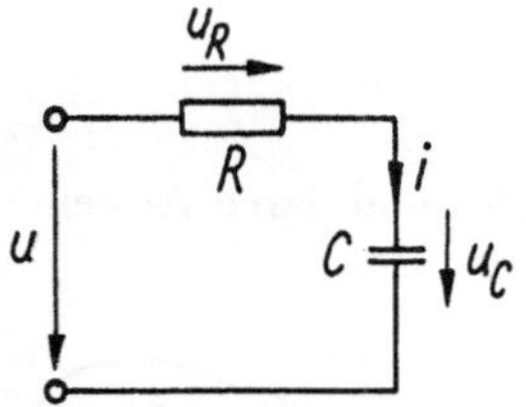

Abb. 1.11. *RC*-Schaltung.

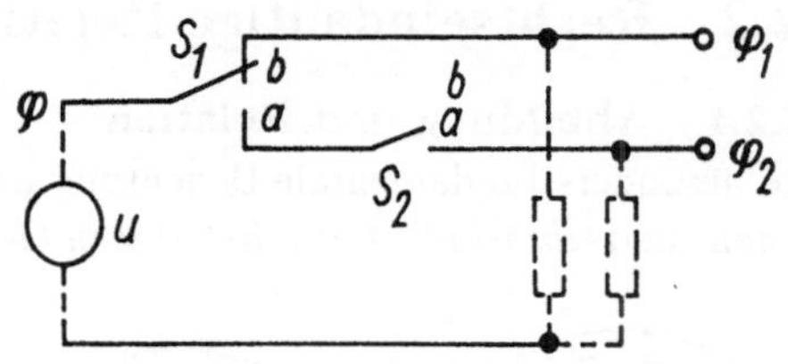

Abb. 1.12. Schaltnetzwerk.

nur mit Spannungsverläufen (u_0 : beliebige konstante Spannung)

$$u = \frac{a}{3C} t^3 + aRt^2 + u_0 \tag{1.37-b}$$

verträglich, d. h., diese aus (1.37-a) und (1.37-b) gebildeten (u, i)–Paare befriedigen die Differentialgleichung rechts in (1.36), und sie sind damit Elemente von σ. Andererseits ist z. B.

$$(u, i) = (at^3, at^2)$$

kein Element aus σ.

Das zu Abb. 1.11 gehörende allgemeine System ist (U, I, σ), worin σ durch (1.36) gegeben ist.   □

Beispiel 2: Im Schaltnetzwerk nach Abb. 1.12 können die Schalter S_1 und S_2 die Stellungen a und b und die Spannungen u die Werte $u = 0$ (bezeichnet mit 0) und $u \neq 0$ (bezeichnet mit 1) annehmen. Dementsprechend sind die Potentiale φ, φ_1 und φ_2 ebenfalls 0 oder 1. Wir haben also eine „Menge der Eingangspotentiale"

$$E = \{0, 1\} \qquad (0 \text{ heißt } \varphi = 0, \qquad 1 \text{ heißt } \varphi = 1)$$

und eine „Menge der Ausgangspotentiale" $A = \{0, 1, 2, 3\}$ mit den Elementen

$$0 \text{ für } \varphi_1 = 0, \quad \varphi_2 = 0; \qquad 1 \text{ für } \varphi_1 = 1, \quad \varphi_2 = 0;$$

$$2 \text{ für } \varphi_1 = 0, \quad \varphi_2 = 1; \qquad 3 \text{ für } \varphi_1 = 1, \quad \varphi_2 = 1.$$

Aus den Schalterstellungen ergibt sich folgende Tabelle:

		$S_1 = a$ $S_2 = a$	$S_1 = a$ $S_2 = b$	$S_1 = b$ $S_2 = a$	$S_1 = b$ $S_2 = b$
E	0	0	0	0	0
	1	2	0	1	2

$$\underbrace{}_{A}$$

Die Relation $\sigma \subset E \times A : x\sigma y \Rightarrow$ „x und y sind zugleich mögliche Werte der Ein- und Ausgangspotentiale" ist eine Relation aus E in A. Für das zugehörige allgemeine System (E, A, σ) lautet sie

$$\sigma = \{(0,0), (1,0), (1,1), (1,2)\} \subset E \times A.$$

□

1.2.2 Rechtseindeutige Relationen

1.2.2.1 Abbildung und Relation

Eine besonders fundamentale Bedeutung haben in der Mathematik und deren Anwendungen die *rechtseindeutigen Relationen* (Abb. 1.13a).

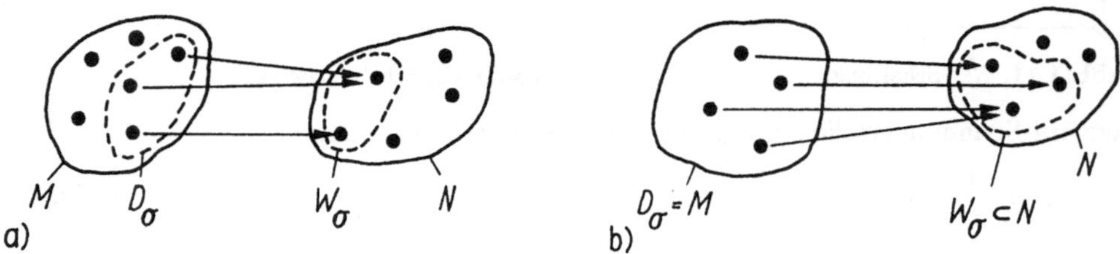

Abb. 1.13. Relationengraphen: a) rechtseindeutige Relation; b) Abbildung.

Der Relationengraph dieser Relationen $\sigma \subset M \times N$ ist dadurch charakterisiert, daß von jedem $x \in M$ höchstens ein Pfeil ausgeht, so daß die Bilder $x\sigma$ von $x \in M$ einelementig oder leer sind. Rechtseindeutige Relationen $\sigma \subset M \times N$ sind also durch folgende Eigenschaft ausgezeichnet:

$$\boxed{x\sigma y_1 \wedge x\sigma y_2 \Rightarrow y_1 = y_2.} \tag{1.38-a}$$

Fällt insbesondere der Definitionsbereich D_σ von σ mit M zusammen (Abb. 1.13.b), so spricht man von einer rechtseindeutigen Relation σ *von M in N* oder kurz von einer *Abbildung* oder *Funktion*. Für diese wichtige Relationenklasse ist – vor allem aus historischen Gründen – eine spezielle Symbolik und Terminologie üblich.

Statt $\sigma \subset M \times N$ schreibt man nun

$$\sigma : M \to N, \tag{1.38-b}$$

womit auch symbolisch zum Ausdruck gebracht wird, daß jedem $x \in M$ genau ein einelementiges Bild $x\sigma = \{y\} \subset N$ bzw. genau ein $y \in N$ entspricht. Anstelle des Ausdrucks $x\sigma y$ $((x, y) \in \sigma)$ schreibt man nun

$$y = \sigma(x) \tag{1.38-c}$$

oder auch

$$x \mapsto y \tag{1.38-d}$$

und deutet σ als eine Zuordnungsvorschrift, die jedem $x \in M$ genau ein $y \in N$ zuordnet. Man sagt auch, vermöge σ wird $x \in M$ auf $y \in N$ *abgebildet*, und man nennt y das *Bild* von x bezüglich der Abbildung φ.

Statt σ werden wir nun vorrangig die Symbole $\varphi, \psi, f, \ldots$ verwenden, und (1.38-b) sowie (1.38-c) zusammenfassend schreibt man anstelle (1.29-a)

$$\boxed{\varphi : M \to N, \quad y = \varphi(x) = \ldots} \tag{1.39-a}$$

und liest „Abbildung φ von M in N mit $y = \varphi(x) = \ldots$". Falls über die Mengen M und N keine Unklarheit besteht, schreibt man mit (1.29-b) auch kürzer

$$\varphi : \varphi(x) = \ldots \tag{1.39-b}$$

An die Stelle der Punkte in (1.39) tritt die Vorschrift zur Berechnung von y aus x.

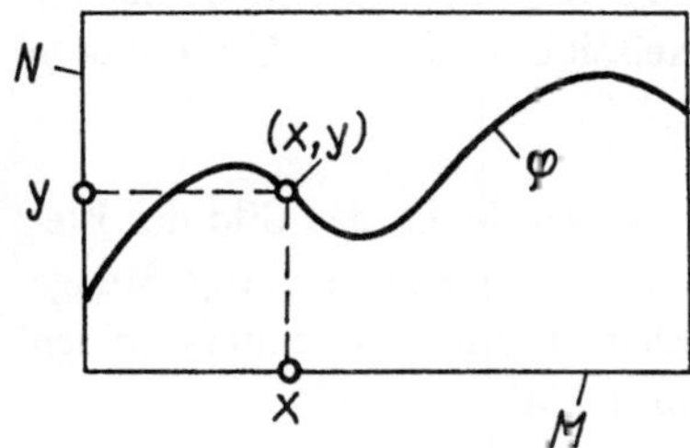

Abb. 1.14. Zur Erläuterung des Abbildungsbegriffes.

Beispiel: Die „Sinusfunktion" ist gegeben durch

$$\varphi : \mathbb{R} \to \mathbb{R}, \qquad y = \varphi(x) = \sin x.$$

Hierfür schreibt man auch kürzer

$$\varphi : \varphi(x) = \sin x.$$

$\square$

Man beachte, daß φ als spezielle Relation eine Teilmenge von $M \times N$ ist. Die diese Teilmenge charakterisierende, in Abb. 1.6 schraffiert dargestellte Fläche ist hier jedoch – bildlich gesprochen – zu einer Kurve „zusammengeschrumpft" (Abb. 1.14), auf der die Paare (x, y) liegen, für die $y = \varphi(x)$ gilt. Verwenden wir die Mengenschreibweise (1.29-c), so kann φ in der Form

$$\varphi = \{(x, y) | x \in M \wedge y = \varphi(x) \in N\} \tag{1.39-c}$$

oder kürzer durch

$$\boxed{\varphi = \{(x, \varphi(x)) | x \in M\}} \tag{1.39-d}$$

dargestellt werden. Durch diese Schreibweise wird deutlich, daß Abbildungen φ neue, eigenständige Objekte (Teilmengen im Sinne der Mengenlehre) sind. Es sind also streng voneinander zu unterscheiden

a) die *Abbildung* (oder Funktion) φ,

b) das *Argument* x der Funktion φ,

c) der *Wert* $y = \varphi(x)$ der Funktion φ für das Argument x.

Bemerkung: In zahlreichen Fachbüchern, insbesondere in der technischen Literatur, ist es üblich, zwischen Funktion φ und Funktionswert $\varphi(x)$ nicht streng zu unterscheiden. Man findet dann Formulierungen wie „Gegeben ist eine Funktion $\varphi(x) = \ldots$", welche nur dann berechtigt sind, wenn Irrtümer völlig ausgeschlossen sind. Diese sehr vereinfachte Betrachtungsweise erweist sich jedoch nicht mehr als tragfähig, wenn Mengen von Funktionen oder Abbildungen von Funktionenmengen in Funktionenmengen betrachtet werden müssen.

In Abb. 1.8 und in (1.30-a) bzw. (1.30-b) wurden die Begriffe Bild und Urbild für eine Relation σ erläutert. Gehen wir nun von einer Relation σ zu einer Abbildung φ über, so zeigt sich folgendes:

a) Wie am Anfang dieses Abschnittes bereits vermerkt wurde, ist das Bild des Elementes x wegen der Rechtseindeutigkeit von φ stets eine einelementige Menge $\{y\}$, die man in diesem Fall von ihrem einzigen Element y nicht zu unterscheiden braucht. Damit ist $y = \varphi(x)$ das Bild von x (Abb. 1.15a).

b) Das Urbild $\cdot\varphi y$ des Elementes y ist im allgemeinen eine Menge mit mehreren Elementen (Abb. 1.15), natürlich kann es auch einelementig oder leer sein.

Für das Urbild $\cdot\varphi y$ wird in der modernen internationalen Literatur das Symbol $\overset{-1}{\varphi}(y)$ oder $\varphi^{-1}(y)$ gewählt und in neuerer Zeit auch die Bezeichnung *Faser* von y verwendet. Die darin enthaltene Abbildung φ^{-1} heißt *Urbildfunktion* und ist von der (leider) ebenso bezeichneten inversen Relation zu unterscheiden.

Die Urbildfunktion ist offenbar eine Abbildung von N in die Potenzmenge $\underline{P}(M)$ (Abb. 1.15c), denn durch φ^{-1} ist jedem Wert y des Wertebereiches W_φ eine Teilmenge von M zugeordnet, und zwar die Menge aller der Elemente x aus M, die mittels φ auf y abgebildet werden. Für die Elemente y aus N, die nicht zum Wertebereich W_φ gehören, ist das Urbild leer, d. h., es gilt $\varphi^{-1}(y) = \emptyset$ für $y \notin W_\varphi$.

Zusammenfassend kann man also schreiben: Ist φ eine Abbildung von M in N, so heißt die Abbildung

$$\varphi^{-1} : N \to \underline{P}(M), \quad \varphi^{-1}(y) = \{x \mid \varphi(x) = y\} \subset M \tag{1.40}$$

die zu φ gehörende Urbildfunktion.

Man achte darauf, daß die Urbildfunktion φ^{-1} nicht mit der inversen Relation φ^{-1} verwechselt wird! Die inverse Relation φ^{-1} ist nach (1.32) eine Relation aus N in M und im allgemeinen *keine* Abbildung von N in M, so daß man anstelle von $y\varphi^{-1}x$ allgemein nicht $\varphi^{-1}(y) = x$ schreiben kann.

Zur Veranschaulichung der vorstehenden Begriffe geben wir noch folgende Beispiele an:

Beispiel 1: Gegeben sei die Abbildung (Abb. 1.16a)

$$\varphi : \mathbb{R} \to \mathbb{R}^+, \quad y = \varphi(x) = x^2.$$

Für die Urbildfunktion φ^{-1} gilt

$$\varphi^{-1} : \varphi^{-1}(y) = \{-\sqrt{y}, +\sqrt{y}\}.$$

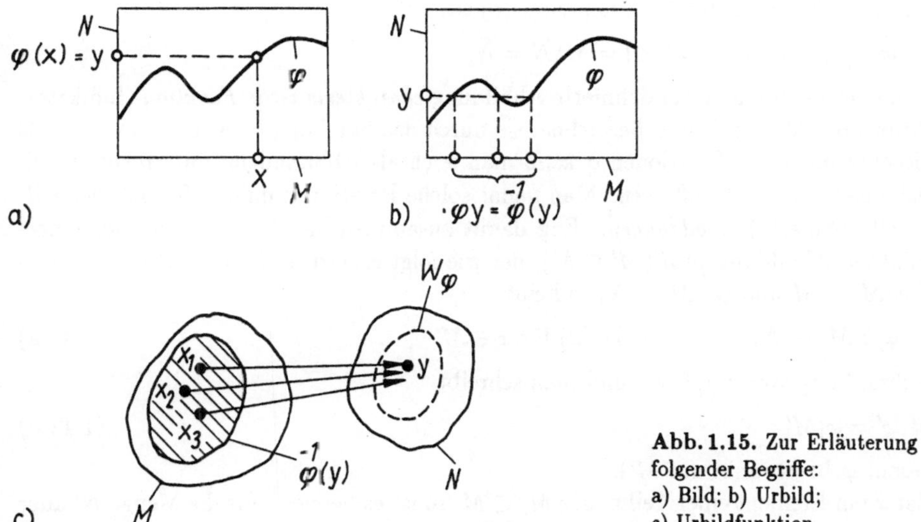

Abb. 1.15. Zur Erläuterung
folgender Begriffe:
a) Bild; b) Urbild;
c) Urbildfunktion.

Das Urbild des Punktes y ist also die zweielementige Menge $\{-\sqrt{y}, +\sqrt{y}\} \subset \mathbb{R}$.

Abb. 1.16b zeigt die Veranschaulichung von φ durch einen Graphen. Für die inverse Relation gilt

$$\varphi^{-1} \subset \mathbb{R}^+ \times \mathbb{R} : y\varphi^{-1}x \Leftrightarrow y = x^2.$$

Kehrt man in Abb. 1.16b alle Pfeilrichtungen um und geht damit zum Relationengraphen der inversen Relation φ^{-1} über (Abb. 1.16c), so ist ersichtlich, daß φ^{-1} keine rechtseindeutige Relation aus $\mathbb{R}^+$ in $\mathbb{R}$ und damit keine Abbildung ist. Bei einer rechtseindeutigen Relation dürfte von jedem $y \in \mathbb{R}^+$ höchstens ein Pfeil ausgehen. $\quad\square$

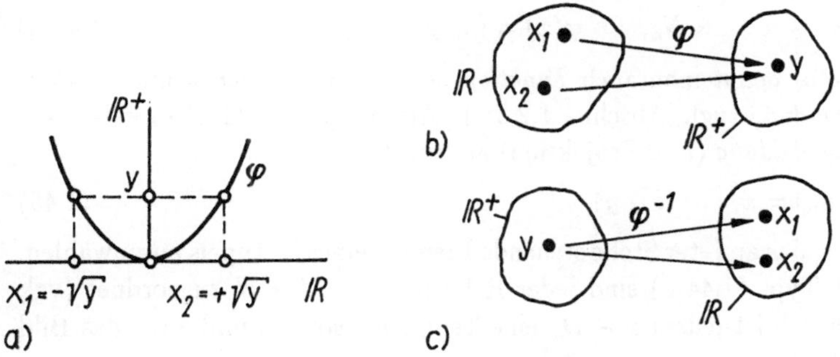

Abb. 1.16. Veranschaulichung des Abbildungsbegriffes (Beispiel): a) Abbildung $\varphi : \varphi(x) = x^2$; b) Relationengraph von φ; c) Relationengraph von φ^{-1}.

Beispiel 2: Gegeben sei eine Menge M mit einer Teilmenge $N \subset M$. Durch eine Abbildung φ von M in die Menge $\{0, 1\}$ werde jedem $x \in N$ das Element 1 und jedes $x \in M \backslash N$ das Element 0 zugeordnet. Es gilt also

$$\varphi(x) = \begin{cases} 1 & \text{für } x \in N \\ 0 & \text{für } x \notin N \end{cases} \tag{1.41}$$

oder, mit Hilfe der Urbildfunktion ausgedrückt,

$$\varphi^{-1}(1) = N \text{ bzw. } \varphi^{-1}(0) = M\backslash N = \overline{N}.$$

Man nennt die durch (1.41) definierte Abbildung *charakteristische Funktion* (Indikatorfunktion) der Menge N und bezeichnet sie durch das Symbol χ_N (Abb. 1.17). □

Rechtseindeutige Relationen σ kann man auch als Abbildungen mit einem Definitionsbereich $D_\sigma \subset M$ auffassen. Man nennt solche Relationen daher oft auch *partielle* (partiell definierte) *Abbildungen*. Eng damit zusammen hängt der Begriff der eingeschränkten Abbildung $\varphi|M'(M' \subset M)$, der wie folgt erklärt ist (Abb. 1.18):

Ist $M' \subset M$ und $\varphi : M \to N$, so heißt

$$\varphi' : M' \to N, \qquad \varphi'(x) = \varphi(x) \text{ für } x \in M' \tag{1.42-a}$$

Einschränkung von φ auf M', und man schreibt

$$\varphi' = \varphi|M' \tag{1.42-b}$$

(gelesen: φ beschränkt auf M').

Ist x ein Element einer Teilmenge $M' \subset M$, so ist es bequem, für die Menge N' aller Bilder $y = \varphi(x), x \in M'$, wie folgt zu schreiben:

$$N' = \varphi(M') = \{y|y = \varphi(x) \wedge x \in M'\}. \tag{1.43}$$

Insbesondere ist dann $\varphi(D_\varphi) = W_\varphi$.

Bemerkt sei schließlich noch, daß in (1.39) die Mengen M und N auch spezieller Natur sein können, z. B. Mengensysteme oder Produktmengen. Dann erhält man z. B. folgende Abbildungen:

$$\varphi : \underline{M} \to \underline{N}, \qquad \varphi(X) = Y, \tag{1.44-a}$$

$$\varphi : M \to \underline{N}, \qquad \varphi(x) = Y, \tag{1.44-b}$$

$$\varphi : M_1 \times M_2 \times \ldots \times M_n \to N, \qquad \varphi(x_1, x_2, \ldots, x_n) = y, \tag{1.44-c}$$

$$\varphi : M \to N_1 \times N_2 \times \ldots \times N_n, \qquad \varphi(x) = (y_1, y_2, \ldots, y_n). \tag{1.44-d}$$

Die Abbildung (1.44-c) nennt man auch *Funktion von n Veränderlichen* und (1.44-d) *n–Tupel–wertige Abbildung* (vgl. Abschn. 1.2.3.1). Als Beispiel zu (1.44-c) geben wir noch die *Projektionsabbildung* (*i*–te Projektion) an, für die

$$pr_i(x_1, x_2, \ldots, x_n) = x_i \qquad (i \in \underline{n}) \tag{1.45}$$

gilt. Sie ermöglicht es, das an i–ter Stelle stehende Element eines n–Tupels auszuwählen.

Abbildungen des Typs (1.44-b) sind jeder Relation $\sigma \subset M \times N$ zugeordnet (vgl. Abb. 1.8). Offensichtlich ist jedem $x \in D_\sigma$ eine Teilmenge von N, und zwar das Bild $x\sigma\cdot$ zugeordnet, in Zeichen

$$x \in D_\sigma \mapsto x\sigma\underline{P}(N). \tag{1.46}$$

Durch (1.46) ist also eine Abbildung

$$\hat{\sigma} : D_\sigma \to \underline{P}(N), \qquad \hat{\sigma}(x) = x\sigma\cdot \tag{1.47}$$

definiert. Man bezeichnet $\hat{\sigma}$ als die der Relation σ *zugeordnete* (*Mengen*)–*Abbildung*. Offenbar gilt dann auch noch

$$y \in \hat{\sigma}(x) \Leftrightarrow x\sigma y \Leftrightarrow x \in \hat{\sigma}^{-1}(y). \tag{1.48}$$

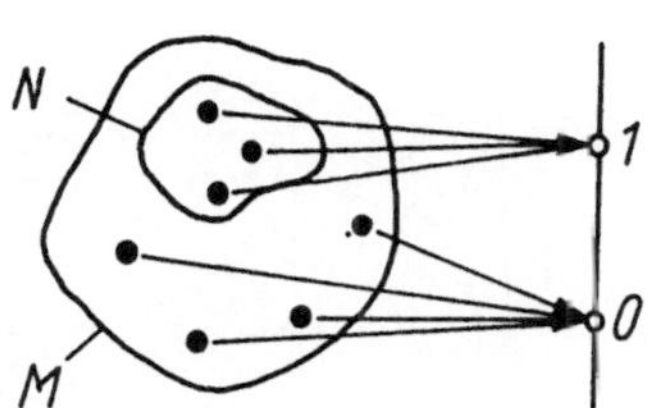

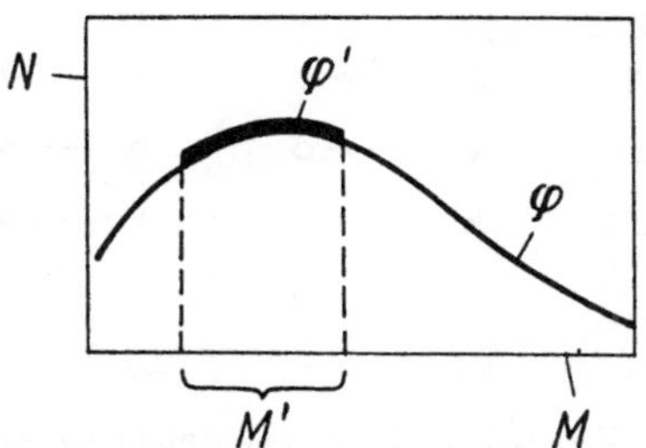

Abb. 1.17. Charakteristische Funktion. **Abb. 1.18.** Einschränkung einer Abbildung.

1.2.2.2 Spezielle Abbildungen

Eine Abbildung $\varphi : M \to N$ ist eine rechtseindeutige Relation, für deren Definitionsbereich $D_\varphi = M$ gilt. Der Wertebereich W_φ ist im allgemeinen eine Teilmenge von $N : W_\varphi \subset N$. Sonderfälle liegen vor, wenn $W_\varphi = N$ ist und (oder) die inverse Relation $\varphi^{-1} \subset N \times M$ ebenfalls rechtseindeutig ist. Man definiert deshalb:

Eine Abbildung $\varphi : M \to N$ heißt

a) *surjektiv*, wenn der Wertebereich die Menge N ausschöpft, d. h., es gilt $W_\varphi = N$ (Abb. 1.19a);

b) *injektiv*, wenn die inverse Relation φ^{-1} rechtseindeutig ist (Abb. 1.19b);

c) *bijektiv*, wenn φ surjektiv und injektiv ist (Abb. 1.19c).

Bei einer surjektiven Abbildung $\varphi : M \to N$ spricht man auch von einer Abbildung φ *von M auf N*.

Aus dem Abbildungsgraphen, Abb. 1.19c, entnimmt man: Nur wenn φ bijektiv ist, ist auch die inverse Relation φ^{-1} eine Abbildung, und zwar wieder eine bijektive Abbildung. Man nennt φ^{-1} in diesem Fall die zu φ *inverse Abbildung*.

Beispiel: Wir betrachten die Abbildung

$$\varphi : \mathbb{N} \to \{2, 4, 6, \ldots\}, \qquad y = 2x.$$

Schreibt man die Zuordnungen einzeln auf, so erhält man

$$1 \to 1, \ 2 \to 4, \ldots, n \to 2n, \ldots$$

Diese Abbildung ist bijektiv (obwohl $\{2, 4, 6, \ldots\}$ eine Teilmenge von $\mathbb{N}$ ist!), und deshalb gibt es die inverse Abbildung

$$\varphi^{-1} : \{2, 4, 6, \ldots\} \to \mathbb{N}, \qquad x = \frac{1}{2}y = \varphi^{-1}(y)$$

mit den Zuordnungen

$$2 \to 1, \ 4 \to 2, \ldots, 2n \to n, \ldots$$

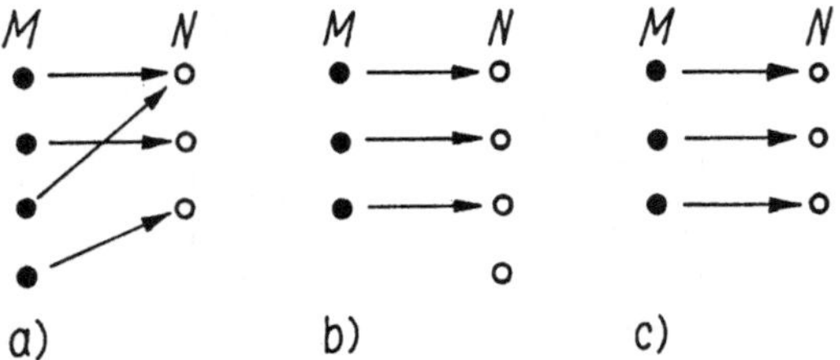

Abb. 1.19. Veranschaulichung von Abbildungseigenschaften: a) surjektive Abbildung; b) injektive Abbildung; c) bijektive Abbildung.

Man beachte, daß das obige Beispiel lehrt: Man kann eine Menge bijektiv auf eine ihrer echten Teilmengen abbilden. Allerdings darf die Menge hierbei keine endliche Menge sein.

Zwei Mengen M und N, die bijektiv aufeinander abgebildet werden können, können formal (bei Abstraktion von der Bedeutung der Mengenelemente) nicht unterschieden werden. Es kann dann auch M mit N identifiziert werden, wenn es nur auf formale Zusammenhänge ankommt.

Zwei Mengen M und N, die man bijektiv aufeinander abbilden kann, nennt man *gleichmächtig*, in Zeichen

$$M \sim N. \tag{1.49-a}$$

Man sagt dann auch, die beiden Mengen M und N haben die gleiche *Kardinalzahl* und schreibt

$$|M| = |N|. \tag{1.49-b}$$

Insbesondere sagt man:

Eine Menge M, die der Menge $\mathbb{N}$ der natürlichen Zahlen gleichmächtig ist ($M \sim \mathbb{N}$), heißt *abzählbar*. Alle anderen Mengen, die diese Eigenschaft nicht haben (und nicht endlich sind) heißen *überabzählbar*. Man muß also zwischen abzählbar unendlichen und überabzählbar unendlichen Mengen unterscheiden.

So sind z. B. neben den geraden natürlichen Zahlen auch die Quadratzahlen der natürlichen Zahlen, die echten Brüche natürlicher Zahlen und andere Mengen abzählbar, während z. B. die Menge $\mathbb{R}$ der reellen Zahlen überabzählbar (von der *Mächtigkeit des Kontinuums*) ist.

Für die *Gleichmächtigkeit* von unendlichen Mengen gelten nicht immer leicht einzusehende Regeln. Man kann z. B. zeigen, daß

$$|\underline{n}| \cdot |\mathbb{N}| = |\mathbb{N}| \cdot |\mathbb{N}| = |\mathbb{N}|, \tag{1.50-a}$$

$$|\mathbb{N}|^{|\underline{n}|} = |\mathbb{N}| \tag{1.50-b}$$

gilt. Dagegen ist

$$|\underline{n}|^{|\mathbb{N}|} = |\mathbb{N}|^{|\mathbb{N}|} = |\mathbb{R}| \tag{1.51}$$

eine Menge von der Mächtigkeit des Kontinuums. Das bedeutet also, daß z. B. $\mathbb{N} \times \mathbb{N}$ die Mächtigkeit von $\mathbb{N}$ hat (vgl. Übungsaufgabe 1.2-11), während die Potenzmenge $\underline{P}(\mathbb{N})$ die Mächtigkeit von $\mathbb{R}$ hat.

Schließlich erwähnen wir noch, daß man auch eine *Folge*

$$(a_i)_{i\in\mathbb{N}} = (a_1, a_2, a_3 \ldots) \qquad (a_i \in N) \tag{1.52-a}$$

als Abbildung auffassen kann, nämlich als Abbildung

$$\varphi : \mathbb{N} \to N, \qquad \varphi(i) = a_i. \tag{1.52-b}$$

Man kann also schreiben

$$\varphi = (\varphi(i))_{i\in\mathbb{N}} = (a_1, a_2, a_3, \ldots). \tag{1.52-c}$$

Die Schreibweise (1.52-c) stellt dann eine Kurzform für die ausführliche Schreibweise

$$\varphi = \{(1, a_1), (2, a_2), (3, a_3), \ldots\} \tag{1.52-d}$$

gemäß (1.39-d) dar. Während in (1.52-d) die Reihenfolge der Elemente (i, a_i) in der geschweiften Klammer beliebig ist, muß in (1.52-c) die Reihenfolge der a_i beachtet werden, d. h., $(a_1, a_2, \ldots)$ darf nicht als Menge $\{a_1, a_2, \ldots\}$ angesehen werden.

Die Menge $\mathbb{N}$ in (1.52-a) bis (1.52-c) heißt *Indexmenge* der Folge. Man kann also von (1.52) leicht zu allgemeineren Folgen

$$\varphi = \varphi((i))_{i\in I} = (a_i)_{i\in I} \tag{1.53}$$

übergehen, worin I eine beliebige Indexmenge darstellt, z. B. die Menge der reellen Zahlen $I = \mathbb{R}$. Die Darstellung einer Abbildung in der Form (1.53) bezeichnet man als *Familie*. Man sagt statt Familie auch n–Tupel, falls $I = \{1, 2, \ldots, n\}$ endlich, oder Folge, falls $I = \mathbb{N} = \{1, 2, \ldots\}$ abzählbar ist.

Beispiel 1: Gegeben sind $I = \{1, 2, 3, 4, 5\}, N = \mathbb{N}$ und $a_i = \varphi(i) = i^2$.
Dann ergibt sich

$$\varphi = (\varphi(i))_{i\in I} = (i^2)_{i\in I} = (1, 4, 9, 16, 25).$$

Das erhaltene 5–Tupel ist eine andere Schreibweise für die Abbildung

$$\varphi = \{(1, 1), (2, 4), (3, 9), (4, 16), (5, 25)\}. \tag{1.54-a}$$

□

Beispiel 2: Gegeben sind $I = \mathbb{N}, N = \mathbb{N}$ und $a_i = \varphi(i) = i^3 + 1$. Damit erhält man

$$\varphi = (\varphi(i))_{i\in I} = (i^3 + 1)_{i\in\mathbb{N}} = (2, 9, 28, 65, \ldots),$$

Diese Folge ist eine andere Schreibweise für die Abbildung

$$\varphi : \mathbb{N} \to \mathbb{N}, \qquad \varphi(n) = n^3 + 1. \tag{1.54-b}$$

□

Beispiel 3: Gegeben sind $I = \mathbb{R}, N = \mathbb{R}$ und $a_i = \varphi(i) = 4i^2 + 3$. Damit ergibt sich

$$\varphi = (\varphi(i))_{i \in I} = (4i^2 + 3)_{i \in \mathbb{R}}.$$

Diese Schreibweise als Familie ist nichts anderes als eine andere Form der Funktion

$$\varphi : \mathbb{R} \to \mathbb{R}, \qquad y = \varphi(x) = 4x^2 + 3. \tag{1.54-c}$$

$\square$

1.2.2.3 Urbildzerlegung

Eine Abbildung $\varphi : M \to N$ mit $y = \varphi(x)$ erzeugt auf der Menge M eine Klasseneinteilung $\underline{\Pi}(M)$ (vgl. Abb. 1.3). Die Klassen $[x]$ dieser Klasseneinteilung sind mit den Urbildern $\varphi^{-1}(y)$ der Elemente y des Wertebereiches W_φ der Abbildung φ identisch, d. h., es gilt

$$[x] = \varphi^{-1}(y). \tag{1.55}$$

Man nennt diese von φ vermittelte Klasseneinteilung $\underline{\Pi}(M)$ daher auch *Urbildzerlegung* (*Faserung*) des Definitionsbereiches M der Abbildung φ.

Beispiel: Wir setzen $M = N = \mathbb{Z}$ und betrachten die Abbildung

$$\varphi : \mathbb{Z} \to \mathbb{Z}, \qquad y = \varphi(x) = \cos\left(\frac{\pi}{2}\, x\right).$$

Die Zuordnungen sind in der folgenden Tabelle dargestellt:

x	...	−4	−3	−2	−1	0	1	2	3	4	5	6	...
y	...	1	0	−1	0	1	0	−1	0	1	0	−1	...

Für den Wertebereich erhält man $W_\varphi = \{-1, 0, 1\} \subset \mathbb{Z}$. Demnach gibt es drei Urbilder, und zwar

$$\begin{aligned}
\varphi^{-1}(-1) &= \{\ldots, -2, 2, 6, \ldots\}, \\
\varphi^{-1}(0) &= \{\ldots, -3, -1, 1, 3, 5, \ldots\}, \\
\varphi^{-1}(1) &= \{\ldots, -4, 0, 4, 8, \ldots\},
\end{aligned}$$

und der Definitionsbereich $\mathbb{Z}$ zerfällt in drei Klassen, so daß

$$\underline{\Pi}(\mathbb{Z}) = \{\varphi^{-1}(-1), \varphi^{-1}(0), \varphi^{-1}(1)\}$$

gilt (Abb. 1.20). $\square$

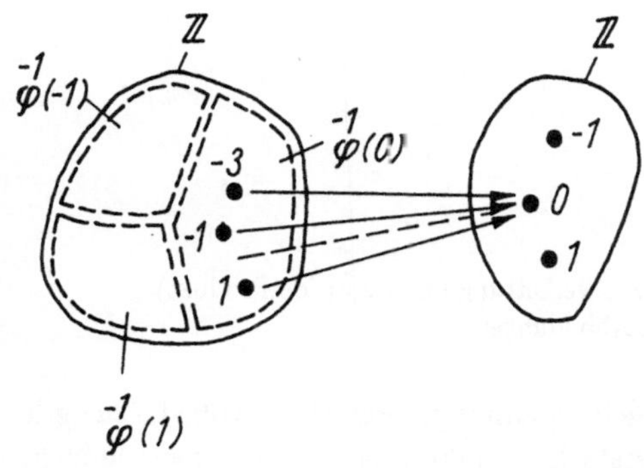

Abb. 1.20. Urbildzerlegung (Beispiel).

1.2.3 Abbildungsverknüpfungen

1.2.3.1 Abbildungsprodukte

Abbildungen sind Mengen und können mit den für Mengen definierten Verknüpfungen zu neuen Abbildungen verbunden werden. Es sind aber auch andere Abbildungsverknüpfungen möglich, insbesondere die *Verkettung* (*Komposition*) oder – wie man auch sagt – das *Produkt* zweier Abbildungen (vgl. auch Abschn. 1.2.1.2).

Man definiert: Sind die Abbildungen

$$\varphi_1 : M \to N, \qquad \varphi_1(x) = y$$

und

$$\varphi_2 : N \to P, \qquad \varphi_2(y) = z$$

gegeben, so heißt die Abbildung

$$\boxed{\varphi_1 \circ \varphi_2 : M \to P, \qquad (\varphi_1 \circ \varphi_2)(x) = \varphi_2(\varphi_1(x))} \tag{1.56}$$

Produkt der Abbildungen φ_1 und φ_2. Durch die Abbildung $\varphi_1 \circ \varphi_2$ wird also ein Element x aus M auf ein Element z aus P abgebildet, und zwar dadurch, daß x durch φ_1 auf y und y durch φ_2 auf z abgebildet wird (Abb. 1.21).

Beispiel 1: Gegeben sind die Abbildungen

$$\varphi_1 : \mathbb{R} \to \mathbb{R}, \qquad \varphi_1(x) = x^2,$$
$$\varphi_2 : \mathbb{R} \to \mathbb{R}, \qquad \varphi_2(x) = \sin x.$$

Dann folgt:

$$\varphi_1 \circ \varphi_2 : \mathbb{R} \to \mathbb{R}, \qquad (\varphi_1 \circ \varphi_2)(x) = \varphi_2(\varphi_1(x)) = \sin \varphi_1(x) = \sin (x^2).$$

$\square$

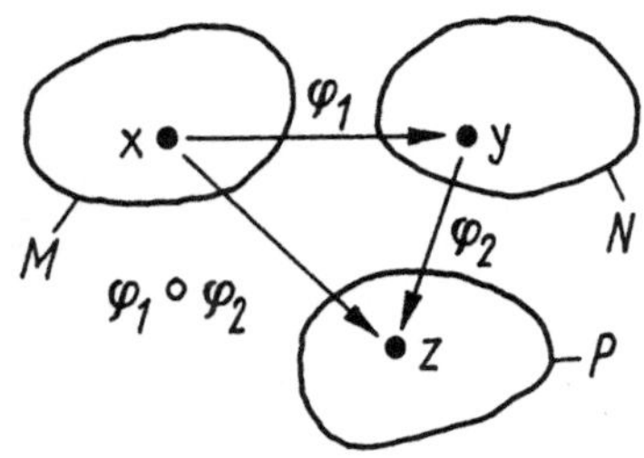

Abb. 1.21. Verkettung (Komposition,Produkt)
von zwei Abbildungen.

Beispiel 2:   Für einen idealen Verstärker (Gleichspannungsverstärker, Abb. 1.22a) gilt $u_2 = ku_1$, wobei $k \in \mathbb{R}$ ein konstanter Verstärkungsfaktor ist. Wir wissen jedoch, daß diese Beziehung für einen realen Verstärker nicht gilt, denn mit wachsender Eingangsspannung u_1 stellt sich durch Übersteuerung ein Begrenzungseffekt ein, so daß wir anstelle von $u_2 = ku_1$ genauer $u_2 = \varphi(u_1)$ schreiben müssen, wobei die Abbildung φ die nichtlineare Kennlinie des Verstärkers charakterisiert. Faßt man das Eingangs- und Ausgangsklemmenpaar jeweils symbolisch zu einem Eingang bzw. einem Ausgang zusammen und charakterisiert den Verstärker durch die Abbildung φ, so erhält man Abb. 1.22b. Für die rückwirkungsfreie Kettenschaltung zweier Verstärker mit den Abbildungen φ_1 und φ_2 (Abb. 1.22c) erhält man dann $u_2 = \varphi_2(\varphi_1(u_1))$, so daß diese Zusammenschaltung durch die Abbildung $\varphi = \varphi_1 \circ \varphi_2$ charakterisiert wird.   □

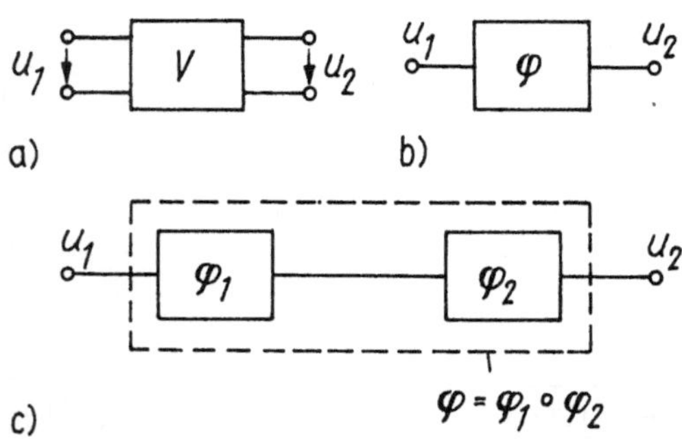

Abb. 1.22. Veranschaulichung der Verkettung
von Abbildungen (Beispiel):
a) Gleichspannungsverstärker; b) Schema;
c) Rückwirkungsfreie Kettenschaltung.

Die Verkettung von Abbildungen nach (1.56) läßt sich auch mehrfach ausführen. Für ein Produkt von drei Abbildungen (Abb. 1.23)

$$\varphi_1 : M_1 \rightarrow M_2, \quad \varphi_2 : M_2 \rightarrow M_3, \quad \varphi_3 : M_3 \rightarrow M_4,$$

gilt das assoziative Gesetz

$$(\varphi_1 \circ \varphi_2) \circ \varphi_3 = \varphi_1 \circ (\varphi_2 \circ \varphi_3).$$

Das kommutative Gesetz gilt im allgemeinen natürlich nicht. Eine wichtige Rechenregel ist noch

$$(\varphi_1 \circ \varphi_2)^{-1} = \varphi_2^{-1} \circ \varphi_1^{-1}, \tag{1.57}$$

die insbesondere für bijektive Abbildungen φ_1 und φ_2 von Bedeutung ist. Die Abbildung $\varphi_1 \circ \varphi_2$ ist dann ebenfalls bijektiv. Erwähnt sei schließlich noch das *n–fache Produkt*

$$\varphi^n = \varphi \circ \varphi \circ \ldots \circ \varphi, \tag{1.58}$$

worin φ n–mal mit sich selbst verkettet wird.

Eine weitere Abbildungsverknüpfung ist das *kartesische Produkt* $\varphi_1 \times \varphi_2$ zweier Abbildungen φ_1 und φ_2. Sind

$$\varphi_1 : M_1 \to N_1, \qquad \varphi_1(x_1) = y_1$$

und

$$\varphi_2 : M_2 \to N_2, \qquad \varphi_2(x_2) = y_2$$

zwei Abbildungen, so heißt

$$\boxed{\begin{aligned}&(\varphi_1 \times \varphi_2) : M_1 \times M_2 \to N_1 \times N_2, \\ &(\varphi_1 \times \varphi_2)(x_1, x_2) = (\varphi_1(x_1),\, \varphi_2(x_2)) = (y_1, y_2)\end{aligned}} \tag{1.59}$$

kartesisches Produkt von φ_1 und φ_2. Wird also x_1 durch φ_1 auf y_1 und x_2 durch φ_2 auf y_2 abgebildet, so wird das Paar (x_1, x_2) durch $\varphi_1 \times \varphi_2$ auf das Paar (y_1, y_2) abgebildet. In Abb. 1.24 sind diese Zusammenhänge dargestellt.

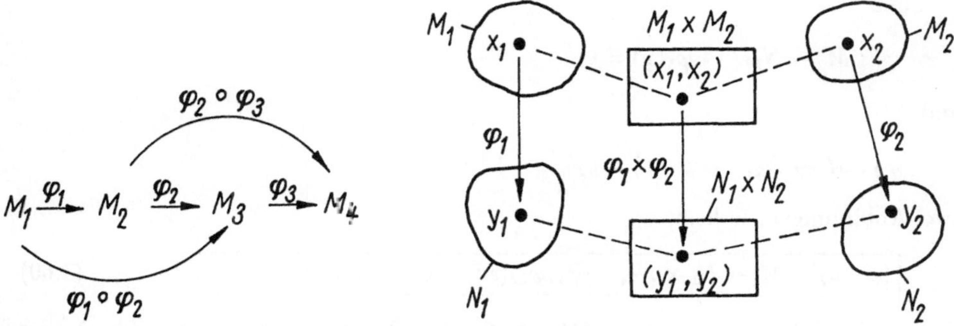

Abb. 1.23. Verkettung von drei Abbildungen. **Abb. 1.24.** Kartesisches Produkt von zwei Abbildungen.

Beispiel 1: Die Abbildungen

$$\begin{aligned}\varphi_1 &: \mathbb{R} \to \mathbb{R}, \qquad \varphi_1(x_1) = x_1^2, \\ \varphi_2 &: \mathbb{R} \to \mathbb{R}, \qquad \varphi_2(x_2) = \sin x_2\end{aligned}$$

seien gegeben. Für die Abbildungen lautet das kartesische Produkt

$$\varphi_1 \times \varphi_2 : \mathbb{R}^2 \to \mathbb{R}^2, \qquad (\varphi_1 \times \varphi_2)(x_1, x_2) = (x_1^2, \sin x_2).$$

Dem reellen Zahlenpaar (x_1, x_2) wird also durch diese Abbildung ein neues reelles Zahlenpaar $(y_1, y_2) = (x_1^2, \sin x_2)$ zugeordnet. □

Beispiel 2: Auch die Abbildung $\varphi_1 \times \varphi_2$ läßt sich schaltungstechnisch interpretieren (Abb. 1.25). Sind zwei Verstärker mit den Abbildungen φ_1 und φ_2 gegeben, so realisiert ihre „Parallelschaltung" die Abbildung $\varphi_1 \times \varphi_2$. Jedem Wertepaar (u_1, u_1') von Eingangsspannungen ist ein Paar (u_2, u_2') von Ausgangsspannungen zugeordnet.   □
Offenbar läßt sich (1.59) ebenfalls auf mehrfache Produkte $\varphi_1 \times \varphi_2 \times \ldots \times \varphi_n$ erweitern.

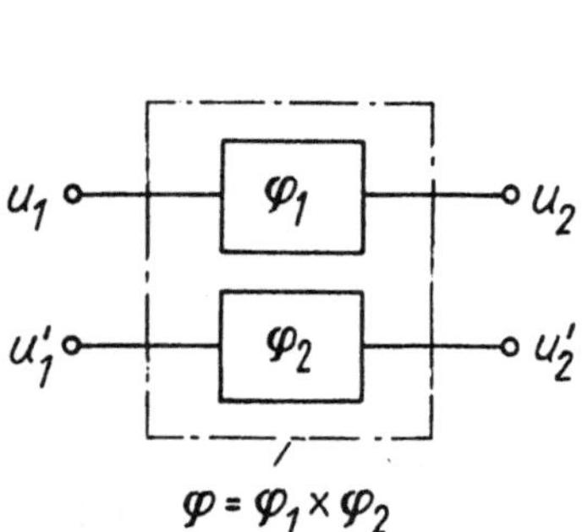

Abb. 1.25. „Parallelschaltung"
zweier Verstärker.

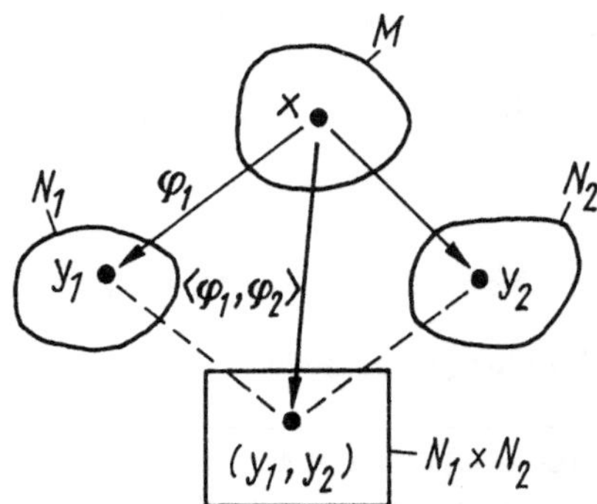

Abb. 1.26. Direktes Produkt
von zwei Abbildungen.

Eine dritte Form der Verknüpfung zweier Abbildungen φ_1 und φ_2 ist das *direkte Produkt* $\langle \varphi_1, \varphi_2 \rangle$. Es ist folgendermaßen definiert:
Sind

$$\varphi_1 : M \to N_1, \qquad \varphi_1(x) = y_1$$

und

$$\varphi_2 : M \to N_2, \qquad \varphi_2(x) = y_2$$

zwei Abbildungen, so heißt

$$\boxed{\langle \varphi_1, \varphi_2 \rangle : M \to N_1 \times N_2, \quad \langle \varphi_1, \varphi_2 \rangle(x) = (\varphi_1(x), \varphi_2(x)) = (y_1, y_2)} \tag{1.60}$$

direktes Produkt von φ_1 und φ_2. Durch die so definierte Abbildung $\varphi = \langle \varphi_1, \varphi_2 \rangle$ ist jedem Element x aus M ein Paar (y_1, y_2) aus $N_1 \times N_2$ zugeordnet (Abb. 1.26).

Beispiel 1: Gegeben sind die Abbildungen

$$\varphi_1 : \mathbb{R} \to \mathbb{R}, \qquad \varphi_1(x) = x^2,$$

$$\varphi_2 : \mathbb{R} \to \mathbb{R}, \qquad \varphi_2(x) = \sin x.$$

Damit erhält man das direkte Produkt

$$\langle \varphi_1, \varphi_2 \rangle : \mathbb{R} \to \mathbb{R}^2, \qquad \langle \varphi_1, \varphi_2 \rangle(x) = (x^2, \sin x).$$

Jeder rellen Zahl x ist also durch $\varphi = \langle \varphi_1, \varphi_2 \rangle$ ein reelles Zahlenpaar $(y_1, y_2) = (x^2, \sin x)$ zugeordnet.   □

Beispiel 2: Die schaltungstechnische Realisierung von $\langle \varphi_1, \varphi_2 \rangle$ ist in Abb. 1.27 dargestellt.

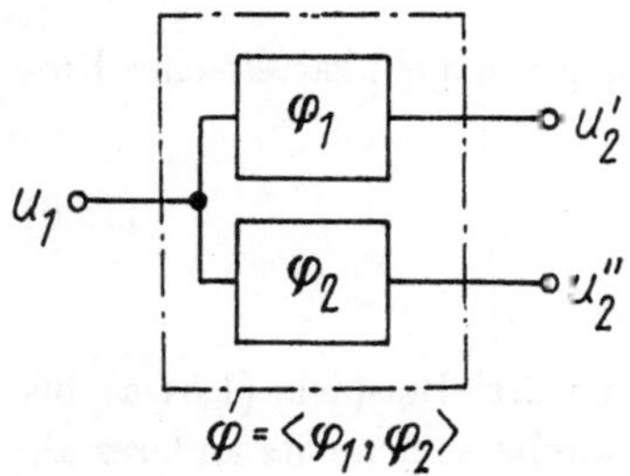

Abb. 1.27. Eingangsseitige Zusammenschaltung zweier Verstärker.

Werden zwei Verstärker mit den Abbildungen φ_1 und φ_2 eingangsseitig zusammengeschaltet, so entsteht eine Gesamtschaltung mit der Abbildung $\varphi = \langle \varphi_1, \varphi_2 \rangle$. $\square$

Offensichtlich läßt sich das direkte Produkt gleichfalls auf mehrfache Produkte erweitern. In (1.60) wurde das direkte Produkt zweier Abbildungen durch

$$\varphi = \langle \varphi_1, \varphi_2 \rangle, \qquad \varphi(x) = (\varphi_1(x), \varphi_2(x))$$

dargestellt. Gehen wir zu einem n-fachen direkten Produkt über, so kann dieses durch

$$\varphi = \langle \varphi_1, \varphi_2, \ldots, \varphi_n \rangle \tag{1.61}$$

dargestellt werden.

In noch allgemeineren Fällen ist

$$\varphi = \langle \varphi_1, \varphi_2, \ldots \rangle = \langle \varphi_i \rangle_{i \in \mathbb{N}} \tag{1.62}$$

oder

$$\varphi = \langle \varphi_i \rangle_{i \in I} \tag{1.63}$$

wobei I eine beliebige Indexmenge (z. B. auch die Menge der reellen Zahlen $I = \mathbb{R}$) ist. Man bezeichnet (1.63) als *Abbildungskomplex* (im Sprachgebrauch auch häufig als *Abbildungsfamilie*). Ein Abbildungskomplex ist selbst eine Abbildung und hat an der Stelle x den Wert

$$\varphi(x) = \langle \varphi_i \rangle_{i \in I}(x) = (\varphi_i(x))_{i \in I}.$$

1.2.3.2 Abbildungsmengen

Im Abschnitt 1.1.2.2 wurde das kartesische Produkt zweier Mengen durch (1.20) definiert. Danach bezeichnet $N_1 \times N_2$ die Menge aller Paare (y_1, y_2), wobei $y_1 \in N_1$ und $y_2 \in N_2$ ist. Ebenso ist $N_1 \times N_2 \times N_3$ die Menge aller Tripel (y_1, y_2, y_3) mit $y_1 \in N_1, y_2 \in N_2$ und $y_3 \in N_3$.

Gehen wir zu einem mehrfachen kartesischen Produkt von n Mengen $N_1, N_2, \ldots, N_n$ über, so bezeichnet

$$\mathop{\times}_{i=1}^{n} N_i = N_1 \times N_2 \times \ldots \times N_n \tag{1.64}$$

die Menge aller n-Tupel $(y_1, y_2, \ldots, y_n)$ mit $y_i \in N_i$.

Ein kartesisches Produkt von abzählbar vielen Mengen $N_1, N_2, \ldots$

$$\mathop{\Huge\times}_{i=1}^{\infty} N_i = N_1 \times N_2 \times N_3 \times \ldots \tag{1.65}$$

ist die Menge aller Folgen $(y_1, y_2, y_3, \ldots)$ und schließlich allgemein ein kartesisches Produkt mit einer beliebigen Indexmenge

$$\mathop{\Huge\times}_{i \in I} N_i \tag{1.66}$$

die Menge aller Familien $(y_i)_{i \in I}$.

Wie die Ausführungen im Abschnitt 1.2.2.2 (vgl. die drei Beispiele (1.54-a) bis (1.54-c)) zeigten, ist ein n-Tupel, eine Folge oder eine Familie aber nichts anderes als eine spezielle Darstellungsform (Schreibweise) für eine Abbildung φ. Insofern sind die kartesischen Produkte (1.64), (1.65) und (1.66) nichts anderes als *Mengen von Abbildungen* (Funktionsmengen), und zwar jeweils die Menge *aller* Abbildungen von I in $\bigcup_{i \in I} N_i$.

In den wichtigsten Fällen sind in (1.64), (1.65) und (1.66) alle Mengen N_i identisch, d. h., es gilt für alle $i \in I$

$$N_i = N.$$

In diesem Fall schreibt man, in Analogie zur Mengenpotenz, anstelle von (1.66)

$$N^I = \{\varphi | \varphi : I \to N\}. \tag{1.67}$$

$\boxed{\text{Mit } N^I \text{ bezeichnet man die Menge aller Abbildungen von } I \text{ in } N.}$

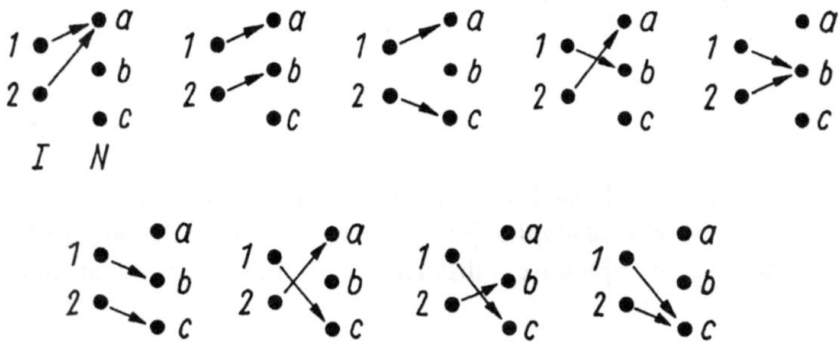

Abb. 1.28. Abbildungsmenge (Beispiel 1).

Beispiel 1: Gegeben sind die Mengen $I = \{1, 2\}$ und $N = \{a, b, c\}$. Die Menge aller Abbildungen von I in N kann z. B. durch Abbildungsgraphen (Abb. 1.28) oder in der ausfürlichen Form

$$N^I = \quad \{\{(1,a),(2,a)\}, \{(1,a),(2,b)\}, \{(1,a),(2,c)\}$$
$$\{\{(1,b),(2,a)\}, \{(1,b),(2,b)\}, \{(1,b),(2,c)\}$$
$$\{\{(1,c),(2,a)\}, \{(1,c),(2,b)\}, \{(1,c),(2,c)\}\}$$

dargestellt werden. Es gibt in diesem Beispiel neun verschiedene Abbildungen von I in die Menge N.   □

Beispiel 2: Es sind die Mengen $I = \{1,2,3,4\}$ und $N = \{0,1\}$ gegeben. Die Menge aller Abbildungen von I in N kann z. B. auch durch die Darstellung in Abb. 1.29 (als Teilmengen von $I \times N$) oder als Menge von 4–Tupeln in der verkürzten Form

$$N^I = \{(0,0,0,0),(0,0,0,1),(0,0,1,0),(0,0,1,1,),$$
$$(0,1,0,0),(0,1,0,1),\ldots,(1,1,1,0),(1,1,1,1)\}$$

angegeben werden. Wir erhalten in diesem Beispiel 16 verschiedene Abbildungen.   □

Ist in (1.67) speziell $I = \underline{n} = \{1,2,\ldots,n\}$ und $N = A$ eine endliche Menge, so ist $A^{\underline{n}}$ (gleichbedeutend mit A^n) eine endliche Menge von n–Tupeln $\underline{a} = (a_1, a_2, \ldots, a_n)$. In diesem Sonderfall nennt man A auch ein (endliches) *Alphabet*, die Elemente $a \in A$ *Buchstaben* und die n–Tupel $\underline{a}$ *Wörter* aus dem Alphabet A. Die Menge aller Wörter, d. h. die Menge aller endlichen Folgen $\underline{a}$ aus A, wird in der Regel mit $W(A)$ oder kürzer mit A^* bezeichnet. Es gilt

$$A^* = \bigcup_{n=1}^{\infty} A^n. \tag{1.68}$$

Daraus läßt sich folgern, daß A^* eine abzählbare Menge ist.

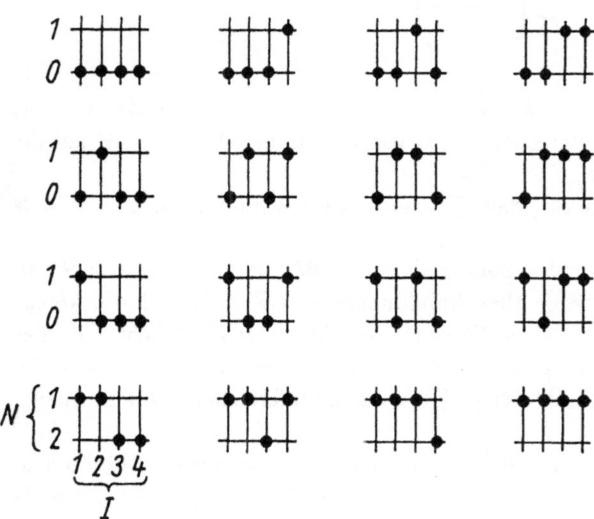

Abb. 1.29. Abbildungsmenge (Beispiel 2).

Die Menge A^* ist für die Theorie zeitdiskret arbeitender Systeme (*Automaten*, Digitalrechner) und für die Konstruktion von (*Programmier–*) *Sprachen* insofern von fundamentaler Bedeutung, als jeder endliche Automat durch eine bestimmte Teilmenge von $A^* \times A^*$ (d. h. eine Relation) und jede *formale Sprache* durch eine Teilmenge von A^* definiert werden kann.

Ein weiterer wichtiger Sonderfall liegt vor, wenn in (1.67) $N = I = \mathbb{N}$ ist. In diesem Fall bezeichnet N^I die Menge aller Abbildungen $\varphi : \mathbb{N} \to \mathbb{N}$ der natürlichen Zahlen $\mathbb{N}$ in sich. Während für beliebige Abbildungen $\psi : M \to N$ nur die Existenz der Werte $\psi(x)$

postuliert werden kann, gibt es Funktionen $\varphi : \mathbb{N} \to \mathbb{N}$, die (*effektiv*) *berechenbar* sind, d. h., für die mit einem endlichen System von (Rechen-) Regeln nach endlich vielen Schritten $\varphi(x)$ ermittelt werden kann.

Beispiel: Eine Abbildung $\varphi : \mathbb{N}_0 \to \mathbb{N}_0$ ($\mathbb{N}_0 = \{0,1,2,\ldots\}$) sei durch folgende drei Regeln definiert

$$\varphi(0) = 1, \qquad \varphi(1) = 1,$$

$$\varphi(n) = \varphi(n-1) + \varphi(n-2) \text{ für } n \geq 2. \tag{1.69}$$

Diese *induktiv* (rekursiv) *definierte Funktion* ist berechenbar für jedes $n \in \mathbb{N}_0$, denn das Regelsystem ist endlich, und nach endlich vielen Rechenschritten

$$\varphi(2) = \varphi(1) + \varphi(0), \qquad \varphi(3) = \varphi(2) + \varphi(1),\ldots$$

erhält man $\varphi(n)$. Schrittweise ergibt sich so die Folge $(1,1,2,3,5,8,13,21,34,\ldots)$.

Bemerkt sei noch, daß man $\varphi(n)$ in diesem Fall auch durch eine „geschlossene Formel" (eine einzige Regel) angeben kann:

$$\varphi(n) = \frac{1}{\sqrt{5}} \left(\frac{1+\sqrt{5}}{2} \right)^{n+1} - \frac{1}{\sqrt{5}} \left(\frac{1-\sqrt{5}}{2} \right)^{n+1}.$$

□

Die Bedeutung der *berechenbaren Funktionen* im Bereich der natürlichen Zahlen liegt u.a. darin, daß man die effektive Berechenbarkeit von Funktionen $f : A^* \to A^*$ auf die von $\varphi : \mathbb{N} \to \mathbb{N}$ zurückführen kann.

Es sei abschließend noch bemerkt, daß die Menge aller Abbildungen $\varphi : \mathbb{N} \to \mathbb{N}$ überabzählbar ist (vgl. (1.51)).

Wir betrachten nun noch folgenden Sonderfall von (1.67): Es sei $N = I = \mathbb{R}$. In diesem Fall bezeichnet N^I die Menge aller Abbildungen von $\mathbb{R}$ in $\mathbb{R}$, d. h. die *Menge aller reellen Funktionen*. Die Mächtigkeit dieser Menge übersteigt die Mächtigkeit des Kontinuums. In den meisten Fällen werden nur Teilmengen dieser Menge betrachtet, die bestimmte Eigenschaften haben (z. B. stetige Funktionen, differenzierbare Funktionen usw.).

Für die Anwendungen in Physik und Technik sind besonders solche Abbildungsmengen von Bedeutung, bei denen die Indexmenge I die Bedeutung einer *Zeitskala* erhält. Solche Mengen von Zeitfunktionen werden auch als *Prozesse* bezeichnet. Da Prozesse ebenfalls Mengen sind, kann man auf sie alle im vorstehenden angestellten Überlegungen übertragen, insbesondere kann man Prozeßrelationen (Teilmengen des kartesischen Produktes zweier Prozesse), also *Systeme*, betrachten. Einfache Beispiele solcher Systeme wurden bereits in Abschnitt 1.2.1.3 angegeben.

1.2.4 Aufgaben zum Abschnitt 1.2

1.2-1 Gegeben sei für $M = \{1,2,3,4,5\}$ die Relation $\sigma = \{(1,3),(2,4)(3,5))\} \subset M \times M$.

  a) Stellen Sie $M \times M$ als Punktgitter dar, und markieren Sie die Teilmenge σ!

b) Charakterisieren Sie σ durch eine Aussage $\mathcal{P}(x, y)$!

c) Zeichnen Sie den Relationengraphen!

d) Die Relation σ ist weder reflexiv noch symmetrisch noch transitiv. Warum?

1.2-2 Auf der Menge $\underline{P}(M)$ mit $M = \{a, b\}$ sei die Relation $\subset$ eingeführt.

a) Geben Sie die $\subset$ definierende Menge an!

b) Zeichnen Sie den zugehörigen Relationengraphen!

c) Welche Grundeigenschaften besitzt diese Relation?

1.2-3 a) Gegeben seien n Mengen $M_i (i = 1, 2, \ldots, n)$. Wieviel n–stellige Relationen lassen sich zwischen diesen Mengen definieren, wenn die Menge M_i genau m_i Elemente besitzt?

b) Wieviel verschiedene n–stellige Relationen lassen sich auf einer m–elementigen Menge M definieren?

c) Wieviel dreistellige Relationen gibt es auf einer zweielementigen Menge?

1.2-4 Gegeben sind die Relationen σ_1, σ_2 und σ_3 mit den in Abb. 1.2-4 dargestellten Relationengraphen.

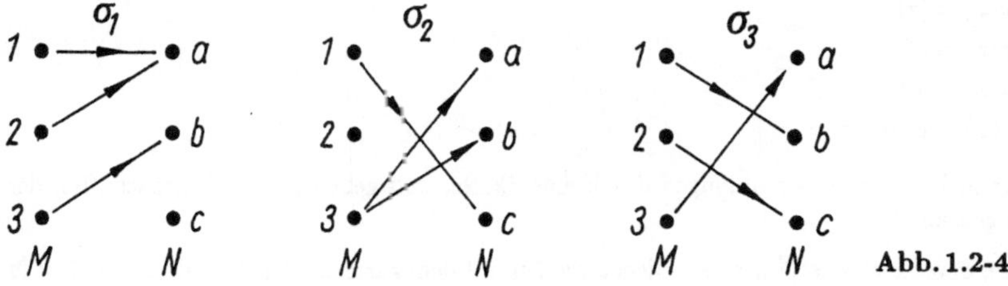

a) Wie lauten die Teilmengen von $M \times N$, die die Relationen σ_1, σ_2 und σ_3 charakterisieren?

b) Man gebe Definitions– und Wertebereich dieser Relationen an!

c) Welche Relationen sind rechtseindeutig, welche linkseindeutig?

1.2-5 Auf der Menge $\mathbb{N}^2$ ($\mathbb{N}$ ist die Menge der natürlichen Zahlen) werden folgende Relationen eingeführt:

$$\sigma_1 : \quad (z_1, z_2)\sigma_1(z_1', z_2') \Leftrightarrow z_1 + z_1' = z_2 + z_2'$$
$$\sigma_2 : \quad (z_1, z_2)\sigma_2(z_1', z_2') \Leftrightarrow z_1 + z_2' = z_2 + z_1'$$

Handelt es sich um Äquivalenzrelationen?

1.2-6 Gegeben sind eine m–elementige Menge M und eine n–elementige Menge N.

a) Man bestimme die Anzahl aller möglichen Abbildungen von M in N!

b) Geben Sie alle Abbildungen von $M = \{a, b, c\}$ in $N = \{x, y\}$ an!

1.2-7 Gegeben ist die Relation

$$\sigma = \left\{ \left(\begin{pmatrix} x \\ y \\ z \end{pmatrix}, \begin{pmatrix} x' \\ y' \\ z' \end{pmatrix} \right) \middle| \begin{pmatrix} x' \\ y' \\ z' \end{pmatrix} = \begin{pmatrix} a_{11} & a_{12} & a_{13} \\ a_{21} & a_{22} & a_{23} \\ a_{31} & a_{32} & a_{33} \end{pmatrix} \begin{pmatrix} x \\ y \\ z \end{pmatrix} \right\}$$

$$(x, y, z, x', y', z', a_{\mu\nu} \in \mathbb{R}; \mu, \nu \in \{1, 2, 3\})$$

a) Ist diese Relation rechtseindeutig?

b) Ist die Relation linkseindeutig?

1.2-8 Es sei M die Menge der reellen Zahlen z mit $-1 \leq z \leq +1$. Man untersuche die Eindeutigkeit folgender zweistelliger Relationen auf M und gebe in jedem Fall Definitions– und Wertebereich an ($x \in M$, $y \in M$):

    a) $\sigma_a = \{(x,y)|x = 2y + 1\}$

    b) $\sigma_b = \{(x,y)|y = x^2\}$

    c) $\sigma_c = \{(x,y)|2y^2 - x = 1\}$

1.2-9 Gegeben sei die Menge $M = \{1,2,3,4,5\}$ und die Abbildung
$\varphi : M \to M, \varphi = \{(1,1),(2,2),(3,1),(4,2),(5,3)\}$.

    a) Zeichnen Sie den Abbildungsgraphen!

    b) Geben Sie den Wertebereich W_φ an!

    c) Geben Sie die Menge aller Urbilder von $y \in W_\varphi$ an!

    d) Geben sie die von φ erzeugte Klasseneinteilung $\underline{\Pi}(M)$ von M an!

    e) Ist φ surjektiv und (oder) injektiv?

1.2-10 Gegeben sind folgende Abbildungen $\varphi : \mathbb{R} \to \mathbb{R}, \quad y = \varphi(x)$:

    a) $y = \varphi(x) = |x|$,

    b) $y = \varphi(x) = e^x$,

    c) $y = \varphi(x) = x^3$,

    d) $y = \varphi(x) = e^x \cos x$.

Veranschaulichen Sie die Abbildungen durch eine Skizze, und geben Sie die Eigenschaften der Abbildungen an!

1.2-11 Zeigen Sie, daß die Menge $\mathbb{N}$ der natürlichen Zahlen mit dem kartesischen Produkt $\mathbb{N}^2 = \mathbb{N} \times \mathbb{N}$ gleichmächtig ist!

1.2-12 Zeigen Sie durch die Angabe einer eineindeutigen Abbildung (unter Zuhilfenahme geometrischer Vorstellungen), daß

    a) die Menge aller reellen Zahlen x im Intervall $a \leq x \leq b$ mit der Menge der reellen Zahlen x' jedes Teilintervalls $a' \leq x \leq b'$ gleichmächtig ist! (a, a', b, b' seien endlich, und es gelte $a \neq a'$ und $b \neq b'$.)

    b) die Menge aller reellen Zahlen x' im Intervall $0 < x' < 1$ mit der Menge aller reellen Zahlen $x(-\infty < x < +\infty)$ gleichmächtig ist!

1.2-13 Es sei D die Menge aller im Intervall $0 \leq x < +\infty$ beliebig oft differenzierbaren reellen Funktionen f, die nebst allen ihren Ableitungen im Unendlichen verschwinden. Dann ergibt die Differentiation eine Abbildung von D in D, da

$$f \in D \Rightarrow f' \in D.$$

Ist diese Abbildung bijektiv?

1.2-14 Gegeben seien die Abbildungen

$$\varphi_1 : \mathbb{R} \to \mathbb{R}, \quad \varphi_1(x) = 2x^2 + 2,$$
$$\varphi_2 : \mathbb{R} \to \mathbb{R}, \quad \varphi_2(x) = e^x.$$

Berechnen Sie $(\varphi_1 \circ \varphi_2)(5), (\varphi_1 \times \varphi_2)(2,3)$ und $\langle \varphi_1, \varphi_2 \rangle(4)$!

1.3 Operationen

1.3.1 Algebraische Strukturen

1.3.1.1 Operation und Struktur

Sind x_1 und x_2 zwei reelle Zahlen, so kann man z. B. durch Addition von x_1 und x_2 eine neue reelle Zahl, die Summe $x = x_1 + x_2$, bilden. Durch Multiplikation von x_1 und x_2 erhält man das Produkt $x_1 \cdot x_2$.

In ähnlicher Weise kann man zwei Vektoren x_1 und x_2 durch Addition einen dritten Vektor, die Summe $x = x_1 + x_2$ dieser Vektoren, oder zwei Matrizen $\mathbf{A}_1$ und $\mathbf{A}_2$ ihr Produkt $\mathbf{A} = \mathbf{A}_1 \cdot \mathbf{A}_2$ zuordnen.

Allen diesen Beispielen ist gemeinsam, daß zwei Elementen (Zahlen, Vektoren, Matrizen) x_1 und x_2 einer Menge A (Menge $\mathbb{R}$, Menge aller Vektoren bzw. Matrizen gleicher Dimension bzw. Ordnung) ein weiteres Element x (Summe $x_1 + x_2$, Produkt $x_1 \cdot x_2$ usw.) zugeordnet ist. Genauer: Jedem geordneten Elementepaar $(x_1, x_2) \in A \times A$ ist ein $x \in A$ zugeordnet, das man durch Ausführung einer gewissen *algebraischen Operation* $*$ (Addition, Multiplikation) aus x_1 und x_2 erhält, in Zeichen

$$(x_1, x_2) \mapsto x \quad \text{oder} \quad x = x_1 * x_2. \tag{1.70}$$

Die Zuordnung $(x_1, x_2) \mapsto x$ ist nichts anderes als eine Abbildung

$$\varphi : A \times A \to A, \qquad \varphi(x_1, x_2) = x, \tag{1.71-a}$$

und damit ist auch $x_1 * x_2$ nur eine andere Schreibweise für $\varphi(x_1, x_2)$:

$$\varphi(x_1, x_2) = x_1 * x_2. \tag{1.71-b}$$

Man definiert daher:

Eine (binäre) Operation $*$ auf A ist eine Abbildung $\varphi = *$ von $A \times A$ in A:

$$* : A \times A \to A, \qquad *(x_1, x_2) = x_1 * x_2 = x. \tag{1.72}$$

Beispiel 1: Nimmt man für A die Menge $\mathbb{Z}$ der ganzen Zahlen und für $*$ die Addition, so ist für (1.72) zu schreiben

$$+ : \mathbb{Z} \times \mathbb{Z} \to \mathbb{Z}, \qquad +(x_1, x_2) = x_1 + x_2 = x,$$

also z. B.

$$+(3, 5) = 3 + 5 = 8.$$

$\square$

Bei der angegebenen Verallgemeinerung des Operationsbegriffes für Zahlen, Vektoren usw. kann man mit ganz beliebigen Objekten „rechnen".

Beispiel 2: Es sei $A = \underline{P}(M)$ die Potenzmenge von $M = \{1,2\}$, nämlich

$$A = \{\emptyset, \{1\}, \{2\}, M\},$$

und $*$ die Operation $\cap$. In der allgemeinen Symbolik (1.72) ist nun zu schreiben

$$\cap : \underline{P}(M) \times \underline{P}(M) \to \underline{P}(M), \qquad \cap(N_1, N_2) = N_1 \cap N_2 = N.$$

Man kann das Ergebnis der Verknüpfung für alle Elemente von A in einer *Operationstabelle* angeben:

$\cap$	$\emptyset$	$\{1\}$	$\{2\}$	M
$\emptyset$	$\emptyset$	$\emptyset$	$\emptyset$	$\emptyset$
$\{1\}$	$\emptyset$	$\{1\}$	$\emptyset$	$\{1\}$
$\{2\}$	$\emptyset$	$\emptyset$	$\{2\}$	$\{2\}$
M	$\emptyset$	$\{1\}$	$\{2\}$	M

Bei dieser Tabelle steht im Schnittpunkt von Zeile N_1 und Spalte N_2 das Operationsergebnis $N_1 \cap N_2$, z. B. ist

$$\{2\} \cap M = \{2\}.$$

$\square$

Beispiel 3: Gegeben sei die Menge $A = \{1,2,3\}$. Auf dieser Menge wird die Operation $* = +$ definiert durch

$$x_1 + x_2 = \text{Max} \{x_1, x_2\} \tag{1.73}$$

d. h., das Ergebnis der Verknüpfung von x_1 und x_2 ist die größere der beiden Zahlen. Aus der zugehörigen Operationstabelle entnimmt man, daß z. B. die „Summe" von 2 und 3 wieder 3 ist:

$+$	1	2	3
1	1	2	3
2	2	2	3
3	3	3	3

$$2 + 3 = 3. \tag{1.74}$$

$\square$

Man nennt die Menge A zusammen mit ihrer Operation $*$ eine *algebraische Struktur* und schreibt

$$\boxed{(A, *).} \tag{1.75}$$

Die Menge A heißt *Träger* und $*$ *Operation* der Struktur $(A, *)$.

Durch die obigen drei Beispiele sind dann folgende algebraische Strukturen gegeben:

$$(\mathbb{Z}, +), \qquad (\underline{P}(M), \cap), \qquad (\{1,2,3\}, +). \tag{1.76}$$

Es ist wichtig, zu beachten, daß vom Standpunkt der modernen Algebra zwischen den Strukturen mit Zahlenmengen (z. B. $\mathbb{Z}$) und beliebigen Mengen (z. B. $\underline{P}(M)$) als Träger kein prinzipieller Unterschied besteht. Bei einer algebraischen Struktur kommt es nur auf die formale Eigenschaft der Operation (Abbildung) $* : A \times A \to A$ an, nicht auf die Bedeutung der miteinander verknüpften (addierten, multiplizierten) Elemente $x \in A$. Deshalb ist auch die Wahl der Symbole für die verknüpften Elemente x ebenso unwesentlich wie die Wahl des Symbols $*$ für die Verknüpfung selbst. Zum Beispiel bedeutet in (1.74) $2 + 3 = 3$ natürlich nicht, daß die Summe der natürlichen Zahlen 2 und 3 (im üblichen Sinne) 3 ergibt, sondern daß in einer dreielementigen Menge eine Operation definiert ist, die das Symbol $+$ erhält. Bezüglich dieser Operation ist dann den zwei Elementen mit den Symbolen 2 und 3 das Element mit dem Symbol 3 zugeordnet.

Der Operationsbegriff im Sinne von (1.72) läßt sich in mehrfacher Hinsicht verallgemeinern. Enthält eine algebraische Struktur mehrere Trägermengen, so kann z. B. gelten:

$$* : A \times B \to A, \qquad *(x_1, y) = x_1 * y = x_2, \tag{1.77-a}$$

$$* : A \times B \to C, \qquad *(x, y) = x * y = z, \tag{1.77-b}$$

Im Gegensatz zu den Operationen im Sinne von (1.72), die man als *innere Operationen* bezeichnet, nennt man die durch (1.77) erklärten Operationen *äußere Operationen*.

Bei höherstelligen, z. B. *k–stelligen Operationen* schreibt man

$$\varphi : A^k \to A, \qquad \varphi(x_1, x_2, \ldots, x_k) = x. \tag{1.78}$$

Während man für *zweistellige Operationen* – das sind die weitaus wichtigsten Operationen – statt $\varphi(x_1, x_2)$ immer z. B. $x_1 * x_2, x_1 \nabla x_2, x_1 + x_2, x_1 \cdot x_2$ schreibt, wird bei den höherstelligen Operationen die Abbildungssymbolik beibehalten.

Diese Ausnahme in der Wahl der Symbolik für den Fall $n = 2$ hat einmal historische Gründe, zum anderen wird aber auf diese Weise auch äußerlich unterstrichen, daß vor allem Abbildungen $\varphi : \varphi(x_1, x_2) = x$ zweier Veränderlicher als Elementarabbildungen die Bausteine für die Konstruktion komplizierter Abbildungen (oder höherstelliger Operationen) bilden. Denn natürlich ist „*k–stellige algebraische Operation*" nur ein anderes Wort für „Abbildung (Funktion) von k Veränderlichen".

Weitere Verallgemeinerungen sind möglich, wenn z. B. in (1.77-a) an die Stelle von A und (oder) B Abbildungen, Mengensysteme oder Produktmengen (Mengenpotenzen) treten.

Die Multiplikation $*$ eines Vektors $x = (x_1, x_2, \ldots, x_n)$ des n–dimensionalen reellen Euklidischen Raumes mit einer reellen Zahl a ist z. B. eine algebraische Operation vom Typ (1.77-a) mit $A = \mathbb{R}^n$ und $B = \mathbb{R}$,

$$\begin{aligned} * : \mathbb{R}^n \times \mathbb{R} \to \mathbb{R}^n, \qquad *((x_1, \ldots, x_n), \ a) &= (x_1, \ldots, x_n) * a \\ &= (x_1 \cdot a, \ldots, x_n \cdot a), \end{aligned} \tag{1.79}$$

wobei $\cdot$ die Multiplikation reeller Zahlen bezeichnet.

Wir erwähnen schließlich noch die *einstellige Operation*

$$\varphi : A \to A, \qquad \varphi(x_1) = x_2 \tag{1.80}$$

und die *nullstellige Operation*, die in der Auswahl (Auszeichnung) von Elementen x aus A besteht.

Beispiel 1: In der Struktur $(\mathbb{R}, +)$ (reelle Zahlen mit Addition) ist die Operation „Umkehr des Vorzeichens"

$$\varphi : \mathbb{R} \to \mathbb{R}, \qquad \varphi(x) = -x$$

eine einstellige Operation, durch die jeder reellen Zahl x die entsprechende Zahl mit umgekehrtem Vorzeichen zugeordnet ist. $\quad\square$

Beispiel 2: Die Auswahl (Nennung, Auszeichnung) einer bestimmten Zahl $x \in \mathbb{R}$ (z. B. $x = 1$) oder einer Teilmenge von $\mathbb{R}$ (z. B. x ist eine gerade Zahl) ist eine nullstellige Operation auf der Menge $\mathbb{R}$. $\quad\square$

Wir bemerken noch, daß Operationen als spezielle Abbildungen natürlich auch als Relationen aufgefaßt werden können. So definiert z. B. die zweistellige Operation (1.77-b) die dreistellige Relation

$$\sigma \subset A \times B \times C : \sigma = \{(x, y, z) | x * y = z\}. \tag{1.81}$$

Allgemein ist durch eine k–stellige Operation eine $(k + 1)$–stellige Relation definiert.

Auf einer Menge A können gleichzeitig mehrere Operationen definiert sein. Zum Beispiel sind auf der Menge $\mathbb{R}$ der reellen Zahlen die Addition $+$ und die Multiplikation $\cdot$ und weitere hieraus abgeleitete Operationen (Subtraktion, Division, Potenzieren, Radizieren usw.) definiert. Die Menge $\mathbb{R}$ zusammen mit den Operationen $+$ und $\cdot$ erhält das Struktursymbol $(\mathbb{R}, +, \cdot)$. Addition $+$ und Multiplikation $\cdot$ sind hierbei zwei zweistellige Operationen. Allgemeiner können n Operationen auf einer Menge A

$$\begin{aligned}
\varphi_1 : \quad & A^{k_1} \to A, \qquad & \varphi_1(x_1, \ldots, x_{k_1}) = \quad & y_1, \\
\varphi_2 : \quad & A^{k_2} \to A, \qquad & \varphi_2(x_1, \ldots, x_{k_2}) = \quad & y_2, \\
\vdots \quad & \quad \vdots & \quad \vdots & \quad \vdots \\
\varphi_n : \quad & A^{k_n} \to A, \qquad & \varphi_n(x_1, \ldots, x_{k_n}) = \quad & y_n,
\end{aligned} \tag{1.82}$$

der Stellenzahl $k_1, k_2, \ldots, k_n$ definiert sein. Man spricht dann von einer *universellen algebraischen Struktur (Algebra)* des *Typs* $(k_1, k_2, \ldots, k_n)$ und bezeichnet sie mit dem Struktursymbol

$$\boxed{(A, \varphi_1, \varphi_2, \ldots, \varphi_n).} \tag{1.83}$$

Dabei werden in der Regel die zweistelligen Operationen durch ihr Operationssymbol (z. B. $*, \nabla +, \cdot$) und die nullstelligen Operationen durch die ausgewählte Teilmenge von A bzw. – bei Auswahl einer einelementigen Menge – durch das aus A ausgewählte Element gekennzeichnet.

Beispiel: Eine universelle algebraische Struktur vom Typ (2,2,1,0,0) ist

$$\boxed{(\underline{P}(M), \cup, \cap, {}^{-}, \emptyset, M),} \tag{1.84}$$

worin M eine beliebige (endliche) Menge ist. Auf der Trägermenge $\underline{P}(M)$ sind fünf Operationen definiert, für die gilt:

$$\begin{aligned}
\varphi_1 = \cup \quad & : \text{ Vereinigung } (N_1 \cup N_2 = N_3), \qquad & k_1 = 2; \\
\varphi_2 = \cap \quad & : \text{ Durchschnitt } (N_1 \cap N_2 = N_4), \qquad & k_2 = 2; \\
\varphi_3 = {}^{-} \quad & : \text{ Komplementbildung } (\overline{N} = N_5), \qquad & k_3 = 1; \\
\varphi_4 = \emptyset \quad & : \text{ Auswahl von } \emptyset \subset M, \qquad & k_4 = 0; \\
\varphi_5 = M \quad & : \text{ Auswahl von } M \subset M, \qquad & k_5 = 0.
\end{aligned}$$

$\quad\square$

Die Algebra (1.84) heißt auch (endliche) *Mengenalgebra* und besitzt fundamentale Bedeutung u.a. für die Analyse von Schaltungen und darüber hinaus für die gesamte moderne Mathematik (siehe Abschn. 1.3.2.3).

1.3.1.2 Strukturverknüpfung

Aus gegebenen algebraischen Strukturen lassen sich neue Strukturen aufbauen. Relativ elementar ist das (kartesische) *Produkt* von Strukturen.

Ist (A, φ) eine Struktur mit einer m–stelligen Operation

$$\varphi : A^m \to A, \qquad \varphi(x_1, x_2, \ldots, x_m) = x$$

und (B, ψ) eine Struktur mit einer n–stelligen Operation

$$\psi : B^n \to B, \qquad \psi(y_1, y_2, \ldots, y_n) = y,$$

so heißt (vgl. (1.59)) die Struktur $(A \times B, \varphi \times \psi)$ mit der Operation

$$\varphi \times \psi : A^m \ \times \ B^n \to A \times B,$$
$$(\varphi \ \times \ \psi)(x_1 \ldots, x_m; y_1, \ldots, y_n) = (\varphi(x_1, \ldots, x_m), \psi(y_1, \ldots, y_n)) \quad (1.85)$$

(kartesisches) Produkt der Strukturen (A, φ) und (B, ψ).

Besonders wichtig ist das ständig verwendete Prinzip der *Operationsübertragung*. Wir wollen diesen Begriff zunächst an einem Beispiel erläutern.

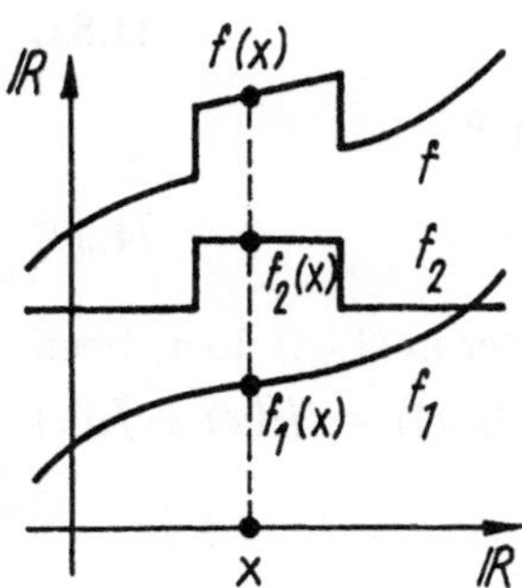

Abb. 1.30. Zur Erläuterung des Begriffes Operationsübertragung (Beispiel).

Gegeben sei die bekannte Struktur $(\mathbb{R}, +)$, die Menge der reellen Zahlen mit der Addition. Die auf dieser Menge definierte Operation „Addition" läßt sich auch auf andere Mengen übertragen, z. B. auf die Menge $\mathbb{R}^\mathbb{R}$ der reellen Funktionen $f : \mathbb{R} \to \mathbb{R}$. Dadurch entsteht eine neue Struktur $(\mathbb{R}^\mathbb{R}, \widehat{+})$, die Menge der reellen Funktionen mit der „Funktionenaddition" $\widehat{+}$. Natürlich muß dabei erst definiert werden, was unter Funktionenaddition verstanden werden soll. Die Addition reeller Funktionen wird aus der bekannten Addition reeller Zahlen dadurch abgeleitet, daß man definiert

$$f(x) = f_1(x) + f_2(x). \tag{1.86}$$

Das bedeutet: Der Wert der Summenfunktion f an der Stelle x ergibt sich aus der Summe der Funktionswerte der Funktionen f_1 und f_2 an der gleichen Stelle x (Abb. 1.30).

Die durch (1.86) definierte Funktion f heißt Summe von f_1 und f_2. Wir schreiben dafür

$$f = f_1 \widehat{+} f_2 \tag{1.87}$$

und verwenden dabei das Symbol $\widehat{+}$ der Funktionenaddition. Beide Arten der Addition sind formal zu unterscheiden. Die Funktionenaddition $\widehat{+}$ in (1.87) wird durch die Zahlenaddition $+$ in (1.86) definiert. Man schreibt dafür zusammenfassend

$$(f_1 \widehat{+} f_2)(x) = f_1(x) + f_2(x) \tag{1.88}$$

und spricht von einer *Übertragung* der Operation Addition von der Menge der reellen Zahlen auf die Menge der reellen Funktionen. Es sei noch bemerkt, daß man in den Anwendungen der Einfachheit halber in (1.88) oft auch anstelle $\widehat{+}$ gleichfalls das Symbol $+$ verwendet.

Das Prinzip der Operationsübertragung läßt sich verallgemeinern. Man versteht darunter die Übertragung einer Operation φ aus einer Struktur (A, φ) in die Menge A^B, d. h. die Menge aller Abbildungen f von einer Menge B in die Menge A. Auf diese Weise wird der Struktur (A, φ) eine neue Struktur $(A^B, \widehat{\varphi})$ zugeordnet, in der $\widehat{\varphi}$ die durch Übertragung von φ entstehende Operation bezeichnet (für die man oft ebenfalls φ schreibt).

Ist $\varphi : A^k \to A$ eine k–stellige Operation, so ist

$$\widehat{\varphi}: \left(A^B\right)^k \to A^B \tag{1.89}$$

ebenfalls k–stellig und ist (1.88) verallgemeinernd definiert durch

$$\left(\widehat{\varphi}\,(f_1, f_2, \ldots, f_k)\right)(x) = \varphi\,(f_1(x), f_2(x), \ldots, f_k(x)). \tag{1.90}$$

Natürlich geht (1.90) für die zweistellige Operation $\varphi = +$ wieder in (1.88) über, wenn vereinbarungsgemäß für $\widehat{+}\,(f_1, f_2) = f_1 \widehat{+} f_2$ und $+(f_1(x), f_2(x)) = f_1(x) + f_2(x)$ geschrieben wird.

1.3.1.3 Isomorphismus

Zwei algebraische Strukturen $(A, *)$ und (B, ∇) des gleichen Typs, die sich nur in der Bedeutung der Elemente ihrer Träger A und B und ihrer Operationen $*$ und ∇ unterscheiden, werden *isomorph* (gleichgestaltig) genannt. Bei isomorphen Strukturen $(A, *)$ und (B, ∇) entspricht (vermöge einer bijektiven Abbildung ψ) jedem $x \in A$ ein $y \in B$, und zwar so, daß sich auch die Operationsergebnisse $x = x_1 * x_2$ und $y = y_1 \nabla y_2$ entsprechen (Abb. 1.31):

$$
\begin{array}{cccccc}
x_1 & * & x_2 = & x & \qquad y_1 = \psi(x_1), & y_2 = \psi(x_2), \\
\psi \updownarrow & & \updownarrow & \updownarrow & & \\
y_1 & \nabla & y_2 = & y & \qquad (y_1 \nabla y_2) = \psi(x_1 * x_2).
\end{array}
$$

Genauer definiert man: Zwei Strukturen $(A, *)$ und (B, ∇) sind isomorph, wenn eine bijektive Abbildung

$$\psi : A \to B, \qquad \psi(x) = y \tag{1.91}$$

existiert, so daß gilt

$$\boxed{\psi(x_1 * x_2) = \psi(x_1)\nabla\psi(x_2).}$$ (1.92)

Eine bijektive Abbildung ψ mit der Eigenschaft (1.92) heißt *isomorphe Abbildung* oder *Isomorphismus* (bezüglich $(A, *)$ und (B, ∇)).

Sind die Strukturen $(A, *)$ und (B, ∇) isomorph, so schreibt man

$$\boxed{(A, *) \cong (B, \nabla).}$$ (1.93)

Isomorphe Strukturen werden algebraisch nicht unterschieden, da sie sozusagen „formal gleich" sind.

Man kann diesen Sachverhalt auch durch ein *kommutatives Diagramm* (Abb. 1.32) ausdrücken. Dieses Diagramm enthält punktiert eingezeichnet zwei Wege der Abbildungsverknüpfungen mit folgender Bedeutung:

Weg ①: Zwei Elemente x_1 und x_2 aus A werden durch $*$ miteinander verknüpft, und man erhält das Element $x = x_1 * x_2$. Das Element x wird vermöge ψ in B abgebildet, und man erhält das Element y.

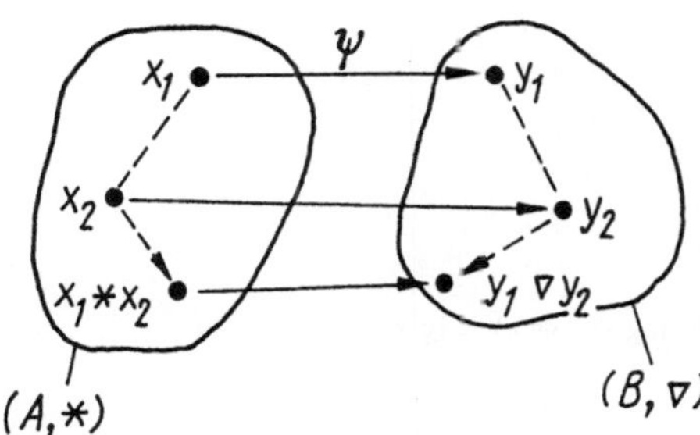

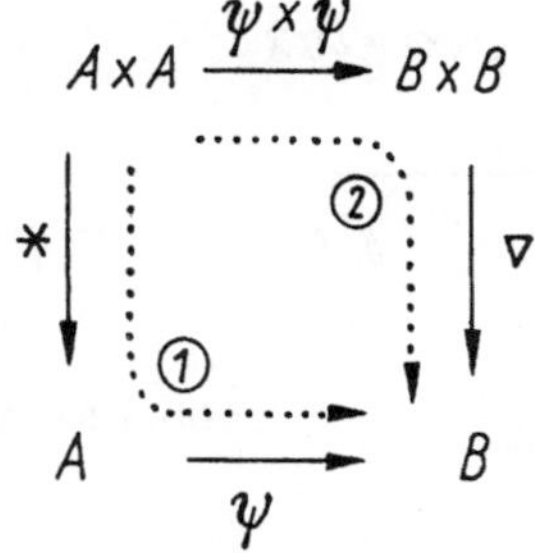

Abb. 1.31. Zur Erläuterung des Begriffes Isomorphismus.

Abb. 1.32. Kommutatives Diagramm.

Weg ②: Das mittels $*$ zu verknüpfende Elementepaar (x_1, x_2) wird zunächst durch das kartesische Produkt $\psi \times \psi$ in $B \times B$ abgebildet. Damit erhält man ein Elementepaar $(y_1, y_2) = (\psi \times \psi)(x_1, x_2)$. Die beiden Elemente dieses Paares werden miteinander nach der Vorschrift ∇ verknüpft, und man erhält $y = y_1\nabla y_2$.

Das im Endergebnis erhaltene Element y ist auf beiden Wegen dasselbe. Die Verkettung von $*$ mit ψ (Weg ①) und die Verkettung von $\psi \times \psi$ mit ∇ (Weg ②) stellen also gleiche Abbildungen dar, in Zeichen

$$(* \circ \psi) = (\psi \times \psi) \circ \nabla.$$ (1.94)

Beispiel: Gegeben sind die Strukturen $(\mathbb{R}^+, \cdot)$ (Menge der positiven reellen Zahlen mit der Multiplikation) und $(\mathbb{R}, +)$ (Menge der reellen Zahlen mit der Addition).

Die bijektive Abbildung (Abb. 1.33)

$$\psi : \mathbb{R}^+ \to \mathbb{R}, \qquad \psi(x) = \lg x$$

ist ein Isomorphismus, denn es gilt (vgl. (1.92))

$$\lg(x_1 \cdot x_2) = \lg x_1 + \lg x_2 \,.$$

Man erhält also die gleiche Zahl, wenn man zwei positive Zahlen multipliziert und vom Ergebnis den Logarithmus bildet oder die Logarithmen der beiden positiven reellen Zahlen addiert. $\Box$

Für Strukturen gleichen Typs mit mehreren Verknüpfungen ist die Isomorphie ganz analog definiert:

Beispielsweise sind die Strukturen $(A, *, \varphi, a_1)$ und (B, ∇, η, b_1) vom Typ $(2,1,0)$ isomorph, wenn eine bijektive Abbildung existiert, so daß gilt

$$\begin{aligned}
\psi(x_1 * x_2) &= \psi(x_1)\nabla\psi(x_2), & \text{(1.95-a)}\\
\psi(\varphi(x)) &= \eta(\psi(x)), & \text{(1.95-b)}\\
\psi(a_1) &= b_1 \,. & \text{(1.95-c)}
\end{aligned}$$

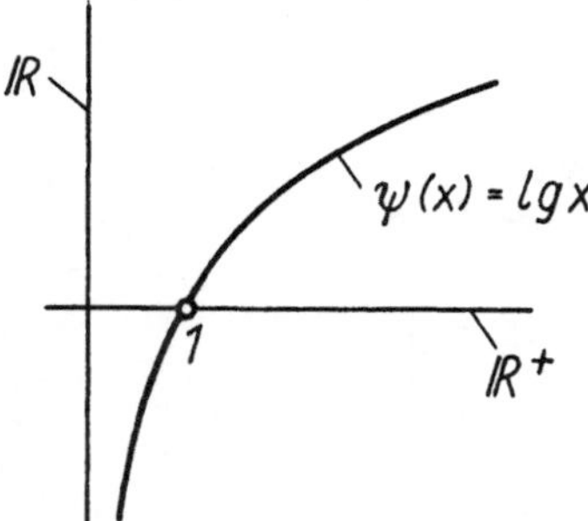

Abb. 1.33. Abbildung $\psi : \psi(x) = \lg x$.

1.3.2 Spezielle Strukturen

1.3.2.1 Gruppoide

Im Abschnitt 1.3.1 wurde der Begriff der algebraischen Struktur (kurz: Algebra) bereits allgemein erläutert. Danach wird eine Algebra durch eine oder mehrere Trägermengen zusammen mit einer oder mehreren Operationen von bestimmter Stellenzahl gebildet. Wir wollen uns nun einigen speziellen Strukturen zuwenden.

Die einfachsten algebraischen Strukturen $(A, *)$ werden durch eine Menge A mit einer zweistelligen Operation $*$ gebildet. Man bezeichnet eine solche Struktur als *Gruppoid*. Bei einem Gruppoid ergibt die Verknüpfung zweier Elemente aus A durch die Operation $*$ wieder ein Element aus A.

Beispiel 1: Die Menge $\mathbb{Z}$ der ganzen Zahlen mit der Multiplikation $\cdot$ bildet ein Gruppoid $(\mathbb{Z}, \cdot)$, denn das Produkt zweier ganzer Zahlen ergibt wieder eine ganze Zahl. $\Box$

Beispiel 2: Die Potenzmenge $\underline{P}(M)$ einer Menge M zusammen mit der symmetrischen Differenz Δ bildet ein Gruppoid $(\underline{P}(M), \Delta)$. Die symmetrische Differenz zweier Teilmengen von M ergibt eine Teilmenge von M, d. h. ein Element von $\underline{P}(M)$. $\Box$

Ist die Operation $*$ eines Gruppoides assoziativ, so bezeichnet man das Gruppoid als *Halbgruppe*. Ein Gruppoid kann ein *neutrales Element* e enthalten, d. h., ein Element $e \in A$, für welches für alle $x \in A$ gilt

$$\boxed{e * x = x * e = x.} \tag{1.96}$$

Beispiel 1: Das Gruppoid $(\mathbb{Z}, \cdot)$ enthält das neutrale Element $e = 1$, denn für alle ganzen Zahlen x gilt $1 \cdot x = x \cdot 1 = x$. $\qquad\square$

Beispiel 2: Das Gruppoid $(\underline{P}(M), \triangle)$ enthält als neutrales Element die leere Menge: $e = \emptyset$. Für alle Teilmengen N von M (das sind die Elemente von $\underline{P}(M)$) gilt die Beziehung $\emptyset \triangle N = N \triangle \emptyset = N$. $\qquad\square$

Ein Gruppoid hat höchstens ein neutrales Element (siehe z. B. [Wun70]). Ist es vorhanden, so ist das Gruppoid vom Typ (2,0) und erhält das Struktursymbol $(A, *, e)$. Durch die Auswahl des neutralen Elementes ist also neben der zweistelligen Operation $*$ noch eine zusätzliche nullstellige Operation hinzugekommen. Ist das Gruppoid eine Halbgruppe mit einem neutralen Element, so bezeichnet man diese Struktur als *Monoid*.

Wegen der besonderen Bedeutung dieser algebraischen Struktur wollen wir noch einige weitere Beispiele wichtiger Monoide betrachten.

Beispiel 3: Gegeben sei die Menge M^M aller Abbildungen $\varphi : M \to M$. Diese Menge bildet zusammen mit der Operation $\circ$ (Komposition, vgl. Abschn. 1.2.3.1) ein Monoid $(M^M, \circ, id)$. Neutrales Element dieses Monoides ist die identische Abbildung, die durch $id(x) = x$ für alle $x \in M$ definiert ist.

Das Monoid $(M^M, \circ, id)$, auch als volle *Transformationshalbgruppe* (symmetrische Halbgruppe) bezeichnet, ist insofern ausgezeichnet, als man zeigen kann: Jedes Monoid ist einer Transformationshalbgruppe isomorph. Damit ergeben sich alle Eigenschaften eines beliebigen Monoides bereits aus den Transformationshalbgruppen. $\qquad\square$

Von besonderer Wichtigkeit sind Monoide $(A, *, e)$, deren Träger A induktiv aus „einfachen" Mengen E geringerer Mächtigkeit als A erzeugt werden können. Wir nennen auch hierzu noch zwei wichtige Beispiele.

Beispiel 4: Es sei $\varphi \in M^M$ und Φ die Menge aller Potenzen φ^n von φ gemäß (1.58). Dann liegt wegen $\varphi^n \circ \varphi^m = \varphi^{n+m}$ auch jedes Produkt von Elementen aus Φ wieder in Φ, d. h., die Struktur $(\Phi, \circ, id)$ ist ein Monoid mit dem neutralen Element $e = \varphi^0 = id$. Die einelementige Menge $\{\varphi\}$ ist hier das *Erzeugendensystem* von Φ. Die Elemente φ^n von Φ sind durch $n \in \mathbb{N}$ parametrisiert (indiziert); $(\Phi, \circ, id)$ heißt deshalb auch *einparametriges (Transformations-) Monoid*. $\qquad\square$

Beispiel 5: Ist A^* die Menge aller Wörter (endlichen Folgen) $\underline{a}$ aus dem (nicht notwendig endlichen) Alphabet A, so ergibt das *Verbindungsprodukt* (Aneinanderfügung) $\underline{a}_1 \bullet \underline{a}_2$ wieder ein Wort:

$$\begin{aligned}
\underline{a}_1 &= (a_1, a_2, \ldots, a_n), \qquad \underline{a}_2 = (a'_1, a'_2, \ldots, a'_m) \\
\underline{a}_1 \bullet \underline{a}_2 &= (a_1, \ldots, a_n, a'_1, \ldots, a'_m) \quad (a_i, a'_i \in A).
\end{aligned} \tag{1.97}$$

Nimmt man formal das leere Wort Θ mit der Eigenschaft

$$\underline{a} \bullet \Theta = \Theta \bullet \underline{a} = \underline{a} \tag{1.98}$$

hinzu, so erhält man das *freie Wortmonoid* $(A^*, \bullet, \Theta)$, das aus der Menge A mit frei wählbaren $a \in A$ *erzeugt* werden kann, indem man $a \in A$ mit $(a) \in A^*$ identifiziert (vgl. Abschn. 1.1.2.1). □

Die beiden zuletzt genannten Monoide sind von fundamentaler Bedeutung für die Systemtheorie, was im weiteren noch deutlich werden wird.

Existiert in einem Gruppoid $(A, *, e)$ mit einem neutralen Element zu einem $x \in A$ ein weiteres Element $\tilde{x} \in A$, so daß gilt

$$\boxed{x * \tilde{x} = \tilde{x} * x = e,} \qquad (1.99)$$

so heißt $\tilde{x}$ *inverses Element* zu x.

Beispiel 1: In dem Gruppoid $(\mathbb{Z}, \cdot)$ mit dem neutralen Element 1 hat nur dieses Element selbst ein (und nur ein) inverses Element, und zwar ist $\tilde{1} = 1$, denn es gilt $1 \cdot \tilde{1} = 1 \cdot 1 = 1$. Für alle anderen $x \in \mathbb{Z}$ existiert kein inverses Element. □

Beispiel 2: In dem Gruppoid $(\mathbb{Z}, +)$ (ganze Zahlen mit der Addition) mit dem neutralen Element 0 hat jedes $x \in \mathbb{Z}$ ein inverses Element $\tilde{x} = -x$. Man erhält $\tilde{x} = -x$, denn es gilt $x + \tilde{x} = x + (-x) = 0$. Das inverse Element der ganzen Zahl x ist also die gleiche Zahl mit entgegengesetztem Vorzeichen. □

In einer Halbgruppe $(A, *, e)$ mit neutralem Element hat jedes Element $x \in A$ höchstens ein inverses Element (siehe z. B. [Wun70]).

Hat im Sonderfall *jedes* $x \in A$ ein inverses Element $\tilde{x}$ (siehe obiges Beispiel 2), so bezeichnet man die Halbgruppe als *Gruppe*. In diesem Fall kommt die Operation $\sim$ (Inversenbildung) als einstellige Operation auf A neu hinzu. Damit erhält die Gruppe das Struktursymbol

$$(A, *, e, {}^\sim) \qquad (1.100)$$

und ist vom Typ (2,0,1).

Wir bemerken noch, daß die Operation $*$ in einer Gruppe auch kommutativ sein kann. Man nennt (1.100) in diesem Fall *kommutative* oder *Abelsche Gruppe* bzw. – falls $*$ die Addition bezeichnet – *Modul*.

Beispiel 1: Die Struktur $(\mathbb{Z}, +, 0, -)$ bildet einen Modul, denn

- die Summe zweier ganzer Zahlen ergibt wieder eine ganze Zahl (Gruppoideigenschaft);

- die Operation $+$ (Addition) ist assoziativ (Halbgruppeneigenschaft);

- es existiert ein neutrales Element, die Zahl 0, so daß für alle $x \in \mathbb{Z}$ gilt: $x + 0 = 0 + x = x$ (Monoideigenschaft);

- für jedes $x \in \mathbb{Z}$ existiert ein inverses Element $\tilde{x} = -x$, so daß $x + \tilde{x} = x + (-x) = 0$ (Gruppeneigenschaft);

- die Operation $+$ ist kommutativ.

Damit ist $(\mathbb{Z}, +, 0, -)$ ein Modul. Im Struktursymbol wurde die Inversenbildung $^\sim$ durch das Subtraktionszeichen $-$ ausgedrückt. □

Beispiel 2: Sind in einem einparametrigen Transformationsmonoid (vgl. obiges Beispiel 4) die Abbildungen φ bijektiv, so erhält man eine Gruppe mit den Elementen $\varphi^n(n \in \mathbb{Z})$ mit $\varphi^{-n} = (\varphi^{-1})^n(n > 0)$, die man als *einparametrige Transformationsgruppe* bezeichnet.   □

Die folgende Tabelle gibt eine zusammenfassende Übersicht über die wichtigsten Gruppoide.

$(A, *)$ heißt	wenn gilt	Typ
Halbgruppe	$*$ ist assoziativ	(2)
Monoid $(A, *, e)$	$(A, *)$ ist Halbgruppe mit neutralem Element	(2,0)
Gruppe $(A, *, e, {}^\sim)$	$(A, *)$ ist Monoid, inverses Element existiert für alle $x \in A$	(2,0,1)
Abelsche Gruppe	$(A, *)$ ist eine Gruppe und $*$ ist kommutativ	(2,0,1)

1.3.2.2 Ringe

Auf dem Träger A eines Gruppoides $(A, *)$ können weitere Operationen definiert sein, so kann z. B. eine Struktur $(A, *, \nabla)$ vom Typ (2,2) vorliegen. Diese Struktur ist dann bezüglich jeder der beiden Operationen (mindestens) ein Gruppoid. Man kann auch sagen: Die durch $(A, *, \nabla)$ definierten *Teilstrukturen* $(A, *)$ und (A, ∇) sind Gruppoide.

Die Einteilung der algebraischen Strukturen vom Typ (2,2) geschieht nach den allgemeinen Operationseigenschaften von $*$ und ∇ (Existenz eines neutralen Elementes, eines inversen Elementes usw.).

Eine algebraische Struktur $(A, *, \nabla)$ heißt *Ring*, wenn folgende Bedingungen erfüllt sind:

a) Die Teilstruktur $(A, *)$ ist eine Abelsche Gruppe.

b) Die Teilstruktur (A, ∇) ist ein Gruppoid.

c) Die Operation ∇ ist distributiv bezüglich $*$:

$$x_1 \nabla (x_2 * x_3) = (x_1 \nabla x_2) * (x_1 \nabla x_3) \qquad (x_1, x_2, x_3, \in A).$$

Beispiel 1: Die Menge der ganzen Zahlen mit den Operationen Addition und Multiplikation bildet einen Ring $(\mathbb{Z}, +, \cdot)$, denn $(\mathbb{Z}, +)$ ist ein Modul (vgl. vorletztes Beispiel im Abschn. 1.3.2.1), die Struktur $(\mathbb{Z}, \cdot)$ ist ein Gruppoid, und außerdem ist die Multiplikation distributiv bezüglich der Addition.   □

Beispiel 2: Einen Ring $(\mathbb{R}, +, \cdot)$ bildet auch die Menge der reellen Zahlen mit den Operationen Addition und Multiplikation. Die Begründung hierfür erfolgt entsprechend Beispiel 1.   □

Beispiel 3: Die Menge $\underline{A}_{nn}$ der n–reihigen quadratischen Matrizen mit reellen Elementen zusammen mit der Matrizenaddition $+$ und der Matrizenmultiplikation $\cdot$ bildet einen Ring $(\underline{A}_{nn}, +, \cdot)$ (vgl. Übungsaufgabe 1.3-8).   □

In einem Ring $(A, *, \nabla)$ bezeichnet man das neutrale Element e_* der Abelschen Gruppe $(A, *)$ als *Nullelement* und schreibt $e_* = 0$. Für die Ringverknüpfung ∇ eines beliebigen Elementes x aus A mit dem Nullelement 0 gilt die Regel

$$0 \nabla x = x \nabla 0 = 0. \tag{1.101}$$

Dabei kann es auch vorkommen, daß die Ringverknüpfung ∇ zweier Elemente $x \in A$ und $y \in A$ das Nullelement 0 ergibt, ohne daß eines dieser beiden Elemente selbst das Nullelement ist. Dann gilt also

$$(x \nabla y = 0) \wedge (x \neq 0, y \neq 0). \tag{1.102}$$

In diesem Fall heißt x linker und y rechter *Nullteiler*.

Beispiel: Für den weiter oben im Beispiel 3 betrachteten Ring $(\underline{A}_{nn}, +, \cdot)$ der quadratischen n–reihigen Matrizen gilt für $n = 2$ z. B.

$$\begin{pmatrix} 2 & 4 \\ 1 & 2 \end{pmatrix} \cdot \begin{pmatrix} -8 & -6 \\ 4 & 3 \end{pmatrix} = \begin{pmatrix} 0 & 0 \\ 0 & 0 \end{pmatrix},$$

d. h., diese Struktur bildet einen Ring mit Nullteilern, denn die rechts stehende Nullmatrix ist offenbar das neutrale Element (Nullelement) von $(\underline{A}_{nn}, +)$.   □

Im Gegensatz dazu stellt die Struktur $(\mathbb{R}, +, \cdot)$ einen Ring ohne Nullteiler dar, denn für jedes $x \in \mathbb{R}$ und $y \in \mathbb{R}$ gilt

$$(x \cdot y = 0) \Leftrightarrow (x = 0 \vee y = 0).$$

In einem Ring $(A, *, \nabla)$ kann neben dem neutralen Element $e_* = 0$ der Abelschen Gruppe $(A, *)$ auch ein neutrales Element des Gruppoides (A, ∇) existieren, das man als *Einselement* $e_\nabla = 1$ bezeichnet. Außerdem kann die Operation ∇ auch assoziativ und (oder) kommutativ sein.

Ringe $(A, *, \nabla)$ mit einer assoziativen und kommutativen Operation ∇ ohne Nullteiler werden als *Integritätsringe* bezeichnet. Einen Integritätsring bilden beispielsweise die ganzen Zahlen mit der Addition $+$ und der Multiplikation $\cdot$ (vgl. obiges Beispiel 1).

Folgender Sonderfall eines Integritätsringes soll noch besonders hervorgehoben werden:

Ein Ring $(A, *, \nabla)$ heißt ein *Körper*, wenn die Struktur $(A \backslash \{0\}, \nabla)$ eine Abelsche Gruppe bildet. Den Träger $A \backslash \{0\}$ der Abelschen Gruppe erhält man dadurch, daß man aus dem Träger A des Ringes das neutrale Element $e_* = 0$ entfernt. In dieser Gruppe existiert ein neutrales Element $e_\nabla = 1$ (Einselement) und für jedes $x \in A \backslash \{0\}$ ein inverses Element.

Beispiele: Die reellen Zahlen mit der Addition und Multiplikation bilden den Körper $(\mathbb{R}, +, \cdot)$ und die komplexen Zahlen mit der Addition und Multiplikation den Körper $(\mathbb{C}, +, \cdot)$.   □

1.3.2.3   Boolesche Algebren

Für die Beschreibung digitaler Systeme (Kapitel 2) sind vor allem die Booleschen Algebren von Bedeutung. Eine *Boolesche Algebra* ist eine spezielle algebraische Struktur

$$(A, *, \nabla, \varphi, e_*, e_\nabla) \tag{1.103}$$

vom Typ (2,2,1,0,0). Diese Struktur enthält als Teilstruktur die Halbgruppen $(A, *, e_*)$ und (A, ∇, e_∇) mit den neutralen Elementen e_* und e_∇ und außerdem die einstellige

Operation φ. Aus Zweckmäßigkeitsgründen werden wir hier die Symbolik verändern, und anstelle von (1.103) schreiben wir

$$\boxed{(B, \vee, \wedge, {}^-, 0, 1).}$$ (1.104)

Die in (1.104) definierten Operationen $\vee, \wedge, {}^-, 0$ und 1 der Booleschen Algebra haben folgende Eigenschaften:

- Die zweistelligen Operationen $\vee$ und $\wedge$ (Disjunktion und Konjunktion) sind assoziativ und kommutativ.
  Außerdem ist jede der Operationen distributiv und adjunktiv bezüglich der anderen.

- Für eine einstellige Operation $^-$ (Negation) gilt für alle $x \in B$

  $$x \vee \overline{x} = 1 \quad \text{und} \quad x \wedge \overline{x} = 0\,.$$

- Die beiden nullstelligen Operationen definieren die Auswahl zweier neutraler Elemente, und zwar ist 0 das neutrale Element bezüglich der Disjunktion und 1 das neutrale Element bezüglich der Konjunktion. Es gilt also

  $$x \vee 0 = x \quad \text{und} \quad x \wedge 1 = x\,.$$

Beispiel: Die in (1.84) erwähnte Mengenalgebra $(\underline{P}(M), \cup, \cap, {}^-, \emptyset, M)$ ist eine Boolesche Algebra. Man prüft leicht nach, daß diese Algebra alle oben notierten Eigenschaften hat, wenn man B mit $\underline{P}(M)$, $\vee$ mit $\cup$, $\wedge$ mit $\cap$ usw. identifiziert.   □
Von besonderer Bedeutung ist der fundamentale

Satz: Jede endliche Boolesche Algebra ist einer (endlichen) Mengenalgebra isomorph, in Zeichen

$$(B, \vee, \wedge, {}^-, 0, 1) \cong (\underline{P}(M), \cup, \cap, {}^-, \emptyset, M).$$ (1.105)

Das heißt also: Es gibt für jede (endliche) Boolesche Algebra $(B, \vee, \wedge, {}^-, 0, 1)$ eine (endliche) Menge M und eine bijektive Abbildung

$$\psi : B \to \underline{P}(M), \qquad \psi(x) = N \in \underline{P}(M),$$ (1.106)

so daß gilt (vgl. (1.95)):

$$\begin{aligned}
\psi(x_1 \vee x_2) &= \psi(x_1) \cup \psi(x_2), \\
\psi(x_1 \wedge x_2) &= \psi(x_1) \cap \psi(x_2), \\
\psi(\overline{x}) &= \overline{\psi(x)}, \\
\psi(0) &= \emptyset, \\
\psi(1) &= M.
\end{aligned}$$ (1.107)

Wegen dieser Isomorphie kann man die Rechenregeln für eine beliebige Boolesche Algebra $(B, \vee, \wedge, {}^-, 0, 1)$ aus den bekannten Rechenregeln der Mengenalgebra – das sind die Regeln (1.10) – ablesen. Dabei sind nur die Symbole entsprechend zu ändern, d. h. $\vee$ statt $\cup$, $\wedge$ statt $\cap$ usw. So lautet z. B. die Regel (1.10-e)

$$M \cup (M \cap N) = M$$

in der Symbolik von (1.104) nun

$$x \vee (x \wedge y) = x\,.$$ (1.108)

1.3.3   Aufgaben zum Abschnitt 1.3

1.3-1 Auf der Menge $Z = \{-1, 0, 1\}$ sollen die Grundrechenoperationen Addition, Subtraktion und Multiplikation betrachtet werden. Man gebe jeweils in Form einer Tabelle die vermittelte Abbildung an und klassifiziere die Operationen (innere oder äußere Operationen)!

1.3-2 Auf der Menge Φ aller eineindeutigen (bijektiven) Abbildungen φ von $M = \{a, b, c\}$ auf sich selbst werde das Produkt von Abbildungen

$$\varphi_1 \circ \varphi_2 = \varphi_3 \qquad (\varphi_1, \varphi_2, \varphi_3 \in \Phi)$$

betrachtet.

Welche Eigenschaften hat die Operation $\circ$ auf der Menge Φ?

1.3-3 Auf der Menge aller reellen, im Intervall $[0, \infty)$ definierten und dort stetigen Funktionen f, in Zeichen

$$C = \{f | f : [0, \infty) \to \mathbb{R}, \text{ stetig }\}$$

wird eine Operation $*$ mit

$$f_1 * f_2 : (f_1 * f_2)(t) = \int\limits_0^t f_1(\tau) f_2(t - \tau) d\tau \quad (f_1, f_2 \in C)$$

eingeführt.

a) Ist das Ergebnis der Verknüpfung $*$ ein Element von C (Gruppoideigenschaft)?

b) Ist die Operation $*$ kommutativ?

1.3-4 Auf der Menge $M = \{a, b, c\}$ seien durch folgende Operationstabellen zwei innere Operationen Δ und $*$ definiert:

Δ	a	b	c
a	a	b	c
b	b	c	a
c	c	a	b

$*$	a	b	c
a	a	a	a
b	b	b	b
c	c	c	c

Man untersuche diese Operationen auf ihre Eigenschaften!

1.3-5 Man zeige, daß die Struktur

$$(\{-1, +1\}, \cdot)$$

eine Abelsche Gruppe bildet! ($\cdot$ bezeichnet die Multiplikation ganzer Zahlen.)
Wie lautet das neutrale Element?

1.3-6 Man zeige, daß die Struktur

$$(\underline{P}(M), \Delta)$$

eine Abelsche Gruppe ist und gebe das neutrale Element an! (Δ bezeichnet die symmetrische Differenz.) Welche Form muß M haben, damit diese Struktur mit $(\{-1, +1\}, \cdot)$ isomorph ist? Geben Sie den Isomorphismus ψ an!

1.3-7 Es ist zu zeigen, daß die Struktur

$$(\underline{P}(M), \Delta, \cap)$$

einen Ring bildet!

1.3-8 Es sei $\underline{A}_{nn}$ die Menge aller quadratischen Matrizen $((a_{ij})) = A$ der Ordnung n. Die Elemente von A seien reelle Zahlen. Als Operationen werden die Matrizenaddition $+$ und die Matrizenmultiplikation $\cdot$ eingeführt. Man analysiere die Struktur $(\underline{A}_{nn}, +, \cdot)$!

1.3-9 Auf der Menge $Z = \{1, 2, 4, 6, 12\}$ seien zwei Operationen erklärt: $(x \top y = g) \Leftrightarrow (g$ ist größter gemeinsamer Teiler von x und $y)$;

$(x \perp y = k) \Leftrightarrow (k$ ist kleinstes gemeinschaftliches Vielfaches von x und $y)\,(x, y, g, k \in Z)$. Zeigen Sie, daß die Struktur

$$(Z, \perp, \top)$$

zu der Struktur $(\underline{M}, \cup, \cap)$ isomorph ist, worin $\underline{M}$ ein geeignet gewähltes Mengensystem ist!

2 Digitale Systeme

2.1 Endliche Boolesche Algebra

2.1.1 Grundeigenschaften

2.1.1.1 Rechenregeln

Am Ende des vorangegangenen Abschnitts haben wir den Begriff der algebraischen Struktur definiert und einige spezielle Strukturen kennengelernt. Eine für die weiteren Ausführungen besonders wichtige algebraische Struktur ist die Boolesche Algebra

$$(B, \vee, \wedge, {}^-, 0, 1), \tag{2.1}$$

mit der wir uns nun noch etwas eingehender befassen wollen.

Wie in (1.104) bereits festgehalten wurde, ist die Boolesche Algebra gegeben durch die Menge B als Träger der Struktur und durch folgende Operationen:

> Disjunktion $\vee$ (zweistellige Operation),
> Konjunktion $\wedge$ (zweistellige Operation),
> Negation $^-$ (einstellige Operation),
> neutrales Element 0 bezüglich $\vee$ (nullstellige Operation),
> neutrales Element 1 bezüglich $\wedge$ (nullstellige Operation).

Weiterhin wurde in (1.105) auch bereits die Isomorphie einer (endlichen) Booleschen Algebra mit einer Mengenalgebra angegeben, in Zeichen

$$(B, \vee, \wedge, {}^-, 0, 1) \cong (\underline{P}(M), \cup, \cap, {}^-, \emptyset, M). \tag{2.2}$$

Wegen dieser Isomorphie lassen sich alle Eigenschaften einer beliebigen Booleschen Algebra aus den Eigenschaften der bekannten und elementaren Mengenalgebra ablesen. Das trifft insbesondere für die Rechenregeln (1.10) und (1.11) zu, die wir aus der Mengenalgebra kennen und die wir nun nach dem Vorbild von (1.108) für eine beliebige Boolesche Algebra nur umzuschreiben brauchen.

In der nachfolgenden Tabelle sind die wichtigsten Rechenregeln der Booleschen Algebra zusammengestellt (Vgl. (2.3)).

Die ersten sechs Regeln folgen auch unmittelbar aus der Definition der Booleschen Algebra (Abschn. 1.3.2.3), die übrigen ergeben sich aus den Rechenregeln der Mengenlehre $(x, y, z, 0, 1, \in B)$.

Beim Betrachten der nachfolgenden Tabelle fällt auf, daß die Regeln der linken Seite in die entsprechenden Regeln der rechten Seite übergehen, wenn wir nur die Operationssymbole und die neutralen Elemente nach dem Schema

$$\vee \longleftrightarrow \wedge \qquad 0 \longleftrightarrow 1$$

gegeneinander auswechseln, d. h., $\vee$ wird durch $\wedge$ und 0 durch 1 ersetzt sowie umgekehrt. Zu jeder gültigen Beziehung gibt es also eine ebenfalls richtige duale Beziehung. In dieser Eigenschaft äußert sich ein wichtiges *Dualitätsprinzip* der Booleschen Algebra.

Nr.	Operation $\vee$	Operation $\wedge$ (auch zeichenloses Nebeneinandersetzen)
1	$(x \vee y) \vee z = x \vee (y \vee z)$	$(xy)z = x(yz)$
2	$x \vee y = y \vee x$	$xy = yx$
3	$x \vee xy = x$	$x(x \vee y) = x$
4	$x \vee yz = (x \vee y)(x \vee z)$	$x(y \vee z) = xy \vee xz$
5	$x \vee \overline{x} = 1$	$x\overline{x} = 0$
6	$x \vee 0 = x$	$x \wedge 1 = x$
7	$\overline{0} = 1$	$\overline{1} = 0$
8	$\overline{x \vee y} = \overline{x}\,\overline{y}$	$\overline{xy} = \overline{x} \vee \overline{y}$
9	$x \vee x = x$	$x \wedge x = x$
10	$x \vee 1 = 1$	$x \wedge 0 = 0$
11		$\overline{\overline{x}} = x$

$$(2.3)$$

Für die Anwendung der Rechenregeln (2.3) betrachten wir noch das folgende

Beispiel: Gegeben ist der Ausdruck

$$y = \left(ax \vee \overline{(a \vee \overline{x})}\right)(b \vee 1)c \qquad (a, b, c, x, y \in B),$$

welcher nach den Regeln (2.3) weitestgehend zu vereinfachen ist. Wir erhalten

$$\begin{aligned}
y &= \left(ax \vee \overline{(a \vee \overline{x})}\right)c & \text{(mit Regeln 10 und 6),}\\
&= (ax \vee \overline{a}x)c & \text{(mit Regeln 8 und 11),}\\
&= (a \vee \overline{a})xc & \text{(mit Regel 4),}\\
&= 1 \wedge xc & \text{(mit Regel 5),}\\
&= xc & \text{(mit Regel 6).}
\end{aligned}$$

$\square$

2.1.1.2 Spezielle Boolesche Algebra

Enthält die Trägermenge B einer Booleschen Algebra endlich viele Elemente, so spricht man von einer *endlichen Booleschen Algebra*. Wir werden uns ausschließlich mit endlichen Booleschen Algebren befassen.

Wegen der Isomorphie (2.2) kann es keine endliche Boolesche Algebra mit einer beliebigen Anzahl von Trägerelementen $x \in B$ geben, vielmehr muß die Anzahl der Trägerelemente der Anzahl der Elemente der Potenzmenge $\underline{P}(M)$ einer endlichen Menge

M entsprechen. Nach den Ausführungen im Abschnitt 1.1.2.1 beträgt diese Anzahl 2^n, wobei n die Anzahl der Elemente von M ist. Demnach enthält die Trägermenge B also z. B. $2, 4, 8, \ldots$ Elemente (und z. B. niemals 3 oder 5 Elemente).

Wir geben nun einige Beispiele endlicher Boolescher Algebren an:

Beispiel 1: Die Ereignisalgebra der Wahrscheinlichkeitsrechnung bei einem endlichen Ereignisraum ist eine endliche Boolesche Algebra. Im Band „Stochastische Systeme" [WS92] wird auf diese Struktur näher eingegangen.   □

Beispiel 2: Wir betrachten die Struktur $(B, \vee, \wedge, {}^-, 0, 1)$ mit $B = \{0, a, b, 1\}$. Die Operationen sind durch nachfolgende Operationstabellen gegeben:

$$
\begin{array}{c|cccc}
\vee & 0 & a & b & 1 \\
\hline
0 & 0 & a & b & 1 \\
a & a & a & 1 & 1 \\
b & b & 1 & b & 1 \\
1 & 1 & 1 & 1 & 1
\end{array}
\qquad
\begin{array}{c|cccc}
\wedge & 0 & a & b & 1 \\
\hline
0 & 0 & 0 & 0 & 0 \\
a & 0 & a & 0 & a \\
b & 0 & 0 & b & b \\
1 & 0 & a & b & 1
\end{array}
\qquad
\begin{array}{c|cccc}
{}^- & 0 & a & b & 1 \\
\hline
 & 1 & b & a & 0
\end{array}
\tag{2.4}
$$

Aus den Tabellen ist ersichtlich, daß 0 das neutrale Element bezüglich der Operation $\vee$ und 1 das neutrale Element bezüglich der Operation $\wedge$ ist. Um zu zeigen, daß $(B, \vee, \wedge, {}^-, 0, 1)$ eine Boolesche Algebra ist, zeigen wir, daß diese Struktur einer Mengenalgebra isomorph ist. Da B vier Elemente hat, kann nur die Potenzmenge einer zweielementigen Menge $M = \{\alpha, \beta\}$ Träger der isomorphen Mengenalgebra sein, so daß

$$(B, \vee, \wedge, {}^-, 0, 1) \cong (\underline{P}(M), \cup, \cap, {}^-, \emptyset, M)$$

gilt.

Für die Mengenalgebra ergeben sich folgende Operationstabellen:

$$
\begin{array}{c|cccc}
\cup & \emptyset & \{\alpha\} & \{\beta\} & M \\
\hline
\emptyset & \emptyset & \{\alpha\} & \{\beta\} & M \\
\{\alpha\} & \{\alpha\} & \{\alpha\} & M & M \\
\{\beta\} & \{\beta\} & M & \{\beta\} & M \\
M & M & M & M & M
\end{array}
\qquad
\begin{array}{c|cccc}
\cap & \emptyset & \{\alpha\} & \{\beta\} & M \\
\hline
\emptyset & \emptyset & \emptyset & \emptyset & \emptyset \\
\{\alpha\} & \emptyset & \{\alpha\} & \emptyset & \{\alpha\} \\
\{\beta\} & \emptyset & \emptyset & \{\beta\} & \{\beta\} \\
M & \emptyset & \{\alpha\} & \{\beta\} & M
\end{array}
$$

$$
\begin{array}{c|cccc}
{}^- & \emptyset & \{\alpha\} & \{\beta\} & M \\
\hline
 & M & \{\beta\} & \{\alpha\} & \emptyset
\end{array}
\tag{2.5}
$$

Aus dem Vergleich der Operationstabellen (2.4) mit (2.5) ergibt sich sofort, daß die bijektive Abbildung

$$\psi : B \to \underline{P}(\{\alpha, \beta\})$$

ein Isomorphismus ist, wenn die Zuordnungen

$$
\begin{aligned}
0 &\mapsto \emptyset, \\
a &\mapsto \{\alpha\}, \\
b &\mapsto \{\beta\}, \\
1 &\to \{\alpha, \beta\} = M
\end{aligned}
$$

gewählt werden. Das bedeutet, daß sich die beiden Strukturen $(B, \vee, \wedge, {}^-, 0, 1)$ und $\underline{P}(\{\alpha, \beta\}), \cup, \cap, {}^-, \emptyset, \{\alpha, \beta\})$ nur durch die Bezeichnungen und Bedeutungen der Elemente und Operationen unterscheiden.   □

2.1.2 Schaltalgebra

2.1.2.1 Schaltfunktion

Ein ganz besonders wichtiger Sonderfall einer Booleschen Algebra soll nun noch etwas genauer betrachtet werden. Es handelt sich dabei zugleich um die „einfachste" Boolesche Algebra, die man überhaupt konstruieren kann. Dieser Sonderfall liegt vor, wenn die Trägermenge B lediglich zwei Elemente enthält. Da B mindestens die beiden neutralen Elemente 0 und 1 enthalten muß, kann nur die Menge $B = \{0, 1\}$ der Träger dieser Booleschen Algebra sein.

Definition: Eine Boolesche Algebra

$$(B, \vee, \wedge, ^-, 0, 1) = (\{0, 1\}, \vee, \wedge, ^-, 0, 1) \tag{2.6}$$

mit zweielementigem Träger, für die wir der Einfachheit halber oft nur kurz B schreiben werden, heißt *Schaltalgebra*.

Diese Bezeichnung rührt von der noch darzulegenden Isomorphie dieser Struktur mit bestimmten Schaltsystemen her, auf die wir im Abschnitt 2.2 noch näher eingehen werden. Darüber hinaus ist diese Struktur das mathematische Modell weiterer wichtiger Begriffssysteme (z. B. der mathematischen Logik).

Die *Operationstabellen der Schaltalgebra* sind leicht aus den allgemeinen Rechenregeln (2.3) zu entnehmen und lauten folgendermaßen:

$$
\begin{array}{c|cc}
\vee & 0 & 1 \\
\hline
0 & 0 & 1 \\
1 & 1 & 1
\end{array}
\qquad
\begin{array}{c|cc}
\wedge & 0 & 1 \\
\hline
0 & 0 & 0 \\
1 & 0 & 1
\end{array}
\qquad
\begin{array}{c|cc}
^- & 0 & 1 \\
\hline
 & 1 & 0
\end{array}
\tag{2.7}
$$

Es läßt sich auch sehr leicht zeigen, daß die Schaltalgebra zu einer Mengenalgebra isomorph ist. Geht man nämlich von der einelementigen Menge $M = \{m\}$ aus, so enthält die Potenzmenge $\underline{P}(M) = \{\emptyset, M\}$ zwei Elemente. Ist $\underline{P}(M)$ die Trägermenge der Struktur $(\{\emptyset, M\}, \cup, \cap, ^-, \emptyset, M)$, so ergeben sich die folgenden Operationstabellen:

$$
\begin{array}{c|cc}
\cup & \emptyset & M \\
\hline
\emptyset & \emptyset & M \\
M & M & M
\end{array}
\qquad
\begin{array}{c|cc}
\cap & \emptyset & M \\
\hline
\emptyset & \emptyset & \emptyset \\
M & \emptyset & M
\end{array}
\qquad
\begin{array}{c|cc}
^- & \emptyset & M \\
\hline
 & M & \emptyset
\end{array}
\tag{2.8}
$$

Der Vergleich von (2.7) und (2.8) zeigt unmittelbar, daß sich die Tabellen nur durch die Bezeichnungen der Trägerelemente und Operationen unterscheiden.

Wir wollen nun zu einem für die weiteren Ausführungen sehr wichtigen Begriff übergehen.

Auf dem Träger B einer Booleschen Algebra lassen sich Abbildungen vom Typ $\varphi : B^n \to B$ (Abbildungen von B^n in B, n ist eine natürliche Zahl) definieren. Ist speziell $B = \{0, 1\}$, so heißen diese Funktionen *Schaltfunktionen*. Damit erhalten wir folgende

---

Definition: Eine Abbildung

$$\varphi : B^n \to B, \quad \varphi(x_1, x_2, \ldots, x_n) = \varphi(x) = y \tag{2.9}$$

mit

$$x = (x_1, x_2, \ldots, x_n) \in B^n; \quad y \in B = \{0, 1\}$$

heißt *n–stellige Schaltfunktion.*

Durch eine n–stellige Schaltfunktion wird also jedem aus den Elementen 0 und 1 bestehenden n–Tupel ein Element der Menge $B = \{0, 1\}$ zugeordnet.

Wir wollen nun die *Eigenschaften einer Schaltfunktion* etwas näher untersuchen und können feststellen:

a) Der Definitionsbereich $B^n = \{0, 1\}^n$ der in (2.9) gegebenen Schaltfunktion φ umfaßt 2^n Elemente, denn jeder der Variablen $x_1, \ldots, x_n$ in $x = (x_1, \ldots, x_n)$ kann die Werte 0 oder 1 annehmen.

b) Der Wertebereich wird durch die Menge $B = \{0, 1\}$ gebildet und erhält 2 Elemente.

c) Die Menge aller n–stelligen Schaltfunktionen entspricht damit der Menge aller Abbildungen von einer 2^n–elementigen Menge in eine zweielementige Menge. Hierfür gibt es nach Übungsaufgabe 1.2-6 genau $2^{(2^n)}$ Möglichkeiten, d. h., es gibt ebenso viele verschiedene Schaltfunktionen in n Variablen. Mit wachsendem n steigt diese Anzahl sehr rasch an, und zwar wie folgt:

n	1	2	3	4	$\ldots$
$2^{(2^n)}$	4	16	256	65 536	$\ldots$

d) Es sei noch bemerkt, daß die Menge aller n–stelligen Schaltfunktionen selbst Trägermenge einer Booleschen Algebra ist, wenn man die Operationen $\vee, \wedge, {}^-$ in geeigneter Weise auf Schaltfunktionen überträgt (vgl. Abschn. 1.3.1.2). Das hat z. B. zur Folge, daß in die Rechenregeln (2.3) anstelle der Variablen x, y, z auch Schaltfunktionen $\varphi_1, \varphi_2, \varphi_3$ eingesetzt werden können.

Zum besseren Verständnis des Begriffes der Schaltfunktion sei an dieser Stelle an den aus der Analysis bekannten Begriff der reellen Funktion f von n Variablen erinnert. Hier handelt es sich um eine Abbildung

$$f : \mathbb{R}^n \to \mathbb{R}, \qquad f(x_1, x_2, \ldots, x_n) = y,$$

bei welcher die Variablen $x_1, \ldots, x_n$ und y beliebige Werte aus der Menge der reellen Zahlen annehmen können. Der formale Unterschied gegenüber der n–stelligen Schaltfunktion (2.9) besteht lediglich darin, daß im zuletzt genannten Fall von $x_1, \ldots, x_n$ und y nur Werte aus der Menge $B = \{0, 1\}$ angenommen werden.

Nach der Definition der n–stelligen Schaltfunktion erhebt sich die Frage, welche Möglichkeiten es gibt, eine solche Funktion darzustellen. Wir wollen hier vier Möglichkeiten skizzieren, und zwar

a) die Darstellung durch eine *Wertetabelle*,

b) die Darstellung durch ein *Normalpolynom*,

c) die Darstellung durch ein *äquivalentes Polynom*,

d) die Darstellung durch ein *Karnaugh–Diagramm*.

2.1.2.2 Wertetabelle

Bei der Darstellung einer Schaltfunktion durch eine *Wertetabelle* haben wir wegen der endlich vielen Elemente des Definitionsbereiches (im Gegensatz zu den reellen Funktionen) die Möglichkeit, die Schaltfunktion durch eine *endliche* Tabelle vollständig zu beschreiben.

Zu diesem Zweck *kodieren* wir die Elemente $x = (x_1, \ldots, x_n)$ des Definitionsbereiches $B^n = \{0,1\}^n$ derart, daß einem festen Wert $x = i$ gerade die *Binärdarstellung* $\mathrm{Bin}(i) = (i_1, i_2, \ldots, i_n)$ zugeordnet wird. Die Wertetabelle erhält damit folgendes Aussehen:

$$
\begin{array}{c|cccc|c}
x & x_1 & x_2 \ldots x_{n-1} & x_n & y = \varphi(x_1, \ldots, x_n) \\
\hline
0 & 0 & 0 \ldots 0 & 0 & \varphi(0,0,\ldots,0,0) \\
1 & 0 & 0 \ldots 0 & 1 & \varphi(0,0,\ldots,0,1) \\
2 & 0 & 0 \ldots 1 & 0 & \varphi(0,0,\ldots,1,0) \\
3 & 0 & 0 \ldots 1 & 1 & \varphi(0,0,\ldots,1,1) \\
\vdots & & & & \vdots \\
i & i_1 & i_2 \ldots i_{n-1} & i_n & \varphi(i_1, i_2, \ldots, i_{n-1}, i_n) \\
\vdots & & & & \vdots \\
2^n - 1 & 1 & 1 \ldots 1 & 1 & \varphi(1,1,\ldots,1,1)
\end{array}
\tag{2.10}
$$

In der linken Spalte sind die Elemente x des Definitionsbereiches als Elemente der Menge

$$
I = \{0,1,2,\ldots,2^n - 1\} \tag{2.11}
$$

und daneben die Belegungen der Variablen $x_1, x_2, \ldots, x_n$ entsprechend der vereinbarten Kodierung angegeben. Auf der rechten Seite stehen die zugehörigen Funktionswerte der Schaltfunktion, d. h. Elemente von $B = \{0,1\}$. Zur eindeutigen Charakterisierung einer n–stelligen Schaltfunktion wäre es prinzipiell ausreichend, lediglich die Zahlen i in die Tabelle aufzunehmen, welche den Funktioneswert $\varphi(i_1, \ldots, i_n) = 1$ haben, denn für die übrigen ist dann der Funktionswert 0 automatisch festgelegt.

Man kann diesen Sachverhalt auch so formulieren:

Durch eine n–stellige Schaltfunktion φ wird aus der Menge $I = \{0,1,2,\ldots,2^n-1\}$ eine Teilmenge I_φ durch die Elemente $i \in I$ ausgesondert, für die $\varphi(i) = \varphi(i_1,\ldots,i_n) = 1$ gilt. Das bedeutet, daß jeder Schaltfunktion φ eine Teilmenge

$$
\varphi^{-1}(1) = I_\varphi \subset I \tag{2.12}
$$

zugeordnet ist. Da offenbar auch die Umkehrung richtig ist, liegt eine umkehrbar eindeutige Zuordnung zwischen φ und I_φ vor, so daß φ durch I_φ vollständig charakterisiert ist und umgekehrt (vgl. auch Abschn. 1.2.2.1 und Abb. 1.17).

Beispiel: Für den Fall $n = 2$ betrachten wir die folgende Wertetabelle:

x	x_1	x_2	$\varphi(x_1, x_2,) = y$
0	0	0	1
1	0	1	0
2	1	0	1
3	1	1	0

Durch diese Wertetabelle ist eine zweistellige Schaltfunktion $\varphi : B^2 \to B, \varphi(x_1, x_2) = y$ durch die in der rechten Spalte enthaltenen Funktionswerte gegeben. Der Definitionsbereich von φ ist durch die Menge $I = \{0, 1, 2, 3\}$ bestimmt, während φ selbst durch die Teilmenge $I_\varphi = \{0, 2\} \subset I$ charakterisiert ist.   □

2.1.2.3 Normalpolynome

Wir betrachten nun eine zweite Möglichkeit der Darstellung von Schaltfunktionen, die sehr häufig angewendet wird. Es handelt sich dabei um die Darstellung einer Schaltfunktion φ durch ein *Polynom P* in den *Unbestimmten* $x_1, x_2, \ldots, x_n$.

Unter einem Polynom verstehen wir eine „sinnvolle" Verknüpfung der Unbestimmten $x_1, x_2, \ldots, x_n$ sowie der Konstanten 0 und 1 durch die Operationssymbole $\vee, \wedge$ und $^-$.

Als Beispiel sei das Polynom

$$P = (x_1 \wedge x_2 \vee \overline{x}_4) \wedge x_4 \wedge 1 \vee 0 \tag{2.13}$$

angegeben.

Genauer definiert man: Ein von den n Unbestimmten $x_1, x_2, \ldots, x_n$ *erzeugtes Polynom P* ist (induktiv) wie folgt definiert:

a) Die Konstanten 0, 1 sowie die Unbestimmten $x_1, x_2, \ldots, x_n$ sind Polynome P.

b) Ist P ein Polynom, so ist auch $\overline{P}$ ein Polynom.

c) Sind P_1 und P_2 Polynome, so sind auch $P_1 \vee P_2$ und $P_1 \wedge P_2$ Polynome.

Die Menge aller Polynome in n Unbestimmten $x_1, x_2, \ldots, x_n$ wollen wir mit $\underline{P}(n)$ bezeichnen.

Das oben angegebene Beispiel (2.13) kann als von den Unbestimmten $x_1, x_2, \ldots, x_n$ $(n \geq 4)$ erzeugtes Polynom angesehen werden. Man beachte, daß nicht alle n Unbestimmten in P aufzutreten brauchen! (In dem gegebenen Polynom fehlen die Unbestimmten $x_3, x_5, x_6, \ldots, x_n (n \geq 6)$.)

Wir wollen nun zeigen, daß durch ein von n Unbestimmten erzeugtes Polynom P eine n–stellige Schaltfunktion, d. h. eine Abbildung $\varphi : B^n \to B$, definiert wird. Zu diesem Zweck setzen wir für die Unbestimmten $x_1, x_2, \ldots, x_n$ (soweit diese in dem betrachteten Polynom P vorkommen) die Werte 0 bzw. 1 ein und stellen eine Tabelle auf. Jede *Belegung* $(i_1, i_2, \ldots, i_n) \in \{0, 1\}^n$ (z. B. $(0, 1, \ldots, 0), (1, 0, \ldots, 0)$ usw.) der Unbestimmten $(x_1, x_2, \ldots, x_n)$ ergibt nach den Regeln der Schaltalgebra für P den Wert 0 oder 1. Damit erhalten wir die *Darstellung einer Schaltfunktion durch eine Wertetabelle* entsprechend den Ausführungen im vorangegangen Abschnitt.

Für das oben zitierte Beispiel (2.13) erhalten wir für $n = 4$ die folgende Wertetabelle:

x	x_1	x_2	x_3	x_4	P		x	x_1	x_2	x_3	x_4	P
0	0	0	0	0	0		8	1	0	0	0	0
1	0	0	0	1	0		9	1	0	0	1	0
2	0	0	1	0	0		10	1	0	1	0	0
3	0	0	1	1	0		11	1	0	1	1	0
4	0	1	0	0	0		12	1	1	0	0	0
5	0	1	0	1	0		13	1	1	0	1	1
6	0	1	1	0	0		14	1	1	1	0	0
7	0	1	1	1	0		15	1	1	1	1	1

Offensichtlich ist diese Wertetabelle eine Darstellungsform der Schaltfunktion

$$\varphi : B^4 \to B, \qquad \varphi(x_1, x_2, x_3, x_4) = ((x_1 x_2 \vee \overline{x}_4)x_4 \wedge 1) \vee 0.$$

Der beschriebene Sachverhalt gilt nicht nur für das betrachtete Beispiel. Es gilt vielmehr folgende Verallgemeinerung:

Satz: jedes Polynom $P \in \underline{P}(n)$ definiert eine n–stellige Schaltfunktion $\varphi : B^n \to B$;

$$P \in \underline{P}(n) \mapsto \varphi \in B^{B^n} \tag{2.14}$$

Die letzte Gleichung ist wie folgt zu lesen: Jedem Polynom P aus der Menge aller Polynome in n Unbestimmten ist eine Schaltfunktion φ aus der Menge aller Abbildungen von B^n in B zugeordnet.

Es ist zu beachten, daß verschiedene (dem Formelbild nach nicht identische) Polynome die gleiche Schaltfunktion darstellen können. So stellen z. B. die Polynome

$$P = ((x_1 x_2 \vee \overline{x}_4)x_4 \wedge 1) \vee 0$$

und

$$P' = x_1 x_2 x_4$$

die gleiche Schaltfunktion φ dar. Man bestätigt das sehr leicht, indem man P mit Hilfe der Regeln (2.3) der Booleschen Algebra umformt, wodurch sich P' ergibt. Natürlich kann man auch für P und P' die Wertetabellen aufschreiben, bei denen dann die Übereinstimmung der rechten Spalten festzustellen ist.

Während also nach dem letzten Satz jedem Polynom P eine Schaltfunktion φ eindeutig zugeordnet ist, gilt die Umkehrung nicht. Jede Schaltfunktion, d. h. jede Abbildung φ von B^n in B (jede Wertetabelle), kann auf verschiedene Weise durch ein Polynom dargestellt werden, wie die oben betrachteten Beispiele P und P' gezeigt haben.

Die nachfolgenden Überlegungen sollen uns jedoch zeigen, daß es gelingt, jeder n-stelligen Schaltfunktion genau ein spezielles Polynom in n Unbestimmten zuzuordnen. Zu diesem Zweck muß die Menge der betrachteten von n Unbestimmten erzeugten Polynome geeignet eingeschränkt werden.

Zunächst führen wir den Begriff des Minterms in n Unbestimmten ein. Ein *Minterm* m_i in n Unbestimmten ist ebenfalls ein (spezielles) Polynom P, das wie folgt definiert ist:

$$P = m_i = m_i(x_1, x_2, \ldots, x_n) = x_1^{i_1} x_2^{i_2} \ldots x_n^{i_n}. \tag{2.15}$$

In diesem Ausdruck ist

$$i \in I = \{0, 1, 2, \ldots, 2^n - 1\}$$

und

$$(i_1, i_2, \ldots, i_n) = \mathrm{Bin}(i)$$

die Binärdarstellung der Zahl i. Weiterhin wird vereinbart, daß für beliebige Zahlen $j \in \{1, 2, \ldots, n\}$

$$x_j^0 = \overline{x}_j \qquad \text{bzw.} \qquad x_j^1 = x_j \tag{2.16}$$

gelten soll.

Ein Minterm ist also ein Polynom, welches aus einer Konjunktion von n Unbestimmten $x_1, x_2, \ldots, x_n$ besteht, wobei diese auch negiert sein können.

Beispiele: Folgende Minterme seien angeführt:

a) $m_5(x_1, x_2, x_3) = x_1^1 x_2^0 x_3^1 = x_1 \overline{x}_2 x_3$ mit $\mathrm{Bin}(5) = (1, 0, 1)$,

b) $m_3(x_1, x_2, x_3, x_4) = x_1^0 x_2^0 x_3^1 x_4^1 = \overline{x}_1 \overline{x}_2 x_3 x_4$ mit $\mathrm{Bin}(3) = (0, 0, 1, 1)$.

Im ersten Beispiel handelt es sich um einen Minterm in drei und im zweiten Beispiel um einen solchen in vier Unbestimmten. Aus den Beispielen liest man die folgende Eigenschaft ab:

$$m_5(x_1, x_2, x_3) = \begin{cases} 1 & \text{für } (x_1, x_2, x_3) = (1, 0, 1) = \mathrm{Bin}(5) \\ 0 & \text{sonst.} \end{cases}$$

$$m_3(x_1, x_2, x_3, x_4) = \begin{cases} 1 & \text{für } (x_1, x_2, x_3, x_4) = (0, 0, 1, 1) = \mathrm{Bin}(3) \\ 0 & \text{sonst.} \end{cases}$$

Diese Eigenschaft ist für alle Minterme charakteristisch. Ein Minterm $m_i(x_1, \ldots, x_n)$ nimmt lediglich für eine ganz bestimmte feste Belegung der Unbestimmten, und zwar für $(x_1, \ldots, x_n) = (i_1, \ldots, i_n) = \mathrm{Bin}(i)$, den Wert 1 an und für alle übrigen Belegungen von $(x_1, \ldots, x_n)$ den Wert 0. Es gilt also allgemein

$$m_i(x_1, \ldots, x_n) = \begin{cases} 1 & \text{für } (x_1, \ldots, x_n) = (i_1, \ldots, i_n) = \mathrm{Bin}(i) \\ 0 & \text{sonst.} \end{cases} \tag{2.17}$$

Aufbauend auf dem Begriff des Minterms, ergibt sich nun die folgende Definition:

Ein (*disjunktives*) *Normalpolynom* $N = N(x_1, x_2, \ldots, x_n)$ ist eine Disjunktion von Mintermen:

$$N = N(x_1, \ldots, x_n) = \bigvee_{i \in I'} m_i(x_1, \ldots, x_n). \tag{2.18}$$

Dabei wird durch die Menge $I' \subset I = \{0, 1, \ldots, 2^n - 1\}$ aus den insgesamt 2^n Mintermen in n Unbestimmten eine beliebige Teilmenge ausgewählt und zu einem Polynom zusammengefaßt. Da jedes Polynom – wie bereits festgestellt wurde – eine Schaltfunktion darstellt, gilt das speziell natürlich auch für das Normalpolynom (2.18).

Wichtiger als die letzte Feststellung ist jedoch die Umkehrung dieses Sachverhaltes. Es gilt nämlich der

> *Satz:* Jede Schaltfunktion $\varphi : B^n \to B$ kann eindeutig (bis auf die Reihenfolge der Minterme m_i) durch ein Normalpolynom N dargestellt werden:
>
> $$\varphi(x_1,\ldots,x_n) = \bigvee_{i \in I_\varphi} m_i(x_1,\ldots,x_n) = N(x_1,\ldots,x_n). \qquad (2.19)$$

Da die Zuordnung $\varphi(x_1,x_2,\ldots,x_n) \to N(x_1,x_2,\ldots,x_n)$ damit bis auf die Reihenfolge der Minterme bijektiv ist, kann man – wie in (2.19) zum Ausdruck gebracht – φ mit N identifizieren.

In der letzten Formel ist $I_\varphi \subset I = \{0,1,2,\ldots,2^n - 1\}$ die durch (2.12) gegebene Teilmenge. Die Darstellung (2.19) einer Schaltfunktion heißt *Darstellung in disjunkter Normalform.*

Zum Beweis von (2.19) sei nur kurz folgendes bemerkt:

Mit (2.17) nimmt in

$$N(x_1,\ldots,x_n) = \bigvee_{i \in I_\varphi} m_i(x_1,\ldots,x_n)$$

für $(x_1,\ldots,x_n) = \mathrm{Bin}(i)$ und $i \in I_\varphi$ genau ein Summand den Wert 1, alle anderen nehmen den Wert 0 an. Also gilt:

$$N(x_1,\ldots,x_n) = 1 \Leftrightarrow (x_1,\ldots,x_n) = \mathrm{Bin}(i)$$

für alle $i \in I_\varphi$. Nach der Definition von I_φ gilt aber auch für alle $i \in I_\varphi$

$$\varphi(x_1,\ldots,x_n) = 1 \Leftrightarrow (x_1,\ldots,x_n) = \mathrm{Bin}(i),$$

womit schon alles bewiesen ist.

Zur Verdeutlichung der Ausführungen betrachten wir noch das folgende

Beispiel: Eine Schaltfunktion $\varphi : B^3 \to B$ sei durch folgende Wertetabelle gegeben:

x	x_1	x_2	x_3	$\varphi(x_1,x_2,x_3)$
0	0	0	0	0
1	0	0	1	1
2	0	1	0	0
3	0	1	1	0
4	1	0	0	0
5	1	0	1	1
6	1	1	0	0
7	1	1	1	1

Aus der Tabelle liest man ab:

$$I_\varphi = \{1,5,7\}.$$

Damit folgt aus (2.19) die disjunktive Normalform von φ:

$$\varphi(x_1, x_2, x_3) = \bigvee_{i \in \{1,5,7\}} m_i(x_1, x_2, x_3)$$

$$= m_1 \vee m_5 \vee m_7,$$

$$= x_1^0 x_2^0 x_3^1 \vee x_1^1 x_2^0 x_3^1 \vee x_1^1 x_2^1 x_3^1$$

$$= \overline{x}_1 \overline{x}_2 x_3 \vee x_1 \overline{x}_2 x_3 \vee x_1 x_2 x_3 = N(x_1, x_2, x_3).$$

$\square$

Der Vollständikeit halber sei noch darauf hingewiesen, daß es neben der oben definierten disjunktiven Normalform noch weitere Normalformen zur Darstellung von Schaltfunktionen gibt. Besonders erwähnt sei lediglich die *konjunktive Normalform*, die sich auf Grund des Dualitätsprinzips der Booleschen Algebra aus der disjunktiven Normalform ableiten läßt. In diesem Fall wird das Normalploynom durch eine Konjunktion von *Maxtermen* dargestellt, die ihrerseits durch Terme gebildet werden, in denen die Unbestimmten $x_1, \ldots, x_n$ negiert oder nicht negiert disjunktiv verknüpft sind. Da man mit einer Normalform prinzipiell auskommt, wollen wir auf Einzelheiten hier nicht näher eingehen.

2.1.2.4   Äquivalente Polynome

Bereits im vorausgegangenen Abschnitt hatten wir festgestellt, daß zwei verschiedene, von den Unbestimmten $x_1, \ldots, x_n$ erzeugte Polynome die gleiche Schaltfunktion $\varphi : B^n \to B$ darstellen können. Betrachten wir noch einmal ein derartiges

Beispiel: Gegeben seien die von den Unbestimmten x_1, x_2 erzeugten Polynome

$$P_1 = x_2,$$
$$P_2 = \overline{x}_1 x_2 \vee x_1 x_2$$

mit der zugehörigen Wertetabelle

x	x_1	x_2	P_1	P_2
0	0	0	0	0
1	0	1	1	1
2	1	0	0	0
3	1	1	1	1

Aus der Wertetabelle ist ersichtlich, daß beide Polynome P_1 und P_2 die gleiche Schaltfunktion $\varphi : B^2 \to B$ darstellen. Man nennt in diesem Fall die Polynome äquivalent und schreibt dafür $P_1 \sigma P_2$ (indem man die Äquivalenzrelation durch das Symbol σ kennzeichnet). $\square$

Allgemein gilt die folgende

Definition: Zwei von den Unbestimmten $x_1, x_2, \ldots, x_n$ erzeugte Polynome P_1 und P_2 werden *äquivalent* genannt, wenn sie die gleiche Schaltfunktion $\varphi : B^n \to B$ darstellen, in Zeichen

$$P_1 \sigma P_2 \Leftrightarrow \varphi_1 = \varphi_2 = \varphi. \tag{2.20}$$

In (2.20) ist σ offenbar eine Äquivalenzrelation auf der Menge $\underline{P}(n)$ aller Polynome in n Unbestimmten. Damit liegt jedes $P \in \underline{P}(n)$ in einer Klasse $[P]$, und jeder Klasse $[P]$ entspricht eine Schaltfunktion φ bzw. ein Normalpolynom N.

Sehr häufig schreibt man anstelle von $P_1 \sigma P_2$ (was mit $[P_1] = [P_2]$ gleichbedeutend ist) einfacher $P_1 = P_2$ und bringt damit deutlicher zum Ausdruck, daß äquivalente Polynome nicht voneinander unterschieden zu werden brauchen. Ohne Beweis wollen wir in diesem Zusammenhang noch folgenden für das praktische Rechnen mit Polynomen wichtigen *Satz* angeben:

Die Menge $\underline{P}(n)$ der von den Unbestimmten $x_1, \ldots, x_n$ erzeugten Polynome P bildet eine Boolesche Algebra mit den Polynomen 0 und 1 als neutrale Elemente, wenn äquivalente Polynome nicht unterschieden werden.

Daraus ergibt sich, daß in die Regeln (2.3) der Booleschen Algebra anstelle der Variablen x, y und z auch Polynome P_1, P_2 und P_3 eingesetzt werden können. Es gelten damit z. B. die Regeln

$$P \vee 1 = 1, \qquad P\overline{P} = 0,$$

$$P \vee \overline{P} = 1, \qquad \overline{P_1 \vee P_2} = \overline{P_1}\,\overline{P_2} \quad \text{usw.}$$

Außerdem können auch Ausdrücke, welche Polynome enthalten, nach diesen Regeln umgeformt werden, so z. B. der Ausdruck

$$\begin{aligned}
\left(x_1 x_2 \vee \overline{(x_1 \vee \overline{x}_2)}\right)(P \vee 1)x_4 &= (x_1 x_2 \vee \overline{x}_1 x_2)x_4 \\
&= (x_1 \vee \overline{x}_1)x_2 x_4 \\
&= x_2 x_4.
\end{aligned}$$

Wir wollen nun folgende Frage untersuchen: Gegeben sei eine Schaltfunktion φ durch ein beliebiges Polynom P. Wie erhält man die Darstellung von φ durch ein zu P äquivalentes Normalpolymom N?

Zunächst folgt aus den bisherigen Darlegungen: Ein beliebiges von n Unbestimmten erzeugtes Polynom P stellt eine Schaltfunktion $\varphi : B^n \to B$ dar, deren Wertetabelle aus P berechnet werden kann. Aus dieser Wertetabelle läßt sich, wie im vorangegangenen Abschnitt gezeigt wurde, die disjunktive Normalform N gewinnen. Daraus folgt, daß es zu jedem Polynom P ein Normalpolynom N geben muß, das die gleiche Schaltfunktion φ darstellt.

Neben dem soeben beschriebenen Umweg über die Wertetabelle kann das zu P äquivalente Normalpolynom N nach folgenden zwei Methoden gefunden werden:

Methode I: Entwicklungssatz
Für die Berechnung des Normalpolynoms N in n Unbestimmten aus dem gegebenen Polynom P gilt die Formel

$$N(x_1, \ldots, x_n) = \bigvee_{i_1=0}^{1} \ldots \bigvee_{i_n=0}^{1} P(i_1, \ldots, i_n)x_1^{i_1} \ldots x_n^{i_n}. \tag{2.21}$$

Hierbei bezeichnet $P(i_1, \ldots, i_n)$ eine Belegung der Unbestimmten $(x_1, \ldots, x_n)$ in P mit $(i_1, \ldots, i_n) \in \{0,1\}^n$ (die in P nur so weit zum Tragen kommt, wie die entsprechenden Unbestimmten in P vorkommen).

Wir demonstrieren die Anwendung der Formel (2.21) an folgendem

Beispiel: Gegeben sei das Polynom

$$P = x_1\overline{x}_2 \vee \overline{(x_1 \vee x_2)} \tag{2.22}$$

in den Unbestimmten x_1 und x_2. Aus (2.21) erhalten wir

$$N(x_1, x_2) = \bigvee_{i_1=0}^{1} \bigvee_{i_2=0}^{1} P(i_1, i_2) x_1^{i_1} x_2^{i_2}$$

$$= P(0,0)x_1^0 x_2^0 \vee P(0,1)x_1^0 x_2^1 \vee P(1,0)x_1^1 x_2^0 \vee P(1,1)x_1^1 x_2^1.$$

Mit den aus (2.22) erhaltenen Werten

$$P(0,0) = 1, \qquad P(0,1) = 0, \qquad P(1,0) = 1, \qquad P(1,1) = 0$$

und

$$x_1^1 = x_1, \qquad x_1^0 = \overline{x}_1, \qquad x_2^1 = x_2, \qquad x_2^0 = \overline{x}_2$$

entsprechend der Vereinbarung (2.16) ergibt sich schließlich

$$N(x_1, x_2) = 1 \cdot \overline{x}_1\overline{x}_2 \vee 0 \cdot \overline{x}_1 x_2 \vee 1 \cdot x_1\overline{x}_2 \vee 0 \cdot x_1 x_2 = \overline{x}_1\overline{x}_2 \vee x_1\overline{x}_2. \tag{2.23}$$

□

Methode II: Variablenergänzung
Wir diskutieren diese Methode an folgendem

Beispiel: Gegeben sei das Polynom

$$P = (x_1 \vee \overline{x}_2)x_3.$$

Zunächst erhalten wir

$$P = x_1 x_3 \vee \overline{x}_2 x_3 \tag{2.24}$$

und nach Ergänzung der fehlenden Variablen wegen $x \vee \overline{x} = 1$

$$\begin{aligned} P &= x_1(x_2 \vee \overline{x}_2)x_3 \vee (x_1 \vee \overline{x}_1)\overline{x}_2 x_3 \\ &= x_1 x_2 x_3 \vee x_1\overline{x}_2 x_3 \vee \overline{x}_1\overline{x}_2 x_3. \end{aligned}$$

Mehrfach auftretende Minterme können wegen $x \vee x = x$ bis auf einen gestrichen werden. Damit erhält man schließlich

$$\begin{aligned} P &= x_1 x_2 x_3 \vee x_1\overline{x}_2 x_3 \vee \overline{x}_1\overline{x}_2 x_3 \\ &= N(x_1, x_2, x_3). \end{aligned} \tag{2.25}$$

□

2.1.2.5 Karnaugh–Diagramm

Für die Anwendungen ist es von Bedeutung, eine gegebene Schaltfunktion φ durch ein möglichst „kleines" äquivalentes Polynom P darzustellen, d. h. durch ein Polynom, welches möglichst wenige Unbestimmte und disjunktive bzw. konjunktive Verknüpfungen enthält. In diesem Fall läßt sich – wie wir im Abschnitt 2.2 noch zeigen werden – der Aufwand zur Realisierung der Schaltfunktion durch eine Schaltung erheblich verringern.

In weniger komplizierten Fällen kann eine solche Vereinfachung mit Hilfe der Rechenregeln der Booleschen Algebra vorgenommen werden. Betrachten wir als einfaches Beispiel das Normalpolynom

$$N(x_1, x_2) = \overline{x}_1\overline{x}_2 \vee x_1\overline{x}_2 = \varphi(x_1, x_2).$$

Durch Umformung erhalten wir mit

$$\varphi(x_1, x_2) = (\overline{x}_1 \vee x_1)\overline{x}_2 = \overline{x}_2 = P$$

ein ganz besonders einfaches Polynom P.

Für die Vereinfachung von Schaltfunktionen in komplizierten Fällen gibt es eine Anzahl systematischer Verfahren, von denen wir hier lediglich das *Karnaugh–Diagramm* etwas näher erläutern wollen. Wir beschränken uns dabei zunächst auf den Fall einer Schaltfunktion φ von vier Variablen x_1, x_2, x_3 und x_4.

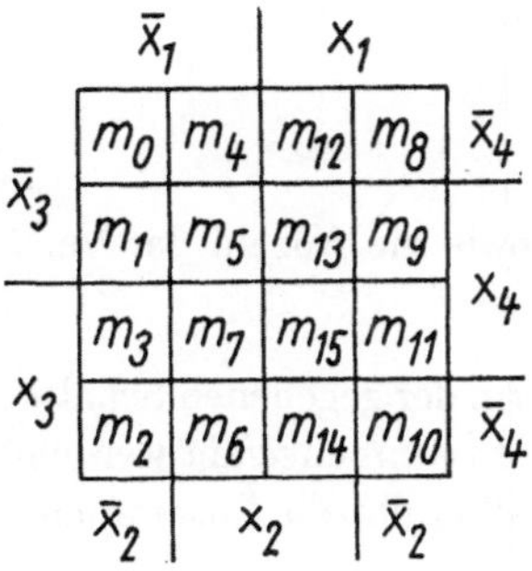

Abb. 2.1. Karnaugh–Diagramm für vier Variable.

Die disjunktive Normalform einer Schaltfunktion von $n = 4$ Variablen enthält bekanntlich maximal $2^n = 2^4 = 16$ Minterme $m_0, m_1, \ldots, m_{15}$. Jedem dieser Minterme wird nun nach einem bestimmten Schema ein Kästchen in Abb. 2.1 zugeordnet, und zwar derart, daß die benachbarten Kästchen zugeordneten Minterme sich durch die Negation genau einer Variablen unterscheiden. So unterscheidet sich z. B. $m_5 = \overline{x}_1x_2\overline{x}_3x_4$ von $m_1 = \overline{x}_1\overline{x}_2\overline{x}_3x_4$ lediglich durch die Negation von x_2 und von $m_7 = \overline{x}_1x_2x_3x_4$ lediglich durch die Negation von x_3 usw. Durch die Angabe der Variablen x_1, x_2, x_3, x_4 bzw. $\overline{x}_1, \overline{x}_2, \overline{x}_3, \overline{x}_4$ am äußeren Rand des Kästchenfeldes ist die Lage jedes Minterms in einem bestimmten Kästchen festgelegt. Jedes Kästchen hat genau vier Nachbarn, wenn man vereinbart, daß bei den Randkästchen das am gegenüberliegenden Rand liegende Kästchen mit hinzugenommen wird. So hat z. B. das Kästchen m_4 die Nachbarn m_0, m_5, m_{12} und m_6 und das Kästchen m_{10} die Nachbarn m_{11}, m_{14}, m_2 und m_8. Es läßt sich leicht zeigen, daß das in Abb. 2.1 dargestellte Schema nicht die einzige Lösung ist. So kann man z. B. auch die obere durch $\overline{x}_3\overline{x}_4$ gekennzeichnete Reihe entfernen und unter die letzte mit $x_3\overline{x}_4$ gekennzeichnete Reihe daruntersetzen oder ähnliche geeignete Umformungen vornehmen.

Die Darstellung einer Schaltfunktion φ durch ein Karnaugh–Diagramm erfolgt dadurch, daß die in der disjunktiven Normalform enthaltenen Minterme im Karnaugh–Diagramm markiert werden (z. B. durch Eintragen des Symbols 1 in die entsprechenden Kästchen, während die übrigen Kästchen frei bleiben; man betrachte hierzu die weiter unten folgenden Beispiele).

Die Vereinfachung einer gegebenen Schaltfunktion φ mit Hilfe des Karnaugh–Diagramms geschieht nun auf folgende Weise:

Enthält die disjunktive Normalform der Schaltfunktion φ zwei in benachbarten Kästchen liegende Minterme, z. B. $m_9 = x_1\overline{x}_2\overline{x}_3x_4$ und $m_{11} = x_1\overline{x}_2x_3x_4$, so können diese nach der Regel

$$x_1\overline{x}_2\overline{x}_3x_4 \vee x_1\overline{x}_2x_3x_4 = x_1x_2x_4(\overline{x}_3 \vee x_3) = x_1\overline{x}_2x_4$$

zusammengefaßt werden, wodurch die Variable x_3 herausfällt und die Anzahl der Verknüpfungen reduziert wird. Im Karnaugh–Diagramm, Abb. 2.1, bilden die beiden benachbarten Kästchen mit m_9 und m_{11} einen „Zweierblock".

Etwas größer ist der Erfolg, wenn die Normalform der Schaltfunktion Minterme enthält, die sich in Abb. 2.1 zu einem „Viererblock" zusammenfassen lassen, z. B. die Minterme m_3, m_7, m_{11} und m_{15}. Diese lassen sich wie folgt zusammenfassen:

$$\begin{aligned}
&\ \ \ \overline{x}_1\overline{x}_2x_3x_4 \vee \overline{x}_1x_2x_3x_4 && \vee x_1\overline{x}_2x_3x_4 \vee x_1x_2x_3x_4 \\
&= \overline{x}_1x_3x_4 && \vee x_1x_3x_4 \\
&= x_3x_4.
\end{aligned}$$

In diesem Fall werden zwei Variable (x_1 und x_2) eliminiert sowie die Anzahl der Verknüpfungen bis auf eine Konjunktion reduziert.

Einen noch größeren Erfolg erzielt man, wenn die Normalform der gegebenen Schaltfunktion solche Minterme enthält, die zu einem „Achterblock" zusammengefaßt werden können, z. B. die Minterme $m_8, m_9, \ldots, m_{14}, m_{15}$. In diesem Fall ergibt die Zusammenfassung dieser acht Minterme

$$\begin{aligned}
&\ \ \ x_1\overline{x}_2\overline{x}_3\overline{x}_4 \vee x_1\overline{x}_2\overline{x}_3x_4 \vee \ldots \vee x_1x_2x_3\overline{x}_4 \vee x_1x_2x_3x_4 \\
&= x_1\overline{x}_2\overline{x}_3 \vee x_1\overline{x}_2x_3 \vee x_1x_2\overline{x}_3 \vee x_1x_2x_3 \\
&= x_1\overline{x}_2 \vee x_1x_2 \\
&= x_1,
\end{aligned}$$

so daß drei Variable (x_2, x_3 und x_4) eliminiert werden. Das Ergebnis der Zusammenfassung kann bei einiger Übung jeweils aus der Beschriftung des äußeren Randes in Abb. 2.1 abgelesen werden.

Bei dem beschriebenen Verfahren zur Vereinfachung von Schaltfunktionen kommt es also darauf an, die in der disjunktiven Normalform der Schaltfunktion enthaltenen Minterme im Karnaugh–Diagramm, Abb. 2.1, geeignet zu markieren (z. B. durch das Symbol 1) und zu möglichst wenigen, aber möglichst großen „Blöcken" mit 2^k Elementen ($k \in \mathbb{N}$) zusammenzufassen.

Zur Illustration des Verfahrens betrachten wir noch nachfolgende Beispiele:

Beispiel 1:   Gegeben ist die Schaltfunktion φ

$$\begin{aligned}
\varphi(x_1, x_2, x_3, x_4) &= m_3 \vee m_7 \vee m_8 \vee m_9 \vee m_{10} \vee m_{11} \\
&= \overline{x}_1 \overline{x}_2 x_3 x_4 \vee \overline{x}_1 x_2 x_3 x_4 \vee x_1 \overline{x}_2 \overline{x}_3 \overline{x}_4 \vee x_1 \overline{x}_2 \overline{x}_3 x_4 \\
&\quad \vee x_1 \overline{x}_2 x_3 \overline{x}_4 \vee x_1 \overline{x}_2 x_3 x_4 .
\end{aligned}$$

Das zugehörige Karnaugh–Diagramm zeigt Abb. 2.2. Die Minterme lassen sich zu einem Zweierblock ($m_3 \vee m_7 = \overline{x}_1 x_3 x_4$) und einem Viererblock ($m_8 \vee m_9 \vee m_{10} \vee m_{11} = x_1 \overline{x}_2$) zusammenfassen, so daß die Schaltfunktion φ, vereinfacht durch

$$\varphi(x_1, x_2, x_3, x_4) = \overline{x}_1 x_3 x_4 \vee x_1 \overline{x}_2 ,$$

dargestellt werden kann. $\qquad\qquad\qquad\qquad\qquad\qquad\qquad\qquad\qquad\qquad\quad$ $\square$

Beispiel 2:   Wir betrachten die Schaltfunktion φ :

$$\begin{aligned}
\varphi(x_1, x_2, x_3, x_4) &= m_1 \vee m_4 \vee m_6 \vee m_{12} \vee m_{14} \\
&= \overline{x}_1 \overline{x}_2 \overline{x}_3 x_4 \vee \overline{x}_1 x_2 \overline{x}_3 \overline{x}_4 \vee \overline{x}_1 x_2 x_3 \overline{x}_4 \\
&\quad \vee x_1 x_2 \overline{x}_3 \overline{x}_4 \vee x_1 x_2 x_3 \overline{x}_4
\end{aligned}$$

mit dem Karnaugh–Diagramm, Abb. 2.3. Hier können die letzten vier Minterme zu einem Viererblock ($m_4 \vee m_6 \vee m_{12} \vee m_{14} = x_2 \overline{x}_4$) zusammengefaßt werden. Dabei wurde berücksichtigt, daß m_4 und m_6 in benachbarten Randkästchen liegen (ebenso m_{12} und m_{14}). Der erste Minterm $m_1 = \overline{x}_1 \overline{x}_2 \overline{x}_3 x_4$ kann mit keinem weiteren Term zusammengefaßt werden, so daß die vereinfachte Form lautet:

$$\varphi(x_1, x_2, x_3, x_4) = \overline{x}_1 \overline{x}_2 \overline{x}_3 x_4 \vee x_2 \overline{x}_4 .$$

$\qquad\qquad\qquad\qquad\qquad\qquad\qquad\qquad\qquad\qquad\qquad\qquad\qquad\qquad\quad$ $\square$

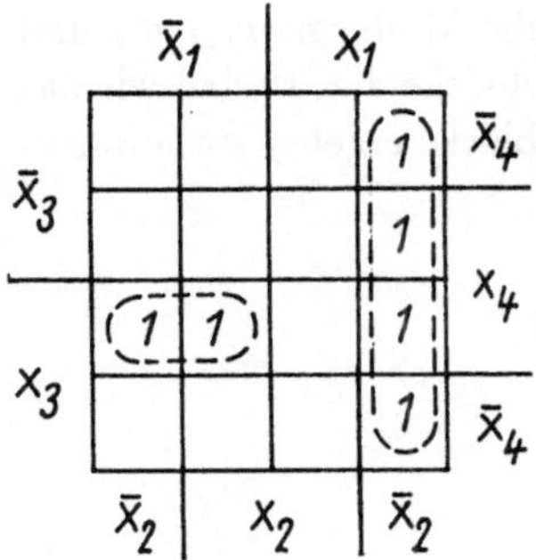

Abb. 2.2. Karnaugh–Diagramm für Beispiel 1.

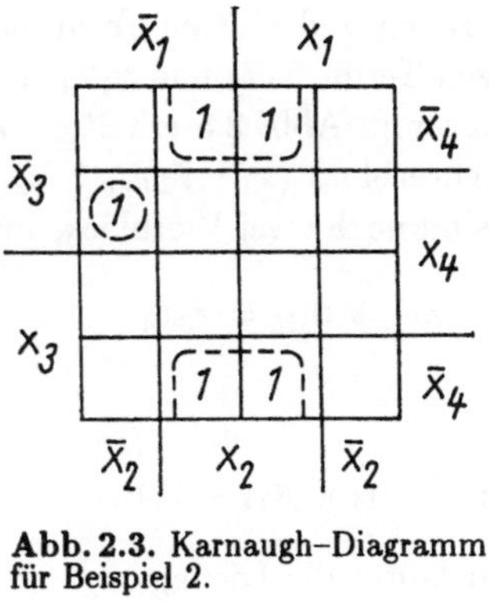

Abb. 2.3. Karnaugh–Diagramm für Beispiel 2.

Beispiel 3:   Gegeben sei die Schaltfunktion φ:

$$\begin{aligned}
\varphi(x_1, x_2, x_3, x_4) &= m_3 \vee m_7 \vee m_{10} \vee m_{11} \vee m_{14} \vee m_{15} \\
&= \overline{x}_1 \overline{x}_2 x_3 x_4 \vee \overline{x}_1 x_2 x_3 x_4 \vee x_1 \overline{x}_2 x_3 \overline{x}_4 \vee x_1 \overline{x}_2 x_3 x_4 \\
&\quad \vee x_1 x_2 x_3 \overline{x}_4 \vee x_1 x_2 x_3 x_4 .
\end{aligned}$$

Das zugehörige Karnaugh–Diagramm zeigt Abb. 2.4.

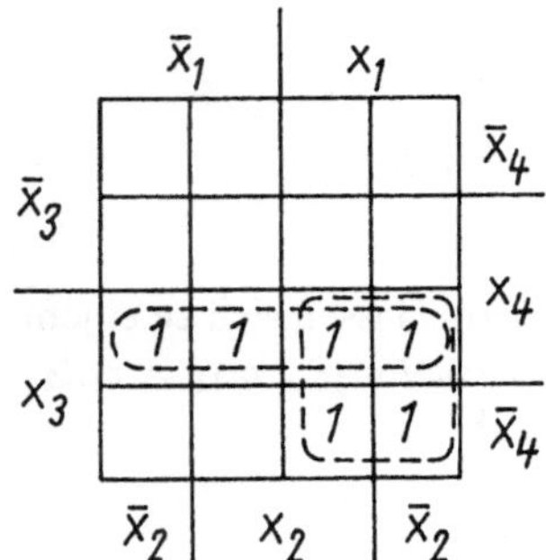

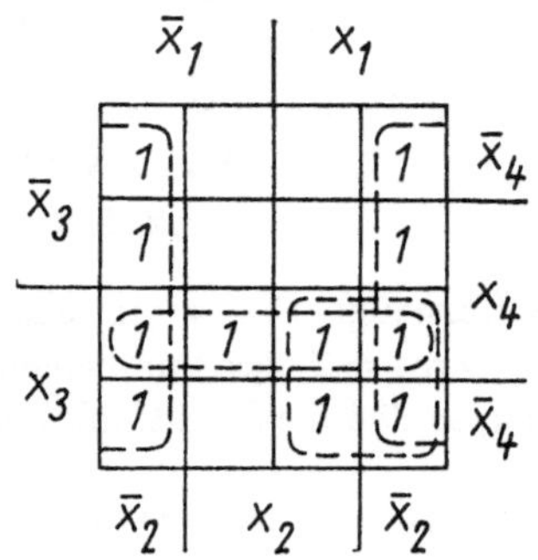

Abb. 2.4. Karnaugh–Diagramm
für Beispiel 3.

Abb. 2.5. Karnaugh–Diagramm
für Beispiel 4.

Hier ist es zweckmäßiger, anstelle eines Zweier- und eines Viererblockes zwei sich teilweise überdeckende Viererblöcke ($m_3 \vee m_7 \vee m_{11} \vee m_{15} = x_3 x_4$ und $m_{10} \vee m_{11} \vee m_{14} \vee m_{15} = x_1 x_3$) zu bilden. Die Minterme m_{11} und m_{15} werden also zweimal verwendet. Das ist ohne weiteres möglich, denn in der Booleschen Algebra kann in einer Disjunktion jeder Term beliebig oft hinzugenommen werden (Regel $(x \vee x \vee \ldots \vee x = x)$). Damit erhalten wir also die vereinfachte Schaltfunktion in der Darstellung

$$\varphi(x_1, x_2, x_3, x_4) = x_1 x_3 \vee x_3 x_4 = (x_1 \vee x_4) x_3.$$

□

Beispiel 4:   Als letztes und etwas komplizierteres Beispiel betrachten wir die Schalt-funktion φ:

$$\varphi(x_1, x_2, x_3, x_4) = x_1 x_2 x_3 \overline{x}_4 \vee \overline{x}_1 \overline{x}_2 \vee \overline{x}_1 x_2 x_3 x_4 \vee x_1 \overline{x}_2 \vee x_1 x_2 x_3 x_4.$$

Beim ersten, dritten und fünften Term handelt es sich um die Minterme m_{14}, m_7 und m_{15}. Die übrigen Terme $\overline{x}_1 \overline{x}_2$ und $x_1 \overline{x}_2$ stellen bereits Viererblöcke dar, so daß wir das Karnaugh-Diagramm Abb. 2.5 erhalten. Die beiden Viererblöcke ergeben zusammen-gefaßt einen Achterblock $(x_1 \vee \overline{x}_1) \overline{x}_2 = \overline{x}_2$.

Weiterhin sind noch zwei Vierblöcke mit

$$m_3 \vee m_7 \vee m_{11} \vee m_{15} = x_3 x_4$$

und

$$m_{10} \vee m_{11} \vee m_{14} \vee m_{15} = x_1 x_3$$

möglich. Damit lautet die Lösung

$$\varphi(x_1, x_2, x_3, x_4) = \overline{x}_2 \vee x_1 x_3 \vee x_3 x_4 = \overline{x}_2 \vee x_3 (x_1 \vee x_4).$$

□

Wie die betrachteten Beispiele zeigen, hängt das Ergebnis der Vereinfachung stark davon ab, in welchen Maße es gelingt, im Karnaugh-Diagramm möglichst wenige und große Blöcke zu bilden. In vielen Fällen sind auch mehrere gleichwertige Lösungen möglich.

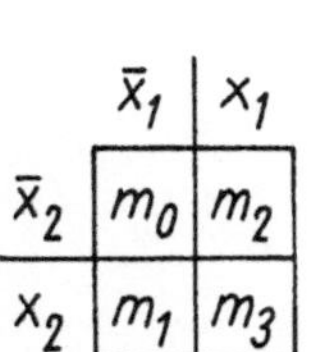

Abb. 2.6. Karnaugh–Diagramm
für zwei Variable.

Abb. 2.7. Karnaugh–Diagramm
für drei Variable.

Der Vollständigkeit halber ist in Abb. 2.6 noch das Karnaugh–Diagramm für eine Schaltfunktion von zwei Variablen und in Abb. 2.7 ein solches für eine Schaltfunktion von drei Variablen dargestellt. Für Schaltfunktionen von fünf und mehr Variablen existieren ebenfalls Lösungen, jedoch ist die Handhabung des Karnaugh–Diagramms für diese Fälle nicht mehr so übersichtlich wie in den bisher betrachteten Fällen.

2.1.3 Aufgaben zum Abschnitt 2.1

2.1-1 Man beweise:

In einer Booleschen Algebra $(B, \vee, \wedge, ^-, 0, 1)$ gibt es zu jedem $x \in B$ genau ein komplementäres $\bar{x} \in B$.

2.1-2 Man zeige, daß in einer Booleschen Algebra kein Element Komplement von sich selbst sein kann!

2.1-3 Kann es eine Boolesche Algebra geben, deren Träger eine ungerade Anzahl von Elementen enthält?

2.1-4 Die Elemente einer Menge $N = \{\bullet, \triangleright, \triangleleft, \circ\}$ seien Zweipole (Abb. 2.1-4a), und zwar

  $\bullet$ widerstandslose Verbindung,
  $\triangleright$ ideale Diode (Durchlaßrichtung $A \rightarrow B$),
  $\triangleleft$ ideale Diode (Durchlaßrichtung $B \rightarrow A$),
  $\circ$ Unterbrechung.

Auf N werden zwei Operationen P (Parallelschaltung) und R (Reihenschaltung) eingeführt.

a) Man stelle die Operationstabellen für P und R auf!

b) Man zeige, daß (N, P, R) mit $(\underline{P}(\{a, b\}), \cup, \cap)$ isomorph ist!

c) Es sei $\square_i$ ein beliebiges Element aus N. Man bestimme das Klemmenverhalten des Zweipols AB in Abb. 2.1-4b!

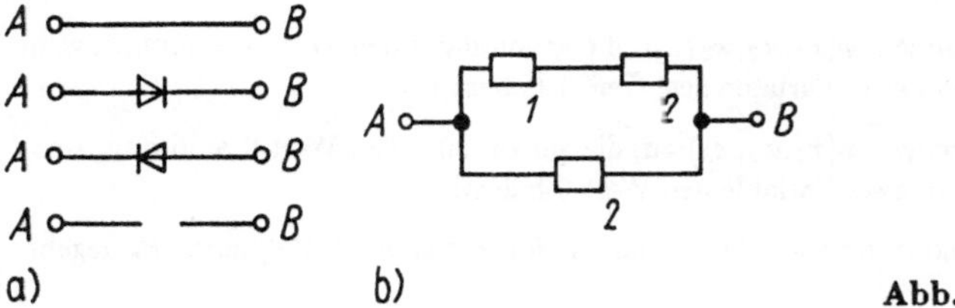

a)   b)   **Abb. 2.1-4** .

2.1-5 Man beweise, daß in einer beliebigen Booleschen Algebra $(B, \vee, \wedge, ^-, 0, 1)$ die Beziehung

$$x \vee \bar{x} y = x \vee y \quad (x, y \in B)$$

gilt!

2.1-6 Mit Hilfe der Regeln der Booleschen Algebra ist der Ausdruck

$$P = x(\overline{x} \vee y) \vee y(y \vee z) \vee y$$

zu vereinfachen.

2.1-7 Für die durch Polynome gegebenen Schaltfunktionen

a) $\varphi : P = \overline{(\overline{x}_1 \vee x_1)x_2} \vee \overline{x_1 x_3} \vee x_3$

b) $\varphi : P = \overline{x}_1 x_2 \vee x_3(x_1 \vee \overline{x}_2)$

sind die Wertetabellen anzugeben.

2.1-8 Für die durch Polynome gegebenen Schaltfunktionen

a) $\varphi : P = \overline{x_1 \overline{x}_2 \vee x_1 x_3} \vee \overline{x}_1$

b) $\varphi : P = (\overline{x}_1 \vee x_2)\overline{x}_1 \vee \overline{\overline{x}_1 x_2 \overline{x}_2}$

ist die äquivalente disjunktive Normalform

α) mit Hilfe einer Wertetabelle

β) durch algebraische Umformung (Ergänzung der fehlenden Variablen)

zu bestimmen.

2.1-9 Gegeben seien die durch Polynome P_k dargestellten Schaltfunktionen
$\varphi : \{0, 1\}^3 \rightarrow \{0, 1\}$:

$P_1 = x_1 x_2 \overline{x}_3 \vee x_1 x_2 \vee x_1 \overline{x}_2$

$P_2 = \overline{x}_1 x_2 \overline{x}_3 \vee \overline{x}_1 x_2 x_3 \vee x_1 x_2 \overline{x}_3 \vee x_1 x_2 x_3$

$P_3 = x_1$

$P_4 = x_2$

$P_5 = (x_1 \vee \overline{x}_2 \vee \overline{x}_3)(x_1 \vee \overline{x}_2 \vee x_3)(x_1 \vee x_2 \vee \overline{x}_3)(x_1 \vee x_2 \vee x_3)$

$P_6 = x_1 x_2$

$(P_k \in \underline{P}(n))$

a) Entscheiden Sie, welche Polynome einer gemeinsamen Äquivalenzklasse bezüglich der Äquivalenzrelation

$$P_k \sigma P_l \Leftrightarrow \varphi_k = \varphi_l$$

angehören $(P_k \mapsto \varphi_k, P_l \mapsto \varphi_l)$!

b) Bestimmen Sie zu den gefundenen Äquivalenzklassen $[P] = [P]_\varphi$ die entsprechenden Normaldarstellungen der Schaltfunktionen φ in disjunktiver Normalform!

2.1-10 Man gebe eine Schaltfunktion $\varphi : \varphi(x_1, x_2, x_3)$ an, die genau dann den Wert 1 annimmt, wenn
a) mindestens zwei;   b) genau zwei Variable den Wert 1 haben!

2.1-11 Man gebe eine Schaltfunktion $\varphi : \varphi(x_1, x_2, x_3)$ an, die genau dann den Wert 0 annimmt, wenn
a) mindestens zwei;   b) genau zwei Variable den Wert 0 haben!

2.1-12 Mit Hilfe des Karnaugh–Diagramms vereinfache man die folgenden durch Polynome P_k gegebenen Schaltfunktionen:

a) $P_1 = x_1 \vee \overline{x}_1(x_2 \vee \overline{x}_2 x_3)$

b) $P_2 = x_1 \overline{x}_3 \vee x_2(\overline{x}_1 \vee x_3)$

c) $P_3 = (x_1 x_2 \vee x_3 x_4)(x_1 x_2 \vee \overline{x}_3 \vee \overline{x}_4)$

d) $P_4 = \overline{x}_1 \overline{x}_2 \vee \overline{x}_4 \vee x_1 x_3 \vee x_2 x_3$.

2.2   Kombinatorische Automaten

2.2.1   Alphabetabbildung

2.2.1.1   Elementarautomaten

Wir wollen uns nun mit der Frage beschäftigen, wie die im Abschnitt 2.1 zusammengestellten Begriffe, Regeln und Methoden zur mathematischen Beschreibung technisch-physikalischer Zusammenhänge angewendet werden können.

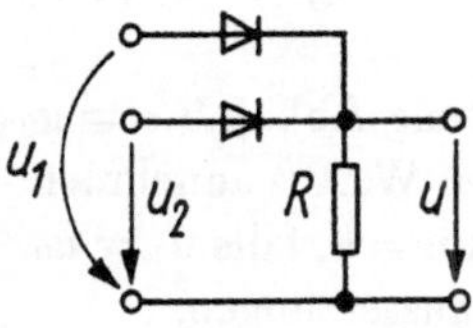

Abb. 2.8. Realisierung der Oder–Verknüpfung.

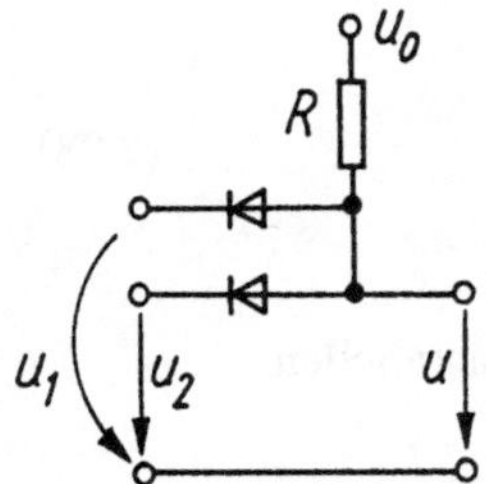

Abb. 2.9. Realisierung der Und–Verknüpfung.

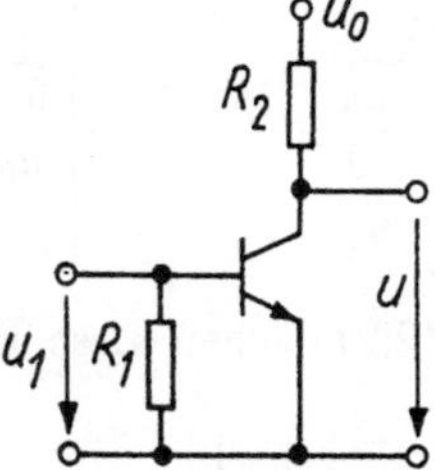

Abb. 2.10. Realisierung der Negation.

Als Beispiele wichtiger Schaltungen, deren Verhalten mit den Methoden der Schaltalgebra beschrieben werden kann, seien die „logischen Schaltungen" der Elektronik angeführt. Die Abbildungen 2.8, 2.9 und 2.10 zeigen einige besonders einfache Schaltungsvarianten dieser Art.

Betrachten wir zunächst die Schaltung in Abb. 2.8 mit einem Widerstand und zwei Dioden. Für die angelegten Spannungen gelte $u_1, u_2 \in \{0, u_0\}$, worin u_0 ein fester (positiver) Wert ist. Am Ausgang der Schaltung erhalten wir idealisiert die Spannung $u = 0$, wenn $u_1 = u_2 = 0$ ist. Nehmen dagegen u_1 oder u_2 (oder beide) den Wert u_0 an, so ist auch $u = u_0$.

Insgesamt erhalten wir also für die Ausgangsspannung in Abhängigkeit von u_1 und u_2 die folgende Verknüpfungstabelle:

$$
\begin{array}{cc|cc}
 & & \multicolumn{2}{c}{u_1} \\
 & & 0 & u_0 \\
\hline
\multirow{2}{*}{u_2} & 0 & 0 & u_0 \\
 & u_0 & u_0 & u_0 \\
\end{array}
\tag{2.26}
$$

Vergleicht man diese Tabelle mit der Operationstabelle der Schaltalgebra für die Disjunktion

$$
\begin{array}{c|cc}
\vee & 0 & 1 \\
\hline
0 & 0 & 1 \\
1 & 1 & 1
\end{array},
$$

so stellt man fest, daß beide Tabellen ineinander übergehen, wenn die Zuordnungen

$$
\begin{aligned}
0 &\mapsto 0 \\
u_0 &\mapsto 1
\end{aligned}
\tag{2.27}
$$

vorgenommen werden. Die betrachtete Schaltung realisiert damit die Disjunktion $x_1 \vee x_2$ zweier Schaltvariablen x_1 und x_2, welche beliebige Werte aus der Menge $B = \{0, 1\}$ annehmen können.

In ähnlicher Weise kann man sich überlegen, daß in der Schaltung Abb. 2.9 $u = u_0$ gilt, falls $u_1 = u_2 = u_0$ und $u = 0$, falls u_1 oder u_2 (oder beide) den Wert 0 annehmen. In der Transistorschaltung Abb. 2.10 gilt $u = u_0$, falls $u_1 = 0$, und $u = 0$, falls $u_1 = u_0$. Alle diese Angaben gelten natürlich nur unter idealisierenden Voraussetzungen.

Damit erhalten wir für diese Schaltungen nachstehende Verknüpfungstabellen:

$$
\tag{2.28}
$$

Bei den Zuordnungen (2.27) gehen diese Tabellen in die Operationstabellen

$$
\begin{array}{c|cc}
\wedge & 0 & 1 \\
\hline
0 & 0 & 0 \\
1 & 0 & 1
\end{array}
\qquad
\begin{array}{c|cc}
^- & 0 & 1 \\
\hline
 & 1 & 0
\end{array}
$$

über, so daß durch die Schaltung in Abb. 2.9 die Konjunktion $x_1 \wedge x_2$ zweier Schaltvariablen und durch die Schaltung in Abb. 2.10 die Negation $\overline{x}_1$ einer Schaltvariablen verwirklicht wird.

Es sei am Rande darauf hingewiesen, daß die in den Abbildungen 2.8 bis 2.10 angegebenen Schaltungen zur Realisierung der drei Grundoperationen $\vee, \wedge$ und $^-$ nicht die einzigen sind; vielmehr gibt es eine Vielzahl von Transistorschaltungen, die diese Operationen unter Berücksichtigung praktischer Gesichtspunkte und des vorgesehenen Anwendungsgebietes optimal realisieren. In der Tafel 2.1 sind die Ergebnisse nochmals zusammengefaßt dargestellt.

Wie wir sehen, werden durch die betrachteten Schaltungen drei elementare Schaltfunktionen, nämlich

$$
\varphi_1 : B^2 \to B, \quad \varphi_1(x_1, x_2) = x_1 \vee x_2,
\tag{2.29-a}
$$

$$
\varphi_2 : B^2 \to B, \quad \varphi_2(x_1, x_2) = x_1 x_2,
\tag{2.29-b}
$$

$$
\varphi_3 : B \to B, \quad \varphi_3(x) = \overline{x}
\tag{2.29-c}
$$

Tafel 2.1. Logische Schaltungen

Schaltung	Schaltsymbol DIN 40700	Bezeichnung
Bild 2.8	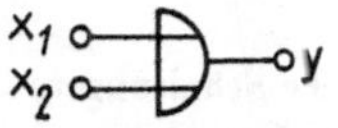 x_1 x_2 $\rightarrow$ y $y = \varphi(x_1, x_2)$ $= x_1 \vee x_2$	Oder-Gatter
Bild 2.9	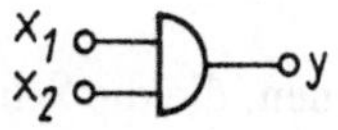 x_1 x_2 $\rightarrow$ y $y = \varphi(x_1, x_2)$ $= x_1 x_2$	Und-Gatter
Bild 2.10	 x $\rightarrow$ y $y = \varphi(x) = \overline{x}$	Negations-Gatter

realisiert. Die zugehörigen Schaltungen bezeichnet man mit Oder-, Und- bzw. Negations-Gatter.

In allgemeineren Fällen können das Oder-Gatter und das Und-Gatter auch mehrere Eingänge haben (Abb. 2.11 und 2.12). In diesen Fällen erhält man

$$\varphi_1 : B^q \to B, \qquad \varphi(x_1, \ldots, x_q) = \bigvee_{i=1}^{q} x_i$$

bzw.

$$\varphi_2 : B^q \to B, \qquad \varphi(x_1, \ldots, x_q) = \bigwedge_{i=1}^{q} x_i \ .$$

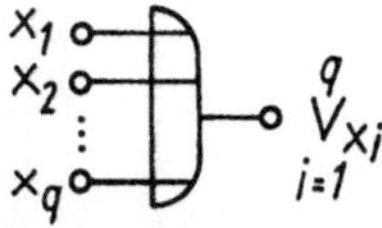

Abb. 2.11. Mehrfache Oder-Verknüpfung. 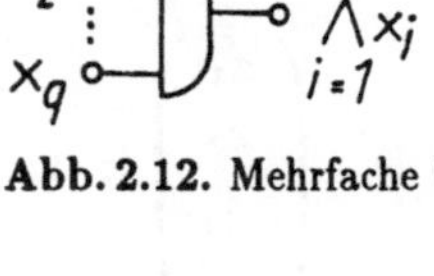 **Abb. 2.12.** Mehrfache Und-Verknüpfung.

Die Negation wird häufig nicht durch ein besonderes Gatter realisiert, sondern mit anderen Operationen zusammen verwirklicht. Zwei besonders wichtige Gattertypen dieser Art sollen noch besonders hervorgehoben werden. Eines davon ist das Nand-Gatter (Abb. 2.13a), welches die Schaltfunktion

$$\varphi : B^2 \to B, \qquad \varphi(x_1, x_2) = \overline{x_1 x_2} \tag{2.30}$$

realisiert. Man bezeichnet diese Funktion auch als *Sheffer–Funktion*. Das andere Gatter ist das Nor–Gatter (Abb. 2.13b). Es realisiert die Schaltfunktion (*Peirce–Funktion*)

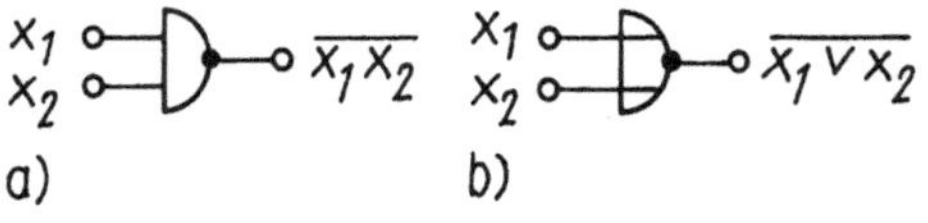

Abb. 2.13. Logische Schaltungen:
a) Nand–Gatter; b) Nor–Gatter.

$$\varphi : B^2 \to B, \qquad \varphi(x_1, x_2) = \overline{x_1 \vee x_2}. \tag{2.31}$$

Den vorstehend betrachteten Gattern, insbesondere denen, die die Schaltfunktionen (2.29) realisieren, kommt eine besondere Bedeutung zu, da sie als Grundbausteine komplizierter Schaltungen eine große Rolle spielen. Im Sinne einer allgemeineren Theorie, deren Grundzüge im folgenden Abschnitt entwickelt werden und die der mathematischen Beschreibung solcher komplizierten Schaltungen dient, können die bisher betrachteten Gatter (Und–, Oder– und Negations–Gatter) als *Elementarautomaten* angesehen werden.

2.2.1.2   Einfacher kombinatorischer Automat

Im vorangegangenen Abschnitt wurde an Beispielen gezeigt, daß sich die logischen Schaltungen der Elektronik mit Methoden der Schaltalgebra beschreiben lassen. Diese Schaltungen sind jedoch nicht die einzigen, für die das zutrifft. Es läßt sich z. B. auch zeigen, daß aus Schaltern aufgebaute Netzwerke (Schaltnetzwerke) ebenfalls durch Schaltfunktionen beschrieben werden können. Für den weiteren Ausbau des theoretischen Fundamentes ist es erforderlich, nun eine Reihe grundlegender Begriffe zu definieren, die so allgemein angelegt sind, daß sich die genannten Sonderfälle mühelos einordnen lassen.

Wir beginnen mit folgenden Definitionen:

a) Die Menge

$$X = B^q = \{0, 1\}^q \tag{2.32}$$

heißt *Eingabealphabet* mit den *Buchstaben*

$$x = (x_1, x_2, \ldots, x_q) = \begin{pmatrix} x_1 \\ x_2 \\ \vdots \\ x_q \end{pmatrix} \in X \quad (x_i \in B = \{0, 1\}; \quad i = 1, 2, \ldots, q). \tag{2.33}$$

In (2.33) sind zwei verschiedene Arten der Schreibweise von Buchstaben $x \in X$ angegeben, die dasselbe bedeuten und je nach Zweckmäßigkeit verwendet werden. (Man beachte, daß es sich hier nicht um Zeilen– oder Spaltenmatrizen handelt, sondern um verschiedene Darstellungsweisen eines geordneten q–Tupels.)

b) Analog zu (2.32) heißt die Menge

$$Y = B^m = \{0,1\}^m \tag{2.34}$$

Ausgabealphabet mit den Buchstaben

$$y = (y_1, y_2, \ldots, y_m) = \begin{pmatrix} y_1 \\ y_2 \\ \vdots \\ y_m \end{pmatrix} \in Y \quad (y_i \in B = \{0,1\}; \quad i = 1, 2, \ldots, m). \tag{2.35}$$

c) Wir konstruieren nun eine Abbildung Φ von X in Y und definieren: Jede Abbildung

$$\Phi : X \to Y, \qquad \Phi(x_1, \ldots, x_q) = (y_1, \ldots, y_m) \quad (\text{kurz:} \ \ \Phi(x) = y) \tag{2.36}$$

heißt *Alphabetabbildung*. Durch diese Abbildung ist jedem Eingabebuchstaben x aus X ein Ausgabebuchstabe y aus Y zugeordnet.

Wir wollen uns bei den weiteren Ausführungen zunächst auf den Sonderfall $m = 1$ beschränken. In diesem Fall ist das Ausgabealphabet durch

$$Y = B = \{0,1\}$$

gegeben und enthält nur die Buchstaben $y = 0$ und $y = 1$. Die Alphabetabbildung (2.36) nennt man in diesem Sonderfall *einfache Alphabetabbildung* (und schreibt nun φ statt Φ):

$$\varphi : X \to Y, \qquad \varphi(x_1, \ldots, x_q) = \varphi(x) = y. \tag{2.37}$$

Durch Vergleich von (2.37) mit der Definition (2.9) der Schaltfunktion stellt man fest, daß die einfache Alphabetabbildung φ nichts anderes ist als eine q–stellige Schaltfunktion.

Aufbauend auf den bisherigen Festlegungen gilt nun die folgende zusammenfassende

> *Definition:* Das Eingabealphabet $X = B^q$ und das Ausgabealphabet $Y = B$ zusammen mit der einfachen Alphabetabbildung φ bilden einen (abstrakten, binären) *einfachen kombinatorischen Automaten*, in Zeichen: (X, Y, φ).

Man beachte, daß der einfache kombinatorische Automat (X, Y, φ) eine algebraische Struktur $(B, \vee, \wedge, ^-, 0, 1, \varphi)$ vom Typ $(2, 2, 1, 0, 0, q)$ bildet.

Wir wollen nun zur Veranschaulichung der Definition einige Beispiele einfacher kombinatorischer Automaten betrachten, wobei wir diesen Begriff auch für die Realisierungen verwenden.

Beispiel 1: Ein Schaltzweipol mit q Schaltern ist ein einfacher kombinatorischer Automat. Das Eingabealphabet ist durch die Menge aller Schalterstellungen (offen oder geschlossen) der q Schalter gegeben. Das Ausgabealphabet enthält zwei Elemente (der gesamte Zweipol stellt entweder eine geschlossene oder offene Verbindung dar). Durch die Schaltfunktion $\varphi(x_1, \ldots, x_q)$ ist jeder Schalterstellung der q Schalter entweder eine offene oder geschlossene Verbindung zwischen den Klemmen des Zweipols zugeordnet, wodurch die einfache Alphabetabbildung $\varphi : B^q \to B$ realisiert wird. $\qquad \Box$

Beispiel 2: Die Gatter (Oder–Gatter, Und–Gatter, Negations–Gatter) sind einfache kombinatorische Automaten. Man bezeichnet sie – wie bereits erwähnt – als Elementarautomaten. Beim Und- und Oder–Gatter enthält das Eingabealphabet $X = B^2 = \{(0,0),(0,1),(1,0),(1,1)\}$ jeweils vier Buchstaben, die den Belegungen der Eingänge (x_1, x_2) entsprechen. Jeder Eingangsbelegung ist durch die Schaltfunktionen φ_1 bzw. φ_2 in (2.29-a,b) ein Buchstabe des Ausgabealphabetes $Y = B = \{0,1\}$ zugeordnet. Beim Negations–Gatter ist $X = Y = B = \{0,1\}$. Insgesamt erhält man damit die Wertetabellen:

x_1	x_2	$\varphi_1(x_1, x_2)$
0	0	0
0	1	1
1	0	1
1	1	1

x_1	x_2	$\varphi_2(x_1, x_2)$
0	0	0
0	1	0
1	0	0
1	1	1

x	$\varphi_3(x)$
0	1
1	0

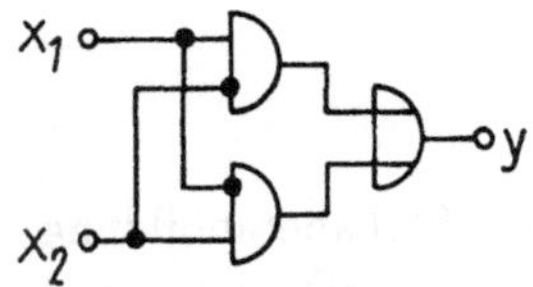

Abb. 2.14. Exklusiv–Oder.

Beispiel 3: Die in Abb. 2.14 dargestellte Zusammenschaltung von drei Gattern stellt ebenfalls einen einfachen kombinatorischen Automaten mit dem Eingabealphabet $X = B^2$ und dem Ausgabealphabet $Y = B$ dar. Für die einfache Alphabetabbildung φ erhalten wir

$$y = \varphi(x_1, x_2) = x_1\overline{x}_2 \vee \overline{x}_1 x_2. \tag{2.38}$$

Man bezeichnet die durch (2.38) definierte Verknüpfung als *Exklusiv–Oder.*

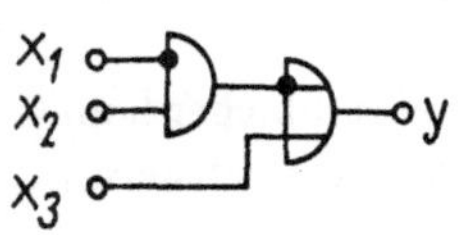

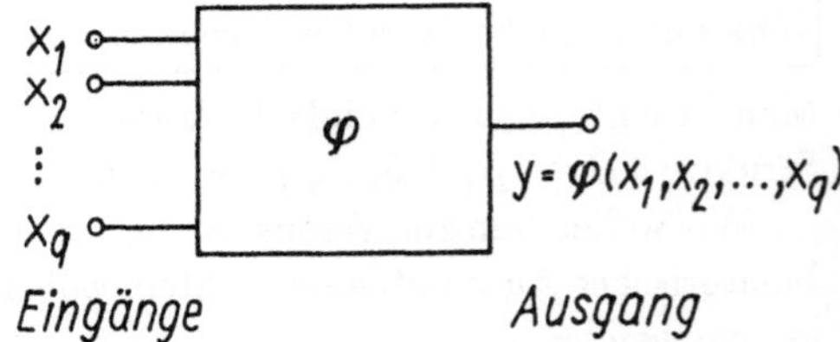

Abb. 2.15. Zusammenschaltung
von Gattern (Beispiel).

Abb. 2.16. Einfacher kombinatorischer
Automat.

Beispiel 4: Als letztes Beispiel betrachten wir die in Abb. 2.15 dargestellte Zusammenschaltung zweier Gatter, bei denen jeweils ein Eingang negiert wird. Für diese Schaltung ergibt sich

$$y = \varphi(x_1, x_2, x_3) = \overline{\overline{x}_1 x_2} \vee x_3.$$

Die Schaltung stellt damit einen einfachen kombinatorischen Automaten mit dem Eingabealphabet $X = B^3$, dem Ausgabealphabet $Y = B$ und der einfachen Alphabetabbildung φ dar. Die zuletzt angeführten Beispiele (Abb. 2.14 und 2.15) lassen den Schluß zu, daß auch jede andere („sinnvolle") Zusammenschaltung von Oder–, Und– und Negations–Gattern mit insgesamt q Eingängen und einem Ausgang als einfacher kombinatorischer Automat angesehen werden kann.   □

Wichtiger als die Aussage ist jedoch ihre Umkehrung. Hier gilt der folgende

---

Satz: Jeder einfache kombinatorische Automat (X, Y, φ) mit der einfachen Alphabetabbildung

$$\varphi : X \to Y, \qquad \varphi(x_1, x_2, \ldots, x_q) = \bigvee_{i \in I_\varphi} x_1^{i_1} x_2^{i_2} \ldots x_q^{i_q} \tag{2.39}$$

kann durch Zusammenschaltung von Elementarautomaten (Und–, Oder– und Negations–Gatter) realisiert werden.

Die Blockschaltung des einfachen kombinatorischen Automaten ist in Abb. 2.16 dargestellt.

In (2.39) ist die einfache Alphabetabbildung als Polynom in disjunktiver Normalform (vgl. Abschn. 2.1.2.3) gegeben. In dieser Notmalform sind die Schaltvariablen $x_1, x_2, \ldots, x_q$ in Verknüpfungen durch die Operationen $\vee, \wedge$ und $^-$ enthalten. Es ist darum leicht einzusehen, daß man zur Realisierung von φ mit den drei Elementarautomaten (Oder–, Und– und Negations–Gatter) grundsätzlich auskommt. Es erhebt sich jedoch die Frage, ob diese drei Gattertypen auch notwendig sind.

Wie wir von den Regeln der Booleschen Algebra (Regeln 8 und 11 in (2.3)) bzw. der Mengenalgebra (Regeln von de Morgan) her wissen, kann die Disjunktion mit Hilfe von

$$x_1 \vee x_2 = \overline{\overline{x}_1 \overline{x}_2}$$

durch Konjunktion und Negation und die Konjunktion mittels

$$x_1 x_2 = \overline{\overline{x}_1 \vee \overline{x}_2}$$

durch Disjunktion und Negation ausgedrückt werden. Das bedeutet, daß man bei der Realisierung einer Schaltfunktion φ prinzipiell mit zwei Gattertypen (Und– und Negations–Gatter bzw. Oder– und Negations–Gatter) auskommt.

Es kann sogar gezeigt werden, daß man mit einem einzigen Gattertyp, nämlich dem Nand–Gatter oder dem Nor–Gatter, jede Schaltfunktion realisieren kann. Wir wollen das am Beispiel des Nand–Gatters (Abb. 2.13a) demonstrieren.

Dabei wollen wir zur Abkürzung für die Nand–Vernüpfung das Symbol $\uparrow$ verwenden und schreiben

$$\overline{x_1 \wedge x_2} = x_1 \uparrow x_2.$$

Nun müssen die Operationen $\vee, \wedge$ und $^-$ durch die Nand–Operation $\uparrow$ ausgedrückt werden.

Wir beginnen mit der Negation und erhalten

$$\overline{x} = \overline{x\,x} = x \uparrow x.$$

Die zugehörige Schaltung zeigt Abb. 2.17a. Die beiden Eingänge des Nand–Gatters
sind zusammengeschaltet. Für die Disjunktion ergibt sich

$$x_1 \vee x_2 = \overline{\overline{x_1}\,\overline{x_2}} \; = \; \overline{x}_1 \uparrow \overline{x}_2$$
$$= \; (x_1 \uparrow x_1) \uparrow (x_2 \uparrow x_2).$$

Die Schaltung ist in Abb. 2.17b dargestellt. Für die Konjunktion erhalten wir schließlich

$$x_1 x_2 = \overline{\overline{\overline{x_1 x_2}}} \; = \; \overline{x_1 \uparrow x_2}$$
$$= \; (x_1 \uparrow x_2) \uparrow (x_1 \uparrow x_2)$$

und daraus die zugehörige Schaltung (Abb. 2.17c). Ähnliche Überlegungen lassen sich
auch für das Nor–Gatter anstellen (vgl. Übungsaufgabe 2.2-2).

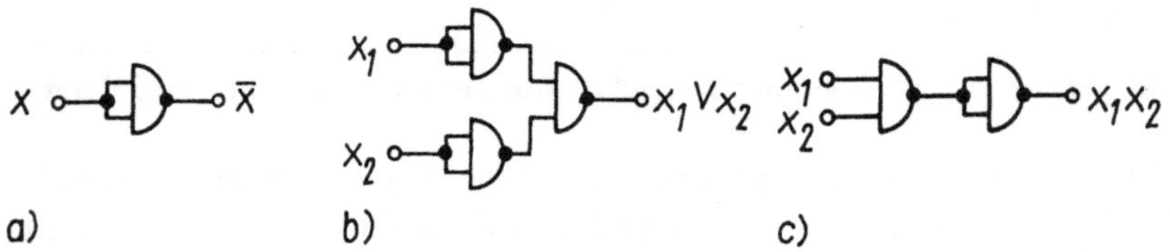

Abb. 2.17. Realisierung folgender Operationen durch Zusammenschaltung von Nand–Gattern:
a) Negation; b) Disjunktion; c) Konjunktion.

Für die Anwendungen ist die Tatsache, daß man prinzipiell mit einem einzigen
Gattertyp auskommt, sehr wesentlich. Dieser Vorteil wird allerdings durch eine erhöhte
Anzahl von Gattern erkauft (Abb. 2.17b und 2.17c), worauf es aber beim gegenwärtigen
Entwicklungsstand der Mikroelektronik in der Regel nicht ankommt.

2.2.1.3 Kombinatorischer Automat

Aufbauend auf den Definitionen des Eingabealphabets X (2.32), des Ausgabealphabets
Y (2.34) und der Alphabetabbildung Φ (2.36), wird der Begriff des kombinatorischen
Automaten wie folgt definiert:

Das Eingabealphabet $X = B^q$ und das Ausgabealphabet $Y = B^m$ zusammen mit
der Alphabetabbildung Φ bilden einen (abstrakten, binären) *kombinatorischen
Automaten*, in Zeichen

$$(X, Y, \Phi). \tag{2.40}$$

Man beachte, daß jede Alphabetabbildung

$$\Phi : X \to Y, \qquad \Phi(x_1, \ldots, x_q) = (y_1, \ldots, y_m) \tag{2.41-a}$$

als direktes Produkt $\Phi = \langle \varphi_1, \varphi_2, \ldots, \varphi_m \rangle$ (vgl. Abschn. 1.2.3.1) von m einfachen Alphabetabbildungen (Schaltfunktionen)

$$\varphi_i : B^q \to B, \qquad \varphi_i(x_1, \ldots, x_q) = y_i \qquad (i = 1, 2, \ldots, m)$$

angesehen werden kann. Anstelle von (2.41-a) kann man nämlich auch schreiben

$$
\begin{aligned}
\varphi_1 : B^q &\to B, & \varphi_1(x_1,\dots,x_q) &= y_1, \\
\varphi_2 : B^q &\to B, & \varphi_2(x_1,\dots,x_q) &= y_2, \\
&\vdots & &\vdots \\
\varphi_m : B^q &\to B, & \varphi_m(x_1,\dots,x_q) &= y_m.
\end{aligned}
\tag{2.41-b}
$$

Daraus ergibt sich, daß ein kombinatorischer Automat (X, Y, Φ) eine algebraische Struktur $(B, \vee, \wedge, ^-, 0, 1, \varphi_1, \dots, \varphi_m)$ vom Typ $(2, 2, 1, 0, 0, q, \dots, q)$ bildet.

Die Darstellung der Alphabetabbildung Φ des kombinatorischen Automaten durch m einfache Alphabetabbildungen (bzw. Schaltfunktionen) φ_i in der Form (2.41-b) läßt uns bereits erkennen, wie ein kombinatorischer Automat zu realisieren ist: Die Realisierung eines kombinatorischen Automaten läßt sich auf die Realisierung von m einfachen kombinatorischen Automaten zurückführen. Es gilt der folgende

> *Satz:* Jeder kombinatorische Automat (X, Y, Φ) kann durch m einfache kombinatorische Automaten realisiert werden.

Das Blockschaltbild der Realisierung ist in Abb. 2.18 dargestellt.

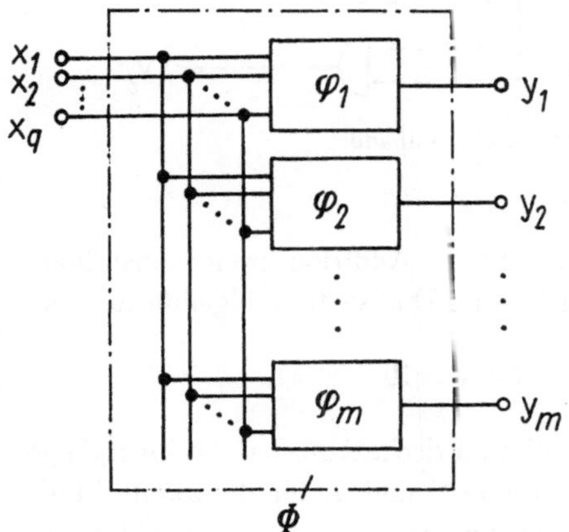

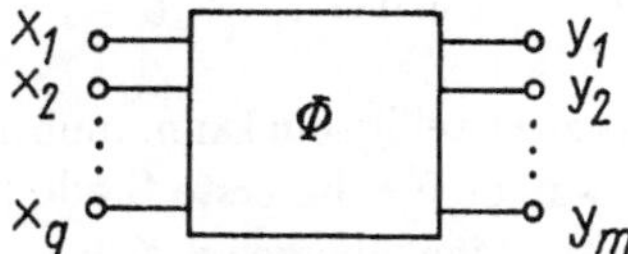

Abb. 2.18. Zusammenschaltung einfacher kombinatorischer Automaten.

Abb. 2.19. Kombinatorischer Automat (Blockschaltbild).

Bei der Realisierung eines kombinatorischen Automaten mit der Alphabetabbildung Φ geht man also so vor, daß zunächst die einzelnen Schaltfunktionen φ_i als einfache kombinatorische Automaten realisiert werden. Anschließend werden die Eingänge aller dieser einfachen kombinatorischen Automaten parallelgeschaltet. Die auf diese Weise erhaltene Realisierung läßt sich meistens noch erheblich vereinfachen. Es kam hier lediglich darauf an, den grundsätzlichen Lösungsweg zu skizzieren.

Anstelle von Abb. 2.18 wird meistens nur das vereinfachte Blockschaltbild des kombinatorischen Automaten verwendet (Abb. 2.19). Wir geben nun noch einige Beispiele kombinatorischer Automaten an.

Beispiel 1: Gegeben ist die Gatterschaltung (Abb. 2.20). Für diesen kombinatorischen Automaten erhalten wir die Alphabetabbildung

$$\Phi : B^3 \to B^2, \qquad \Phi(x_1, x_2, x_3) = (y_1, y_2),$$

und es ist $\Phi = \langle \varphi_1, \varphi_2 \rangle$ mit

$$\varphi_1 : \quad \varphi_1(x_1, x_2, x_3) = \overline{\overline{x}_1 x_2} \vee x_3 = y_1,$$

$$\varphi_2 : \quad \varphi_2(x_1, x_2, x_3) = \overline{x}_1 x_2 x_3 = y_2.$$

□

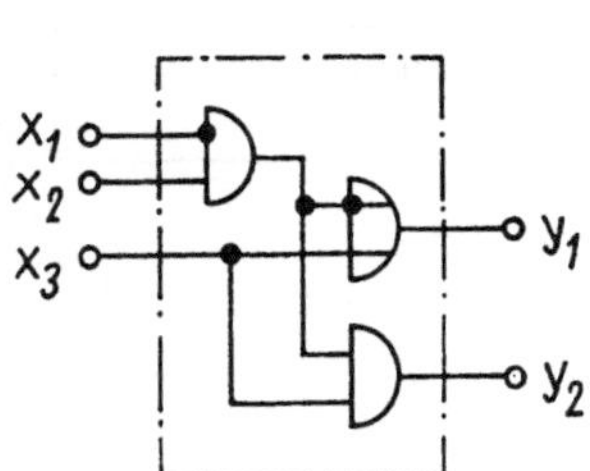

Abb. 2.20. Kombinatorischer Automat
(Beispiel 1).

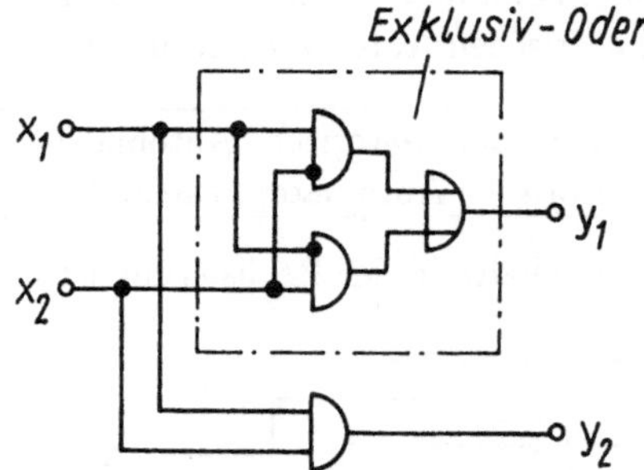

Abb. 2.21. Halbadder.

Beispiel 2: Es ist eine Schaltung anzugeben, welche die Addition zweier einstelliger Dualzahlen x_1 und x_2 ermöglicht. Bekanntlich gelten im Dualsystem folgende Regeln:

$$0 + 0 = 0, \qquad 1 + 0 = 1, \qquad 0 + 1 = 1, \qquad 1 + 1 = 10.$$

Da das Ergebnis zweistellig sein kann, muß der kombinatorische Automat zwei Ausgänge erhalten, und zwar y_1 für die erste Stelle (die „Summe") und y_2 für die zweite Stelle (den „Übertrag"). Man überzeugt sich leicht, daß die aus einem Exklusiv-Oder und einem Und–Gatter aufgebaute Schaltung (Abb. 2.21) den Anforderungen genügt. Für die Schaltfunktionen und die Wertetabelle erhält man

		x_1	x_2	y_2	y_1
		0	0	0	0
$y_1 = \varphi_1(x_1, x_2) = x_1 \overline{x}_2 \vee \overline{x}_1 x_2$		0	1	0	1
$y_2 = \varphi_2(x_1, x_2) = x_1 x_2$		1	0	0	1
		1	1	1	0

Man bezeichnet den kombinatorischen Automaten (Abb. 2.21) als *Halbadder.*   □

Beispiel 3: Für die Addition mehrstelliger Dualzahlen ist der kombinatorische Automat aus Beispiel 2 mit einem weiteren Eingang für die Verarbeitung des Übertrages auszustatten. Bezeichnen x_1 und x_2 die an k-ter Stelle zu addierenden Dualzahlen und

x_3 den Übertrag aus der Summe der Dualzahlen an $(k-1)$-ter Stelle, so erhält man analog zu Beispiel 2 die Wertetabelle

x_1	x_2	x_3	y_2	y_1
0	0	0	0	0
0	0	1	0	1
0	1	0	0	1
0	1	1	1	0
1	0	0	0	1
1	0	1	1	0
1	1	0	1	0
1	1	1	1	1

und daraus die Schaltfunktionen

$$y_1 = \varphi_1(x_1, x_2, x_3) = \overline{x}_1\overline{x}_2 x_3 \vee \overline{x}_1 x_2\overline{x}_3 \vee x_1\overline{x}_2\overline{x}_3 \vee x_1 x_2 x_3,$$

$$y_2 = \varphi_2(x_1, x_2, x_3) = x_1 x_3 \vee x_2 x_3 \vee x_1 x_2.$$

Der kombinatorische Automat läßt sich durch Zusammenschalten zweier Halbadder nach Abb. 2.21 und ein Oder-Gatter realisieren. Man bezeichnet diese Schaltung als *Volladder* (Abb. 2.22).

Bei der Addition zweier mehrstelliger Dualzahlen wird für die erste Stelle ein Halbadder und für jede weitere Stelle ein Volladder benötigt. $\square$

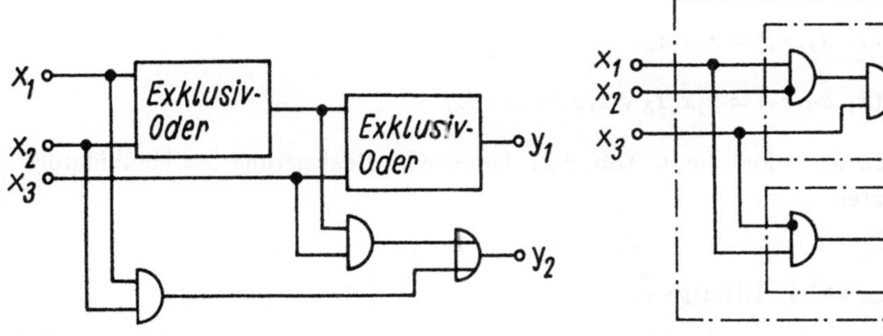

Abb. 2.22. Volladder.

Abb. 2.23. Kombinatorischer Automat (Beispiel 4).

Beispiel 4: Für den Entwurf eines kombinatorischen Automaten betrachten wir die folgende Aufgabe:

Gegeben sei ein Heißwasserspeicher, bestehend aus einem Wasserkessel, einer Heizung und einer durch einen Motor angetriebenen Pumpe. Ein installiertes Meßgerät gibt uns über den Zustand des Kessels Auskunft, d. h., es wird gemeldet, ob der Kessel leer oder gefüllt und das Wasser heiß oder kalt ist. Zur Inbetriebnahme hat die gesamte Anlage noch einen äußeren Schalter.

Der zu entwerfende kombinatorische Automat soll nun eine Steuergröße für die Heizung und den Pumpenmotor bereitstellen, und zwar so, daß die Heizung nur dann eingeschaltet wird, wenn das Wasser kalt und der Kessel gefüllt ist. Ist der Kessel leer, so soll der Pumpenmotor eingeschaltet werden. Zur Übersetzung der Aufgabe in die Sprache der Schaltalgebra treffen wir die folgenden Vereinbarungen für die Eingabe:

$$x_1 = \begin{cases} 0 & \text{Anlage aus,} \\ 1 & \text{Anlage ein,} \end{cases} \quad \text{(äußere Bedienung)}$$

$$x_2 = \begin{cases} 0 & \text{Wasser kalt,} \\ 1 & \text{Wasser heiß,} \end{cases} \qquad x_3 = \begin{cases} 0 & \text{Kessel leer,} \\ 1 & \text{Kessel gefüllt,} \end{cases}$$

und die Ausgabe

$$y_1 = \begin{cases} 0 & \text{Heizung aus,} \\ 1 & \text{Heizung ein,} \end{cases} \qquad y_2 = \begin{cases} 0 & \text{Motor aus,} \\ 1 & \text{Motor ein.} \end{cases}$$

Nun stellen wir für die Alphabetabbildung Φ eine Wertetabelle mit zwei y–Spalten für $y_1 = \varphi_1(x_1, x_2, x_3)$ und $y_2 = \varphi_2(x_1, x_2, , x_3)$ auf.

Mit der Forderung, daß für $x_1 = 0$ (Anlage aus) stets $y_1 = y_2 = 0$ gelten soll, und den eingangs formulierten Bedingungen ergibt sich die nachfolgende Wertetabelle:

x	x_1	x_2	x_3	y_1	y_2
0	0	0	0	0	0
1	0	0	1	0	0
2	0	1	0	0	0
3	0	1	1	0	0

x	x_1	x_2	x_3	y_1	y_2
4	1	0	0	0	1
5	1	0	1	1	0
6	1	1	0	0	1
7	1	1	1	0	0

Aus dieser Tabelle lesen wir ab:

$$y_1 = \varphi_1(x_1, x_2, x_3) = x_1 \overline{x}_2 x_3,$$

$$y_2 = \varphi_2(x_1, x_2, x_3) = x_1 \overline{x}_2 \overline{x}_3 \vee x_1 x_2 \overline{x}_3 = x_1 \overline{x}_3.$$

Damit erhalten wir sofort die in Abb. 2.23 dargestellte Realisierung des kombinatorischen Automaten.   □

2.2.2 Wortabbildungen

2.2.2.1 Buchstaben und Wörter

Wie die zuletzt betrachteten Beispiele von Realisierungen kombinatorischer Automaten (z. B. die Heißwasserspeichersteuerung im Abschn. 2.2.1.3) bereits zeigten, sind Eingabe– und Ausgabebuchstaben nicht für alle Zeiten konstant. Im allgemeinen ändert sich die Eingabe im Laufe der Zeit (in dem betrachteten Beispiel durch das Füllen des Kessels, das Erhitzen des Wassers usw.), so daß sich als Folge davon auch die Ausgabe zeitlich ändert.

Um diese Vorgänge mathematisch beschreiben zu können, müssen wir untersuchen, wie ein kombinatorischer Automat eine zeitliche Folge von Eingabebuchstaben verarbeitet. Dabei wollen wir voraussetzen, daß sich der Automat selbst (d. h. die Schaltungsrealisierung) zeitunabhängig verhält.

Wir beginnen mit den folgenden Definitionen:

a) Zur Beschreibung der zeitabhängigen Vorgänge wird zunächst die *Zeitskala* durch die Menge

$$T_k = \{t_0, t_1, t_2, \ldots, t_k\} \qquad (k \in \mathbb{N}) \tag{2.42}$$

eingeführt. Nehmen wir zur Vereinfachung noch an, daß es sich um äquidistante Zeitpunkte t_i ($i = 0, 1, 2, \ldots, k$) handelt und die Dimension weggelassen wird (Normierung), so kann anstelle von (2.42) einfacher geschrieben werden

$$T_k = \{0, 1, 2, \ldots, k\}. \tag{2.43}$$

Diese Zeitskala soll weiterhin stets zugrunde gelegt werden.

b) Wir betrachten nun eine Abbildung $\underline{x}$ von der Zeitmenge T_k in das Eingabealphabet $X = B^q = \{0, 1\}^q$, in Zeichen

$$\underline{x} : T_k \to X, \qquad \underline{x}(t) = x. \tag{2.44-a}$$

Durch diese Abbildung ist jedem Zeitpunkt aus T_k ein Buchstabe x des Eingabealphabetes X zugeordnet. Die Abbildung $\underline{x}$ heißt *Eingabewort*, und wir schreiben dafür

$$\underline{x} = (\underline{x}(0), \underline{x}(1), \underline{x}(2), \ldots, \underline{x}(k)). \tag{2.44-b}$$

Ein Eingabewort ist also eine endliche Folge (vgl. Abschn. 1.2.2.2) von Buchstaben aus dem Eingabealphabet X.

Da die Buchstaben des Eingabealphabetes X geordnete q–Tupel darstellen, kann der *Eingabebuchstabe zur Zeit* t auch in der Form

$$\underline{x}(t) = \begin{pmatrix} x_1 \\ x_2 \\ \vdots \\ x_q \end{pmatrix}_t \tag{2.45}$$

geschrieben werden. Die zeitliche Folge der an i–ter Stelle ($i = 1, 2, \ldots, q$) in diesem q–Tupel stehenden Buchstaben kann ebenfalls als Wort

$$\underline{x}_i : T_k \to B, \qquad \underline{x}_i(t) = x_i \tag{2.46-a}$$

angesehen werden. Man bezeichnet das Wort $\underline{x}_i$ in (2.46-a) als *einfaches Wort*. Das allgemeinere (q–dimensionale) Wort ist dann als direktes Produkt (vgl. Abschnitt 1.2.3.1) von q einfachen Wörtern

$$\begin{aligned}
\underline{x}_1 &: T_k \to B, & \underline{x}_1(t) &= x_1, \\
\underline{x}_2 &: T_k \to B, & \underline{x}_2(t) &= x_2, \\
&\vdots \\
\underline{x}_q &: T_k \to B, & \underline{x}_q(t) &= x_q
\end{aligned} \tag{2.46-b}$$

darstellbar und kann je nach Zweckmäßigkeit in der Form $\underline{x} = \langle \underline{x}_1, \underline{x}_2, \ldots, \underline{x}_q \rangle$ oder auch in der Form

$$\underline{x} = \begin{pmatrix} \underline{x}_1 \\ \underline{x}_2 \\ \vdots \\ \underline{x}_q \end{pmatrix} \tag{2.47}$$

geschrieben werden.

In Abb. 2.24 sind diese Zusammenhänge für ein dreidimensionales Wort mit 6 Buchstaben dargestellt. Es zeigt das Wort

$$\underline{x} = \left(\begin{pmatrix} 1 \\ 0 \\ 1 \end{pmatrix}, \begin{pmatrix} 0 \\ 0 \\ 1 \end{pmatrix}, \begin{pmatrix} 1 \\ 1 \\ 0 \end{pmatrix}, \begin{pmatrix} 1 \\ 0 \\ 1 \end{pmatrix}, \begin{pmatrix} 0 \\ 1 \\ 0 \end{pmatrix}, \begin{pmatrix} 1 \\ 0 \\ 0 \end{pmatrix} \right) = \begin{pmatrix} (1,0,1,1,0,1) \\ (0,0,1,0,1,0) \\ (1,1,0,1,0,0) \end{pmatrix} = \begin{pmatrix} \underline{x}_1 \\ \underline{x}_2 \\ \underline{x}_3 \end{pmatrix},$$

und es ist $\underline{x}_1 = (1,0,1,1,0,1)$, $\underline{x}_2 = (0,0,1,0,1,0)$ und $\underline{x}_3 = (1,1,0,1,0,0)$.

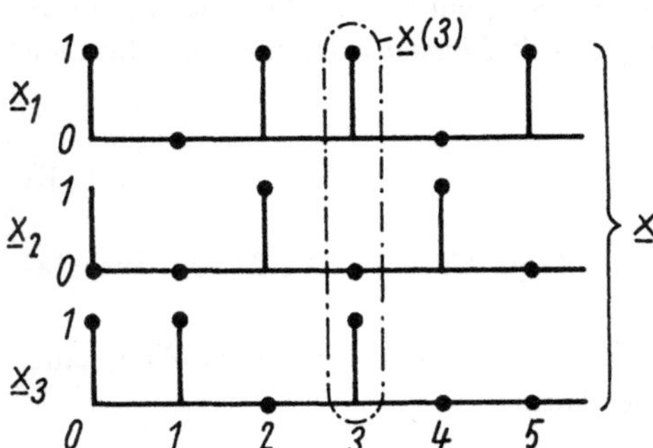

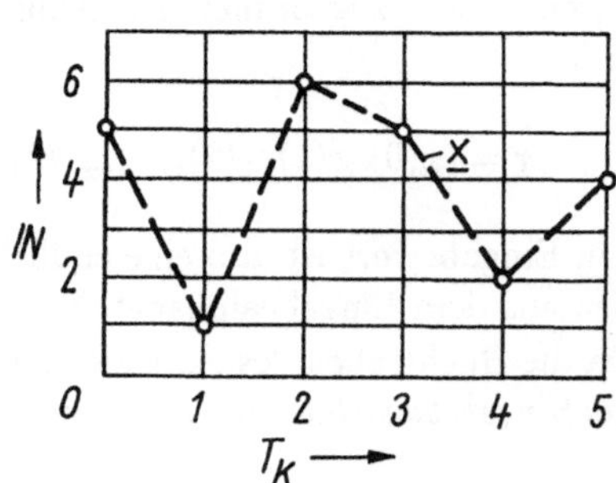

Abb. 2.24. Veranschaulichung des Begriffes Wort (1. Möglichkeit).   **Abb. 2.25.** Veranschaulichung des Begriffes Wort (2. Möglichkeit).

Der „Informationsgehalt" eines Wortes entspricht der Anzahl der in ihm enthaltenen Binärzahlen und wird in *Bit* angegeben. In unserem Beispiel enthält $\underline{x}$ also 18 Bit und $\underline{x}_1, \underline{x}_2$ bzw. $\underline{x}_3$ jeweils 6 Bit. Anstelle von 8 Bit schreibt man auch 1 *Byte*. Erinnert sei auch daran, daß man jeden Buchstaben $\underline{x}(t) = x$ als Binärdarstellung von $x \in \mathbb{N}$ interpretieren kann und damit ein Wort $\underline{x}$ als eine Abbildung von T_k in die Menge $\mathbb{N}$ der natürlichen Zahlen. Für viele Überlegungen erleichtert diese Interpretation die unmittelbare Anschauung. Für das angegebene Beispiel zeigt Abb. 2.25 diese Darstellung.

c) Analog zu Vorstehendem heißt die Abbildung $\underline{y}$ von T_k in das Ausgabealphabet $Y = B^m = \{0,1\}^m$ *Ausgabewort*, in Zeichen

$$\underline{y} : T_k \to Y, \qquad \underline{y}(t) = y. \tag{2.48-a}$$

Es stellt ebenfalls eine endliche Folge

$$\underline{y} = (\underline{y}(0), \underline{y}(1), \underline{y}(2), \ldots, \underline{y}(k)) \tag{2.48-b}$$

mit den *Ausgabebuchstaben zur Zeit t*

$$\underline{y}(t) = \begin{pmatrix} y_1 \\ y_2 \\ \vdots \\ y_m \end{pmatrix}_t$$

dar. Alles übrige läßt sich von der Defintion von $\underline{x}$ her auf $\underline{y}$ sinngemäß übertragen.

d) Die *Wortlänge* des Wortes $\underline{x}$ entspricht der Anzahl der Buchstaben. Man schreibt

$$l(\underline{x}) = |T_k| = k + 1. \tag{2.49-a}$$

Entsprechendes gilt für das Wort $\underline{y}$:

$$l(\underline{y}) = |T_k| = k + 1. \tag{2.49-b}$$

e) Die Menge aller (endlichen) Eingabewörter $\underline{x}$ bildet den *Eingabewortraum*. Wir bezeichnen diese Menge mit

$$\underline{X} = W(X) = X^*. \tag{2.50-a}$$

Analog hierzu heißt die Menge aller (endlichen) Ausgabewörter $\underline{y}$ *Ausgabewortraum*

$$\underline{Y} = W(Y) = Y^*. \tag{2.50-b}$$

Man kann zeigen, daß diese Wortmengen bei endlichen Alphabeten abzählbar sind.

Auf der Grundlage der vorstehend definierten Begriffe erhalten wir die folgende

> *Definition:* Jede Abbildung
>
> $$\underline{\Phi} : \underline{X} \to \underline{Y}, \quad \underline{\Phi}(\underline{x}_1, \ldots, \underline{x}_q) = (\underline{y}_1, \ldots, \underline{y}_m) \quad \text{(kurz: } \underline{\Phi}(\underline{x}) = \underline{y}) \tag{2.51}$$
>
> heißt *Wortabbildung.*

Durch eine Wortabbildung $\underline{\Phi}$ ist jedem Eingabewort $\underline{x}$ aus $\underline{X}$ ein Ausgabewort $\underline{y}$ aus $\underline{Y}$ zugeordnet. Die Wortabbildung $\underline{\Phi}$ läßt sich (ähnlich wie die Alphabetabbildung Φ) auf m einfache Abbildungen zurückführen. Schreibt man anstelle von (2.51)

$$\begin{aligned} \underline{\varphi}_1 : \quad & \underline{\varphi}_1(\underline{x}_1, \ldots, \underline{x}_q) = \underline{y}_1 \\ & \vdots \\ \underline{\varphi}_m : \quad & \underline{\varphi}_m(\underline{x}_1, \ldots, \underline{x}_q) = \underline{y}_m, \end{aligned} \tag{2.52}$$

so erhält man eine Darstellung der Wortabbildung $\underline{\Phi}$ durch m *einfache Wortabbildungen* $\underline{\varphi}_i$ $(i = 1, 2, \ldots, m)$.

2.2.2.2   Realisierung von Wortabbildungen

Wir wollen zunächst untersuchen, welche Wortabbildungen durch die Elementarautomaten (Oder-, Und- und Negations-Gatter; Abschn. 2.2.1.1) realisiert werden.

Betrachten wir zunächst das Oder-Gatter. Für dieses Gatter hatten wir in (2.29a) den Zusammenhang

$$y = \varphi_1(x_1, x_2) = x_1 \vee x_2 \tag{2.53}$$

zwischen Eingabe- und Ausgabebuchstaben gefunden. Man kann nun x_1, x_2 und y als Buchstaben einfacher Wörter $\underline{x}_1$, $\underline{x}_2$ und $\underline{y}$ zu einem *festen* Zeitpunkt t auffassen, d. h. es gilt

$$\underline{x}_1(t) = x_1, \qquad \underline{x}_2(t) = x_2, \qquad \underline{y}(t) = y.$$

Da der Zusammenhang (2.53) nun aber für jeden *beliebigen* Zeitpunkt gilt, kann für alle $t \in T_k$ geschrieben werden

$$\underline{y}(t) = \varphi_1\left(\underline{x}_1(t), \underline{x}_2(t)\right) = \underline{x}_1(t) \vee \underline{x}_2(t). \tag{2.54}$$

Durch die letzte Gleichung wird aber bereits eine einfache Wortabbildung $\underline{\varphi}_1$ definiert, denn den Eingabewörtern $\underline{x}_1$ und $\underline{x}_2$ ist durch (2.54) ein Ausgabewort $\underline{y}$ (buchstabenweise) zugeordnet. Wir schreiben dafür

$$\underline{y} = \underline{\varphi}_1(\underline{x}_1, \underline{x}_2) = \underline{x}_1 \vee \underline{x}_2. \tag{2.55}$$

Am Ausgang des Oder-Gatters erhalten wir also ein neues Wort $\underline{y}$, wenn $\underline{x}_1$ am ersten und $\underline{x}_2$ am zweiten Gattereingang eingegeben werden. Dieses neue Wort $\underline{y}$ ergibt sich aus der Disjunktion der Wörter $\underline{x}_1$ und $\underline{x}_2$. Die Disjunktion $\underline{x}_1 \vee \underline{x}_2$ wird so gebildet, wie es (2.54) vorschreibt: Die Buchstaben der Wörter $\underline{x}_1$ und $\underline{x}_2$ im gleichen Zeitpunkt t sind disjunktiv zu verknüpfen. Genaugenommen müßte man in $\underline{x}_1 \vee \underline{x}_2$ ein anderes Operationssymbol verwenden als in $\underline{x}_1(t) \vee \underline{x}_2(t)$, denn es ist nicht gleichgültig, ob Wörter oder Buchstaben verknüpft werden. Da es sich hier jedoch um eine Operationsübertragung (vgl. Abschn. 1.3.1.2) handelt (die auf der Menge X der Buchstaben definierte Operation $\vee$ wird auf die Menge $\underline{X}$ der Wörter übertragen), wollen wir in Übereinstimmung mit den Gepflogenheiten das gleiche Operationssymbol verwenden.

Führt man eine ähnliche Überlegung auch für das Und-Gatter durch, so erhält man anstelle von (2.55)

$$\underline{y} = \underline{\varphi}_2(\underline{x}_1, \underline{x}_2) = \underline{x}_1 \underline{x}_2, \tag{2.56}$$

wobei die Konjunktion der Wörter durch die Konjunktion der Buchstaben im gleichen Zeitpunkt t gegeben ist:

$$\underline{y}(t) = \varphi_2\left(\underline{x}_1(t), \underline{x}_2(t)\right) = \underline{x}_1(t)\,\underline{x}_2(t). \tag{2.57}$$

Für das Negations-Gatter ergibt sich

$$\underline{y} = \underline{\varphi}_3(\underline{x}) = \overline{\underline{x}} \tag{2.58}$$

mit

$$y(t) = \varphi_3\left(\underline{x}(t)\right) = \overline{\underline{x}(t)}. \tag{2.59}$$

Die Negation des Wortes $\underline{x}$ ergibt sich also durch Negation jedes Buchstabens dieses Wortes.

Wir betrachten nun als etwas kompliziertere Schaltung den in Abb. 2.26 dargestellten kombinatorischen Automaten. Hier erhalten wir

$$\underline{y}_1 = \overline{\overline{\underline{x}_1 \underline{x}_2}} \vee \underline{x}_3 \quad = \underline{\varphi}_1(\underline{x}_1, \underline{x}_2, \underline{x}_3)$$

$$\underline{y}_2 = \overline{\underline{x}}_1 \underline{x}_2 \underline{x}_3 \quad\quad = \underline{\varphi}_2(\underline{x}_1, \underline{x}_2, \underline{x}_3).$$

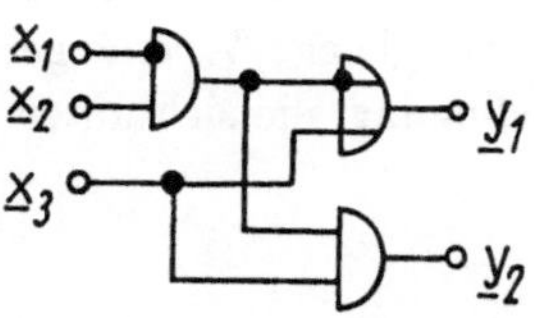

Abb. 2.26. Kombinatorischer Automat (Beispiel).

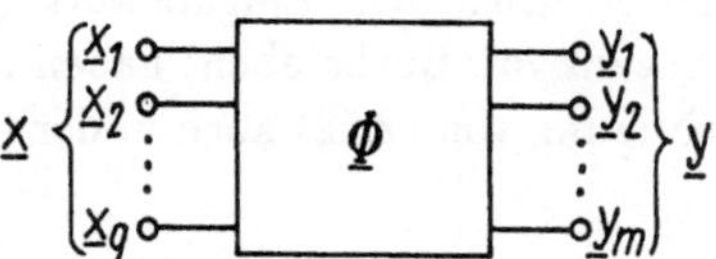

Abb. 2.27. Zur Erläuterung der Wortabbildung kombinatorischer Automaten.

Der Ausgabebuchstabe des Wortes $\underline{y}_1$ zum Zeitpunkt t kann nun mit (2.54), (2.57) und (2.59) wie folgt berechnet werden:

$$\left(\underline{\varphi}_1(\underline{x}_1, \underline{x}_2, \underline{x}_3)\right)(t) = \underline{y}_1(t) \;=\; \overline{(\overline{\underline{x}_1 \underline{x}_2})}(t) \vee \underline{x}_3(t)$$

$$=\; \overline{(\overline{\underline{x}_1 \underline{x}_2})(t)} \vee \underline{x}_3(t)$$

$$=\; \overline{\overline{\underline{x}_1(t)} \underline{x}_2(t)} \vee \underline{x}_3(t)$$

$$=\; \overline{\overline{\underline{x}_1(t)} \underline{x}_2(t)} \vee \underline{x}_3(t)$$

$$=\; \varphi_1\left(\underline{x}_1(t), \underline{x}_2(t), \underline{x}_3(t)\right).$$

Das Ergebnis zeigt, daß der Ausgabebuchstabe $\underline{y}_1(t)$ durch die einfache Alphabetabbildung φ_1 bestimmt ist und nur von den Eingabebuchstaben $\underline{x}_1(t)$, $\underline{x}_2(t)$ und $\underline{x}_3(t)$ der Eingabewörter $\underline{x}_1$, $\underline{x}_2$ und $\underline{x}_3$ im gleichen Zeitpunkt t abhängig ist. Dieser Sachverhalt, der sich natürlich auch für $\underline{y}_2(t)$ bestätigen läßt und im gewählten Beispiel auf den Zusammenhang

$$\left(\underline{\varphi}_1(\underline{x}_1, \underline{x}_2, \underline{x}_3)\right)(t) \;=\; \varphi_1\left(\underline{x}_1(t), \underline{x}_2(t), \underline{x}_3(t)\right)$$

$$\left(\underline{\varphi}_2(\underline{x}_1, \underline{x}_2, \underline{x}_3)\right)(t) \;=\; \varphi_2\left(\underline{x}_1(t), \underline{x}_2(t), \underline{x}_3(t)\right) \tag{2.60}$$

zwischen Wortabbildung $\underline{\varphi}_\nu$ und Alphabetabbildung φ_ν führt, ist offensichtlich allgemeiner Art und nicht auf das betrachtete Beispiel beschränkt.

Zur Verallgemeinerung der an obigem Beispiel gefundenen Zusammenhänge gehen wir zum allgemeinen Blockschaltbild des kombinatorischen Automaten über (Abb. 2.27). Hier gilt der folgende

---

Satz: Eine Wortabbildung $\underline{\Phi} : \underline{X} \to \underline{Y}$, $\underline{\Phi}(\underline{x}) = \underline{y}$ ist durch einen kombinatorischen Automaten (X, Y, Φ) genau dann realisierbar, wenn gilt

$$1. \qquad l(\underline{\Phi}(\underline{x})) = l(\underline{y}) = l(\underline{x}). \tag{2.61}$$

Es gibt eine Alphabetabbildung $\Phi : X \to Y$, so daß gilt

$$2. \qquad (\underline{\Phi}(\underline{x}))(t) = \Phi(\underline{x}(t)). \tag{2.62}$$

Zur Erläuterung dieses Satzes soll noch folgendes bemerkt werden: Die erste Bedingung besagt offensichtlich, daß Eingabewort $\underline{x}$ und Ausgabewort $\underline{y}$ die gleiche Wortlänge (gleiche Anzahl von Buchstaben) haben müssen. Die zweite Bedingung, die sich unter Berücksichtigung von (2.52) auch in der Form

$$\left(\underline{\varphi_i}(\underline{x}_1, \ldots, \underline{x}_q)\right)(t) = \varphi_i\left(\underline{x}_1(t), \ldots, \underline{x}_q(t)\right) \qquad (i = 1, 2, \ldots, m) \tag{2.63}$$

schreiben läßt, ist offensichtlich eine Verallgemeinerung der für das oben betrachtete Beispiel gefundenen Beziehung (2.60).

Aus dieser Beziehung bzw. (2.62) ergibt sich, daß der Ausgabebuchstabe $\underline{y}(t)$ bei einem kombinatorischen Automaten allein vom Eingabebuchstaben $\underline{x}(t)$ im gleichen Zeitpunkt t abhängig ist und nicht davon, welche Buchstaben in vorhergehenden Zeitpunkten $t-1, t-2, \ldots$ eingegeben wurden bzw. zu späteren Zeitpunkten $t+1, t+2, \ldots$ noch eingegeben werden. In Abb. 2.28 sind diese Zusammenhänge anschaulich graphisch dargestellt.

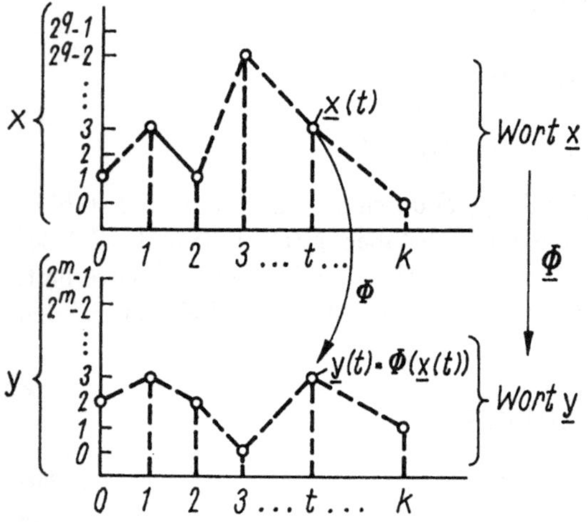

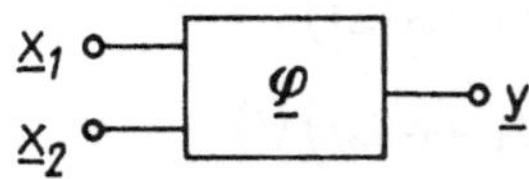

Abb. 2.28. Alphabetabbildung Φ und Wortabbildung $\underline{\Phi}$.

Abb. 2.29. Einfacher kombinatorischer Automat.

Beispiel: Wir betrachten den einfachen kombinatorischen Automaten in Abb. 2.29 mit der in der Tabelle gegebenen Eingabe $\underline{x} = \langle \underline{x}_1, \underline{x}_2 \rangle$:

t	0	1	2	3	4	5	6	7
$\underline{x}_1(t)$	0	1	1	0	0	1	0	1
$\underline{x}_2(t)$	1	0	0	1	0	1	1	0
$\underline{y}(t)$	1	0	0	1	1	0	1	0
$\underline{\tilde{y}}(t)$	1	0	1	0	1	0	0	0

Das in der ersten Zeile angegebene Ausgabewort $\underline{y}$ ist realisierbar, während das in der zweiten Zeile angegebene Ausgabewort $\underline{\tilde{y}}$ nicht durch einen kombinatorischen Automaten realisiert werden kann, z. B. deshalb, weil im Zeitpunkt $t = 1$ bei Eingabe von $(\underline{x}_1(1), \underline{x}_2(1)) = (1, 0)$ die Ausgabe $\tilde{y}(1) = 0$ erfolgt und im Zeitpunkt $t = 2$ bei gleicher Eingabe $(\underline{x}_1(2), \underline{x}_2(2)) = (1, 0)$ die Ausgabe $\tilde{y}(2) = 1$ ist (und nicht ebenfalls 0, wie es bei einem kombinatorischen Automaten der Fall sein müßte). □

Durch die Bedingung (2.62) wird die Anzahl der durch einen kombinatorischen Automaten realisierbaren Wortabbildungen beträchtlich eingeschränkt. Oft ist es beim Studium bestimmter Eigenschaften eines gegebenen kombinatorischen Automaten nicht erforderlich, alle Wörter $\underline{x}$ aus $\underline{X}$ in Betracht zu ziehen. Es interessieren dann nur alle Wörter $\underline{x} \in X'$ aus einer gewissen Teilmenge $\underline{X}'$ von $\underline{X}$. Man nennt dann $\underline{X}'$ auch *Eingabeprozeß*, und die Menge $\Phi(\underline{X}') = \underline{Y}' \subset \underline{Y}$ aller Ausgabewörter $\underline{y} = \underline{\Phi}(\underline{x})$ auch *Ausgabeprozeß* des Automaten.

Wir bemerken abschließend noch, daß die Anzahl q der Eingänge des kombinatorischen Automaten seine *Verarbeitungsbreite* angibt. Man spricht in diesem Fall von einer *Parallelverarbeitung* von q Wörtern bzw. von einer Verarbeitungsbreite von q Bit, wenn in jedem Taktzeitpunkt $t \in T_k$ an jedem der q Eingänge ein Element aus $B = \{0, 1\}$ eingegeben (verarbeitet) wird.

2.2.3 Aufgaben zum Abschnitt 2.2

2.2-1 Gegeben ist die Schaltfunktion

$$\varphi : B^3 \to B, \qquad \varphi(x_1, x_2, x_3) = x_1 \vee \bar{x}_1(x_2 \vee \bar{x}_2 x_3).$$

a) Geben Sie eine Gatterschaltung zur Realisierung von φ an!

b) Vereinfachen Sie die gegebene Schaltfunktion weitestgehend, und geben Sie die vereinfachte Schaltung an!

2.2-2 Es sind Gatterschaltungen zur Realisierung von

$$\varphi : B^3 \to B, \qquad \varphi(x_1, x_2, x_3) = x_1 \bar{x}_2 \vee x_3$$

anzugeben. Diese Schaltungen sollen

a) beliebige Gatter (Elementarautomaten),

b) nur Negations– und Und–Gatter,

c) nur Nand–Gatter,

d) nur Nor–Gatter

enthalten.

2.2-3 Für die in Abb. 2.2-3 dargestellte Straßenkreuzung einer Hauptstraße und einer Nebenstraße mit Straßenbahnverkehr ist ein kombinatorischer Automat (Gatterschaltung) zur Steuerung der Ampel für die Hauptstraße zu entwerfen. Als Meßgrößen werden bereitgestellt:

$$x_1 = \begin{cases} 1 & n > 10 \text{ Fahrzeuge auf der Nebenstraße befinden sich im Meßbereich.} \\ 0 & n \leq 10 \text{ Fahrzeuge auf der Nebenstraße befinden sich im Meßbereich.} \end{cases}$$

$$x_2 = \begin{cases} 1 & \text{Straßenbahn auf der Nebenstraße befindet sich im Meßbereich.} \\ 0 & \text{Keine Straßenbahn auf der Nebenstraße befindet sich im Meßbereich.} \end{cases}$$

$$x_3 = \begin{cases} 1 & 30 \text{ s seit dem letzten Umschalten der Hauptstraße auf „Grün" sind vergangen.} \\ 0 & \text{Weniger als } 30 \text{ s seit dem letzten Umschalten auf „Grün" sind vergangen.} \end{cases}$$

$$x_4 = \begin{cases} 1 & 120 \text{ s seit dem letzten Umschalten der Hauptstraße auf „Grün" sind vergangen.} \\ 0 & \text{Weniger als } 120 \text{ s seit dem letzten Umschalten auf „Grün" sind vergangen.} \end{cases}$$

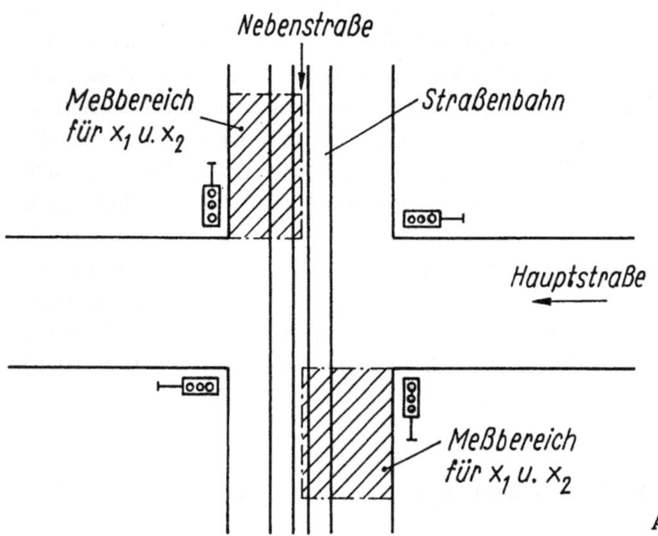

Abb. 2.2-3 .

Die Ampel soll nach folgenden Regeln geschaltet werden:

I) Die Hauptstraße erhält „Grün", so lange seit dem letzten Umschalten auf „Grün" weniger als 30 s vergangen sind.

II) Andernfalls erhält die Hauptstraße für die Dauer von 20 s „Rot", wenn mindestens eine der folgenden Bedingungen erfüllt ist:

    1. $n > 10$ Fahrzeuge auf der Nebenstraße befinden sich im Meßbereich.

    2. Eine Straßenbahn auf der Nebenstraße befindet sich im Meßbereich.

    3. 120 s seit dem letzten Umschalten der Hauptstraße auf „Grün" sind vergangen.

Die zu entwerfende Schaltung soll am Ausgang den Wert $y = 1$ liefern, wenn die Ampel der Hauptstraße auf „Grün" geschaltet werden soll. Die Steuerung der Farbfolge „Rot" – „Gelb" – „Grün" usw. erfolgt automatisch und ist nicht zu berücksichtigen.

Hinweis: Da aus physikalischen Gründen die Situation $x_3 = 0, x_4 = 1$ nie eintreten kann, können die Funktionswerte $y = \varphi(x_1, x_2, 0, 1)$ beliebig gewählt werden. Man wähle diese Werte so, daß die Realisierung möglichst einfach wird!

2.2-4 In der Schaltung (Abb. 2.2-4) ist der einfache kombinatorische Automat $\varphi : u = \varphi(x_1, x_2)$ so zu bestimmen, daß man am Ausgang genau dann $y = 1$ erhält, wenn am Eingang $\overline{x}_1 = x_2 x_3$ gilt, sonst $y = 0$. Geben Sie $u = \varphi(x_1, x_2)$ und die φ realisierende Gatterschaltung an!

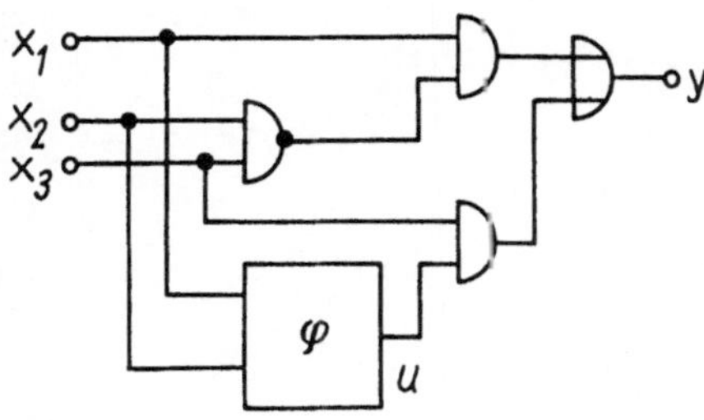

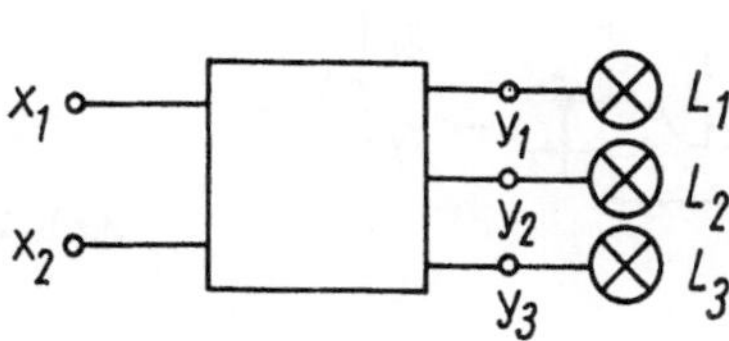

Abb. 2.2-4 .   **Abb. 2.2-5.**

2.2-5 Die Beleuchtung eines Raumes mit Hilfe von drei Lampen L_1, L_2 und L_3 soll durch einen kombinatorischen Automaten mit zwei Eingangsgrößen x_1 und x_2 gesteuert werden (Abb. 2.2-5). Es gilt

$y_i = 1$, Lampe L_i leuchtet,

$y_i = 0$, Lampe L_i leuchtet nicht $(i = 1, 2, 3)$.

Folgende Bedingungen sind zu realisieren:

(1) L_1 soll leuchten, falls $x_1 = 1$ und $x_2 = 0$ sind.

(2) L_2 soll leuchten, falls $x_1 = 1$ oder $x_2 = 0$ ist, jedoch nur dann, wenn L_1 nicht leuchtet.

(3) L_3 soll leuchten, wenn weder L_1 noch L_2 leuchtet.

a) Berechnen Sie die Schaltfunktionen $\varphi_i : \varphi_i(x_1, x_2) = y_i$!

b) Geben Sie eine Realisierung des Automaten mit beliebigen Gattern an!

2.2-6 Für die Steuerung von drei Motoren ist ein kombinatorischer Automat mit Und–, Oder– und Negations–Gattern aufzubauen, der durch drei Steuersignale x_1, x_2 und x_3 gesteuert wird. Es sind folgende Bedingungen zu erfüllen:

1. Motor 1 soll arbeiten, wenn mindestens zwei Steuersignale den Wert 1 haben.

2. Motor 2 soll arbeiten, wenn Motor 1 nicht arbeitet.

3. Motor 3 soll arbeiten, wenn Motor 2 arbeitet und Steuersignal x_3 den Wert 1 hat.

2.2-7 Ein einfacher kombinatorischer Automat mit drei Eingängen soll folgende Bedingungen realisieren:

$$y = \begin{cases} x_2, & \text{falls} \quad x_1 = x_3, \\ 1, & \text{falls} \quad x_1 \vee \overline{x}_2 \vee \overline{x}_3 = 0, \\ 0, & \text{falls} \quad x_1 \overline{x}_2 \overline{x}_3 = 1, \\ x_3, & \text{falls} \quad x_1 = x_2. \end{cases}$$

a) Geben Sie $y = \varphi(x_1, x_2, x_3)$ in disjunktiver Normalform an!

b) Vereinfachen Sie diese Lösung, und geben Sie eine möglichst einfache Gatterschaltung zur Realisierung von φ an!

c) Welches Ausgabewort $\underline{y}$ erhält man bei der Eingabe von

$$\underline{x}_1 = (1, 0, 0, 1), \quad \underline{x}_2 = (0, 1, 0, 0), \quad \underline{x}_3 = (0, 0, 1, 0)?$$

2.2-8 Für die in Abb. 2.2-8 dargestellte Gatterschaltung ist das Ausgangswort $\underline{y}$ zu berechnen,wenn das Eingangswort

$$\underline{x} = \begin{pmatrix} \underline{x}_1 \\ \underline{x}_2 \\ \underline{x}_3 \end{pmatrix} = \begin{pmatrix} (1, & 0, & 1, & 1, & 0) \\ (0, & 1, & 1, & 0, & 0) \\ (0, & 0, & 1, & 0, & 1) \end{pmatrix}$$

gegeben ist.

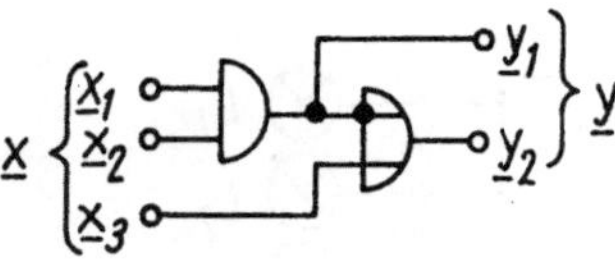

Abb. 2.2-8 .

2.2-9 a) Geben Sie eine Gatterschaltung mit 4 Eingängen und einem Ausgang an, die die Schaltfunktion

$$\varphi : \varphi(x_1, \ldots, x_4) = x_1 \overline{x}_2 \vee x_2 x_3 (x_1 \vee \overline{x}_4)$$

realisiert!

b) Was erhält man als Ausgabewort $\underline{y}$, falls

$$\underline{x}_1 = (0,1,1), \qquad \underline{x}_2 = (1,0,1), \qquad \underline{x}_3 = (0,0,1), \qquad \underline{x}_4 = (0,0,0)?$$

2.3 Sequentielle Automaten

2.3.1 Alphabetabbildungen

2.3.1.1 Speicher

Im letzten Teil des Abschnittes 2.2 haben wir die Wortabbildungen betrachtet, die durch einen kombinatorischen Automaten realisiert werden. Dabei hat sich gezeigt, daß zwischen den Buchstaben von Eingabe- und Ausgabewort ein bestimmter fester Zusammenhang besteht, d. h., in jedem beliebigen Zeitpunkt t ist der Ausgabebuchstabe $y(t)$ lediglich von dem im gleichen Zeitpunkt eingegebenen Eingabebuchstaben $x(t)$ abhängig. Gleichen Eingabebuchstaben sind damit immer gleiche Ausgabebuchstaben zugeordnet. Wiederholt sich in einem Eingabewort ein Buchstabe mehrmals, so wiederholt sich im Ausgabewort der zugeordnete Buchstabe des Ausgabewortes ebensooft mehrmals. Dadurch ist die Anzahl aller möglichen Wortabbildungen erheblich eingeschränkt.

Wir wollen nun einen Automaten kennenlernen, bei dem die oben beschriebene Einschränkung nicht zutrifft. Es wird sich zeigen, daß bei diesem Automaten der Ausgabebuchstabe $y(t)$ im Zeitpunkt t nicht nur vom Eingabebuchstaben $x(t)$ im gleichen Zeitpunkt, sondern auch noch von den Eingabebuchstaben $x(t-1), x(t-2), \ldots$ abhängig ist, von solchen Eingabebuchstaben also, welche zu früheren Zeitpunkten eingegeben worden sind. Damit werden die Möglichkeiten der Wortabbildungen, welche durch solch einen Automaten allgemeineren Typs realisiert werden können, erheblich erweitert.

Bevor wir zur Beschreibung eines derartigen Automaten übergehen, wollen wir zusätzlich zu den im Abschnitt 2.2.1.1 zusammengestellten Grundbausteinen kombinatorischer Automaten (Oder-, Und- und Negations-Gatter) noch ein neues Schaltelement, den *Speicher S* (Abb. 2.30), mit hinzunehmen. Dabei soll die Frage, wie ein solches Schaltelement physikalisch (z. B. elektronisch) zu realisieren ist, zunächst zurückgestellt werden. Wir werden im Abschnitt 2.4.2 näher darauf eingehen.

Die durch den Speicher vermittelte einfache Wortabbildung $\varphi = \underline{S}$ ist durch die Gleichung

$$y = \underline{S}(\underline{x}), \tag{2.64}$$

worin $\underline{x}$ und $\underline{y}$ einfache Wörter bezeichnen, mit

$$\underline{y}(t+1) = (\underline{S}(\underline{x}))(t+1) = \underline{x}(t) \tag{2.65}$$

gegeben und in der nachfolgenden Tabelle dargestellt:

T_k	0	1	2	3	$\ldots$	t	$t+1$	$\ldots$
$\underline{x}$	$\underline{x}(0)$	$\underline{x}(1)$	$\underline{x}(2)$	$\underline{x}(3)$	$\ldots$	$\underline{x}(t)$	$\underline{x}(t+1)$	$\ldots$
$\underline{y}$	$\underline{y}(0)$	$\underline{x}(0)$	$\underline{x}(1)$	$\underline{x}(2)$	$\ldots$	$\underline{x}(t-1)$	$\underline{x}(t)$	$\ldots$

$$\tag{2.66}$$

Die Wirkungsweise des Speichers ist aus dieser Tabelle ohne weiteres ersichtlich: Das Ausgabewort des Speichers ist das um einen Takt verzögerte Eingabewort, oder

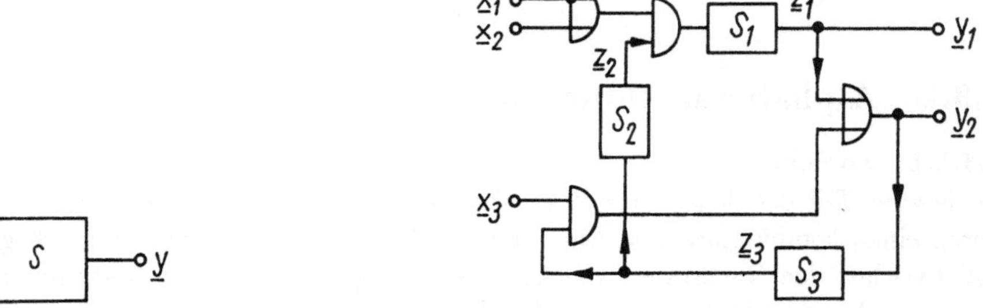

Abb. 2.30. Speicher.   **Abb. 2.31.** Schaltung mit Rückkopplung.

anders ausgedrückt, jeder eingegebene Buchstabe erscheint erst zum nächstfolgenden Taktzeitpunkt am Ausgang. Man kann deshalb anstelle von (2.65) auch schreiben

$$\underline{y}(t) = \underline{x}(t-1). \tag{2.67}$$

Der im Taktzeitpunkt t vom Speicher ausgegebene Buchstabe wird auch als *Speicherinhalt im Takt t* bezeichnet. Er wird durch den im vorhergehenden Taktzeitpunkt eingegebenen Buchstaben $\underline{x}(t-1)$ festgelegt.

Im ersten Takt ($t = 0$) gibt der Speicher den Buchstaben $\underline{y}(0)$ aus. Dieser Buchstabe ist von dem eingegebenen Wort $\underline{x}$ unabhängig. Er wird durch den Buchstaben bestimmt, der im Takt vor der Eingabe des Wortes $\underline{x}$ am Speichereingang eingegeben wurde. Bei einfachen Wörtern $\underline{x}$ und $\underline{y}$ kann $\underline{y}(0)$ nur den Wert 0 oder 1 annehmen; es gilt also stets

$$\underline{y}(0) \in \{0,1\}. \tag{2.68}$$

Wir wollen nun den Speicher S mit den Elementarautomaten (Oder–, Und– und Negations–Gatter) zusammenschalten. In Abb. 2.31 ist ein Beispiel einer solchen Zusammenschaltung mit drei Speichern S_1, S_2 und S_3 aufgezeichnet. Wir stellen uns die Aufgabe, das Ausgabewort $\underline{y}$ für eine gegebene Eingabe $\underline{x}$ zu bestimmen. Für die Lösung dieser Aufgabe benötigen wir außerdem noch die im ersten Takt von den Speichern ausgegebenen Buchstaben (Speicherinhalt im Takt $t = 0$).

Für eine Schaltung der in Abb. 2.31 dargestellten Art ist es im allgemeinen nicht ohne weiteres möglich, sofort einen direkten Zusammenhang zwischen Eingabe– und Ausgabebuchstaben aufzuschreiben, weil die Schaltung innere Rückführungen enthalten kann. In Abb. 2.31 sind diese Rückführungen durch Pfeile markiert.

Es ist deshalb zweckmäßig, zur Analyse der Schaltung an den Speicherausgängen Hilfswörter $\underline{z}_\nu$ einzuführen, in unserem Beispiel also $\underline{z}_1, \underline{z}_2$ und $\underline{z}_3$. Liegt im Takt t am Ausgang des Speichers S_ν also der Buchstabe $\underline{z}_\nu(t)$, so liegt am Eingang dieses Speichers der Buchstabe $\underline{z}_\nu(t+1)$ (vgl.(2.66)).

Für den Takt t kann man nun aus Abb. 2.31 das folgende Gleichungssystem ablesen:

$$\begin{aligned}
\underline{z}_1(t+1) &= \underline{z}_2(t)(\overline{\underline{x}_1(t)} \vee \underline{x}_2(t))\\
\underline{z}_2(t+1) &= \underline{z}(t)\\
\underline{z}(t+1) &= \underline{z}_1(t) \vee \underline{x}_3(t)\underline{z}_3(t)\\
\underline{y}(t) &= \underline{z}_1(t)\\
\underline{y}_2(t) &= \underline{z}_1(t) \vee \underline{x}_3(t)\underline{z}_3(t).
\end{aligned} \tag{2.69}$$

Wir zeigen nun noch, wie das Gleichungssystem (2.69) schrittweise gelöst werden kann. Zu diesem Zweck nehmen wir an, daß das Eingabewort

$$\underline{x} = \begin{pmatrix} \underline{x}_1 \\ \underline{x}_2 \\ \underline{x}_3 \end{pmatrix} = \begin{pmatrix} (1, \ 0, \ 0) \\ (1, \ 0, \ 1) \\ (0, \ 1, \ 1) \end{pmatrix}$$

und die Speicherinhalte zum Zeitpunkt $t = 0$ durch

$$\underline{z}_1(0) = 0, \qquad \underline{z}_2(0) = 1, \qquad \underline{z}_3(0) = 0$$

gegeben sind.

Mit diesen Voraussetzungen läßt sich mit Hilfe der ersten drei Gleichungen von (2.69) zunächst $\underline{z}_1(1), \underline{z}_2(1)$ und $\underline{z}_3(1)$ aus $\underline{z}_1(0), \underline{z}_2(0), \underline{z}_3(0), \underline{x}_1(0), \underline{x}_2(0)$ und $\underline{x}_3(0)$ bestimmen, indem man $t = 0$ setzt. Weiterhin erhält man aus den letzten zwei Gleichungen $\underline{y}_1(0)$ und $\underline{y}_2(0)$ aus $\underline{z}_1(0), \underline{z}_3(0)$ und $\underline{x}_3(0)$ ebenfalls für $t = 0$.

Nun setzen wir in den ersten drei Gleichungen $t = 1$ und erhalten $\underline{z}_1(2), \underline{z}_2(2)$ und $\underline{z}_3(2)$ aus $\underline{z}_1(1), \underline{z}_2(1), \underline{z}_3(1), \underline{x}_1(1), \underline{x}_2(1)$ und $\underline{x}_3(1)$. Danach ermittelt man wieder $\underline{y}_1(1)$ und $\underline{y}_2(1)$ aus $\underline{z}_1(1), \underline{z}_3(1)$ und $\underline{x}_3(1)$ für $t = 1$ aus den letzten zwei Gleichungen usw. Insgesamt ergibt sich die folgende Tabelle:

t	0	1	2	3
$\underline{x}_1(t)$	1	0	0	
$\underline{x}_2(t)$	1	0	1	
$\underline{x}_3(t)$	0	1	1	
$\underline{z}_1(t)$	0	1	0	0
$\underline{z}_2(t)$	1	0	0	1
$\underline{z}_3(t)$	0	0	1	1
$\underline{y}_1(t)$	0	1	0	
$\underline{y}_2(t)$	0	1	1	

Aus der Tabelle können wir das Ausgabewort

$$\underline{y} = \begin{pmatrix} \underline{y}_1 \\ \underline{y}_2 \end{pmatrix} = \begin{pmatrix} (0, \ 1, \ 0) \\ (0, \ 1, \ 1) \end{pmatrix}$$

ablesen.

Die zuletzt betrachtete Schaltung (Abb. 2.31) hat drei Eingänge, zwei Ausgänge und drei Speicher. Die erhaltenen Ergebnisse lassen sich aber ohne größere Schwierigkeiten auf kompliziertere Schaltungen mit q Eingängen, m Ausgängen und n Speichern übertragen. Man bezeichnet eine solche Zusammenschaltung von Elementarautomaten und Speichern als (Realisierung eines) *sequentiellen Automaten*. Dieser Begriff muß im folgenden Abschnitt noch präzisiert werden (Abschn. 2.3.1.2).

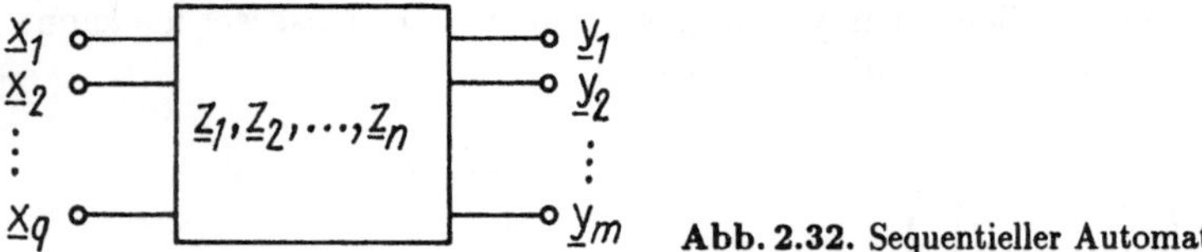

Abb. 2.32. Sequentieller Automat.

Zunächst erhalten wir für das in Abb. 2.32 dargestellte Blockschaltbild anstelle von (2.69) das allgemeinere Gleichungssystem:

$$
\begin{aligned}
\underline{z}_1(t+1) &= f_1\left(\underline{z}_1(t),\ldots,\underline{z}_n(t);\underline{x}_1(t),\ldots,\underline{x}_q(t)\right) \\
&\vdots \\
\underline{z}_n(t+1) &= f_n\left(\underline{z}_1(t),\ldots,\underline{z}_n(t);\underline{x}_1(t),\ldots,\underline{x}_q(t)\right) \\
\underline{y}_1(t) &= g_1\left(\underline{z}_1(t),\ldots,\underline{z}_n(t);\underline{x}_1(t),\ldots,\underline{x}_q(t)\right) \\
&\vdots \\
\underline{y}_m(t) &= g_m\left(\underline{z}_1(t),\ldots,\underline{z}_n(t);\underline{x}_1(t),\ldots,\underline{x}_q(t)\right)
\end{aligned}
\tag{2.70}
$$

Diese Gleichungen sind für alles Weitere von hervorragender Bedeutung. Man bezeichnet die Gleichungen (2.70) als *Zustandsgleichungen* des sequentiellen Automaten. Wir werden uns mit diesem Gleichungssystem noch eingehend beschäftigen.

2.3.1.2 Zustandsgleichungen

Bevor wir zur Diskussion und näheren Erläuterung der Zustandsgleichungen übergehen, wollen wir noch einige Definitionen voranstellen.

a) Die Menge

$$
Z = B^n = \{0,1\}^n
\tag{2.71}
$$

heißt *Zustandsalphabet* (oder *Zustandsraum*), und ihre Elemente

$$
z = (z_1,\ldots,z_n) = \begin{pmatrix} z_1 \\ \vdots \\ z_n \end{pmatrix} \in Z \qquad (z_i \in B = \{0,1\};\ \ i = 1,2,\ldots,n)
\tag{2.72}
$$

sind die *Zustände*.

b) Die Abbildung $\underline{z}$ von der Zeitmenge $T_k = \{0,1,2,\ldots,k\}$ in das Zustandsalphabet Z in Zeichen

$$
\underline{z} : T_k \to Z, \qquad \underline{z}(t) = z,
\tag{2.73-a}
$$

heißt *Zustandswort* (oder *Zustandstrajektorie*). Es kann in der Form

$$
\underline{z} = (\underline{z}(0),\underline{z}(1),\underline{z}(2),\ldots,\underline{z}(k))
\tag{2.73-b}
$$

als endliche Folge von Zuständen notiert werden. Das Zustandswort kann auch in der Form

$$
\underline{z} = \begin{pmatrix} \underline{z}_1 \\ \vdots \\ \underline{z}_n \end{pmatrix}
\tag{2.74}
$$

durch n einfache Zustandswörter dargestellt werden, wobei die letzteren durch die Abbildungen

$$\underline{z} : T_k \to B, \quad \underline{z}_i(t) = z_i \qquad (i = 1, 2, \ldots, n) \tag{2.75}$$

gegeben sind und gerade den im vorhergehenden Abschnitt eingeführten Hilfswörtern entsprechen.

Der Zustand im Zeitpunkt t ist durch das n–Tupel

$$\underline{z}(t) = \begin{pmatrix} \underline{z}_1 \\ \underline{z}_2 \\ \vdots \\ \underline{z}_n \end{pmatrix}_t \qquad (z_i \in B = \{0, 1\}) \tag{2.76}$$

gegeben. Speziell für $t = 0$ heißt $\underline{z}(0)$ *Anfangszustand*:

$$\underline{z}(0) = (\underline{z}_1(0), \ldots, \underline{z}_n(0)) = \begin{pmatrix} \underline{z}_1(0) \\ \vdots \\ \underline{z}_n(0) \end{pmatrix}.$$

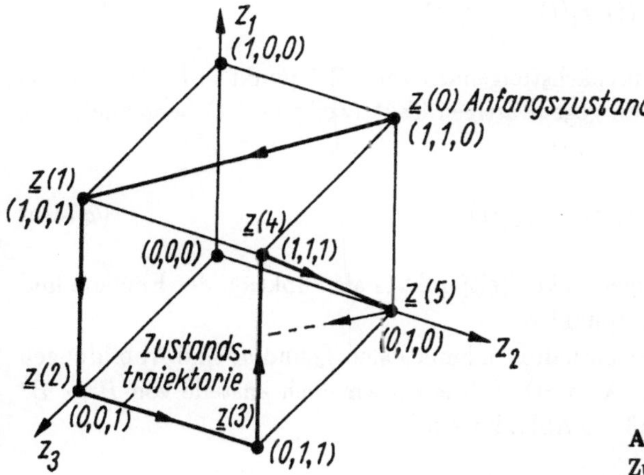

Abb. 2.33. Veranschaulichung des Zustandsraumes für $n = 3$.

In Abb. 2.33 ist als Beispiel der Zustandsraum Z eines Automaten mit $n = 3$ Speichern grafisch veranschaulicht. In diesem Fall ist

$$Z = \{0, 1\}^3 = \{(0,0,0), (0,0,1), \ldots, (1,1,1)\}.$$

Die acht Zustände werden durch die acht Eckpunkte eines Würfels im dreidimensionalen Raum dargestellt. Ausgehend vom Anfangszustand $\underline{z}(0) = (1,1,0)$, verläuft die Zustandstrajektorie mit fortschreitender Taktzeit von einem Eckpunkt des Würfels zum anderen, z. B. so, wie in Abb. 2.33 durch die Pfeile angegeben. Abschließend notieren wir noch die Menge aller (endlichen) Zustandswörter z, die wir mit

$$\underline{Z} = W(Z) \tag{2.77}$$

bezeichnen. Diese Menge bildet den *Zustandswortraum*.

Der Zustandsbegriff ist einer der tragenden Begriffe der modernen Systemtheorie. Der Ingenieur, der es gewöhnt ist, Begriffe physikalisch-anschaulich zu interpretieren, sollte sich auch von diesem Begriff eine seiner Denkweise entsprechende Vorstellung verschaffen. So kann bei einem Speicher der Zustand – wenn man dieses Wort im herkömmlichen Sinne versteht – durch den gespeicherten Buchstaben (Speicherinhalt) charakterisiert werden.

Enthält eine Schaltung mehrere Speicher, so wird ihr Zustand im Zeitpunkt t durch die Inhalte aller Speicher zu diesem Zeitpunkt beschrieben. Das sind gerade die Buchstaben, die die Speicher in diesem Zeitpunkt ausgeben. In diesem Sinne wurden bei dem im vorhergehenden Abschnitt untersuchten Beispiel (Abb. 2.31) die Hilfswörter $\underline{z}_\nu$ an den Ausgängen der Speicher S_ν eingeführt, die – wie wir nun sehen – den sich von Taktzeitpunkt zu Taktzeitpunkt verändernden Zustand des Automaten charakterisieren. Wir können also festhalten:

Der Zustand $\underline{z}(t)$ eines Automaten wird durch den Speicherinhalt aller seiner Speicher im Zeitpunkt t eindeutig bestimmt.

In diesem Sinne lassen sich die Zustandsgleichungen (2.70) wie folgt interpretieren:
Mit Hilfe der ersten n Gleichungen ($\nu = 1, 2, \ldots, n$)

$$\underline{z}_\nu(t+1) = f_\nu\left(\underline{z}_1(t), \ldots, \underline{z}_n(t); \underline{x}_1(t), \ldots, \underline{x}_q(t)\right) \tag{2.78-a}$$

wird der Zustand des Automaten im nächstfolgenden Takt (Zeitpunkt $t+1$) als Funktion der Eingabe und des Zustandes im gegenwärtigen Takt (Zeitpunkt t) berechnet. Die übrigen m Gleichungen ($\mu = 1, 2, \ldots, m$)

$$\underline{y}_\mu(t) = g_\mu\left(\underline{z}_1(t), \ldots, \underline{z}_n(t); \underline{x}_1(t), \ldots, \underline{x}_q(t)\right) \tag{2.78-b}$$

geben die Ausgabe im gegenwärtigen Takt (Zeitpunkt t) als Funktion der Eingabe und des Zustandes im gleichen Taktzeitpunkt an.

Die in den Zustandsgleichungen enthaltenen Funktionen f_ν und g_μ sind Abbildungen von $B^n \times B^q$ in B (oder von $Z \times X$ in B). Schreiben wir noch anstelle von $B^n \times B^q$ kürzer B^{n+q}, so wird deutlich, daß die Abbildungen

$$\begin{aligned}
f_\nu &: B^{n+q} \to B \qquad (\nu = 1, 2, \ldots, n) \\
g_\mu &: B^{n+q} \to B \qquad (\mu = 1, 2, \ldots, m)
\end{aligned} \tag{2.79}$$

gewöhnliche $(n+q)$-stellige Schaltfunktionen (bzw. einfache Alphabetabbildungen) darstellen.

Die Zustandsgleichungen lassen sich kürzer und übersichtlicher formulieren, wenn man die n Schaltfunktionen f_ν zu einer Abbildung in B^n und die m Schaltfunktionen g_μ zu einer Abbildung in B^m zusammenfaßt. Damit erhalten wir anstelle von (2.79) die Alphabetabbildungen

$$\begin{aligned}
f &: B^{n+q} \to B^n \qquad (\text{oder } f : Z \times X \to Z), \\
g &: B^{n+q} \to B^m \qquad (\text{oder } g : Z \times X \to Y).
\end{aligned} \tag{2.80}$$

Offensichtlich ist dann f bzw. g als direktes Produkt (vgl. Abschn. 1.2.3.1.) der f_ν bzw. g_μ aufzufassen:

$$f = \langle f_1, f_2, \ldots, f_n \rangle,$$
$$g = \langle g_1, g_2, \ldots, g_m \rangle.$$

Setzen wir nun noch

$$\underline{x}(t) = (\underline{x}_1(t), \underline{x}_2(t), \ldots, \underline{x}_q(t)),$$
$$\underline{y}(t) = (\underline{y}_1(t), \underline{y}_2(t), \ldots, \underline{y}_m(t)),$$
$$\underline{z}(t) = (\underline{z}_1(t), \underline{z}_2(t), \ldots, \underline{z}_n(t)),$$

so lassen sich die Zustandsgleichungen (2.70) in der übersichtlicheren Form

$$\boxed{\begin{aligned} \underline{z}(t+1) &= f\left(\underline{z}(t), \underline{x}(t)\right) \\ \underline{y}(t) &= g\left(\underline{z}(t), \underline{x}(t)\right) \end{aligned}} \tag{2.81}$$

darstellen.

Die in (2.81) enthaltene Abbildung f heißt *Überführungsfunktion*. Durch diese Funktion wird festgelegt, in welchen Zustand $\underline{z}(t+1)$ der Automat übergeführt wird, wenn zur Zeit t der Zustand $\underline{z}(t)$ vorliegt und der Buchstabe $\underline{x}(t)$ eingegeben wird. Die zweite in (2.81) enthaltene Abbildung g ist die *Ergebnisfunktion*. Durch diese Funktion wird der im Taktzeitpunkt t ausgegebene Buchstabe $\underline{y}(t)$ bestimmt.

Zur Abkürzung setzt man sehr häufig noch

$$\begin{aligned} \underline{z}(t+1) &= z' & \underline{z}(t) &= z \\ \underline{y}(t) &= y & \underline{x}(t) &= x \end{aligned} \tag{2.82}$$

in die Zustandsgleichungen (2.81) ein. Damit erhält man die Kurzform

$$\boxed{\begin{aligned} z' &= f(z, x) \\ y &= g(z, x), \end{aligned}} \tag{2.83}$$

die wir auch weiterhin verwenden wollen. In Abb. 2.34 ist eine Veranschaulichung von (2.83) dargestellt.

Die vorstehenden Ausführungen haben gezeigt, wie durch Hinzunahme von Speichern aus einem kombinatorischen Automaten ein sequentieller Automat entsteht und durch welche Gleichungen ein solcher Automat beschrieben werden kann. Wir wollen nun noch die exakte Definition des Begriffes „sequentieller Automat" nachtragen. Es gilt die folgende

---

Definition: Die Mengen $X = B^q$ (Eingabealphabet), $Y = B^m$ (Ausgabealphabet) und $Z = B^n$ (Zustandsalphabet) zusammen mit den Abbildungen

$$f : Z \times X \to Z, \qquad f(z, x) = z'$$

$$g : Z \times X \to Y, \qquad g(z, x) = y$$

bilden einen (abstrakten, binären) *sequentiellen Automaten*, in Zeichen

$$(X, Y, Z, f, g). \tag{2.84}$$

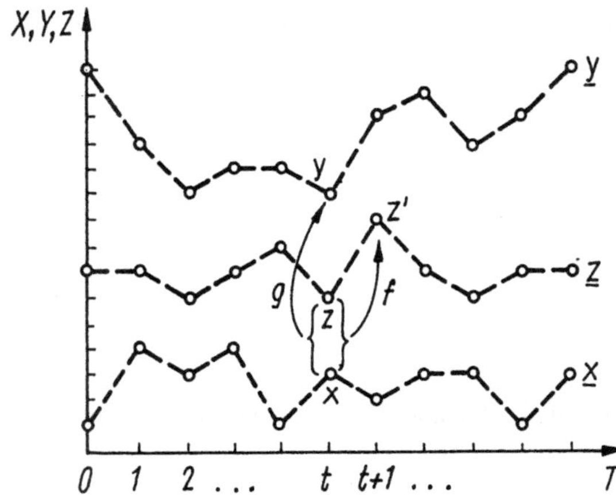

Abb. 2.34. Veranschaulichung von Überführungs- und Ergebnisfunktion.

Man bezeichnet einen Automaten im Sinne dieser Definition auch als binären *Mealy-Automaten*. Der Zusatz „binär" gründet sich darauf, daß Eingabe-, Ausgabe- und Zustandsalphabet Potenzen der Menge $B = \{0, 1\}$ sind. In allgemeineren Fällen können X, Y und Z auch beliebige Mengen bedeuten. Wir werden diesen allgemeineren Fall hier jedoch nicht weiter verfolgen. Erwähnt sei jedoch noch der Sonderfall, daß in der zweiten Gleichung von (2.83) $y = g(z)$ gilt (d. h., unabhängig von x ist). Dieser Automat heißt *Moore-Automat*.

Wir wollen nun noch die Frage untersuchen, wie ein sequentieller Automat realisiert werden kann. Ein Beispiel einer Realisierung haben wir bereits kennengelernt (Abb. 2.31). In diesem Fall war die Schaltung aber bereits vorgegeben, und wir haben lediglich die Zustandsgleichungen aufgestellt. Nun wollen wir den umgekehrten Weg gehen, d. h. zu den vorgegebenen Zustandsgleichungen eine realisierende Schaltung suchen. Hier gibt es – ebenso wie beim kombinatorischen Automaten – keine eindeutige Lösung, sondern eine ganze Reihe von Möglichkeiten. Gehen wir von den Zustandsgleichungen in der ausführlichen Form (2.70) aus, so erhalten wir die in Abb. 2.35 dargestellte Schaltung.

Die Schaltung enthält $n + m$ einfache kombinatorische Automaten zur Realisierung der Schaltfunktionen $f_\nu (\nu = 1, 2, \ldots, n)$ und $g_\mu (\mu = 1, 2, \ldots, m)$ und außerdem n Speicher $S_1, S_2, \ldots, S_n$.

Faßt man noch die q Eingangsleitungen, die n Zustandsleitungen und die m Ausgangsleitungen symbolisch jeweils zu einer Leitung zusammen, so erhält man das vereinfachte Schaltbild (Modell) des sequentiellen Automaten, welches in Abb. 2.36 aufgezeichnet ist.

Aus dem vereinfachten Zustandsgleichungssystem (2.81) ist diese Schaltung sofort ablesbar. Demnach besteht ein sequentieller Automat aus zwei kombinatorischen Automaten mit den Alphabetabbildungen f und g, von denen der eine (Automat f) über einen Speicherblock S rückgekoppelt ist, welcher insgesamt n einzelne Speicher enthält. Zusammengefaßt gilt also der folgende

---

Satz: Jeder sequentielle Automat (X, Y, Z, f, g) kann durch zwei kombinatorische Automaten mit den Alphabetabbildungen f und g unter Hinzunahme von Speichern realisiert werden.

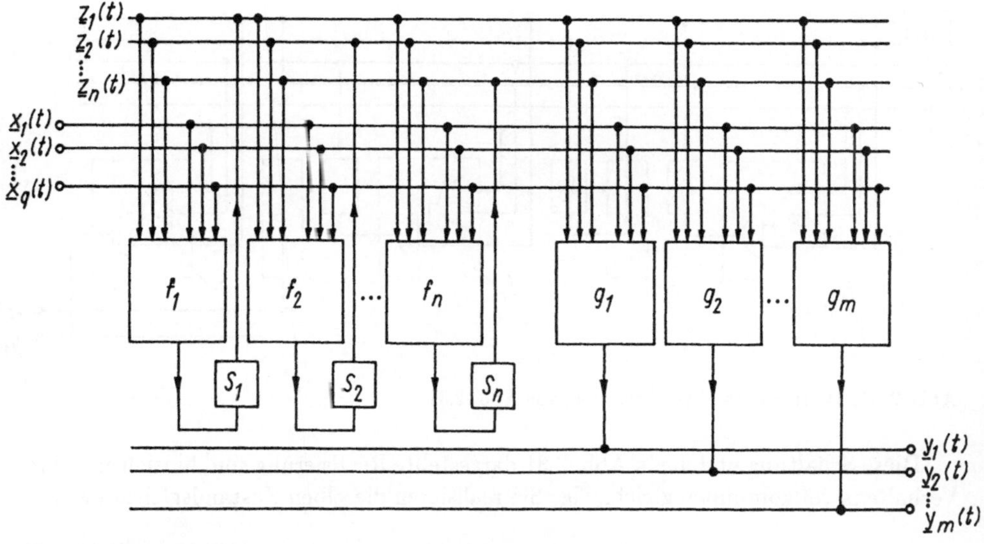

Abb. 2.35. Blockschaltbild des sequentiellen Automaten.

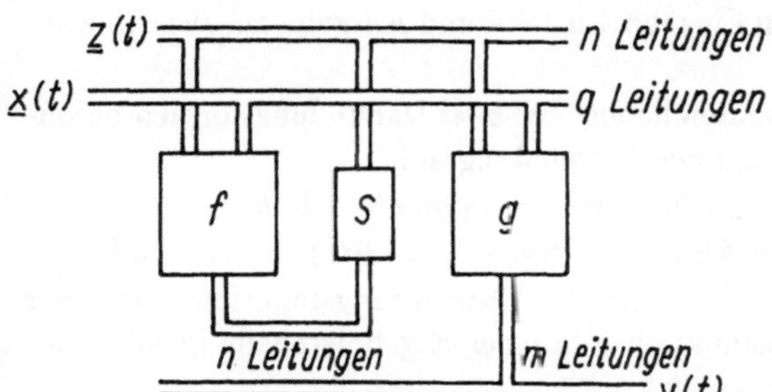

Abb. 2.36. Vereinfachtes Blockschaltbild zu Abb. 2.35.

Als Beispiel für die Realisierung eines sequentiellen Automaten wollen wir die Zustandsgleichungen

$$z_1(t+1) \;=\; z_2(t)\left(\overline{\underline{x}_1(t)} \vee \underline{x}_2(t)\right),$$

$$z_2(t+1) \;=\; z_3(t),$$

$$z_3(t+1) \;=\; z_1(t) \vee \underline{x}_3(t)z_3(t),$$

$$\underline{y}_1(t) \;=\; z_1(t),$$

$$\underline{y}_2(t) \;=\; z_1(t) \vee \underline{x}_3(t)z_3(t)$$

vorgeben (vgl. auch (2.69), Abschn. 2.3.1.1). Nach dem in Abb. 2.35 dargestellten allgemeinen Schema erhalten wir hier die Schaltung Abb. 2.37.

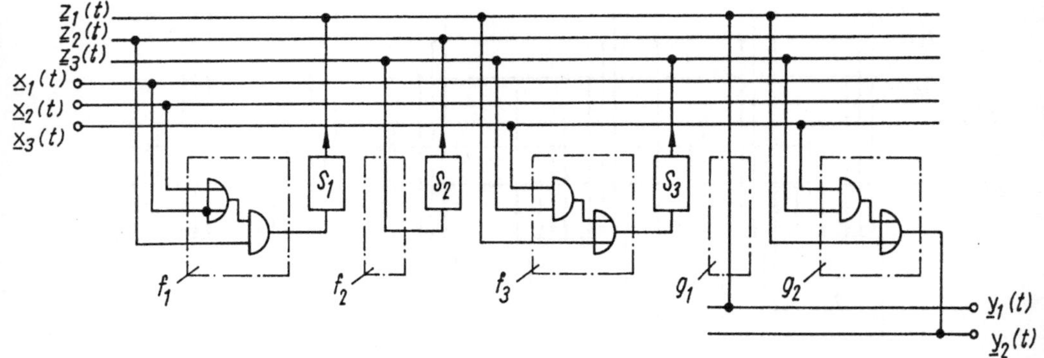

Abb. 2.37. Blockschaltbild zur Schaltung von Abb. 2.31.

Diese Schaltung und die in Abb. 2.31 dargestellte Realisierung sind hinsichtlich ihres Verhaltens vollkommmen gleichartig. Sie realisieren dieselben Zustandsgleichungen.

2.3.1.3 Automatendarstellung

Wir wollen uns nun der Frage zuwenden, wie wir die durch die Zustandsgleichungen beschriebenen Zusammenhänge zwischen Eingabe, Zustand und Ausgabe am zweckmäßigsten darstellen können.

Für nicht allzu komplizierte Automaten haben sich zwei Darstellungsformen besonders bewährt: die Automatentabelle und der Automatengraph.

Wir betrachten zunächst die erste Möglichkeit, die *Automatentabelle*.

Setzen wir wieder voraus, daß die Alphabete durch $X = B^q, Y = B^m$ und $Z = B^n$ mit $B = \{0, 1\}$ gegeben sind, so lassen sich die Überführungsfunktion f in einer Überführungstabelle und die Ergebnisfunktion g in einer Ergebnistabelle in folgender Weise darstellen:

$$
\begin{array}{c|ccc}
f & 0 & 1 \ldots z \ldots 2^n - 1 \\
\hline
0 & & \vdots \\
1 & & \vdots \\
\vdots & & \vdots \\
x & \ldots & f(z, x) = z' \\
\vdots & & \\
2^q - 1 & &
\end{array}
\qquad
\begin{array}{c|ccc}
g & 0 & 1 \ldots z \ldots 2^n - 1 \\
\hline
0 & & \vdots \\
1 & & \vdots \\
\vdots & & \vdots \\
x & \ldots & g(z, x) = y \\
\vdots & & \\
2^q - 1 & &
\end{array}
\qquad (2.85)
$$

In der Überführungstabelle ist zu jedem Zustand und zu jedem Eingabebuchstaben der Zustand im nächsten Taktzeitpunkt angegeben. Befindet sich z. B. der Automat im gegenwärtigen Taktzeitpunkt im Zustand $\underline{z}(t) = z$ und wird der Buchstabe $\underline{x}(t) = x$ eingegeben, so befindet er sich im nächstfolgenden Taktzeitpunkt im Zustand $z(t+1) = z' = f(z, x)$. Aus der Tabelle kann also abgelesen werden, wie der Automat von einem Zustand in einen anderen übergeführt wird.

Die Ergebnistabelle enthält analog hierzu die Ausgabebuchstaben. Befindet sich der Automat im Taktzeitpunkt t im Zustand $\underline{z}(t) = z$ und wird der Buchstabe $\underline{x}(t) = x$ eingegeben, so wird im gleichen Takt der Buchstabe $\underline{y}(t) = y = g(z, x)$ ausgegeben.

Es soll in diesem Zusammenhang nicht unerwähnt bleiben, daß die Automatentabelle auch in eine Wertetabelle von der Art übergeführt werden kann, wie wir sie zur Darstellung von Schaltfunktionen verwendet haben (Abschn. 2.1.2.2). Eine solche Wertetabelle müßte im vorliegenden Fall aber $n + m$ Wertespalten erhalten, da in f die n Schaltfunktionen $f_1, f_2, \ldots, f_n$ und in g die m Schaltfunktionen $g_1, g_2, \ldots, g_m$ enthalten sind.

Kodieren wir die Buchstaben der Alphabete X, Y und Z wieder durch ihre Binärdarstellung, nämlich

$$\mathrm{Bin}(x) = (x_1, \ldots, x_q), \qquad \mathrm{Bin}(y) = (y_1, \ldots, y_m),$$
$$\mathrm{Bin}(z) = (z_1, \ldots, z_n), \qquad \mathrm{Bin}(z') = (z'_1, \ldots, z'_n),$$

so würde die Wertetabelle wie folgt darzustellen sein:

		z	x	z'		y	
				$z'_1 =$	$z'_n =$	$y_1 =$	$y_m =$
z	x	$z_1 \ldots z_n$	$x_1 \ldots x_q$	$f_1(z,x) \ldots$	$f_n(z,x)$	$g_1(z,x) \ldots$	$g_m(z,x)$
0	0	$0 \ldots 0$	$0 \ldots 0$				
$\vdots$	$\vdots$	$\vdots$ $\vdots$	$\vdots$ $\vdots$	$\vdots$	$\vdots$	$\vdots$	$\vdots$
0	$2^q - 1$	$0 \ldots 0$	$1 \ldots 1$				
$\vdots$	$\vdots$	$\vdots$ $\vdots$	$\vdots$ $\vdots$	$\vdots$	$\vdots$	$\vdots$	$\vdots$
$2^n - 1$	0	$1 \ldots 1$	$0 \ldots 0$				
$\vdots$	$\vdots$	$\vdots$ $\vdots$	$\vdots$ $\vdots$	$\vdots$	$\vdots$	$\vdots$	$\vdots$
$2^n - 1$	$2^q - 1$	$1 \ldots 1$	$1 \ldots 1$				

Eine solche Wertetabelle ist natürlich viel umfangreicher als die entsprechende Automatentabelle.

Wir wollen uns nun der zweiten Möglichkeit der Darstellung von Überführungs– und Ergebnisfunktion zuwenden, dem *Automatengraphen*. Dabei verwenden wir folgende Symbolik:

1. Jedem Zustand z aus Z wird ein kleiner Kreis in der Ebene zugeordnet, der mit z beschriftet wird, in Zeichen

$$z \mapsto \textcircled{z} \tag{2.86}$$

2. Befindet sich der Automat im Zustand z und wird durch Eingabe des Buchstabens x in den Zustand z' übergeführt und dabei der Buchstabe y ausgegeben, so wird z mit z' durch einen Pfeil verbunden, dessen Anfang mit x und dessen Ende mit y beschriftet wird

$$\textcircled{z} \xrightarrow{\;x\quad y\;} \textcircled{z} \Leftrightarrow \begin{cases} f(z, y) = z' \\ g(z, x) = y. \end{cases} \tag{2.87}$$

Bei einem Automatengraphen müssen damit von jedem durch einen Kreis markierten Zustand genau 2^q Pfeile ausgehen, denn das Eingabealphabet X enthält 2^q Buchstaben.

Wir erhalten auf diese Weise eine sehr übersichtliche Darstellung des Verhaltens des Automaten. Die nachfolgenden zwei Beispiele sollen das verdeutlichen.

Beispiel 1: Zunächst betrachten wir ein sehr einfaches Beispiel. Wir wollen versuchen, das Verhalten der Mausefalle durch ein Automatenmodell zu beschreiben. Es kommt uns darauf an, die wesentlichen Begriffe an einem bewußt einfach gewählten Beispiel zu veranschaulichen und physikalisch zu interpretieren.

Für den Zustand der Mausefalle sind zwei Möglichkeiten gegeben: Entweder ist die Feder gespannt, oder sie ist nicht gespannt. Die Wirkungsweise ist bekanntlich die folgende:

Geht die Maus in die Falle, deren Feder nicht gespannt ist, so bleibt die Feder entspannt und die Maus bleibt frei. Geht sie dagegen in die Falle mit gespannter Feder, so ist die Feder anschließend entspannt und die Maus gefangen. Geht die Maus dagegen nicht in die Falle, so bleibt der Zustand der Falle unverändert und die Maus in jedem Fall frei.

Zusammengefaßt ergeben sich also folgende Alphabete mit der angegebenen Bedeutung der Buchstaben:

Eingabealphabet $X = \{0,1\}$:

     0   Maus geht nicht in die Falle,

     1   Maus geht in die Falle;

Ausgabealphabet $Y = \{0,1\}$:

     0   Maus bleibt frei,

     1 Maus ist gefangen;

Zustandsalphabet $Z = \{0,1\}$:

     0   Feder ist nicht gespannt,

     1 Feder ist gespannt.

Aus der oben beschriebenen Wirkungsweise ergibt sich nun die Automatentabelle, die wir in Form von zwei Tabellen, eine für die Überführungsfunktion f und eine für die Ergebnisfunktion g, wie folgt notieren können:

f	0	1		g	0	1
0	0	1		0	0	0
1	0	0		1	0	1

Der zu dieser Automatentabelle gehörende Automatengraph ist in Abb. 2.38a dargestellt.

Die Wertetabelle, welche sich aus der Automatentabelle ergibt, kann nun ebenfalls aufgeschrieben werden:

z	x	$z' = f(z,x)$	$y = g(z,x)$
0	0	0	0
0	1	0	0
1	0	1	0
1	1	0	1

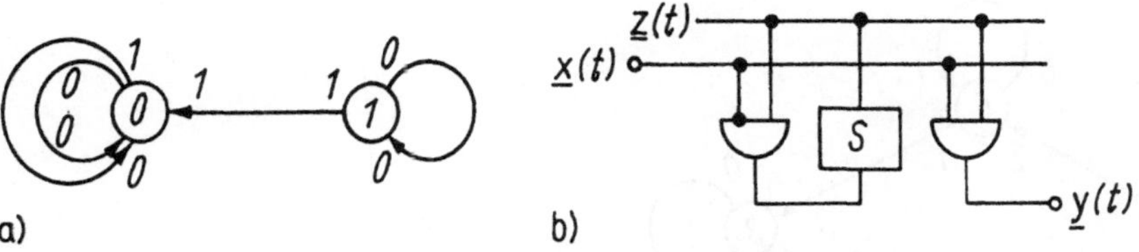

a) b)

Abb. 2.38. Automatenmodell der Mausefalle: a) Automatengraph; b) Gatterschaltung.

Aus der Wertetabelle erhält man die folgenden Zustandsgleichungen:

$$z' = \underline{z}(t+1) = f\left(\underline{z}(t),\underline{x}(t)\right) = \underline{z}(t)\overline{\underline{x}(t)},$$
$$y = \underline{y}(t+1) = g\left(\underline{z}(t),\underline{x}(t)\right) = \underline{z}(t)\underline{x}(t).$$

Die zugehörige Realisierung (das „elektronische Modell") zeigt die Schaltung in Abb.
2.38b.   □

Beispiel 2: Als weiteres, etwas komplizierteres Beispiel betrachten wir einen Automaten mit einem Eingang, zwei Ausgängen und zwei Speichern. Hier erhalten wir die folgenden Alphabete:

Eingabealphabet $X = B = \{0,1\}$,

Ausgabealphabet $Y = B^2 = \{(0,0),(0,1),(1,0),(1,1)\}$,

Zustandsalphabet $Z = B^2 = \{(0,0),(0,1),(1,0),(1,1)\}$.

Für das Ausgabe– und Zustandsalphabet schreiben wir unter Berücksichtigung der Koordinierung entsprechend folgender Tabelle besser

Y,Z	B^2
0	(0,0)
1	(0,1)
2	(1,0)
3	(1,1)

$$Y = \{0,1,2,3\},$$
$$Z = \{0,1,2,3\}.$$

Für den zu untersuchenden Automaten sei die folgende Automatentabelle vorgegeben:

f	0	1	2	3
0	0	1	2	3
1	3	0	2	2

g	0	1	2	3
0	1	1	1	3
1	3	2	1	0

Aus dieser Automatentabelle läßt sich der in Abb. 2.39 dargestellte Automatengraph ablesen. Aus diesem lassen sich z. B. folgende Eigenschaften des Automaten entnehmen:

- Der Zustand 1 ist dadurch gekennzeichnet, daß er nie wieder erreicht werden kann, wenn er erst einmal verlassen worden ist.

- Ist einmal der Zustand 2 erreicht, so kann dieser überhaupt nicht mehr verlassen werden.

- Der Zustand 2 ist nur vom Zustand 3 aus erreichbar, niemals aber vom Zustand 0 oder 1 aus usw.

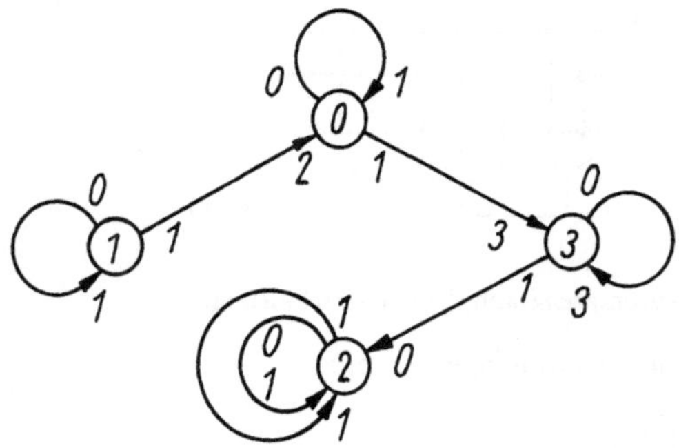

Abb. 2.39. Automatengraph (Beispiel 2).

Die Wertetabelle der Überführungs- bzw. Ergebnisfunktion hat das folgende Aussehen

					z'		y	
					$z_1' =$ $f_1(z_1, z_2, x)$	$z_2' =$ $f_2(z_1, z_2, x)$	$y_1 =$ $g_1(z_1, z_2, x)$	$y_2 =$ $g_2(z_1, z_2, x)$
z	x	z_1	z_2	x				
0	0	0	0	0	0	0	0	1
0	1	0	0	1	1	1	1	1
1	0	0	1	0	0	1	0	1
1	1	0	1	1	0	0	1	0
2	0	1	0	0	1	0	0	1
2	1	1	0	1	1	0	0	1
3	0	1	1	0	1	1	1	1
3	1	1	1	1	1	0	0	1

Aus dieser Tabelle erhalten wir die folgenden Zustandsgleichungen (in disjunktiver Normalform):

$$
\begin{aligned}
z_1' &= \overline{z}_1\overline{z}_2x \lor z_1\overline{z}_2\overline{x} \lor z_1\overline{z}_2x \lor z_1z_2\overline{x} \lor z_1z_2x \\
z_2' &= \overline{z}_1\overline{z}_2x \lor \overline{z}_1z_2\overline{x} \lor z_1z_2\overline{x} \\
y_1 &= \overline{z}_1\overline{z}_2x \lor \overline{z}_1z_2x \lor z_1z_2\overline{x} \\
y_2 &= \overline{z}_1\overline{z}_2\overline{x} \lor \overline{z}_1\overline{z}_2x \lor \overline{z}_1z_2\overline{x} \lor z_1\overline{z}_2\overline{x} \lor z_1\overline{z}_2x \lor z_1z_2\overline{x}.
\end{aligned}
$$

Diese Gleichungen lassen sich z. B. mit Hilfe des Karnaugh-Diagramms noch etwas vereinfachen. Setzen wir dann noch $z_\nu' = \underline{z}_\nu(t+1), z_\nu = \underline{z}_\nu(t), x_\nu = \underline{x}_\nu(t)$ und $y_\nu = \underline{y}_\nu(t)$ ein, so erhalten wir die Zustandsgleichungen in der üblichen Form

$$
\begin{aligned}
\underline{z}_1(t+1) &= \underline{z}_1(t) \lor \overline{\underline{z}_1(t)}\,\overline{\underline{z}_2(t)}\underline{x}(t) \\[4pt]
\underline{z}_2(t+1) &= \underline{z}_2(t)\overline{\underline{x}(t)} \lor \overline{\underline{z}_1(t)}\,\overline{\underline{z}_2(t)}\underline{x}(t) \\[4pt]
\underline{y}_1(t) &= \overline{\underline{z}_1(t)}\underline{x}(t) \lor \underline{z}_1(t)\underline{z}_2(t)\overline{\underline{x}(t)} \\[4pt]
\underline{y}_2(t) &= \overline{\underline{x}(t)} \lor \overline{\underline{z}_2(t)}.
\end{aligned}
$$

$$(2.88)$$

Das Blockschaltbild der Realisierung des Automaten ist in Abb. 2.40 angegeben. Der innere Aufbau der einfachen kombinatorischen Automaten f_1, f_2, g_1 und g_2 wurde der Übersichtlichkeit wegen nicht eingezeichnet. Aus den Zustandsgleichungen (2.88) kann jedoch sehr schnell eine Gatterschaltung für die Realisierung von f_1, f_2, g_1 und g_2 abgelesen werden. So erhalten wir z. B. für die Funktion g_1 die in Abb. 2.41 dargestellte Schaltung. □

Als abschließendes Beispiel betrachten wir noch einen Automaten, dessen Alphabete X, Y und Z beliebige endliche Mengen sind. Dieser Automat kann auf einen binären Automaten zurückgeführt werden, wenn die Elemente von X, Y und Z durch Elemente aus der Menge $B^k = \{0,1\}^k$ mit hinreichend groß gewähltem k kodiert werden.

Beispiel 3: Gegeben sei ein sequentieller Automat mit den folgenden Alphabeten:

Eingabealphabet $X = \{0,1\}$,

Ausgabealphabet $Y = \{0,1,2,3,4\}$,

Zustandsalphabet $Z = \{0,1,2\}$.

Außerdem sei die nachfolgende Automatentabelle vorgegeben

f	0	1	2		g	0	1	2
0	1	0	2		0	0	1	3
1	1	2	0		1	4	1	2

Aus der Automatentabelle kann der in Abb. 2.42 aufgezeichnete Automatengraph abgelesen werden.

Im nächsten Schritt zur Realisierung des Automaten werden die Buchstaben der Alphabete dual kodiert. Für das Eingabealphabet $X = \{0,1\}$ mit zwei Buchstaben ist eine einstellige Dualkodierung ausreichend, so daß sich formal nichts ändert. Die fünf Buchstaben des Ausgabealphabetes müssen dreistellig dual kodiert werden, d. h., diesen Buchstaben werden Elemente einer Teilmenge von $B^3 = \{0,1\}^3$ zugeordnet. Für das Zustandsalphabet mit drei Buchstaben wird eine zweistellige Dualkodierung durch Elemente aus $B^2 = \{0,1\}^2$ benötigt. Damit ist bereits an dieser Stelle ersichtlich, daß der zu realisierende binäre Automat einen Eingang, drei Ausgänge und zwei Speicher enthalten wird.

Aus der Automatentabelle erhalten wir nun mit den binär kodierten Buchstaben die folgende Darstellung

z		x	$z' = f(z,x)$		$y = g(z,x)$		
0	0	0	0	1	0	0	0
0	0	1	0	1	1	0	0
0	1	0	0	0	0	0	1
0	1	1	1	0	0	0	1
1	0	0	1	0	0	1	1
1	0	1	0	0	0	1	0

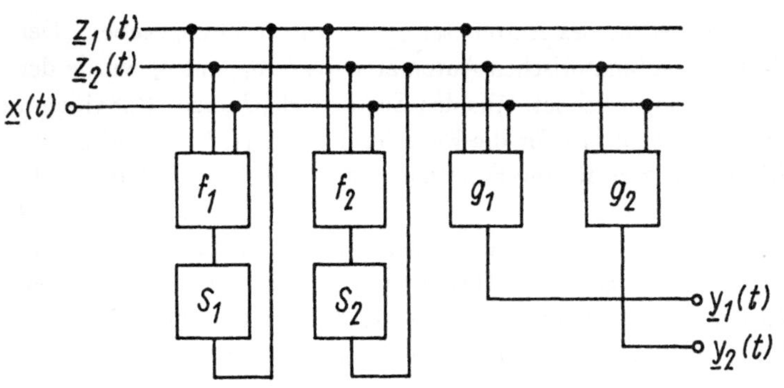

Abb. 2.40. Blockschaltbild zu Beispiel 2.

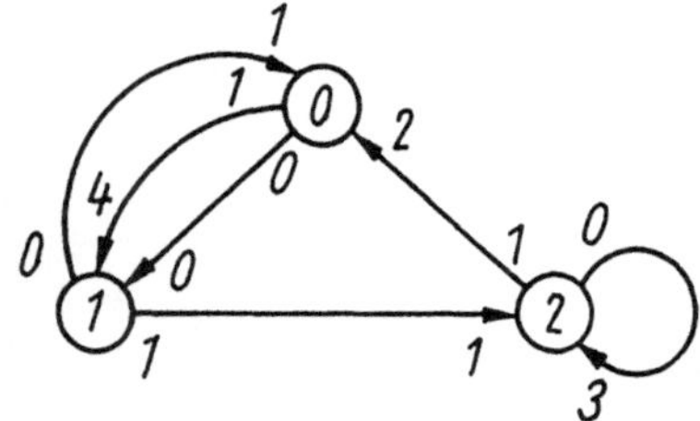

Abb. 2.41. Realisierung
der Ergebnisfunktion g_1
(Beispiel 2).

Abb. 2.42. Automatengraph (Beispiel 3).

Von dieser Darstellung kann sofort auf die nachfolgende Wertetabelle übergegangen
werden:

z			z'		y		
z_1	z_2	x	$z'_1 =$ $f_1(z,x)$	$z'_2 =$ $f_2(z,x)$	$y_1 =$ $g_1(z,x)$	$y_2 =$ $g_2(z,x)$	$y_3 =$ $g_3(z,x)$
0	0	0	0	1	0	0	0
0	0	1	0	1	1	0	0
0	1	0	0	0	0	0	1
0	1	1	1	0	0	0	1
1	0	0	1	0	0	1	1
1	0	1	0	0	0	1	0
1	1	0	(1)	(0)	(0)	(1)	(1)
1	1	1	(1)	(0)	(0)	(1)	(1)

Diese Darstellung stimmt oberhalb der doppelten Linie formal mit der ersten Tabelle
überein. Der unterhalb der doppelten Linie noch angegebene, durch (1,1) binär kodierte
Zustand 3 kann nicht angenommen werden, da er nicht zum Zustandsalphabet Z gehört.
Die zugehörigen Werte von f_1, f_2, g_1, g_2 und g_3 können deshalb frei gewählt werden, z. B.
so, daß diese Funktionen möglichst einfach werden.

Die in der Tabelle in Klammern eingetragenen Werte sind gerade so gewählt, daß
das der Fall ist. So ist aus dem Karnaugh–Diagramm (Abb. 2.43) ersichtlich, daß man
z. B. $y_2 = g_2(z_1, z_2, x) = z_1$ erhält, wenn man die in Klammern eingetragenen Werte

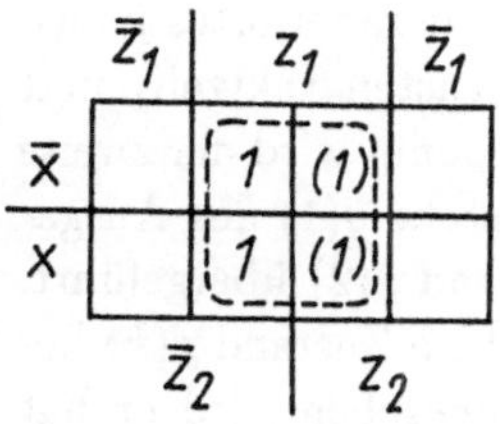

Abb. 2.43. Karnaugh-Diagramm für g_2 (Beispiel 3).

wählt. Andernfalls würde man $y_2 = g_2\,(z_1, z_2, x) = z_1\bar{z}_2$ erhalten, wenn man anstelle des Wertes 1 den Wert 0 gewählt hätte.

Ähnliche Überlegungen führen auch zu den anderen in Klammern angegebenen Werten in den letzten beiden Zeilen der Tabelle.

Aus der Tabelle können nun die Zustandsgleichungen des Automaten abgelesen werden, die wir hier sofort in der vereinfachten Form angeben. Sie lauten

$$z_1(t+1) \;=\; z_1(t)\,\overline{x(t)} \vee z_2(t)\,x(t),$$

$$z_2(t+1) \;=\; \overline{z_1(t)}\,\overline{z_2(t)},$$

$$y_1(t) \;=\; \overline{z_1(t)}\,\overline{z_2(t)}x(t),$$

$$y_2(t) \;=\; z_1(t),$$

$$y_3(t) \;=\; z_2(t) \vee z_1(t)\overline{x(t)}.$$

Die Realisierung der Zustandsgleichungen durch eine Gatterschaltung mit Speichern kann nun auf ähnliche Weise vollzogen werden wie in den vorher betrachteten Beispielen, so daß wir hier darauf verzichten wollen. $\square$

2.3.2 Wortabbildungen

2.3.2.1 Erweiterung von f und g

Am Ende des Abschnittes 2.2.2 haben wir bei einem kombinatorischen Automaten Abbildungen des Typs $\underline{\Phi} : \underline{X} \to \underline{Y}$ betrachtet. Bei einer solchen Abbildung wird einem Eingabewort $\underline{x}$ ein Ausgabewort $\underline{y}$ zugeordnet, und man spricht von einer Wortabbildung. Die Zuordnung ist dabei durch den Aufbau des kombinatorischen Automaten fest vorgegeben.

Wir wollen nun auch bei einem sequentiellen Automaten diese Wortabbildungen etwas näher untersuchen und werden dabei feststellen, daß wir bei einem vorgegebenen Aufbau des Automaten wesentlich mehr Wortabbildungen realisieren können als bei einem kombinatorischen Automaten, weil diese Abbildungen noch vom Zustand des Automaten abhängig sind.

Zunächst wollen wir die Arbeitsweise des Automaten an dem in Abb. 2.44 dargestellten Schema verfolgen.

Am Anfang (Taktzeitpunkt $t = 0$) befindet sich der Automat im Anfangszustand $\underline{z}(0)$. Wird nun der erste Buchstabe $\underline{x}(0)$ des Eingabewortes $\underline{x}$ eingegeben, so wird vermittels der Funktionen f und g der erste Buchstabe $\underline{y}(0)$ des Ausgabewortes $\underline{y}$ ausgegeben und der Automat in den Zustand $\underline{z}(1)$ überführt. Im nächsten Taktzeitpunkt befindet sich der Automat damit im Zustand $\underline{z}(1)$. In diesem Zeitpunkt wird der zweite Buchstabe $\underline{x}(1)$ des Eingabewortes eingegeben, der zweite Buchstabe $\underline{y}(1)$ des Ausgabewortes ausgegeben und gleichzeitig der Automat in den Zustand $\underline{z}(2)$ übergeführt. In dieser Weise fortschreitend, findet man, daß sich der Automat im Zustand $\underline{z}(k)$ befindet, wenn der letzte Buchstabe $\underline{x}(k)$ des Eingabewortes $\underline{x}$ eingegeben wird ($\underline{x}$ hat eine endliche Wortlänge). In diesem Taktzeitpunkt wird der letzte Buchstabe $\underline{y}(k)$ des Ausgabewortes $\underline{y}$ ausgegeben und der Automat in den Endzustand $\underline{z}(k+1)$ übergeführt.

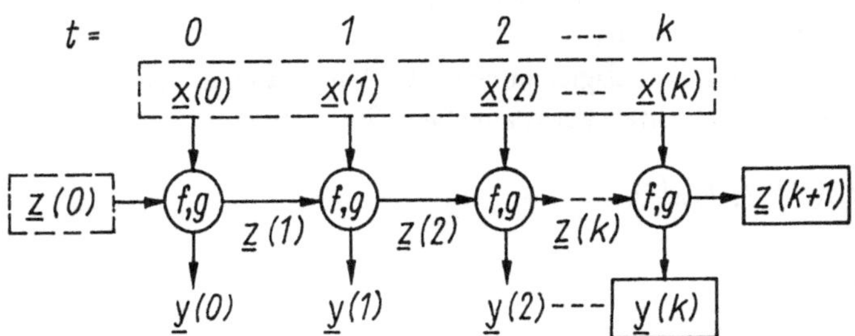

Abb. 2.44. Zur Erläuterung der Wirkungsweise des Automaten.

Einem Anfangszustand $\underline{z}(0)$ und einem Eingabewort $\underline{x} = (\underline{x}(0), \underline{x}(1), \ldots, \underline{x}(k))$ werden also durch den Automaten zugeordnet:

1. eine Folge von Zuständen, d.h. ein Zustandswort $\underline{z} = (\underline{z}(1), \underline{z}(2), \ldots, \underline{z}(k+1))$, insbesondere der Zustand $\underline{z}(k+1)$, der im Automaten nach der Eingabe des Wortes $\underline{x}$ vorliegt;

2. eine Folge von Ausgabebuchstaben, d.h. ein Ausgabewort $\underline{y} = (\underline{y}(0), \underline{y}(1), \ldots, \underline{y}(k))$, insbesondere der letzte Ausgabebuchstabe $\underline{y}(k)$, der am Ausgang erscheint, wenn das gesamte Wort $\underline{x}$ eingegeben wurde.

Diese Zuordnungen gestatten eine Erweiterung der Überführungsfunktion f und der Ergebnisfunktion g in folgender Weise: Wir gehen von den Zustandsgleichungen (2.81) aus, von denen wir zunächst die erste Gleichung für $t = 0, 1, 2, \ldots, k$ notieren:

$$
\begin{aligned}
\underline{z}(1) \quad &= \quad f(\underline{z}(0), \underline{x}(0)) \quad = \quad F(\underline{z}(0), \underline{x}(0)) \\
\underline{z}(2) \quad &= \quad f(\underline{z}(1), \underline{x}(1)) \quad = \quad f(F(\underline{z}(0), \underline{x}(0)), \underline{x}(1)) \\
&\qquad\qquad\qquad\qquad = \quad F(\underline{z}(0), \underline{x}(0), \underline{x}(1)) \\
\underline{z}(3) \quad &= \quad f(\underline{z}(2), \underline{x}(2)) \quad = \quad f(F(\underline{z}(0), \underline{x}(0), \underline{x}(1)), \underline{x}(2)) \\
&\qquad\qquad\qquad\qquad = \quad F(\underline{z}(0), \underline{x}(0), \underline{x}(1), \underline{x}(2)) \\
&\;\cdots \qquad\qquad \cdots \qquad\qquad\qquad \cdots \\
\underline{z}(k+1) \quad &= \quad f(\underline{z}(k), \underline{x}(k)) \quad = \quad F(\underline{z}(0), \underline{x}(0), \underline{x}(1), \ldots, \underline{x}(k)).
\end{aligned}
$$

(2.89)

Die letzte Gleichung kann auch in der Form

$$\underline{z}(k+1) = F(\underline{z}(0), \underline{x})$$

(2.90)

geschrieben werden. Die Gleichung gibt an, welcher Folgezustand $\underline{z}(k+1)$ einem Anfangszustand und einem eingegebenen Wort $\underline{x}$ zugeordnet ist. Die *erweiterte Überführungsfunktion* F ist damit eine Abbildung der Art

$$F : Z \times \underline{X} \to Z.$$

In ähnlicher Weise verfährt man bei der Erweiterung der Ergebnisfunktion g.

Notieren wir die zweite Gleichung in (2.81) für $t = 0, 1, 2, \ldots, k$, so erhalten wir mit (2.89)

$$
\begin{array}{rclcl}
\underline{y}(0) &=& g(\underline{z}(0), \underline{x}(0)) &=& G(\underline{z}(0), \underline{x}(0)) \\
\underline{y}(1) &=& g(\underline{z}(1), \underline{x}(1)) &=& g(G(\underline{z}(0), \underline{x}(0)), \underline{x}(1)) \\
&&&=& G(\underline{z}(0), \underline{x}(0), \underline{x}(1)) \\
\underline{y}(2) &=& g(\underline{z}(2), \underline{x}(2)) &=& g(F(\underline{z}(0), \underline{x}(0), \underline{x}(1)), \underline{x}(2)) \\
&&&=& G(\underline{z}(0), \underline{x}(0), \underline{x}(1), \underline{x}(2)) \\
\cdots && \cdots && \cdots \\
\underline{y}(k) &=& g(\underline{z}(k), \underline{x}(k)) &=& G(\underline{z}(0), \underline{x}(0), \underline{x}(1), \ldots, \underline{x}(k)).
\end{array}
$$

(2.91)

Für die letzte Gleichung kann auch wieder

$$\underline{y}(k) = G(\underline{z}(0), \underline{x})$$

(2.92)

geschrieben werden. Damit ist die *erweiterte Ergebnisfunktion* G eine Abbildung

$$G : Z \times \underline{X} \to Z.$$

Durch sie wird einem Anfangszustand $\underline{z}(0)$ und einem eingegebenen Wort $\underline{x}$ ein Ausgabebuchstabe $\underline{y}(k)$ zugeordnet.

Wir wollen nun noch eine wichtige Eigenschaft der erweiterten Überführungs- und Ergebnisfunktion angeben. Hierzu verwenden wir das bereits durch (1.97) definierte Verbindungsprodukt (Konkatenationsprodukt) zweier Wörter $\underline{x}_1 = (\underline{x}_1(0), \underline{x}_1(1), \ldots, \underline{x}_1(r))$ und $\underline{x}_2 = (\underline{x}_2(0), \underline{x}_2(1), \ldots, \underline{x}_2(s))$, welches das zusammengesetzte Wort

$$\underline{x}_1 \bullet \underline{x}_2 = (\underline{x}_1(0), \ldots, \underline{x}_1(r), \underline{x}_2(0), \ldots, \underline{x}_2(s))$$

ergibt.

Mit Hilfe des Verbindungsproduktes lassen sich die Grundeigenschaften von F und G wie folgt aufschreiben

$$F(\underline{z}(0), \underline{x}_1 \bullet \underline{x}_2) = F\left(F(\underline{z}(0), \underline{x}_1), \underline{x}_2\right),$$

(2.93)

$$G(\underline{z}(0), \underline{x}_1 \bullet \underline{x}_2) = G\left(F(\underline{z}(0), \underline{x}_1), \underline{x}_2\right).$$

(2.94)

Verbal formuliert sagt (2.94) folgendes aus:

Wird in einen Automaten, welcher sich im Anfangszustand $\underline{z}(0)$ befindet, das Wort $\underline{x}_1 \bullet \underline{x}_2$ eingegeben, so liegt nach der Eingabe dieses Wortes der Endzustand $z = F(\underline{z}(0), \underline{x}_1 \bullet \underline{x}_2)$ vor (linke Seite der Gleichung). Derselbe Endzustand wird aber auch dadurch erreicht, daß man, ausgehend von einem neuen Anfangszustand $F(\underline{z}(0), \underline{x}_1)$, in den Automaten das Wort $\underline{x}_2$ eingibt. Dabei ist es gleichgültig, wie der neue Anfangszustand entstanden ist. (Man kann ihn, ausgehend von $\underline{z}(0)$, durch Eingabe von $\underline{x}_1$ erzeugen; das ist jedoch im allgemeinen nicht die einzige Möglichkeit.)

In diesem Sinne ist auch die zweite Gleichung (2.94) zu interpretieren: Befindet sich ein Automat im Anfangszustand $\underline{z}(0)$ und wird das Wort $\underline{x}_1 \bullet \underline{x}_2$ eingegeben, so erhält man im letzten Taktzeitpunkt den Ausgabebuchstaben $y = G(\underline{z}(0), \underline{x}_1 \bullet \underline{x}_2)$. Denselben Buchstaben erhält man jedoch auch, wenn sich der Automat im neuen Anfangszustand $F(\underline{z}(0), \underline{x}_1)$ befindet und $\underline{x}_2$ eingegeben wird.

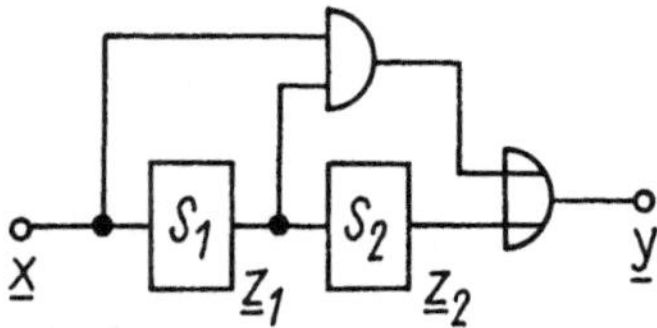

Abb. 2.45. Automat mit zwei Speichern (Beispiel).

Beispiel: Wir betrachten die in Abb. 2.45 dargestellte Schaltung. Für diese Schaltung gelten die Zustandsgleichungen

$$\begin{aligned}
\underline{z}_1(t+1) &= \underline{x}(t), \\
\underline{z}_2(t+1) &= \underline{z}_1(t), \\
\underline{y}(t) &= \underline{z}_2(t) \vee \underline{z}_1(t)\underline{x}(t).
\end{aligned}$$

Der Automat soll sich im Anfangszustand $\underline{z}_1(0) = (\underline{z}_1(0), \underline{z}_2(0)) = (0,1)$ befinden. Werden nun die Wörter

$$\underline{x}_1 = (1,0,0) \quad \text{und} \quad \underline{x}_2 = (0,0,1,1)$$

in zeitlich lückenloser Aufeinanderfolge eingegeben, so erhält man die folgende Tabelle:

t	0	1	2	3	4	5	6	7
		$\underline{x}_1$			$\underline{x}_2$			
$\underline{x}(t)$	1	0	0	0	0	1	1	
$\underline{z}_1(t)$	0	1	0	0	0	0	1	1
$\underline{z}_2(t)$	1	0	1	0	0	0	0	1
$\underline{y}(t)$	1	0	1	0	0	0	1	

Daraus ergibt sich: Ausgehend vom Anfangszustand $\underline{z}(0) = (0,1)$, erhält man bei Eingabe von

$$\underline{x}_1 \bullet \underline{x}_2 = (1,0,0,0,0,1,1)$$

den Endzustand $\underline{z}(7) = (1,1)$ und den letzten Buchstaben $\underline{y}(6) = 1$ des Ausgabewortes. Dasselbe Resultat erhält man aber auch, wenn sich der Automat im Anfangszustand $(0,0)$ befindet (gleichgültig wie er in diesen Zustand gelangt ist) und man das Wort $\underline{x}_2 = (0,0,1,1)$ eingibt, wobei man den Taktzeitpunkt $t = 3$ (den Beginn des Wortes $\underline{x}_2$) gewissermaßen als Anfang einer neuen Zeitskala auffassen kann. $\square$

2.3.2.2 Automatenabbildung

Wie wir im vorangegangenen Abschnitt bereits festgestellt haben, ist einem Anfangszustand $\underline{z}(0)$ des Automaten und einem eingegebenen Wort $\underline{x} = (x(0), \underline{x}(1), .., \underline{x}(k))$ nicht nur ein neuer Zustand $\underline{z}(k+1)$ und ein letzter Ausgabebuchstabe $y(k)$ zugeordnet, sondern auch ein ganzes Ausgabewort $\underline{y} = (\underline{y}(0), \underline{y}(1), \ldots, \underline{y}(k))$. Wir können also neben den Abbildungen F und G noch eine dritte Abbildung, und zwar eine Eingabe–Ausgabe–Wortabbildung wie beim kombinatorischen Automaten (Abschn. 2.2.2.2) betrachten. Im Gegensatz zum kombinatorischen Automaten ist das Ausgabewort $\underline{y}$ hier jedoch nicht nur vom Eingabewort $\underline{x}$, sondern auch noch vom Anfangszustand $\underline{z}(\overline{0})$ des Automaten abhängig.

Die Wortabbildung $\underline{\underline{\Phi}}$ ist also hier vom Typ

$$\underline{\underline{\Phi}} : Z \times \underline{X} \to \underline{Y}.$$

Jedem Zustand z aus Z (genauer jedem möglichen Anfangszustand) ist also hier eine *Automatenabbildung*

$$\underline{\Phi}_z : \underline{X} \to \underline{Y}, \qquad \underline{\Phi}_z(\underline{x}) = \underline{y} \tag{2.95}$$

zugeordnet, wobei diese Abbildung durch (2.92), nämlich

$$\underline{y}(t) = G(z, \underline{x}(0), \underline{x}(1), \ldots, \underline{x}(t)) \qquad (t \le l(\underline{x})),$$

gegeben ist. Die Möglichkeiten der mit einem sequentiellen Automaten realisierbaren Eingabe–Ausgabe–Wortabbildungen sind also vielfältiger als bei einem kombinatorischen Automaten. Betrachten wir die Menge aller Automatenabbildungen, so erhalten wir eine Familie von Abbildungen

$$\underline{\underline{\Phi}} = \{\underline{\Phi}_z | z \in Z\}, \tag{2.96}$$

wenn z alle möglichen Zustände aus Z annimmt.

Die Menge aller möglichen $(\underline{x}, \underline{y})$–Paare des Automaten mit der *Abbildungsfamilie* $\underline{\underline{\Phi}}$ ist mit (2.95) die im Abb. 2.46 dargestellte Menge

$$\Sigma = \{(\underline{x}, \underline{y}) | \bigvee_z \underline{\Phi}_z(\underline{x}) = \underline{y}\} = \bigcup_z \underline{\Phi}_z \subset \underline{X} \times \underline{Y}. \tag{2.97}$$

Jeder sequentielle Automat definiert damit eine bestimmte Relation $\sigma = \Sigma$ auf $\underline{X} \times \underline{Y}$ (oder allgemeiner: auf einer Teilmenge von $\underline{X} \times \underline{Y}$). Den Definitionsbereich D_Σ von Σ bezeichnet man auch als *Eingabeprozeß* des Automaten. Entsprechend heißt W_Σ auch *Ausgabeprozeß* (Abb. 2.46).

Diese *Automatenrelation* Σ muß natürlich bestimmte Eigenschaften besitzen, auf die wir noch kurz eingehen wollen. Diese Eigenschaften ergeben sich aus den Eigenschaften von $\underline{\Phi}_z$, d. h. unmittelbar aus (2.91) bis (2.94).

Befindet sich der Automat im Zustand z und wird $\underline{x} = (\underline{x}(0), \underline{x}(1), \ldots, \underline{x}(k))$ eingegeben, so erhalten wir das Ausgabewort

$$\underline{y} = (\underline{y}(0), \underline{y}(1), \ldots, \underline{y}(k)) = \underline{\Phi}_z(\underline{x}(0)\underline{x}(1), \ldots, \underline{x}(k)) = \underline{\Phi}_z(\underline{x}). \tag{2.98}$$

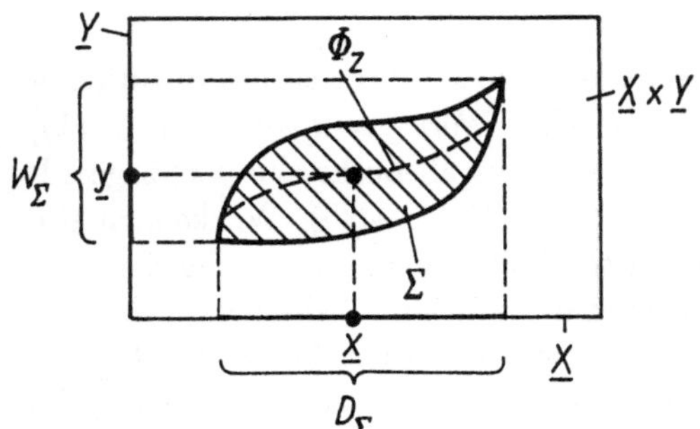

Abb. 2.46. Zur Erläuterung des Begriffes Automatenrelation.

Zerlegen wir das Eingabewort

$$\underline{x} = (\underline{x}(0), \underline{x}(1), \ldots, \underline{x}(j), \underline{x}(j+1), \ldots, \underline{x}(k))$$

in zwei unmittelbar aufeinanderfolgende Teilwörter

$$\underline{x}_1 = (\underline{x}(0), \underline{x}(1), \ldots, \underline{x}(j))$$

und

$$\underline{x}_2 = (\underline{x}(j+1), \underline{x}(j+2), \ldots, \underline{x}(k))$$

und schreiben dafür wieder das Verbindungsprodukt

$$\underline{x} = \underline{x}_1 \bullet \underline{x}_2,$$

so erhalten wir auch am Ausgang zwei verbundene Wörter

$$\underline{y}_1 = (\underline{y}(0), \underline{y}(1), \ldots, \underline{y}(j))$$

und

$$\underline{y}_2 = (\underline{y}(j+1), \underline{y}(j+2), \ldots, \underline{y}(k)).$$

Die Gleichung (2.98) geht also über in

$$\underline{y} = \underline{y}_1 \bullet \underline{y}_2 = \underline{\Phi}_z(\underline{x}_1 \bullet \underline{x}_2), \tag{2.99}$$

worin

$$\underline{y}_1 = \underline{\Phi}_z(\underline{x}_1 \bullet \underline{x}_2)|D_{\underline{x}_1} = \underline{\Phi}_z(\underline{x}_1) \tag{2.100}$$

ist. Das folgt unmittelbar aus (2.98), indem wir $k = j$ setzen. Mit $\underline{\Phi}_z(\underline{x}_1 \bullet \underline{x}_2)|D_{\underline{x}_1}$ wird die Einschränkung der Abbildung auf den Definitionsbereich von $\underline{x}_1$ bezeichnet ($D_{\underline{x}_1} = \{0, 1, \ldots, j\}$) (vgl. auch (1.42)).

Eine entsprechende Beziehung wie (2.100) gilt nun aber für das zweite Teilwort $\underline{y}_2$ nicht mehr, denn nach der Eingabe von $\underline{x}_1$ befindet sich der Automat nicht mehr im Zustand z, folglich liegt nun auch nicht mehr die Wortabbildung $\underline{\Phi}_z$ vor.

Zur Berechnung von $\underline{y}_2$ verwenden wir (2.99), wobei wir nur die Taktzeitpunkte $j+1, j+2, \ldots, k$ betrachten. Analog zu (2.100) ist dann mit (2.94)

$$\underline{y}_2 = \underline{\Phi}_z(\underline{x}_1 \bullet \underline{x}_2)|D_{\underline{x}_2} = G(z', \underline{x}_2) \tag{2.101}$$

mit $D_{\underline{x}_2} = \{j+1, j+2, \ldots, k\}$. Wir schreiben dafür auch

$$\underline{y}_2 = \underline{\Phi}_{z'}(\underline{x}_2), \tag{2.102}$$

wobei $\underline{\Phi}_{z'}$ die Wortabbildung ist, die dem neuen Zustand $z' = F(z, \underline{x}_1)$ zugeordnet ist, den der Automat nach Eingabe von $\underline{x}_1$ annimmt, wenn er sich im Zustand z befand.

Setzen wir zur Abkürzung noch $\underline{\Phi}_z = \underline{\Phi}$ und $\underline{\Phi}_{z'} = \underline{\Phi}'$, so ergeben sich aus dem Dargelegten die nachstehenden Folgerungen (notwendigen Bedingungen):

Jede Automatenabbildung $\underline{\Phi} : \underline{X} \to \underline{Y}$ hat die folgenden Eigenschaften:

1. Eingabewort und Ausgabewort haben die gleiche Wortlänge

$$l(\underline{y}) = l(\underline{\Phi}(\underline{x})) = l(\underline{x}). \tag{2.103}$$

2. Für eine Verbindung zweier Wörter gilt mit $\underline{\Phi}'(\underline{x}_2) = \underline{\Phi}(\underline{x}_1 \bullet \underline{x}_2)|D_{\underline{x}_2}$

$$\underline{\Phi}(\underline{x}_1 \bullet \underline{x}_2) = \underline{\Phi}(\underline{x}_1) \bullet \underline{\Phi}'(\underline{x}_2) = \underline{y}_1 \bullet \underline{y}_2. \tag{2.104}$$

Die erste Eigenschaft ergibt sich unmittelbar aus (2.98), und die zweite folgt aus (2.99) bis (2.101).

Das Wesentliche besteht also darin, daß für die Eingabe–Ausgabe–Wortabbildung jeweils der Zustand des Automaten maßgebend ist, der vorliegt, wenn der erste Buchstabe des Eingabewortes eingegeben wird. Dabei ist es gleichgültig, wie der Automat in diesen Zustand gelangt ist. Ist der Automat durch ein in der Vergangenheit eingegebenes Wort in diesen Zustand übergeführt worden, so ist es unwesentlich, wie dieses Wort im einzelnen aufgebaut war. Alles, was der Automat aus seiner „Vergangenheit" aufbewahren kann, liegt im gegenwärtigen Zustand gewissermaßen gespeichert vor. Für das zukünftige Verhalten des Automaten ist allein dieser gegenwärtige Zustand zusammen mit der zukünftigen Eingabe maßgebend.

Dieses Verhalten ist nicht nur für den Automaten charakteristisch, sondern bildet ein grundlegendes Prinzip der Theorie kausaler (dynamischer) Systeme überhaupt.

Die in (2.103) und (2.104) genannten Bedingungen für eine Automatenabbildung $\underline{\Phi}$ sind nicht nur notwendig, sondern auch hinreichend, d.h., es gilt der

---

Satz: Eine Wortabbildung $\underline{\Phi}$ (aus der Menge aller Abbildungen von $\underline{X}$ in $\underline{Y}$) ist genau dann durch einen (Mealy–) Automaten (X, Y, Z, f, g) realisierbar, wenn gilt:

1. $\qquad l(\underline{\Phi}(\underline{x})) = l(\underline{y}) = l(\underline{x}).$

2. Zu jedem $\underline{x}_1$ aus $\underline{X}$ gibt es eine Abbildung $\underline{\Phi}'$ (aus der Menge aller Abbildungen von $\underline{X}$ in $\underline{Y}$), so daß für beliebige $\underline{x}_1$ und $\underline{x}_2$ aus $\underline{X}$ gilt:

$$\underline{\Phi}(\underline{x}_1 \bullet \underline{x}_2) = \underline{\Phi}(\underline{x}_1) \bullet \underline{\Phi}'(\underline{x}_2).$$

Die zweite Bedingung ist gleichwertig mit (vgl. (2.100))

$$\underline{\Phi}(\underline{x})|T_t = \underline{\Phi}(\underline{x}|T_t),$$

wobei $\ldots|T_t$ wieder die Einschränkung der Abbildung auf die Menge $T_t = \{0, 1, 2 \ldots, t\}$ $(t \leq k)$ bezeichnet. Damit gilt aber auch mit $\Phi = G(z, \cdot)$

$$\underline{y}(t) = (\underline{\Phi}(\underline{x}))(t) = \Phi(\underline{x}(0), \underline{x}(1), \ldots, \underline{x}(t)), \tag{2.105}$$

und das bedeutet, daß die Ausgabe des Buchstaben $\underline{y}(t)$ im Takt t von den Buchstaben $\underline{x}(t+1), \underline{x}(t+2), \ldots, \underline{x}(k)$ der Eingabe $\underline{x} = (\underline{x}(0), \ldots, \underline{x}(t), \underline{x}(t+1), \ldots, \underline{x}(k))$ unabhängig ist. Die Abbildung $\underline{\Phi}$ ist eine *nicht antizipative* (nicht vorgreifende) Abbildung (Abb. 2.47).

Durch Vergleich von (2.62) und (2.105) ist nun auch ersichtlich, daß der kombinatorische Automat einen Sonderfall des sequentiellen Automaten darstellt. Während beim sequentiellen Automaten $\underline{y}(t)$ von $\underline{x}(0), \underline{x}(1), \ldots, \underline{x}(t)$ abhängig ist, ist beim kombinatorischen Automaten $\underline{y}(t)$ nur von $\underline{x}(t)$ abhängig (vgl. hierzu auch die Abbildungen 2.28 und 2.47).

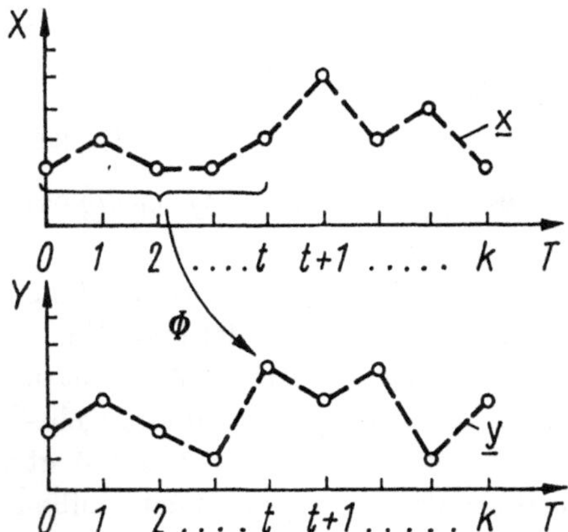

Abb. 2.47. Veranschaulichung der Automatenabbildung.

Die durch (2.97) definierte *Automatenrelation* Σ muß also aus der Vereinigung nicht antizipativer Abbildungen bestehen. Bezeichnet $\hat{\Sigma}$ die Σ zugeordnete Abbildung gemäß (1.47), so gilt mit (2.97)

$$\hat{\Sigma}(\underline{x}) = \bigcup_z \underline{\Phi}_z(\underline{x})$$

oder auch $(\Phi_z = G(z, \cdot))$

$$\left(\hat{\Sigma}(\underline{x})\right)(t) = \left(\bigcup_z \underline{\Phi}_z(\underline{x})\right)(t) = \bigcup_z (\underline{\Phi}_z(\underline{x})(t)) = \bigcup_z \Phi_z(\underline{x}|T_t).$$

Damit läßt sich folgende Aussage formulieren: Damit die Prozeßrelation $\Sigma \subset \underline{X} \times \underline{Y}$ die Automatenrelation eines sequentiellen Automaten darstellt, ist notwendig (und sogar auch hinreichend), daß die Σ zugeordnete Abbildung $\hat{\Sigma}$ nicht antizipativ ist ($(\hat{\Sigma}(\underline{x})(t)$ ist nur von $\underline{x}|T_t = (\underline{x}(0), \underline{x}(1), \ldots, \underline{x}(t))$ anhängig).

2.3.3 Automatenkomposition

2.3.3.1 Elementare Komposition

Aus gegebenen (sequentiellen) Automaten $A^I, A^{II}, \ldots$ kann man durch *Komposition* (Zusammenschaltung, Kopplung) neue Automaten konstruieren. Wir betrachten folgende Sonderfälle:

Serienschaltung (Verkettung): Sind $A^I = (X^I, Y^I, Z^I, f^I, g^I)$ und $A^{II} = (X^{II}, Y^{II}, Z^{II}, f^{II} g^{II})$ zwei gegebene sequentielle Automaten, für die die Anzahl m der Ausgänge von A^I mit der Anzahl q der Eingänge von A^{II} übereinstimmt, so ist deren *Serienschaltung* (Abb. 2.48) ein neuer Automat

$$A = A^I \circ A^{II} = (X^I, Y^{II}, Z^I \times Z^{II}, f, g)$$

mit dem Eingabealphabet $X = X^I$, dem Ausgabealphabet $Y = Y^{II}$ und dem Zustandsalphabet $Z = Z^I \times Z^{II}$. Überführungsfunktion f und Ergebnisfunktion g des neuen Automaten A ergeben sich aus der Zusammenschaltungsbedingung

$$x^{II} = y^I \Leftrightarrow (x_1^{II}, \ldots, x_q^{II}) = (y_1^I, \ldots, y_m^I) \tag{2.106}$$

mit $m = q$ und den Automatengleichungen

$$(z^I)' = f^I(z^I, x^I), \qquad y^I = g^I(z^I, x^I), \tag{2.107}$$
$$(z^{II})' = f^{II}(z^{II}, x^{II}), \qquad y^{II} = g^{II}(z^{II}, x^{II}).$$

Aus den beiden Ergebnisfunktionen g^I und g^{II} folgt mit (2.106) für A

$$\begin{aligned} y = y^{II} &= g^{II}(z^{II}, g^I(z^I, x^I)) \\ &= g((z^I, z^{II}), x^I) = g(z, x). \end{aligned} \tag{2.108}$$

Es ist also $y^{II} = y$ (Ausgabe von A) eine Funktion g von $z = (z^I, z^{II}) \in Z^I \times Z^{II} = Z$ (Zustandsalphabet von A) und $x^I = x$ (Eingabe von A) (vgl. Abb. 2.48). Hierbei ist mit (2.108) g durch g^I und g^{II} bestimmt.

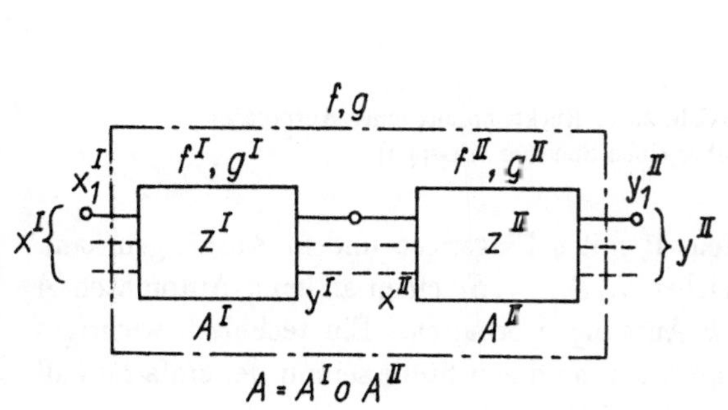

Abb. 2.48. Verkettung (Serienschaltung) von zwei Automaten.

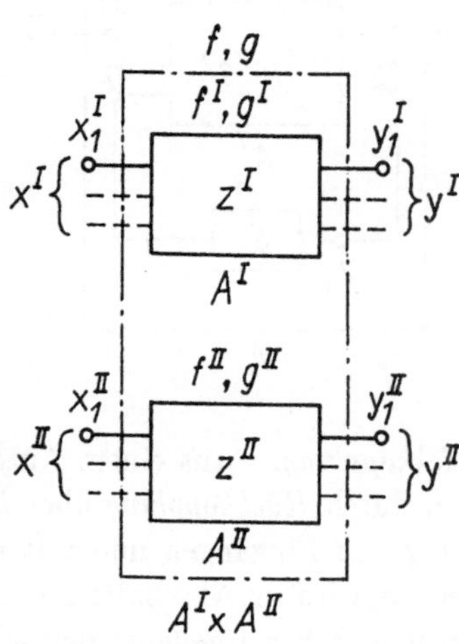

Abb. 2.49. Parallelschaltung von zwei Automaten.

Analog erhält man die Überführungsfunktion f der Serienschaltung $A = A^I \circ A^{II}$ von A^I und A^{II}

$$\begin{aligned} z' = (z^I, z^{II})' &= (f^I(z^I, x^I), f^{II}(z^{II}, x^{II})) \\ &= (f^I(z^I, x^I), f^{II}(z^{II}, g^I(z^I, x^I))) \\ &= f((z^I, z^{II}), x^I) = f(z, x). \end{aligned} \tag{2.109}$$

Wieder ist die Überführungsfunktion f des Gesamtautomaten durch die entsprechenden Funktionen f^I und f^{II} der Teilautomaten A^I und A^{II} eindeutig bestimmt.

Parallelschaltung (Summe):   Aus zwei Automaten $A^I = (X^I, Y^I, Z^I, f^I, g^I)$ und $A^{II} = (X^{II}, Y^{II}, Z^{II}, f^{II}, g^{II})$ mit den Ein- und Ausgabealphabeten X^I, X^{II} und Y^I, Y^{II} und den Zustandsalphabeten Z^I und Z^{II} erhält man durch *Parallelschaltung* (Abb. 2.49) einen neuen Automaten

$$A = A^I \times A^{II} = (X^I \times X^{II}, Y^I \times Y^{II}, Z^I \times Z^{II}, f, g)$$

mit den Alphabeten $X^I \times X^{II}, Y^I \times Y^{II}, Z^I \times Z^{II}$ und den Automatenabbildungen f und g, definiert durch

$$f((z^I, z^{II}), (x^I, x^{II})) = (f^I(z^I, x^I), f^{II}(z^{II}, x^{II}))$$

$$g((z^I, z^{II}), (x^I, x^{II})) = (g^I(z^I, x^I), f^{II}(z^{II}, x^{II})). \tag{2.110}$$

Während die Serienschaltung von Automaten bei Beibehaltung der Anzahl der äußeren Anschlüsse zu einer Erweiterung des Zustandsalphabetes führt, werden bei der Parallelschaltung auch die Alphabete von Ein- und Ausgabe erweitert.

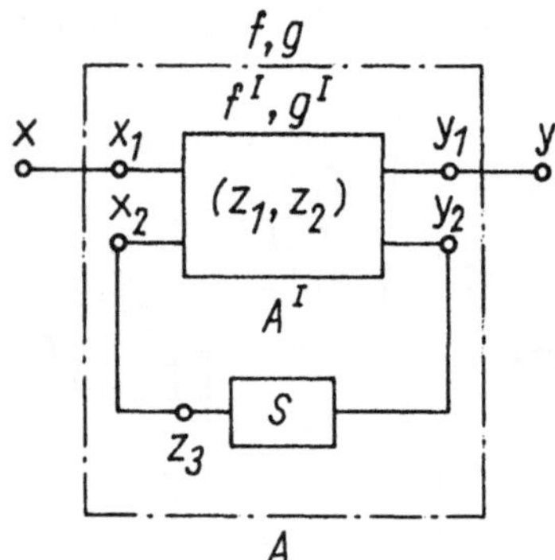

Abb. 2.50. Rückkopplung eines Automaten über einen Speicher (Beispiel).

Rückkopplung: Aus einem Automaten A^I mit q Eingängen und m Ausgängen kann man durch *Rückkopplung* über k Speicher $S_1, S_2, \ldots, S_k$ einen anderen Automaten A mit $q - k$ Eingängen und mit $m - k$ Ausgängen erhalten. Ein technisch wichtiges Beispiel wird im Abschnitt 2.4.2.3 besprochen; an dieser Stelle sei nur der einfache Fall $q = m = 2, k = 1$ genauer betrachtet (Abb. 2.50).

Die Zustandsgleichungen des Automaten

$$A^I = (X_1 \times X_2, Y_1 \times Y_2, Z_1 \times Z_2, f^I, g^I)$$

mit mit $X_1 = X_2 = Y_1 = Y_2 = Z_1 = Z_2 = B = \{0,1\}$ lauten ausführlicher

$$(z_1, z_2)' = f^I((z_1, z_2), (x_1, x_2))$$

$$(y_1, y_2) = g^I((z_1, z_2), (x_1, x_2)) \tag{2.111}$$

Wird der Ausgang y_2 über einen Speicher S mit x_2 verbunden, in Zeichen

$$z_3' = y_2, \qquad x_2 = z_3, \tag{2.112}$$

so erhält man mit (2.111) einen neuen Automaten $(X_1, Y_1, Z_1 \times Z_2 \times Z_3, f, g)$ mit den Zustandsgleichungen

$$
\begin{aligned}
((z_1, z_2)', z_3') &= (z_1, z_2, z_3)' \\
&= (f^I((z_1, z_2), (x_1, z_3)), g_2((z_1, z_2), (x_1, z_3))) \\
&= f(z_1, z_2, z_3, x_1)
\end{aligned}
\tag{2.113}
$$

und

$$
\begin{aligned}
y = y_1 &= g_1((z_1, z_2), (x_1, z_3)) \\
&= g(z_1, z_2, z_3, x_1).
\end{aligned}
\tag{2.114}
$$

Hierbei wurde berücksichtigt, daß die Abbildung

$$g^I : (Z_1 \times Z_2) \times (X_1 \times X_2) \to Y_1 \times Y_2$$

in (2.111) als direktes Produkt $\langle g_1, g_2 \rangle$ von

$$g_1 : (Z_1 \times Z_2) \times (X_1 \times X_2) \to Y_1, \quad g_1((z_1, z_2), (x_1, x_2)) = pr_1(y_1, y_2) = y_1$$

$$g_2 : (Z_1 \times Z_2) \times (X_1 \times X_2) \to Y_2 \quad g_2((z_1, z_2), (x_1, x_2)) = pr_2(y_1, y_2) = y_2$$

aufgefaßt werden kann (vgl.Abschn. 1.2.3.1).

2.3.3.2   Zellulare Automaten (Automatennetze)

Für viele Anwendungen in der Informationsverarbeitung (Bildverarbeitung, Rechentechnik) ist es zweckmäßig, komplizierte Automaten durch netzartige (gitterartige) Verkopplung vieler, möglichst einfacher Automaten aufzubauen. Diese verschalteten Automaten sind sämtlich Kopien von Automaten weniger elementarer Grundtypen, im einfachsten Fall ein und desselben Grundtyps. Auch das Verkopplungsschema ist in der Regel weitgehend regelmäßig.

Abb. 2.51 zeigt ein Beispiel für einen *zellularen Automaten* mit $6 \cdot 4$ gitterförmig angeordneten Elementarautomaten (*Zellautomaten, Zellen*) $A_{i,j}(i = 1, \ldots, 6; j = 1, \ldots, 4)$. Alle Zellautomaten $A_{i,j}$ sind *Moore-Automaten*, d.h. Automaten, bei denen die Ergebnisfunktion $g_{i,j}$ nicht von der Eingabe abhängt (vgl. Abschn. 2.3.1.2). Jede Zelle, die nicht gerade am Rande des Zellgitters (*Arrays*) liegt, hat zwei Eingänge und zwei Ausgänge.

Für den Automaten $A_{4,2}$ mit der Überführungsfunktion f^I und der Ergebnisfunktion $g = \langle g_1, g_2 \rangle$ (Abb. 2.51) gelten dann beispielsweise die Automatengleichungen

$$
\begin{aligned}
z_{4,2}' &= f^I(z_{4,2}, x_{4,2}^{(1)}, x_{4,2}^{(2)}), \\
y_{4,2} &= g(z_{4,2}) \Leftrightarrow
\begin{cases}
y_{4,2}^{(1)} = g_1(z_{4,2}) \\
y_{4,2}^{(2)} = g_2(z_{4,2}).
\end{cases}
\end{aligned}
\tag{2.115}
$$

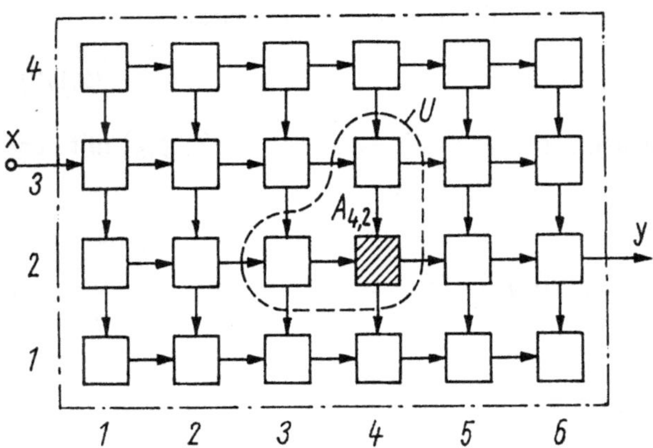

Abb. 2.51. Zellularer Automat.

Nun ist aber $x_{4,2}^{(1)}$ mit der „östlichen" Ausgabe von $A_{3,2}$ und $x_{4,2}^{(2)}$ mit der „südlichen" Ausgabe von $A_{4,3}$ identisch

$$
\begin{aligned}
x_{4,2}^{(1)} &= y_{3,2}^{(1)} = g_1(z_{3,2}), \\
x_{4,2}^{(2)} &= y_{4,3}^{(2)} = g_2(z_{4,3}).
\end{aligned}
\tag{2.116}
$$

Aus (2.115) und (2.116) erhält man

$$
z'_{4,2} = f^I(z_{4,2}, g_1(z_{3,2}), g_2(z_{4,3})) = f(z_{4,2}, z_{3,2}, z_{4,3}).
\tag{2.117}
$$

Damit ergibt sich: Die Überführungsfunktion f jeder Arrayzelle $A_{i,j}$ – soweit sie nicht eine Zelle des linken oder oberen Randes ist – ist nur abhängig von ihren eigenen Zuständen und den Zuständen ihrer linken und oberen Nachbarzellen. Man nennt das Zelltripel $(A_{4,2}, A_{3,2}, A_{4,3})$ *(Kopplungs-) Umgebung U* von $A_{4,2}$.

Für die Automaten auf dem linken und oberen Rand des Gitters ist die Kopplungshomogenität (Umgebung) der Zellen gestört, demzufolge gelten hier auch andere Überführungsfunktionen. Entsprechend ergeben sich für den unteren und rechten Arrayrand teilweise geänderte Ergebnisfunktionen. Diese Funktionen sind leicht analog zu (2.115) und (2.116) anzugeben. Hier seien nur noch die Überführungs- bzw. Ergebnisfunktionen für die Ein- bzw. Ausgabezelle ($A_{1,3}$ bzw. $A_{6,2}$) angegeben:

$$
\begin{aligned}
z'_{1,3} &= f_{1,3}(z_{1,3}, z_{1,4}, x), \\
y &= y_{6,2}^{(1)} = g_1(z_{6,2}), \\
&\quad\, y_{6,2}^{(2)} = g_2(z_{6,2}).
\end{aligned}
\tag{2.118}
$$

Die Ausgabe $y_{6,2}^{(1)}$ ist mit der Ausgabe des Arrays identisch.

2.3.4 Automaten und formale Sprachen

2.3.4.1 Reguläre Sprachen

Jede Teilmenge der Menge X^* aller Wörter $\underline{x} = (x_1, \ldots, x_n)$ aus einer endlichen Menge X (Alphabet) bezeichnet man als *formale Sprache S*.

Eine Sprache $S \subset X^*$ kann auf sehr verschiedenartige Weise beschrieben werden. Wir betrachten zunächst die Beschreibung von S durch einen speziellen Automaten, den

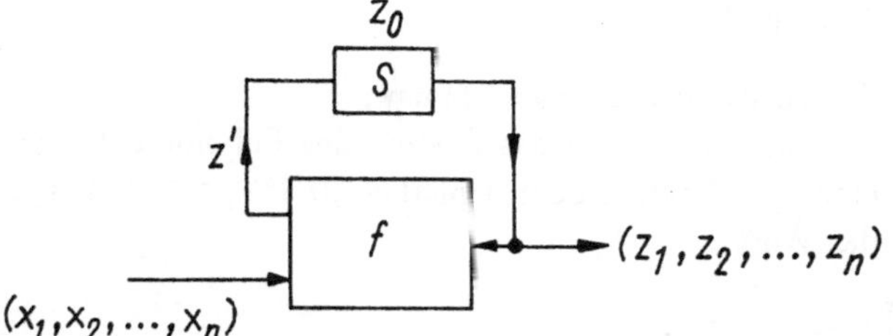

Abb. 2.52. Akzeptor.

sogenannten *Akzeptor A*. Darunter versteht man einen sequentiellen Automaten (ohne Beachtung der Ausgabe) mit endlichen Alphabeten Z und X, einem ausgezeichneten (*Anfangs-*) *Zustand* z_0 und einer ausgezeichneten Menge $Z_s \subset Z$ von (*End-*) Zuständen z, in Zeichen $A = (X, Z, Z_s, z_0, f)$.

Der Akzeptor A führt bei Eingabe des Wortes $\underline{x} = (x_1, \ldots, x_n)$ den Anfangszustand z_0 in n Schritten in den Endzustand über (vgl. Abschn. 2.3.2 und Abb. 2.52)

$$z = F(z_0, \underline{x}). \tag{2.119}$$

Die Menge S aller Wörter $\underline{x} \subset X^*$, die z_0 in einen Zustand z aus Z_s überführen, ist eine Teilmenge von X^* und heißt die von A *akzeptierte Wortmenge* oder die durch A dargestellte bzw. die von *endlich vielen Zuständen* $z \in Z_s$ erzeugte Sprache (*finite–state language*):

$$S = S(A) = \{\underline{x} \in X^* | F(z_0, \underline{x}) \in Z_s\}. \tag{2.120}$$

Allgemein heißt eine Sprache $S \subset X^*$ von endlich vielen Zuständen erzeugt, wenn es einen Akzeptor A gibt, so daß $S = S(A)$ gilt.

Beispiel: Gegeben sei das Alphabet $X = \{a, b\}$. Dann ist S die Menge aller Wörter $\underline{x}$ aus X^* von folgender Form: Auf endlich viele a folgen endlich viele b; im Grenzfall können auch alle a oder b verschwinden, z. B. $\underline{x} = (a, a, a, a, b, b,), \underline{x} = (a, a, a), \underline{x} = (b), \ldots$

Diese Sprache kann durch den Akzeptor $A = (X, Z, Z_s, z_0, f)$ mit $Z = \{z_0, z_1, z_2\}$, $Z_s = \{z_0, z_1\}$ und f gegeben durch

f	z_0	z_1	z_2
a	z_0	z_2	z_2
b	z_1	z_1	z_2

dargestellt bzw. durch drei Zustände erzeugt werden. Alle Wörter $\underline{x}$ aus der genannten Menge S führen den Anfangszustand z_0 wieder in z_0 oder z_1 über ($S \subset S(A)$). Andererseits sind alle von A akzeptierten Wörter Elemente von $S(S(A) \subset S)$, d. h., es ist $S = S(A)$. □

Die besprochene Sprachdarstellung ist nicht die einzige. Eine Sprache $S \subset X^*$ kann auch durch eine *induktive Definition* gegeben sein, z. B. die eben betrachtete Sprache S über dem Alphabet $\{a, b\}$ durch folgende Induktionsschritte:

1. Das leere Wort $\Theta(\underline{x} \bullet \Theta = \Theta \bullet \underline{x} = \underline{x})$ gehört zu S.

2. Falls $\underline{x} \in S$, dann gehören auch $(a, \underline{x})$ und $(\underline{x}, b)$ zu S.
   (Hierbei ist $(a, \underline{x}) \Leftrightarrow (a) \bullet \underline{x}$ bzw. $(\underline{x}, b) \Leftrightarrow \underline{x} \bullet (b)$.)

3. Keine anderen Wörter gehören zu S.

Zu S gehören also z. B. $\Theta, a\Theta = (a), (a, a), (a, a, b), \Theta b = (b)$ usw.

Von diesem Standpunkt aus ist dann z. B. auch das System der Polynome P der Schaltalgebra (Abschn. 2.1.2.3) eine Sprache über dem Alphabet $\{0, 1, \vee, \wedge, {}^-, (,), x_1, \ldots, x_n\}$. Für $n = 3$ gehört z. B. das Wort

$$((((0 \vee x_1) \wedge x_2) \vee x_3) \wedge 1) \vee x_3$$

zu dieser Sprache (für das kurz $x_1 x_2 \vee x_3$ geschrieben wird).

Für nachfolgende Verallgemeinerungen sei noch bemerkt, daß sich die Beschreibung der Sprache $S(A)$ durch einen Automaten auch noch etwas anders interpretieren läßt, nämlich als *Ersetzungssystem (Semi–Thue– System)* in folgender Weise. Offenbar gilt:

$\underline{x} \in S \Leftrightarrow z_0 \underline{x} = (z_0, x_1, \ldots, x_n)$ kann durch die Substitution $(z_i, x_k) \to z_j$ $(z_j' = f(z_i, x_k))$ schrittweise in einen Zustand $z_n \in Z_s$ übergeführt werden.

Die einzelnene Schritte dieser Substitutionsprozedur ergeben sich dabei mit f so:

$$\begin{aligned}
&(\underbrace{z_0, x_1}, x_2, \ldots, x_n) \\
&\quad (\underbrace{z_1, x_2}, \ldots, x_n) \quad \ldots \quad z_1' = f(z_0, x_1) \\
&\qquad\quad (z_2, \ldots, x_n) \quad \ldots \quad z_2' = f(z_1, x_2) \\
&\qquad\qquad\quad \ldots \\
&\qquad\qquad\quad z_n \quad \ldots \quad z_n' = f(z_{n-1}, x_n).
\end{aligned}$$

Natürlich ist nicht jede Sprache $S \subset X^*$ eine Sprache vom Typ $S(A)$ oder, wie man auch sagt, eine *reguläre Sprache*. Beispielsweise ist die Sprache $S = \{(a^i, b^i)|i \in \mathbb{N}\}$ (darin bedeutet z. B. $(a^3, b^3) = (a, a, a, b, b, b)$) – wie man zeigen kann – keine reguläre Sprache.

2.3.4.2 Kontextfreie Sprachen

Sprachen allgemeineren Typs, sogenannte *kontextfreie Sprachen*, lassen sich durch spezielle nichtdeterminierte Automaten darstellen, die man als *Kellerautomaten* bezeichnet. Es handelt sich hierbei um Akzeptoren A, die mit einem zusätzlichen unendlichen Zustandsalphabet K (*Kelleralphabet, Kellerspeicher*) ausgestattet sind und keine eindeutige Eingabeverarbeitung vornehmen. Ein Kellerautomat ist damit genauer gegeben durch das 7–Tupel

$$A = (X, K, k_o, Z, Z_s, z_0, f),$$

wobei (X, Z, Z_s, z_0) die Trägermengen eines Akzeptors darstellen. Die Menge K ist abzählbar, es ist $k_0 \in K$, und f ist (mehrdeutig) durch folgende Substitutionen (Überführungsfunktionen) gegeben:

$$f : \begin{cases} f_1 : (k, z_i) \to (\underline{k}, z_j), & f_1 : K \times Z \to K^* \times Z, \\ f_2 : (k, z_i, x) \to (\underline{k}, z_j), & f_2 : K \times Z \times X \to K^* \times Z. \end{cases} \tag{2.121}$$

Ein Wort $\underline{x} = (x_1, x_2, \ldots, x_n)$ heißt vom Kellerautomaten akzeptiert, wenn das Wort $(k_0, z_0, x_1, \ldots, x_n)$ durch die Substitutionen (*Produktionsregeln*) f schrittweise in einen „Zustand" $(\underline{k}_n, z_n), \underline{k}_n \in K^*, z_n \in Z_s$ übergeführt werden kann.

Eine solche Überführung gliedert sich z. B. für eine Substitutionsfolge $(f_2, f_1, f_2, \ldots)$ in folgende Einzelschritte (Abb. 2.53):

$$
\begin{aligned}
&\quad (k_0, z_0, x_1, \ldots, x_n) \\
f_2: &\quad (\underline{k}_1, z_1, x_2, \ldots, x_n) \\
f_1: &\quad (\underline{k}_2, z_2, x_2, \ldots, x_n) \\
f_2: &\quad (\underline{k}_3, z_3, x_3 \ldots, x_n) \\
&\qquad \cdots \\
&\quad (\underline{k}_n, z_n).
\end{aligned}
\tag{2.122}
$$

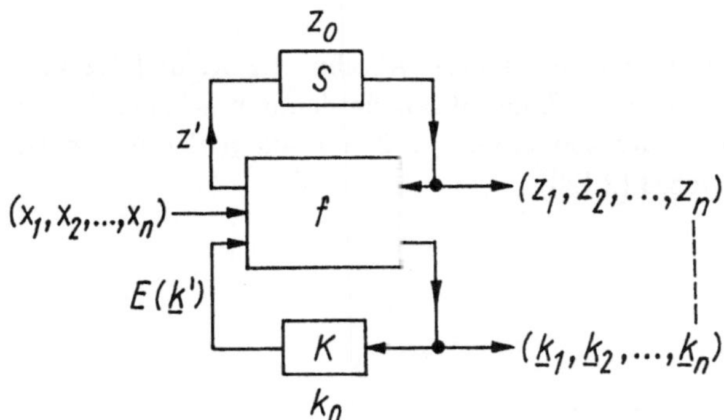

Abb. 2.53. Kellerautomat.

Substituiert werden in (2.122) immer $(E(\underline{k}), z)$ bzw. $(E(\underline{k}), z, x)$, wenn $E(\underline{k})$ den letzten Buchstaben aus $\underline{k}$ bezeichnet, also z. B. bei Anwendung von f_2

$$
(k_1, \ldots, \underbrace{k_i, z_j, x_k, \ldots x_n})
$$
$$
(\underline{k}_{i+1}, z_{j+1}, x_{k-1}, \ldots, x_n).
$$

Ist $S(A)$ die von einem Kellerautomaten A akzeptierte Wortmenge, so definiert man:

Eine Sprache $S \subset X^*$ heißt kontextfrei, wenn es einen Kellerautomaten A gibt, so daß gilt $S = S(A)$.

Abschließend noch ein paar allgemeine Bemerkungen über formale Sprachen.

Die kontextfreien Sprachen erweisen sich als besonders nützlich für die Anwendung auf natürliche und *Programmiersprachen*, sind aber andererseits noch nicht die allgemeinsten durch Automaten darstellbaren Sprachen. Man unterscheidet vier große *Sprachfamilien* (*Sprachtypen* L_0 bis L_3), die in der nachfolgenden Übersicht zusammengestellt sind [Arb73].

Sprachtyp	Bezeichnung	Darstellung durch
L_3	*Reguläre Sprache*	*Akzeptor*
L_2	*Kontextfreie Sprache*	*Kellerautomat*
L_1	*Kontext-sensitive Sprache*	*Linearer beschränkter Automat*
L_0	*Rekursive Sprache*	*Turing-Maschine*

2.3.5 Halbautomaten und Prozesse

2.3.5.1 Endlicher Zustandsraum

Der im Abschnitt 2.3.4.1 betrachtete Akzeptor A gehört zur Klasse der *Halbautomaten*. Man versteht darunter einen Mealy–Automaten ohne Ausgabe, in Zeichen $H = (X, Z, f)$. Im einfachsten Fall ist H von der Eingabe unabhängig (*autonomer Halbautomat*). Solche Automaten werden auch als *Generatoren* H_G bezeichnet, insbesondere dann, wenn $T = \mathbb{N}$ ist und noch eine Menge $Z_0 \subset Z$ von *Anfangszuständen* ausgezeichnet ist: $H_G = (Z, Z_0, f)$. Durch solche Generatoren wird ein (Zustands–) *Prozeß* $\underline{Z} \subset Z^T$ über $T = \mathbb{N}$ *erzeugt (generiert)*, der wie folgt definiert ist:

$$\underline{z} \in \underline{Z} \Leftrightarrow \bigvee_{z \in Z_0} \bigwedge_{n \in T} \underline{z}(n) = f^n(z_0) \wedge z_0 \in Z_0. \tag{2.123}$$

Hierbei bezeichnet f^n das n–fache Produkt von f (vgl. Abschn. 1.2.3.1 und 1.2.3.2). Der Prozeß $\underline{Z}$ ist genauer ein *Markov–Prozeß*, der allgemein dadurch gekennzeichnet ist, daß der Wert $\underline{z}(n+1)$ aller seiner Realisierungen $\underline{z} \in Z$ nur von $\underline{z}(n)(n \in T = \mathbb{N})$ abhängt. In der Tat gilt für den Prozeß (2.123)

$$\underline{z}(n+1) = f^{n+1}(z) = f(f^n(z)) = f(\underline{z}(n))$$

für alle $n \in T$.

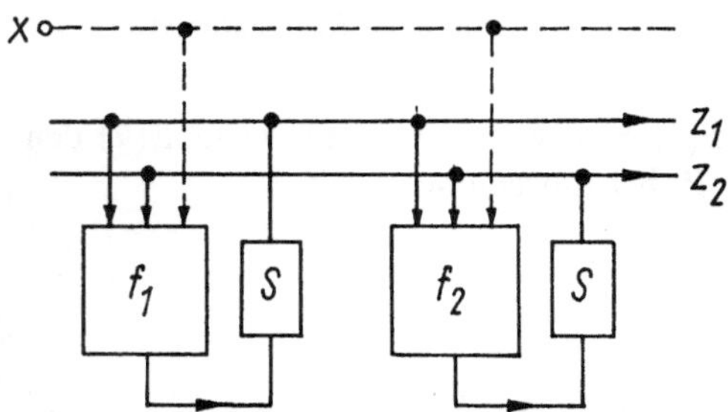

Abb. 2.54. Markov–Generator.

In Abb. 2.54 ist das Blockschaltbild eines einfachen (Markov–) Generators mit $Z = Z_1 \times Z_2$ und $f = \langle f_1, f_2 \rangle$ angegeben (die Eingabe x ist in diesem Bild zunächst nicht zu beachten):

$$\underline{z}_1(n+1) = f_1(\underline{z}_1(n), \underline{z}_2(n))$$

$$\underline{z}_2(n+1) = f_2(\underline{z}_1(n), \underline{z}_2(n)). \tag{2.124}$$

Die Eigenschaften des Prozesses $\underline{Z}$ in (2.123) sind – abgesehen von den Anfangswerten Z_0 und der Mächtigkeit $|Z|$ des Zustandsraumes Z – allein durch die Eigenschaften der Überführungsfunktion f bzw. deren Potenzen f^n bestimmt, die offenbar ein (*zyklisches*, d. h. von f *erzeugtes*) Monoid $(G, \circ, id)$, $G = \{f^n | n \in \mathbb{N}\}$ bilden (vgl. Abschn. 1.3.2.1).

Bei endlichem Zustandsraum $Z(|Z| = 2^k, k \in \mathbb{N})$ muß es für jedes $z \in Z_0$ ein $m \in \mathbb{N}$ geben, so daß

$$f^m(z) = f^r(z) \qquad (r \leq m \leq 2^k - 1) \tag{2.125}$$

gilt, denn nach spätestens $2^k - 1$ Schritten (Takten) sind die 2^k Zustände von Z ausgeschöpft, mindestens im 2^k-ten Schritt muß also ein bereits durchlaufender Zustand erneut angenommen werden.

Aus (2.125) folgt leicht

$$f^{r+i(m-r)}(z) = f^r(z) \qquad (i \in \mathbb{N}), \tag{2.126}$$

d. h., der Zustand $f^r(z)$ wird – nach einer Folge von Anfangsschritten – periodisch mit einer Periodenlänge von $m - r$ Takten wiederholt angenommen.

Abb. 2.55 veranschaulicht das *Phasenporträt* möglicher Realisierungen $\underline{z}_1, \underline{z}_2, \underline{z}_3, \underline{z}_4$ des Generators, Abb. 2.54, für $Z_1 = Z_2 = \{0, 1, 2, \ldots, 7\}$. In diesem Beispiel ist $\underline{z}_1$ eine Trajektorie mit $z = z_0 = (1, 1)$, $r = 2$, $m = 8$ und damit von der Periodenlänge 6.

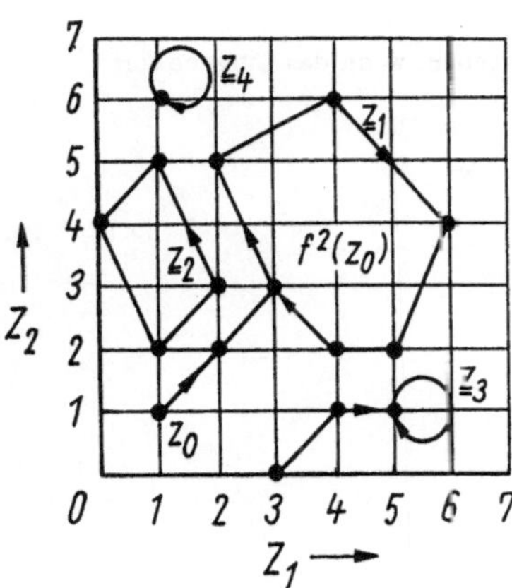

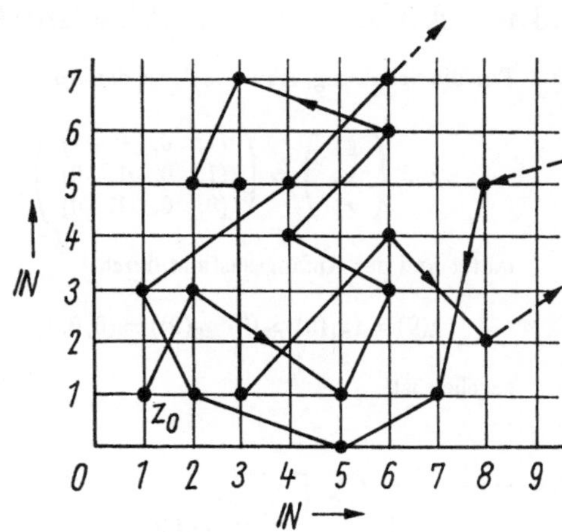

Abb. 2.55. Phasenporträt (endlicher Zustandsraum).

Abb. 2.56. Phasenporträt (unendlicher Zustandsraum).

2.3.5.2 Unendlicher Zustandsraum, Chaos

Bei endlichen Zustandsräumen Z gibt es für die von den Anfangszuständen $z \in Z_0$ aus *erreichbaren Zuständen* $z \in Z' = \bigcup_{n \in \mathbb{N}} f^n(z)$ offenbar nur zwei Möglichkeiten: Entweder z „wandert" nach r Schritten $(r = 0, 1, \ldots, 2^k - 1)$ in einen *Fixpunkt* z_f, d. h., es ist $f(z_f) = z_f$ und damit auch $f^s(z_f) = z_f$ $(s = 1, 2, \ldots)$, oder z „wandert" in r Schritten in einen *periodischen* Punkt z_p, d. h., es ist $f^s(z_p) = z_p$ $(s > 1)$ und damit auch $f^{is}(z_p) = z_p$ $(i = 1, 2, \ldots)$ (Abb. 2.55).

Ist aber Z unendlich, z. B. $Z = \mathbb{N} \times \mathbb{N}$ (vgl. Abb. 2.56), so kann es eine dritte Art von Zuständen z_c geben, die weder in einen Fixpunkt noch in einen periodischen Punkt einlaufen. Für diese $z_c \in Z$ ist $f^n(z_c) \neq f^m(z_c)$ für alle $n \neq m$ $(n, m \in \mathbb{N})$. Die von solchen Zuständen ausgehenden Trajektorien $\underline{z}$ $(\underline{z}(n) = f^n(z_c))$ verlaufen anscheinend völlig „regellos". Insbesondere können alle $z \in Z_0$ und damit auch alle $z \in Z'$ Anfangspunkte von „chaotisch" verlaufenden Trajektorien sein. Solche Prozesse bezeichnet man als *chaotische Prozesse*, obwohl es sich hier genauer um unperiodische determinierte Prozesse handelt.

Im allgemeinen werden die Trajektorien eines Prozesses für bestimmte Anfangszustände „regulär" (nicht chaotisch) verlaufen, für andere nicht, d. h., der Prozeßcharakter ist von den Anfangszuständen abhängig. Führt man also eine gewisse „Zustandssteuerung" ein, indem man zu einem nichtautonomen Halbautomaten H_G mit der Überführungsfunktion $f \, : \, z' = f(z, x)$ übergeht (Abb. 2.54), so kann sich das Proträt einer Trajektorie $\underline{z}$ (unter Umständen des ganzen Prozesses) bei Änderung des *Kontrollparameters* x sprunghaft ändern.

Ist z. B. $f^n(z, x_1) = z_p$ ein periodischer Punkt (Zustand), so kann $f(f^n(z, x_1), x_2) = z_c \neq f^{n+1}(z, x_1)$ ein nichtperiodischer Punkt ($f^p(z_c) \neq f^q(z_c)$, $p \neq q$; $p, q \in \mathbb{N}$) sein, d. h., eine zunächst reguläre Trajektorie springt bei Änderung von x_1 in x_2 in eine chaotische Trajektorie über. Dieses Phänomen bezeichnet man als *Bifurkation*.

2.3.6   Aufgaben zum Abschnitt 2.3

2.3-1 Für die Schaltung, Abb. 2.3-1, ist das Ausgabewort $\underline{y}$ anzugeben, wenn das Eingabewort

$$\underline{x} = \begin{pmatrix} \underline{x}_1 \\ \underline{x}_2 \\ \underline{x}_3 \end{pmatrix} = \begin{pmatrix} (1, & 0, & 0, & 1) \\ (1, & 0, & 1, & 0) \\ (0, & 0, & 1, & 0) \end{pmatrix}$$

lautet und der Anfangszustand durch

$$\underline{z}(0) = (\underline{z}_1(0), \underline{z}_2(0), \underline{z}_3(0)) = (0, 0, 1)$$

gegeben ist!

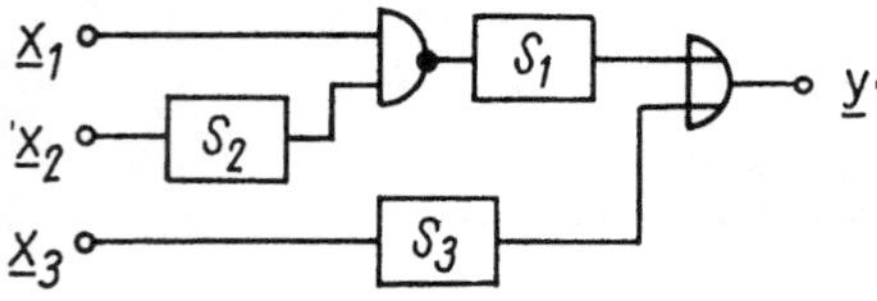

Abb. 2.3-1

2.3-2 Für die Schaltung, Abb. 2.3-2, gebe man
$$\underline{y} = (\underline{y}(0), \underline{y}(1), \underline{y}(2), \ldots)$$
an, wenn
$$\underline{x} = (\underline{x}(0), \underline{x}(1), \underline{x}(2), \ldots)$$
mit

$$\underline{x}(t) = \begin{cases} 1 & \text{für } t = 5 \\ 0 & \text{sonst} \end{cases}$$

und $\underline{y}(0) = 0$ gegeben sind!

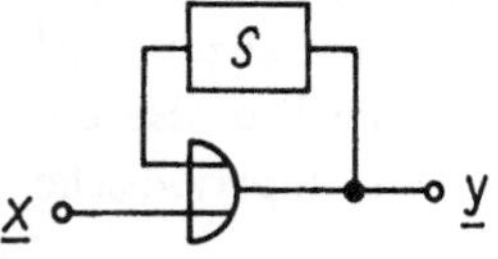

Abb. 2.3-2

2.3-3 Gegeben ist die Schaltung (Abb. 2.3-3).

a) Geben Sie das Eingabealphabet $X = B^q$, das Ausgabealphabet $Y = B^m$ und das Zustandsalphabet $Z = B^n$ an! (q, m und n sind aus der Schaltung abzulesen!)

b) Stellen Sie die Zustandsgleichungen

$$\underline{z}_\mu(t+1) = f_\mu(\underline{z}_1(t), \ldots, \underline{z}_n(t); \underline{x}_1(t), \ldots, \underline{x}_q(t)) \qquad (\mu = 1, 2, \ldots, n)$$
$$\underline{y}_\nu(t) = g_\nu(\underline{z}_1(t), \ldots, \underline{z}_n(t); \underline{x}_1(t), \ldots, \underline{x}_q(t)) \qquad (\nu = 1, 2, \ldots, m)$$

auf!

c) Entscheiden Sie mit Hilfe der Ergebnisse von a) bis b), ob Speicher und Gatter eingespart werden können, ohne daß dabei das Eingabe–Ausgabe–Verhalten verändert wird!

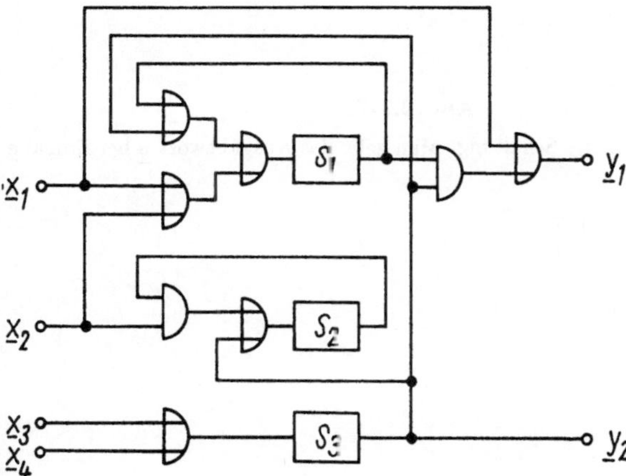

Abb. 2.3-3

2.3-4 Geben Sie eine sequentielle Schaltung an, die das durch die Gleichungen

$$
\begin{aligned}
\underline{z}_1(t+1) &= \underline{z}_1(t)\underline{z}_2(t) \vee \underline{x}_2(t) \\
\underline{z}_2(t+1) &= \underline{z}_1(t) \\
\underline{y}_1(t) &= \underline{z}_1(t) \vee \underline{z}_2(t) \\
\underline{y}_2(t) &= \underline{z}_1(t) \vee \underline{z}_2(t)\underline{x}_1(t)
\end{aligned}
$$

beschriebene Verhalten realisiert!

2.3-5 Für eine Pumpe ist eine Steuerschaltung zu entwerfen. Der Motor der Pumpe soll durch die Eingabe $\underline{x}(t) = 1$ ein– bzw. durch $\underline{x}(t) = 0$ ausgeschaltet werden. Der Motor arbeitet nur während einer Zeitspanne T_0 (Taktzeit) und muß danach mindestens eine Taktzeit zur Abkühlung ausgeschaltet sein. Die Taktzeit wird durch ein Speicherelement realisiert. Man gebe eine Schaltung an, deren Ausgabe $\underline{y}(t)$ den Motor steuert ($\underline{y}(t) = 0$: Motor ausgeschaltet, $\underline{y}(t) = 1$: Motor eingeschaltet)!

2.3-6 Man gebe die Überführungsfunktion f und die Ergebnisfunktion g des durch den Graphen (Abb. 2.3-6) beschriebenen Automaten an und schreibe die Zustandsgleichungen auf!

2.3-7 Gegeben ist die Schaltung (Abb. 2.3-7).

a) Man bestimme die Überführungsfunktion f und die Ergebnisfunktion g!

b) Was erhält man für die erweiterten Funktionen

$$F : F(\underline{z}(0), \underline{x}(0), \underline{x}(1), \ldots, \underline{x}(t)) = \underline{z}(t+1)$$
$$G : G(\underline{z}(0), \underline{x}(0), \underline{x}(1), \ldots, \underline{x}(t)) = \underline{y}(t)?$$

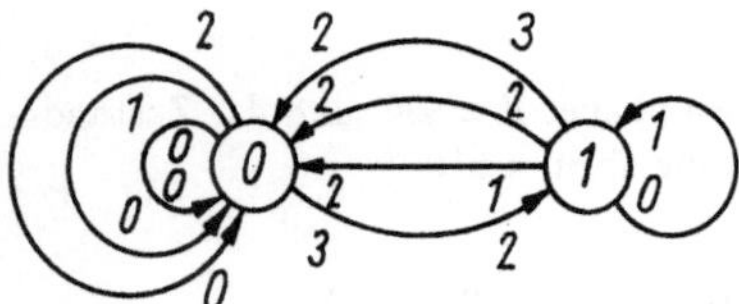

Abb. 2.3-6

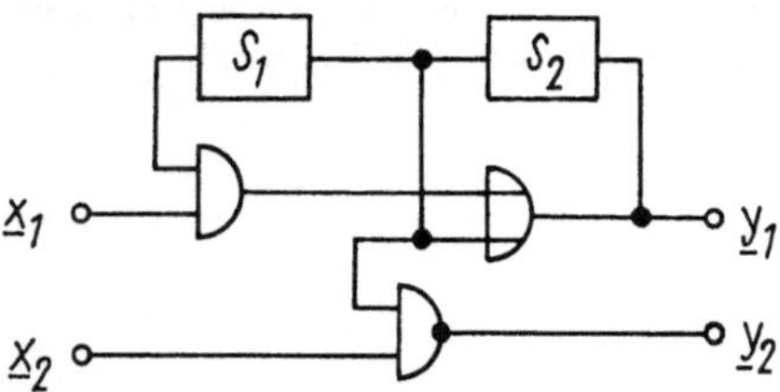

Abb. 2.3-7

2.3-8 Gegeben ist die in Abb. 2.3-8 dargestellte Schaltung. Man gebe das Ausgabewort $\underline{y}$ bei Eingabe von

$$\underline{x} = \left(\begin{array}{c} \underline{x}_1 \\ \underline{x}_2 \end{array} \right) = \left(\begin{array}{cccc} (1, & 0, & 1, & 1) \\ (0, & 0, & 1, & 0) \end{array} \right)$$

für alle möglichen Anfangszustände $z = \underline{z}(0)$ an!

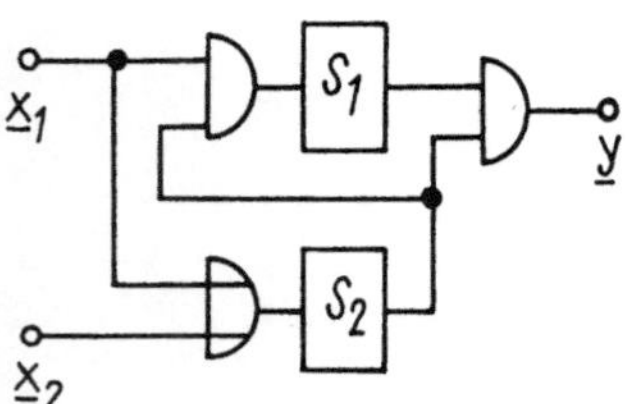

Abb. 2.3-8

2.4 Technische Realisierungen

2.4.1 Modellbildung

Die vorstehenden Betrachtungen zum Automatenbegriff wurden unter gewissen Vereinfachungen vorgenommen, um das Grundsätzliche deutlicher herausstellen zu können. Die realen Schaltungen, mit denen diese Automaten verwirklicht werden, können die angenommenen idealen Eigenschaften immer nur unvollkommen realisieren, da durch die unvermeidlichen elektromagnetischen Felder (Kapazitäten, Induktivitäten) immer Verzögerungseffekte an den Eingabe–, Ausgabe– und Zustandswörtern auftreten.

Die eingeführten Idealisierungen betreffen zunächst vor allem den Begriff des Wortes. Ein Wort $\underline{x} = (\underline{x}(0), \underline{x}(1), \ldots, \underline{x}(k))$ ist das idealisierte Bild oder das mathematische Modell $\underline{\varphi}(\underline{x}')$ des impulsförmigen Signals (Binärsignal)

$$\underline{x}' : T \to \{x_0, x_1\} \qquad (T = \mathbb{R};\ x_0, x_1 \in \mathbb{R})$$

mit folgender Eigenschaft (Abb. 2.57):

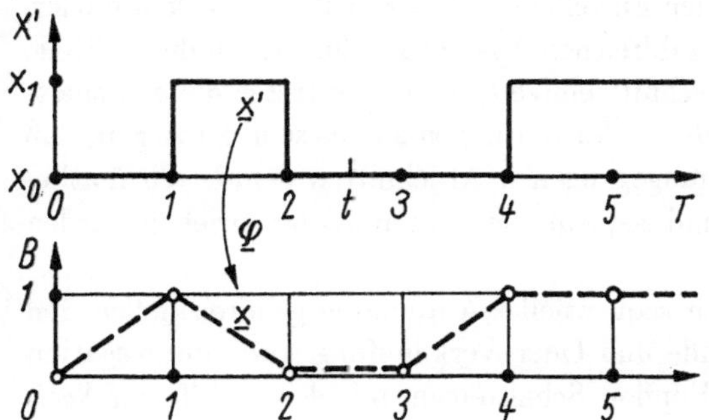

Abb. 2.57. Modellbildung (Signal).

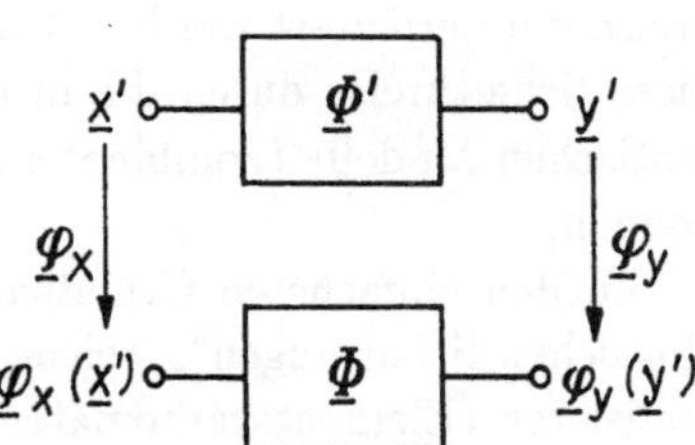

Abb. 2.58. Modellbildung (Automat).

Das Signal ändert seine Werte nur an den diskreten Zeitpunkten $t \in \mathbb{N}$, und es ist

$$\underline{\varphi}(\underline{x}')(n) = \overline{\varphi}(\underline{x}'(t)) \qquad (n \leq t < n+1,\ n \in \mathbb{N})$$

$$\overline{\varphi}(\underline{x}'(t)) = \begin{cases} 1 & (\underline{x}'(t) = x_1) \\ 0 & (\underline{x}'(t) = x_0). \end{cases} \tag{2.127}$$

Liegt $\underline{x}'$ am Eingang eines die Abbildung $\underline{\Phi}$ realisierenden Automaten, so tritt im Idealfall am Ausgang ebenfalls ein Binärsignal $\underline{y}'$ auf, und es gilt, wenn $\underline{\Phi}'$ die Zuordnung $\underline{x}' \to \underline{y}'$ und $\underline{\varphi}_x$ bzw. $\underline{\varphi}_y$ die Zuordnungen $\underline{x}' \to \underline{x}$ bzw. $\underline{y}' \to \underline{y}$ beschreiben (Abb. 2.58),

$$\underline{\Phi}(\underline{\varphi}_x(\underline{x}')) = \underline{\varphi}_y(\underline{\Phi}'(\underline{x}')). \tag{2.128}$$

Da $\underline{\varphi}_x$ und $\underline{\varphi}_y$ bijektive Abbildungen von $\underline{X}'$ in $\underline{X}$ bzw. $\underline{Y}'$ in $\underline{Y}$ darstellen ($\underline{X}'$ und $\underline{Y}'$ bezeichnen die Mengen der Eingabe– bzw. Ausgabebinärsignale), bringt (2.128) die

Isomorphie der durch $\underline{\Phi}$ und $\underline{\Phi}'$ beschriebenen Automaten zum Ausdruck. Man sagt auch: Der (ideale) Automat $\underline{\Phi}$ ist ein mathematisches Modell des (realen) Automaten $\underline{\Phi}'$.

In technisch realisierten Automaten aber werden die Binärsignale $\underline{x}'$ und $\underline{y}'$ durch elektrische Wechselwirkungseffekte (Rückkopplungen innerhalb der Schaltung) mehr oder weniger stark von der angenommenen idealen Form abweichen. Die Abbildungen $\underline{\varphi}_x$ und $\underline{\varphi}_y$ können dann nicht mehr bijektiv sein. Zusätzlich treten Laufzeiteffekte auf, so daß der „kombinatorische" Automat $\underline{\Phi}'$ das Verhalten eines Mealy–Automaten annimmt.

In den folgenden Abschnitten geben wir die mathematischen Modelle einiger häufig angewendeter Schaltungen (Flipflop, Festwertspeicher u.a.) an.

2.4.2   Spezielle Schaltungen

2.4.2.1   Flipflop–Schaltungen

Die moderne Mikroelektronik hat in den letzten Jahren eine ganze Reihe von hochintegrierten Standardschaltkreisen hervorgebracht, die für die Anwendungen von größter Bedeutung sind. Ohne auf die technischen Einzelheiten dieser vielfach sehr komplizierten elektronischen Schaltungen in ihren zahlreichen Ausführungsformen an dieser Stelle näher einzugehen, sollen in diesem Abschnitt einige typische Vertreter dieser Schaltkreise kurz erläutert werden. Das Ziel dieser Ausführungen soll es sein, zu zeigen, daß diese Schaltkreise durch die in den vorangegangenen Abschnitten definierten mathematischen Modelle (kombinatorischer und sequentieller Automat) beschrieben werden können.

Zu den einfachsten Grundbausteinen sequentieller Automaten gehören neben den „logischen Schaltungen", welche die Und– und Oder–Verknüpfung sowie die Negation realisieren (Elementarautomaten), die Flipflop–Schaltungen, mit deren Hilfe ein *Speicher* realisiert werden kann.

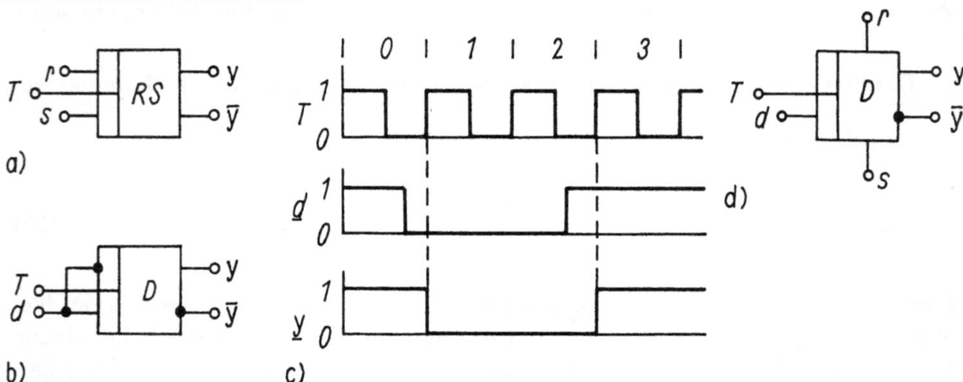

Abb. 2.59. Speicherrealisierungen: a) RS–Flipflop; b) taktflankengesteuertes D–Flipflop; c) Zeitdiagramm für das D–FF; d) D–FF mit Zusatzeingängen.

Eine der einfachsten Flipflop–Schaltungen ist das *RS–Flipflop*, dessen Blockschaltbild in Abb. 2.59a dargestellt ist. Die Schaltung hat drei Eingänge, einen für das

„*Setzen*" *(s)*, einen für das „*Rücksetzen*" *(r)* und einen für den *Takt*. Das Flipflop kann sich in einem von zwei „Zuständen" befinden, welche durch den Ausgabebuchstaben $y = \underline{y}(t)$ charakterisiert werden. Außerdem gibt es noch einen zweiten Ausgang für $\overline{y}$. Der Übergang von einem Zustand in den anderen wird durch das Taktsignal gesteuert, und zwar so, daß der Zustandswechsel synchron mit der 0/1–Flanke des Taktsignals erfolgt. Ob ein Zustandswechsel stattfindet oder nicht, wird durch die Belegung von $r = \underline{r}(t)$ und $s = \underline{s}(t)$ festgelegt. Für das RS–Flipflop gilt die folgende Tabelle:

$\underline{r}(t)$	$\underline{s}(t)$	$\underline{y}(t+1)$
0	0	$\underline{y}(t)$
0	1	1
1	0	0
1	1	nicht definiert

Aus dieser Tabelle ergibt sich: Für $\underline{r}(t) = \underline{s}(t) = 0$ erfolgt kein Zustandswechsel, es gilt folglich $\underline{y}(t+1) = \underline{y}(t)$. Durch $\underline{r}(t) = 0$, $\underline{s}(t) = 1$ kann das Flipflop „gesetzt" werden, so daß $\underline{y}(t+1) = 1$ gilt. Das Rücksetzen erfolgt durch $\underline{r}(t) = 1$, $\underline{s}(t) = 0$, womit $\underline{y}(t+1) = 0$ erreicht wird. Die Belegung $\underline{r}(t) = \underline{s}(t) = 1$ führt zu einem unbestimmten Zustand und ist deshalb zu vermeiden.

Das Verhalten des RS–Flipflop kann durch die Zustandsgleichungen

$$\underline{z}(t+1) \;=\; \overline{\underline{r}(t)}\,(\underline{s}(t) \vee \underline{z}(t))$$
$$\underline{y}(t) \;=\; \underline{z}(t)$$

und damit durch das Modell eines sequentiellen Automaten beschrieben werden.

Werden die Eingänge des RS–Flipflop auf die in Abb. 2.59b gezeigte Weise über ein Negations–Gatter zusammengeschaltet, so erhält man ein taktflankengesteuertes D–Flipflop. Aus den Zustandsgleichungen für das RS–Flipflop erhält man mit $\underline{r}(t) = \overline{\underline{d}(t)}$ und $\underline{s}(t) = \underline{d}(t)$

$$\underline{z}(t+1) \;=\; \underline{d}(t)\,(\underline{d}(t) \vee \underline{z}(t)) = \underline{d}(t)$$
$$\underline{y}(t) \;=\; \underline{z}(t)$$

oder kurz

$$\underline{y}(t+1) = \underline{d}(t) \quad \text{bzw.} \quad \underline{y}(t) = \underline{d}(t-1).$$

Damit haben wir aber gerade die Gleichung (2.67) des Speichers erhalten. Ein Speicher der im Abschnitt 2.3.1.1 beschriebenen Art kann also durch ein D–Flipflop realisiert werden. Daraus ergibt sich auch die Bezeichnung D–Flipflop (Delay–Flipflop). Abb. 2.59c zeigt zur Erläuterung der Wirkungsweise das Zeitdiagramm.

Bestimmte Ausführungen des D–Flipflop haben noch zusätzliche Eingänge, mit deren Hilfe das Flipflop unabhängig von der Belegung des Takt– und d–Einganges in einen bestimmten Anfangszustand versetzt werden kann. Abb. 2.59d zeigt eine solche Schaltung, in der die erwähnten zusätzlichen Eingänge wieder mit r und s bezeichnet sind.

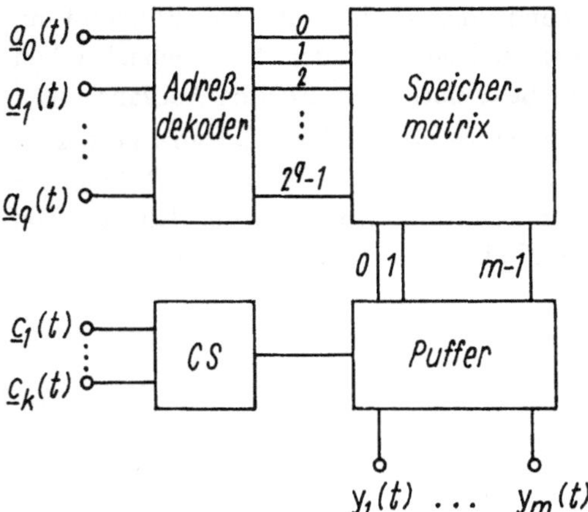

Abb. 2.60. Blockschaltbild eines ROM.

2.4.2.2　Festwertspeicher

Unter einem *Festwertspeicher* versteht man einen *Nur–Lese–Speicher* (ROM, read only memory), in welchem unter einer bestimmten *Adresse* ein festes Wort gespeichert ist, welches am Ausgang der Schaltung erscheint, wenn die entsprechende Adresse eingegeben wird. Das Blockschaltbild eines solchen Speichers ist in Abb. 2.60 dargestellt. Den Eingang des Systems bilden q *Adreßleitungen*, an welche im Takt t die Adresse $\underline{a}(t) = (\underline{a}_0(t), \underline{a}_2(t), \ldots, \underline{a}_{q-1}(t))$ gegeben wird. Dabei wird durch den *Adressendekoder* ADK genau eine der 2^q Wortleitungen „aktiviert", die zur Speichermatrix hinführen. Dadurch erscheint am Ausgang der Speichermatrix genau eines der 2^q in der Matrix gespeicherten Wörter mit einer Wortlänge von m Buchstaben und kann in einen *Puffer* übernommen werden. Durch geeignete Eingabe von $\underline{c}(t) = (\underline{c}_1(t), \ldots, \underline{c}_k(t))$ kann mit Hilfe der *Chip–Select–Logik* CS dafür gesorgt werden, daß der Puffer als Ausgangsverstärker arbeitet oder den Zustand hoher Impedanz annimmt, wodurch der Speicher abgetrennt wird.

Abb. 2.61 zeigt eine stark vereinfachte Darstellung des Prinzips am Beispiel eines ROM, welche eine *Speicherkapazität* von $2^q = 8$ Wörtern mit einer Wortlänge von je 4 Bit aufweist (d. h., die Speicherkapazität beträgt 32 Bit).

Bei Eingabe von $\underline{a}(t) = (1,0,1)$ wird die mit 101 bezeichnete fünfte Wortleitung *aktiviert*, d. h., diese Leitung führt den Signalwert „1", während alle übrigen den Signalwert „0" führen. Das unter dieser Adresse gespeicherte Wort (1,0,0,1) erscheint am Ausgang, wenn noch $\underline{c}(t) = 1$ eingegeben wird.

Der Inhalt der *Speichermatrix* ist in Abb. 2.61 durch Punkte (●) für den Buchstaben 1 und Kreise (○) für den Buchstaben 0 gekennzeichnet. Dabei bedeutet ein Punkt eine leitende Verbindung und ein Kreis eine unterbrochene Verbindung jeweils zwischen den sich kreuzenden waagerechten und senkrechten Leitungen. Es ist eine Frage des Herstellungsverfahrens der Speichermatrix, ob diese Verbindungen bzw. Unterbrechungen reversibel oder irreversibel ausgeführt werden. Im letzten Fall läßt sich eine einmal gewählte Belegung (Programmierung) der Speichermatrix nicht mehr durch eine andere ersetzen.

Die technische Realisierung kann im einfachsten Fall durch eine *Diodenmatrix* erfolgen. Dabei werden an den erwähnten Kreuzungspunkten Dioden zwischen den sich

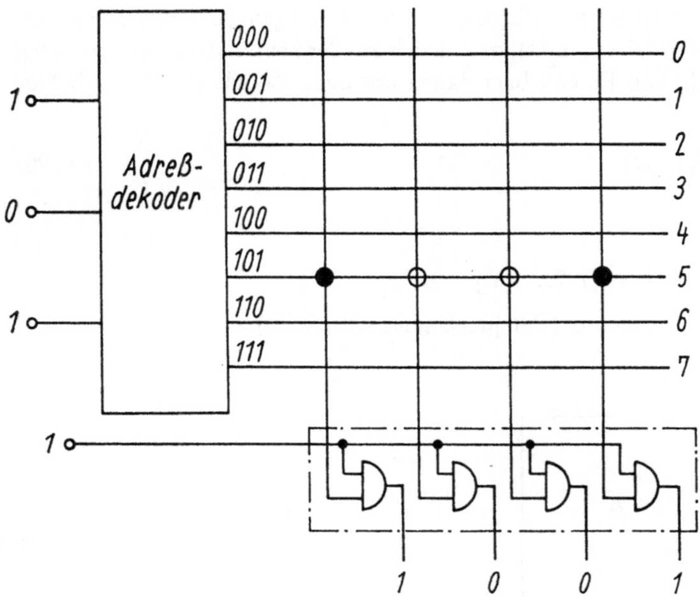

Abb. 2.61. Veranschaulichung der Wirkungsweise eines ROM.

kreuzenden Leitungen eingeführt, wodurch jeweils eine leitende Verbindung entsteht. Die irreversible Programmierung besteht dann darin, daß bestimmte Dioden durch einen Stromstoß durchgebrannt werden, so daß an diesen Kreuzungspunkten eine Unterbrechung ensteht.

Zur Charakterisierung des ROM kann festgehalten werden, daß bei diesem Speichertyp einem festen Eingabesignalwert $\underline{x}(t) = (\underline{a}(t), \underline{c}(t))$ ein fester Ausgabewert $\underline{y}(t)$ (der Speicherinhalt) zugeordnet ist. Damit ist eine Alphabetabbildung

$$\Phi : X \to Y, \qquad \underline{y}(t) = \Phi\left(\underline{x}(t)\right)$$

mit den im Abschnitt 2.2.1.3 angegebenen Eigenschaften definiert. Der Festwertspeicher kann also durch das Systemmodell eines *kombinatorischen Automaten* beschrieben werden.

Der etwas allgemeinere Speichertyp ist ein *Schreib–Lese–Speicher* (RAM, random access memory). Durch eine zusätzliche Speichersteuerung wird das Einschreiben von Wörtern in den Speicher oder das Lesen des Speichers wahlweise ermöglicht. Wir wollen auf diesen Speichertyp hier nicht näher eingehen. Es sei jedoch bemerkt, daß dieser Speicher während des Lesezyklus ebenfalls als kombinatorischer Automat aufgefaßt werden kann.

2.4.2.3 Programmierbare Logikfelder

Das Blockschaltbild eines *programmierbaren Logikfeldes* (PLA, programmable logic array) ist in Abb. 2.62 aufgezeichnet.

Das System enthält q Eingänge, m Ausgänge sowie n interne Rückführungen über Speicher. Der obere Block mit $q + n$ Eingängen und k Ausgängen ist ein verallgemeinertes Und–Gatter. An den $q + n$ Eingängen stehen die Buchstaben $\underline{x}_1(t), \ldots, \underline{x}_q(t), \underline{z}_1(t),$

$\ldots, \underline{z}_n(t)$ und deren Negationen zur Verfügung. An den k Ausgängen dieses Blockes erscheinen „Produktterme" $\underline{p}_1(t), \ldots, \underline{p}_k(t)$, welche sich aus der konjunktiven Verknüpfung einer bestimmten Anzahl von Eingabebuchstaben ergeben. Es gilt also für beliebige $i = 1, 2, \ldots, k$

$$\underline{p}_1(t) = \bigwedge_\nu \underline{x}'_{i_\nu}(t) \bigwedge_\mu \underline{z}'_{i_\mu}(t). \tag{2.129}$$

worin

$$i_\nu \in \{1, 2, \ldots, q\}, \qquad i_\mu \in \{1, 2, \ldots, n\}$$

und x' entweder x oder $\bar{x}$ bedeutet. (Entsprechendes gilt für z'.)

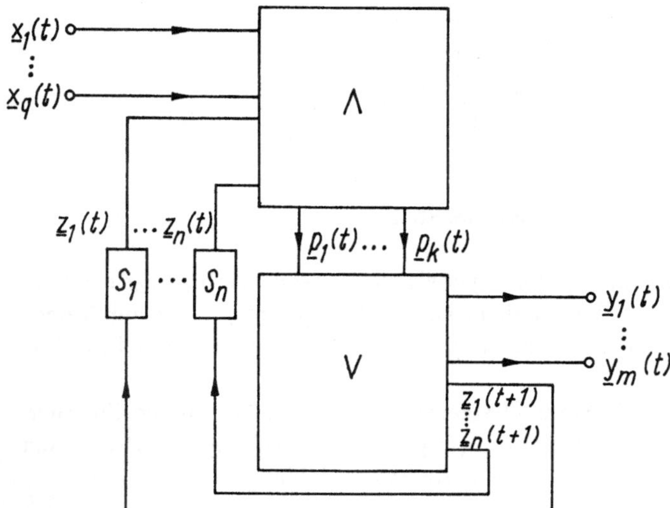

Abb. 2.62. Blockschaltbild eines PLA.

Der untere Block mit k Eingängen und $m + n$ Ausgängen stellt ein verallgemeinertes Oder–Gatter dar. Die an den k Eingängen anliegenden Produktterme $\underline{p}_1(t), \ldots, \underline{p}_k(t)$ werden in einer bestimmten Anzahl disjunktiv miteinander verknüpft, so daß für die Terme am Ausgang gilt

$$\underline{z}_j(t+1) = \bigvee_\kappa \underline{p}_{j_\kappa}(t) \qquad (j \in \{1, 2, \ldots, n\}) \tag{2.130}$$

mit $j_\kappa \in \{1, 2, \ldots, k\}$ und

$$\underline{y}_j(t) = \bigvee_\lambda \underline{p}_{j_\lambda}(t) \qquad (j \in \{1, 2, \ldots, m\}) \tag{2.131}$$

mit $j_\lambda \in \{1, 2, \ldots, k\}$.

Durch die Verknüpfung von (2.129) mit (2.130) bzw. (2.131) wird ersichtlich, daß sich ein Gleichungssystem der Art

$$\begin{aligned}
\underline{z}_j(t+1) &= f_j\left(\underline{z}_1(t), \ldots, \underline{z}_n(t); \underline{x}_1(t), \ldots, \underline{x}_q(t)\right) & (j = 1, 2, \ldots, n) \\
\underline{y}_j(t) &= g_j\left(\underline{z}_1(t), \ldots, \underline{z}_n(t); \underline{x}_1(t), \ldots, \underline{x}_q(t)\right) & (j = 1, 2, \ldots, m)
\end{aligned}$$

ergibt. Diese Gleichungen entsprechen aber gerade den Zustandsgleichungen (2.70) des sequentiellen Automaten. Das in Abb. 2.62 dargestellte programmierbare Logikfeld kann also durch das Systemmodell des *Mealy–Automaten* beschrieben werden.

2.4.3   Aufgaben zum Abschnitt 2.4

2.4-1 Analysieren Sie den in Abb. 2.4-1 dargestellten Multiplexer!

Wirkungsweise: Je nach Belegung der Adreßeingänge ($\underline{a}_0$ und $\underline{a}_1$) werden die Informationseingänge $\underline{x}_0, \underline{x}_1, \underline{x}_2, \underline{x}_3$ zum Ausgang $\underline{y}$ durchgeschaltet, und zwar so, daß gilt

$$\underline{y}(t) = \begin{cases} \underline{x}_0(t), & \text{falls} \quad \underline{a}_0(t) = 0, \quad \underline{a}_1(t) = 0 \\ \underline{x}_1(t), & \text{falls} \quad \underline{a}_0(t) = 0, \quad \underline{a}_1(t) = 1 \\ \underline{x}_2(t), & \text{falls} \quad \underline{a}_0(t) = 1, \quad \underline{a}_1(t) = 0 \\ \underline{x}_3(t), & \text{falls} \quad \underline{a}_0(t) = 1, \quad \underline{a}_1(t) = 1. \end{cases}$$

a) Ist der Multiplexer durch einen kombinatorischen oder einen sequentiellen Automaten darstellbar?

b) Geben Sie eine Realisierung als Gatterschaltung an! Es können auch Gatter mit mehr als zwei Eingängen verwendet werden.

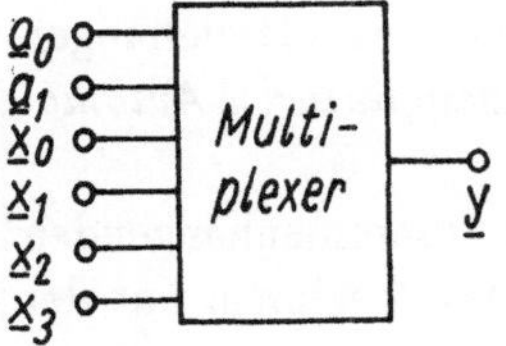

Abb. 2.4-1

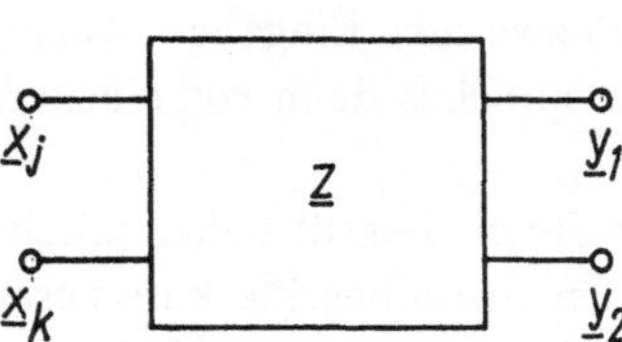

Abb. 2.4-2.

2.4-2 Gegeben ist ein *JK-Flipflop* (Abb. 2.4-2) mit zwei Eingängen, zwei Ausgängen und zwei Zuständen ($Z = \{0, 1\}$). Es gelten folgende Zusammenhänge:

$$\begin{array}{llllll} \text{Wenn} & \underline{x}_j(t) = 0 & \text{und} & \underline{x}_k(t) = 0, & \text{dann ist} & \underline{z}(t+1) = \underline{z}(t), \\ & \underline{x}_j(t) = 0 & \text{und} & \underline{x}_k(t) = 1, & \text{dann ist} & \underline{z}(t+1) = 0, \\ & \underline{x}_j(t) = 1 & \text{und} & \underline{x}_k(t) = 0, & \text{dann ist} & \underline{z}(t+1) = 1, \\ & \underline{x}_j(t) = 1 & \text{und} & \underline{x}_k(t) = 1, & \text{dann ist} & \underline{z}(t+1) = \overline{\underline{z}}(t). \end{array}$$

Am Ausgang gilt $\underline{y}_1(t) = \underline{z}(t), \underline{y}_2(t) = \overline{\underline{z}}(t)$.

a) Stellen Sie die Zustandsgleichung auf!

b) Geben Sie eine Realisierung als Gatterschaltung an!

c) Stellen Sie die Automatentabelle auf!

d) Zeichnen Sie den Automatengraphen!

3 Linearer Automat

3.1 Grundbegriffe

3.1.1 Lineare Räume über einem Körper K (K–Modul)

3.1.1.1 Basis

Wie aus der Mathematik und ihren Anwendungen in Naturwissenschaft und Technik bekannt ist, vereinfachen sich viele Probleme und Aufgabenstellungen erheblich, wenn zwischen den betrachteten Größen lineare Zusammenhänge bestehen. Auch in der Systemtheorie, insbesondere also auch in der Automatentheorie, gibt es den wichtigen Sonderfall, daß zwischen Eingabe-, Ausgabe- und Zustandsgrößen lineare Beziehungen bestehen. Wir sprechen dann von einem *linearen System* bzw. einem *linearen Automaten*.

Bevor wir diesen Begriff näher präzisieren, sollen die damit zusammenhängenden mathematischen Grundbegriffe kurz zusammengestellt werden. Wir beginnen mit der Definition des linearen Raumes (Abb. 3.1):

Eine Abelsche Gruppe $(L, \dot{+})$ (d. h. ein Modul) mit der äußeren Operation

$$\cdot : K \times L \to L, \quad \alpha \cdot x_1 = x_2 \quad (\alpha \in K;\ x_1, x_2 \in L), \tag{3.1}$$

wobei $K = (K, +, \cdot)$ einen Körper (Operatorbereich) bezeichnet, heißt *linearer Raum (Vektorraum)*

$$(L, K) \qquad (\text{kurz } L) \tag{3.2}$$

über K genau dann, wenn gilt:

$$\text{1.} \qquad \alpha \cdot (\beta \cdot x) = (\alpha\beta) \cdot x, \qquad 1 \cdot x = x \tag{3.3}$$

$$\text{2.} \qquad (\alpha + \beta) \cdot x = \alpha \cdot x \dot{+} \beta \cdot x \tag{3.4}$$

$$\text{3.} \qquad \alpha \cdot (x_1 \dot{+} x_2) = \alpha \cdot x_1 \dot{+} \alpha \cdot x_2 \tag{3.5}$$

mit $1, \alpha, \beta \in K;\ x_1, x_2 \in L$.

Die Elemente $x \in L$ heißen *Vektoren*, die Elemente $\alpha \in K$ auch *Skalare*.

Wir geben nun einige Beispiele für lineare Räume über dem Körper $K = \mathbb{R}$ der reellen Zahlen als Operatorbereich an.

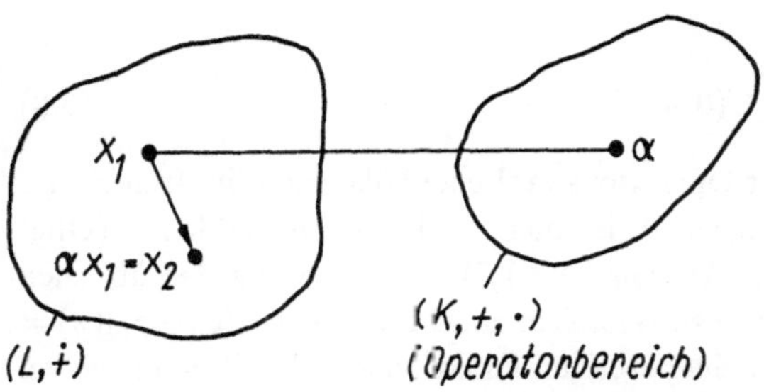

Abb. 3.1. Linearer Raum.

Beispiel 1: Die Menge der reellen Zahlentripel $x = (x_1, x_2, x_3)$ des dreidimensionalen Anschauungsraumes bilden mit den Operationen $\dot{+}$ und $\cdot$ im üblichen Sinne einen linearen Raum (Vektorraum). Es gilt also hier

$$L = \{(x_1, x_2, x_3) | x_i \in \mathbb{R}, i = 1, 2, 3\} = \mathbb{R}^3. \tag{3.6}$$

Mit der Vektoraddition $\dot{+}$, definiert durch $(x_1, x_2, x_3) \dot{+} (x_1', x_2', x_3') = (x_1 + x_1', x_2 + x_2', x_3 + x_3')$, wird L ein Modul. Aus der Vektorrechnung ist bekannt, daß man Vektoren (x_1, x_2, x_3) mit reellen Zahlen α multipliziert und daß ein solches Produkt einen neuen Vektor $(\alpha x_1, \alpha x_2, \alpha x_3)$ ergibt. Diese äußere Operation erfüllt alle genannten Regeln (3.3) bis (3.5). Es handelt sich hier um die bekannten Regeln der Vektorrechnung im dreidimensionalen Anschauungsraum. □

Beispiel 2: Die Menge

$$L = \left\{ \sum_{\nu=0}^{n} \alpha_\nu x^\nu \ \Big| \ \alpha_\nu \in \mathbb{R}, n \in \mathbb{N}_0 \right\} = \mathbb{R}[x] \tag{3.7}$$

aller Polynome

$$P = \sum_{\nu=0}^{n} \alpha_\nu x^\nu$$

mit der üblichen Polynomaddition $\dot{+}$ und Skalarmultiplikation $\cdot$ bilden einen linearen Raum über dem Körper der reellen Zahlen. Die Addition zweier Polynome und die Multiplikation eines Polynoms mit einer reellen Zahl ergibt wieder ein Polynom:

$$\sum_\nu \alpha_\nu x^\nu \dot{+} \sum_\nu \beta_\nu x^\nu = \sum_\nu (\alpha_\nu + \beta_\nu) x^\nu,$$

$$\alpha \cdot \sum_\nu \alpha_\nu x^\nu = \sum_\nu (\alpha \alpha_\nu) x^\nu.$$

Die Regeln (3.3) und (3.5) lassen sich leicht bestätigen (vgl. Aufgabe 3.1-1). □

Beispiel 3: Einen linearen Raum bildet auch die Menge

$$L = \{(x_i)_{i \in \mathbb{N}} \mid x_i \in \mathbb{R}\} = \underline{X} \tag{3.8}$$

aller reellen Zahlenfolgen, wenn die Addition von Folgen so ausgeführt wird, daß eine gliedweise Addition gleichstelliger Elemente im üblichen Sinne entsteht und die Multiplikation mit einer reellen Zahl ebenfalls gliedweise ausgeführt wird. Dann lassen sich auch hier die Regeln (3.3) bis (3.5) bestätigen. □

Beispiel 4: Die Menge aller reellen, in einen Intervall $[0, a]$ stetigen Funktionen φ, für die wir

$$L = \{\varphi : [0, a] \to \mathbb{R} \mid \varphi \text{ stetig}\} = C(0, a) \tag{3.9}$$

schreiben können, bilden bei geeigneter Operationswahl ebenfalls einen linearen Raum über dem Körper $K = \mathbb{R}$. Die Operation $\dotplus$ ist hier die Funktionenaddition (Operationsübertragung von $\mathbb{R}$ auf L, vgl. Abschn. 1.3.1.2), die im Sinne der üblichen punktweisen Addition der Funktionswerte zu verstehen ist, d. h., $\varphi_1 \dotplus \varphi_2 : (\varphi_1 \dotplus \varphi_2)(x) = \varphi_1(x) + \varphi_2(x)$. Auch die Multiplikation einer stetigen Funktion $\varphi \in L$ mit einer reellen Zahl wird punktweise vorgenommen: $\alpha \cdot \varphi : (\alpha \cdot \varphi)(x) = \alpha\varphi(x)$.

Aus stetigen Funktionen erhält man so wieder stetige Funktionen, und die Gültigkeit von (3.3) bis (3.5) kann leicht gezeigt werden. $\square$

Im Zusammenhang mit dem Begriff des linearen Raumes gelten weiterhin die folgenden Definitionen:

a) Man nennt eine endliche Teilmenge $L' = \{a_1, a_2, \ldots, a_n\}$ von Elementen a_i ($i = 1, 2, \ldots, n$) aus L ein *endliches System linear unabhängiger Vektoren a_i*, wenn gilt: Aus

$$\sum_{i=1}^{n} \alpha_i \cdot a_i = 0 \qquad (\alpha \in K, \, 0 \in L) \tag{3.10}$$

folgt

$$\underset{i}{\forall}\, \alpha_i = 0 \qquad (0 \in K) \tag{3.11}$$

(In (3.10) bezeichnet 0 den Nullvektor und in (3.11) die reelle Zahl 0.)

b) Eine (unendliche) Teilmenge $L' \subset L$ heißt ein *System linear unabhängiger Vektoren* genau dann, wenn alle endlichen Teilmengen von L' ein (endliches) System linear unabhängiger Vektoren bilden.

c) Eine Teilmenge $B \subset L$ heißt *Basis* des linearen Raumes genau dann, wenn sie ein System linear unabhängiger Vektoren bildet, mit dem alle Elemente $x \in L$ dargestellt werden können, d. h., es muß für alle $x \in L$ gelten

$$x = \sum_i \alpha_i \cdot b_i, \qquad (b_i \in B, \, \alpha_i \in K) \tag{3.12}$$

wobei $\sum_i$ eine endliche Summe bezeichnet. Wenn die Elemente b_i der Basis

$$B = \{b_i \mid i \in I\} \tag{3.13}$$

bekannt oder fest gegeben sind, so schreibt man anstelle von (3.12) auch kürzer

$$x = \sum_{i \in I'} \alpha_i \cdot b_i \quad \text{oder} \quad x = (\alpha_i)_{i \in I'}. \tag{3.14}$$

Hierbei bezeichnet I' eine endliche Teilmenge der Indexmenge I von B. Die Elemente aus B nennt man *Basisvektoren.*

In dem oben angegebenen Beispiel 1 ist z. B.

$$B = \{b_1, b_2, b_3\} = \{i, j, k\}$$

eine endliche Basis, bestehend aus den drei Einheitsvektoren in Richtung der Koordinatenachsen des dreidimensionalen Anschauungsraumes. Mit Hilfe dieser Basis kann jeder Vektor in der Form (3.14), nämlich durch

$$x = \alpha_1 \cdot i + \alpha_2 \cdot j + \alpha_3 \cdot k = (\alpha_1, \alpha_2, \alpha_3)$$

dargestellt werden (Abb. 3.2). Die angegebene Basis B ist nicht die einzige. Die Vektoren des Anschauungsraumes lassen sich bekanntlich auch durch andere Basen darstellen, z. B. durch ein zu (i, j, k) starr gedrehtes System oder auch durch drei beliebige linear unabhängige Vektoren.

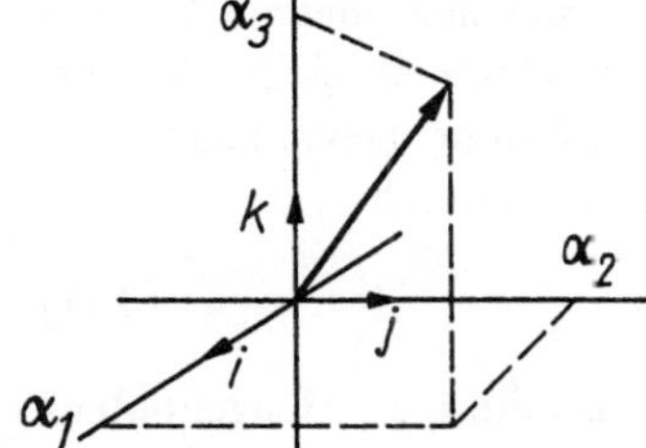

Abb. 3.2. Vektor im dreidimensionalen Anschauungsraum.

In dem oben angeführten Beispiel 2 des linearen Raumes der Polynome kann z. B.

$$B = \{x^i | i \in \mathbb{N}_0\} \subset L \qquad (x^i = 1 \cdot x^i \in L)$$

als Basis gewählt werden. Hier liegt eine unendliche Basis $B = \{b_i | i \in \mathbb{N}_0\}$ vor, worin die Basiselemente

$$b_i = x^i = 1 \cdot x^i \qquad (i \in \mathbb{N}_0, 1 \in K)$$

durch Potenzen von x gegeben sind. Jedes Polynom ist dann gemäß (3.14) in der Form

$$P = \sum_{i \in \mathbb{N}_0'} \alpha_i \cdot x^i = \sum_{i \in \mathbb{N}_0'} \alpha_i \cdot b_i$$

darstellbar, wobei $\mathbb{N}_0'$ eine endliche Teilmenge von $\mathbb{N}_0$ bezeichnet. Auch in diesem Beispiel ist die angegebene Basis nicht die einzige.

3.1.1.2 Dimension

Wie die vorausgehenden Beispiele zeigten, kann es in einem linearen Raum auch mehrere Basen geben. Genauer gilt der folgende

Satz:

1. Jeder lineare Raum hat (mindestens) eine Basis.

2. Alle Basen eines linearen Raumes sind gleichmächtig. Die Kardinalzahl von B gibt die *Dimension* des linearen Raumes an:

$$|B| = \text{Dimension von } L. \tag{3.15}$$

3. Ist insbesondere B eine endliche Menge, gilt also

$$|B| = n \in \mathbb{N},$$

so nennt man den linearen Raum L *n–dimensional*, und man schreibt

$$(L_n, K) \tag{3.16}$$

oder kurz L_n.

Wir wollen im weiteren nur den Sonderfall des n–dimensionalen linearen Raumes (Vektorraum) etwas näher betrachten. Dabei gehen wir von einem speziellen Vektorraum aus, der als „Grundmodell" für alle endlichen linearen Räume dienen kann.

Dieser spezielle endliche Vektorraum über dem Körper K ist durch

$$(K^n, K) \qquad (n \in \mathbb{N}), \tag{3.17}$$

gegeben. An die Stelle des (Trägers des) Moduls L tritt also die n–te Mengenpotenz (der Trägermenge) des Körpers, über dem der lineare Raum gebildet wird. Durch eine geeignet gewählte Operation $\dotplus$ erhält $(K^n, \dotplus)$ die Struktur einer Abelschen Gruppe (Modul), und durch eine entsprechend definierte Skalarmultiplikation entsteht ein Vektorraum:

$$\dotplus: \quad K^n \times K^n \to K^n \tag{3.18}$$
$$(x_1, x_2, \ldots, x_n) \dotplus (x_1', x_2', \ldots, x_n') = (x_1 + x_1', x_2 + x_2', \ldots, x_n + x_n');$$
$$\cdot: \quad K \times K^n \to K^n \tag{3.19}$$
$$\alpha \cdot (x_1, x_2, \ldots, x_n) = (\alpha x_1, \alpha x_2, \ldots, \alpha x_n).$$

Eine Basis kann in diesem Vektorraum wieder auf verschiedenartige Weise ausgewählt werden. Es läßt sich leicht zeigen, daß z. B. die Elemente

$$b_i = (0, 0, \ldots, 0, 1, 0, \ldots, 0) \in K^n,$$

wobei das Element $1 \in K$ an der i–ten Stelle des n–Tupels steht, als Basiselemente genommen werden können. Nach (3.14) ist dann jedes n–Tupel $(x_1, x_2, \ldots, x_n) \in K^n$ in der Form (Basisdarstellung)

$$(x_1, x_2, \ldots, x_n) = \sum_{i=1}^{n} x_i \cdot b_i \tag{3.20}$$

darstellbar.

Von besonderer Wichtigkeit ist nun der folgende

Satz: Jeder n–dimensionale Vektorraum ist dem eben behandelten n–dimensionalen Vektorraum (K^n, K) isomorph, in Zeichen

$$(L_n, K) \cong (K^n, K). \tag{3.21-a}$$

Das bedeutet im einzelnen: Es gibt eine bijektive Abbildung

$$\psi : L_n \to K^n, \tag{3.21-b}$$

so daß gilt (vgl. Abschn. 1.3.1.3):

$$\psi(x_1 \dotplus x_1') = \psi(x_1) \dotplus \psi(x_1') \tag{3.21-c}$$

$$\psi(\alpha \cdot x) = \alpha \cdot \psi(x).$$

Wir bemerken noch, daß ψ in (3.21b,c) einen Homomorphismus darstellt, falls $\psi : L_n \to K^n$ nicht bijektiv ist.

Der Vektorraum (K^n, K) kann also als „typischer Vertreter" aller n–dimensionalen Vektorräume angesehen werden. Zu jedem beliebigen n–dimensionalen Vektorraum über K läßt sich ein isomorpher Vektorraum (K^n, K) angeben.

3.1.1.3 Lineare Abbildungen

Gegeben seien zwei lineare Räume (L, K) und (L', K) über dem gleichen Körper K und eine Trägerabbildung $\Phi : L \to L'$. Dann gilt die folgende Definition: Eine Abbildung $\Phi : L \to L'$ heißt genau dann *linear*, falls gilt

$$\boxed{\begin{aligned} \Phi(x_1 \dotplus x_2) &= \Phi(x_1) \dotplus \Phi(x_2) \\ \Phi(\alpha \cdot x) &= \alpha \cdot \Phi(x). \end{aligned}} \tag{3.22}$$

Hierbei ist $x_1, x_2, x \in L$; $\Phi(x_1), \Phi(x_2), \Phi(x) \in L'$, $\alpha \in K$ (Abb. 3.3). Links in (3.22) bezeichnet $\dotplus$ die Addition in L, rechts die in L'. Entsprechendes gilt für die Skalarmultiplikation.

Vergleichen wir (3.22) mit den Ausführungen in Abschnitt 1.3.1.3 über den Begriff des Isomorphismus bzw. mit (3.21), so ist ersichtlich, daß Φ insbesondere auch ein Isomorphismus sein kann. In diesem wichtigen Fall existiert eine *inverse Abbildung* Φ^{-1}, die wieder linear ist (vgl. Abschn. 1.2.2.2):

$$\Phi(x) = y \Rightarrow \Phi^{-1}(y) = x.$$

Wir kehren nun zurück zu den am Anfang dieses Abschnittes angegebenen Beispielen linearer Räume und geben dazu einige Beispiele linearer Abbildungen.

Im Beispiel 1 hatten wir die Menge der Vektoren des dreidimensionalen Anschauungsraumes betrachtet. Wir untersuchen nun die durch

$$\Phi : \mathbb{R}^3 \to \mathbb{R}^3, \qquad \Phi(x_1, x_2, x_3) = A \begin{pmatrix} x_1 \\ x_2 \\ x_3 \end{pmatrix}$$

gegebene Abbildung, worin A eine dreireihige quadratische Matrix mit den Elementen $a_{ik} \in \mathbb{R}$ $(i, k = 1, 2, 3)$ bezeichnet. Durch diese Abbildung wird jedem Zahlentripel (x_1, x_2, x_3) (d. h. jedem Vektor des Anschauungsraumes) ein neues Zahlentripel

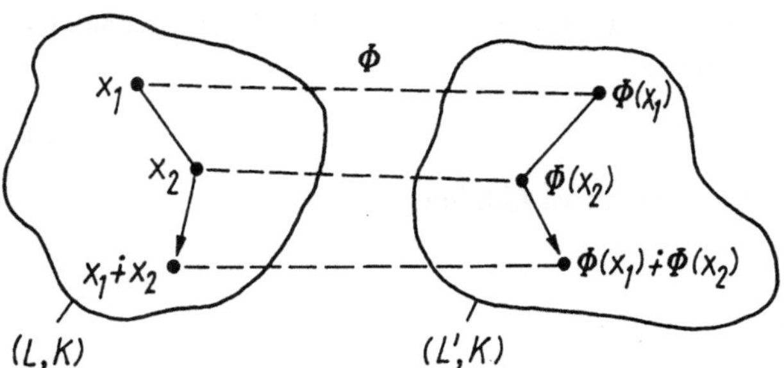

Abb. 3.3. Lineare Abbildung.

$(y_1, y_2, y_3) = \Phi(x_1, x_2, x_3)$ zugeordnet. Es läßt sich zeigen, daß diese Abbildung der Bedingung (3.22) genügt (vgl. Aufgabe 3.1-2).

Im Beispiel 2 am Anfang dieses Abschnittes hatten wir die Menge aller Polynome betrachtet, die wir mit $\mathbb{R}[x]$ bezeichnet hatten. Gegeben sei die Abbildung

$$\Phi : \mathbb{R}[x] \to \mathbb{R}[x], \qquad \Phi(P) = \frac{\mathrm{d}}{\mathrm{d}x}P$$

worin $P \in \mathbb{R}[x]$ ein beliebiges Polynom bedeutet. Bei der gegebenen Abbildung („Polynomdifferentiation") erhalten wir als Ergebnis offensichtlich wieder ein Polynom. Auch hier handelt es sich um eine lineare Abbildung.

Schließlich gehen wir noch einmal auf das Beispiel 4 ein. Wir hatten dort die Menge $C(0, a)$ der im Intervall $[0, a]$ stetigen Funktionen untersucht. Nun betrachten wir die durch

$$\Phi : C(0, a) \to \mathbb{R}, \qquad \Phi(\varphi) = \int\limits_0^a x\varphi(x)\,\mathrm{d}x$$

gegebene Abbildung, worin $\varphi \in C(0, a)$ ist. Dabei kann $\mathbb{R}$ auch als linearer Raum angesehen werden. Man erhält ihn, indem man in (3.17) $n = 1$ setzt (die Zahlenaddition wird als Gruppenoperation, die Zahlenmultiplikation als Skalarmultiplikation genommen). Bei der vorliegenden Abbildung wird offensichtlich jeder im Intervall $[0, a]$ stetigen Funktion φ eine reelle Zahl zugeordnet. Auch hier kann man zeigen, daß Φ eine lineare Abbildung (lineares Funktional) ist. Wir wollen die Richtigkeit kurz überprüfen: Es gilt

$$\Phi(\varphi_1 \dotplus \varphi_2) = \int\limits_0^a x\,(\varphi_1(x) + \varphi_2(x))\,\mathrm{d}x = \int\limits_0^a x\varphi_1(x)\,\mathrm{d}x + \int\limits_0^a x\varphi_2(x)\,\mathrm{d}x$$

$$= \Phi(\varphi_1) + \Phi(\varphi_2);$$

$$\Phi(\alpha \cdot \varphi) = \int\limits_0^a x(\alpha\varphi(x))\,\mathrm{d}x = \alpha \int\limits_0^a x\varphi(x)\,\mathrm{d}x = \alpha\Phi(\varphi).$$

Damit ist (3.22) erfüllt und Φ linear.

Eine nähere Betrachtung der vorgelegten Beispiele und anderer linearer Abbildungen führt auf eine wichtige Eigenschaft, die an der Abbildung (Beispiel 1)

$$\Phi : \mathbb{R}^3 \to \mathbb{R}^3, \qquad \Phi(x_1, x_2, x_3) = A \begin{pmatrix} x_1 \\ x_2 \\ x_3 \end{pmatrix}$$

besonders deutlich wird. Diese lineare Abbildung $A = \Phi$ wird durch eine quadratische Matrix A mit drei Zeilen vermittelt. Man kann zeigen, daß diese Matrizen mit der Matrizenaddition eine Abelsche Gruppe und mit dem Operatorbereich der reellen Zahlen (Skalarmultiplikation) sogar einen linearen Raum über dem Körper $K = \mathbb{R}$ bilden. Diese Eigenschaft haben aber nicht nur die durch Matrizen vermittelten linearen Abbildungen der oben angegebenen Art.

Allgemein gilt die folgende wichtige Aussage, die wir hier ohne Beweis notieren:

Satz: Die Menge aller Abbildungen $\Phi : L \to L'$ bildet mit den aus L' übertragenen Operationen, d. h.mit

$$\Phi_1 \,\widehat{+}\, \Phi_2 : \quad (\Phi_1 \,\widehat{+}\, \Phi_2)(x) = \Phi_1(x) + \Phi_2(x) \tag{3.23}$$

$$\alpha \,\widehat{\cdot}\, \Phi : \quad (\alpha \,\widehat{\cdot}\, \Phi)(x) = \alpha \cdot \Phi(x) \tag{3.24}$$

einen linearen Raum.

Bildet die Menge der Abbildungen $\Phi : L \to L'$ aber selbst einen linearen Raum, so muß sich gemäß (3.14) jede Abbildung Φ in der Form

$$\Phi = \sum_i \alpha_i \cdot \psi_i \tag{3.25}$$

darstellen lassen, worin die Abbildungen ψ_i gewisse Basiselemente dieses linearen Raumes bezeichnen.

Jede Linearkombination linearer Abbildungen ist wieder linear:

$$\Phi_i \text{ linear} \Rightarrow \sum_{i=1}^{n} \alpha_i \cdot \Phi_i \text{ linear.}$$

Beispielsweise ist

$$\Phi = \sum_{i=1}^{n} \alpha_i \frac{\mathrm{d}^i}{\mathrm{d}x^i}, \quad \Phi(\varphi) = \left(\sum_{i=1}^{n} \alpha_i \frac{\mathrm{d}^i}{\mathrm{d}x^i} \right)(\varphi) = \sum_{i=1}^{n} \alpha_i \frac{\mathrm{d}^i\varphi}{\mathrm{d}x^i}$$

eine lineare Abbildung (Differentialoperator) von der Menge $C^n(0, a)$ aller in $[0, a]$ n-mal differenzierbaren reellen Funktion φ in die Menge $C(0, a)$ aller in $[0, a]$ stetigen reellen Funktionen.

3.1.2 Signalräume

3.1.2.1 Signalraum $\underline{X}$

Eine Folge $\underline{x} = (\underline{x}(0), \underline{x}(1), \underline{x}(2), \ldots)$ von Elementen $\underline{x}(t) = x$ aus dem Körper K werden wir im weiteren als (diskretes) *Signal* (oder auch wieder als Wort) aus K bezeichnen. Die Menge $\underline{X}$ aller Signale $\underline{x}$ aus K wird entsprechend *Signalraum* genannt.

Spezielle Signale aus $\underline{X}$ sind zunächst das *Eins-* und *Nullsignal*, definiert durch

$$\underline{x} = \underline{1} = (1, 0, 0, 0, \ldots) \tag{3.26}$$

bzw.

$$\underline{x} = \underline{0} = (0, 0, 0, \ldots). \tag{3.27}$$

Hierbei bezeichnen 0 und 1 die neutralen Elemente (Null und Eins) aus dem Körper K.

Ausgezeichnet ist ferner das *periodische Signal*

$$\underline{x} = \underline{x}_\sim = (x_0, x_1, \ldots, x_k | x_0, x_1, \ldots, x_k | x_0, x_1, \ldots) \tag{3.28}$$

mit der Periode $k \in \mathbb{N}$.

Die Signale $\underline{x}$ aus $\underline{X}$ lassen sich auf die verschiedenste Weise verknüpfen. Die wichtigsten *Signaloperationen* sind

a) *Addition*

$$\underline{x}_1 + \underline{x}_2 : \quad (\underline{x}_1 + \underline{x}_2)(t) = \underline{x}_1(t) + \underline{x}_2(t). \tag{3.29}$$

b) *Skalarmultiplikation*

$$\alpha \cdot \underline{x} : \quad (\alpha \cdot \underline{x})(t) = \alpha \underline{x}(t) \quad (\alpha \in K). \tag{3.30}$$

c) *Translation* (siehe Abschn. 2.3.1.1)

$$\begin{aligned}
\underline{S}^n(\underline{x}) : \ (\underline{S}^n(\underline{x}))(t) &= \underline{x}(t - n) \\
&= \begin{cases} (0, 0, \ldots, 0, \underline{x}(0), \underline{x}(1), \ldots) & (n > 0,\ n \text{ Nullen}) \\ (\underline{x}(m), \underline{x}(m + 1), \ldots) & (n < 0,\ m = |n|) \end{cases}
\end{aligned} \tag{3.31}$$

d) *Faltung*

$$\begin{aligned}
\underline{x}_1 * \underline{x}_2 : \ (\underline{x}_1 * \underline{x}_2)(t) &= \sum_{n=0}^{t} \underline{x}_1(n)\underline{x}_2(t - n) \\
&= (\underline{x}_1(0)\underline{x}_2(0),\ \underline{x}_1(0)\underline{x}_2(1) + \underline{x}_1(1)\underline{x}_2(0), \ldots).
\end{aligned} \tag{3.32}$$

Die Operationen unter a) und b) ergeben sich offenbar durch Operationsübertragung von K auf $\underline{X}$ ($+ \leftrightarrow \widehat{+}$, $\cdot \leftrightarrow \widehat{\cdot}$). Bis auf $\underline{S}^n$ sind alle angegebenen Operationen zweistellig ($\underline{X} \times \underline{X} \to \underline{X}$), $\underline{S}^n$ ist einstellig ($\underline{X} \to \underline{X}$) und bezeichnet eine Signalverschiebung um n Takte nach rechts bzw. links. Im ersten Fall werden die „freien Plätze" mit $0 \in K$ belegt, im zweiten erfolgt eine „Abschneidung" des Signalanfangs an der Stelle $t = |n|$. Wichtig ist nun im weiteren der

Satz: Der Signalraum $\underline{X}$ bildet mit den Operationen Addition und Skalarmultiplikation einen *linearen Raum* und mit den Operationen Addition und Faltung einen *Integritätsring* mit dem Eins-Element $\underline{1}$ nach (3.26):

$$\underline{X} = (\underline{X}, +): \quad \text{Modul};\qquad (\underline{X}, K): \text{ linearer Raum} \tag{3.33}$$

$$\underline{X} = (\underline{X}, +, *): \text{ Integritätsring}. \tag{3.34}$$

3.1.2.2 Signalraum $\underline{X}^*$

Gegeben sei ein Signal $\underline{x}$ (vgl. Abschn. 3.1.2.1), dessen Glieder Elemente eines Körpers $(K, +, \cdot)$ sind:

$$\underline{x} = (\underline{x}(0), \underline{x}(1), \underline{x}(2), \ldots) = (x_0, x_1, x_2, \ldots). \tag{3.35}$$

Wir ordnen nun einer derartigen Folge formal die „Potenzreihe"

$$\boxed{\underline{x}^* = \underline{Z}(\underline{x}) = \sum_{t=0}^{\infty} \underline{x}(t)\zeta^t} \tag{3.36}$$

zu. Dabei bezeichnet ζ ein formal zu handhabendes Symbol, dessen Exponent t u.a. dazu dienen soll, die Stellung des Gliedes $\underline{x}(t)$ in der Folge zu fixieren.

Von formalen Potenzreihen $\underline{x}^*$ sprechen wir aus folgendem Grunde: Eine „echte" Potenzreihe $\varphi : \mathbb{R}' \to \mathbb{R}$ ($\mathbb{R}' \subset \mathbb{R}$),

$$\varphi(x) = \sum_{i=0}^{\infty} a_i x^i \qquad (a_i \in \mathbb{R})$$

definiert im Konvergenzgebiet $\mathbb{R}'$ eine Abbildung von $\mathbb{R}'$ in $\mathbb{R}$. Für beliebige Körper (insbesondere endliche Körper) hat aber

$$\underline{x}^* = \sum x_i \zeta^i \qquad (x_i \in K)$$

gar keinen Sinn, da der Konvergenzbegriff hier im allgemeinen fehlt und unendlich oft wiederholtes Addieren damit keinen Sinn hat. In $\underline{x}^*$ ist hier nicht mehr zu sehen als eine besondere Schreibweise für eine Folge $\underline{x}$.

Bezeichnen wir mit $K[[\zeta]] = \underline{X}^*$ die Menge aller „Potenzreihen" über K, die den Signalen $\underline{x} \in \underline{X}$ nach (3.36) zugeordnet sind, so läßt sich leicht überlegen, daß die Zuordnung $\underline{Z}$ in (3.36) eine bijektive Abbildung ist:

$$\underline{Z} : \underline{X} \to \underline{X}^*. \tag{3.37}$$

Zu jedem Wort $\underline{x} \in \underline{X}$ gehört also genau eine Potenzreihe $\underline{x}^* \in \underline{X}^*$ und umgekehrt. Die Reihe $\underline{x}^*$ heißt *Zeta–Transformierte* (oder *Bild*) von $\underline{x}$, und die Menge $\underline{X}^*$ aller $\underline{x}^*$ *Bild–Signalraum*.

Wegen (3.37) existiert die zu $\underline{Z}$ inverse Abbildung (vgl. Abschn. 1.2.2.2):

$$\underline{Z}^{-1} : \underline{X}^* \to \underline{X}, \qquad \underline{Z}^{-1}(\underline{x}^*) = \underline{x}.$$

Die Abbildung $\underline{Z}^{-1}$ besteht offensichtlich einfach darin, die Koeffizienten der „Potenzreihe" $\underline{x}^*$ als Folge zu notieren.

Beispiel:

$$\underline{x} = (1, 3, 0, 7, 0, 0, 0, \ldots)$$
$$\underline{Z}(\underline{x}) = 1 + 3\zeta + 0\zeta^2 + 7\zeta^3 + 0\zeta^4 + 0\zeta^5 + \ldots = \underline{x}^*$$
$$\underline{Z}^{-1}(\underline{x}^*) = (1, 3, 0, 7, 0, 0, 0, \ldots).$$

$\square$

Zur Vereinfachung der Schreibweise der „Potenzreihen" sollen noch die folgenden Abkürzungen dienen:

$$\zeta^0 = 1, \tag{3.38}$$
$$0\zeta^i = 0, \tag{3.39}$$
$$1\zeta^i = \zeta^i, \tag{3.40}$$
$$\zeta^1 = \zeta. \tag{3.41}$$

Ein Summand der Art $0\zeta^i = 0$ kann in der Reihe weggelassen werden.

Beispiel: Wir betrachten das Signal

$$\underline{x} = (1, 2, 0, 1, 0, 0, 0, \ldots)$$

über dem Körper $\mathbb{R}$. Dann erhalten wir mit (3.36)

$$\underline{x}^* = \underline{Z}(\underline{x}) = 1\zeta^0 + 2\zeta^1 + 0\zeta^2 + 1\zeta^3 + \ldots$$

Mit den Vereinfachungen (3.38) bis (3.41) ist schließlich

$$\underline{x}^* = 1 + 2\zeta + \zeta^3.$$

$\square$

Ein wichtiger Sonderfall liegt vor, wenn die betrachteteten Signale (wie in obigem Beispiel) von einer bestimmten Stelle an nur aus Nullen bestehen. In diesem Fall gehen die zugeordneten Potenzreihen in *Polynome* (mit endlichem Grad) über. Genauer kann dieser Sachverhalt wie folgt formuliert werden:

Sind in $\underline{x}$ bzw. $\underline{Z}(\underline{x})$ alle Glieder $\underline{x}(t) = 0$ für $t > k \in \mathbb{N}$ so heißt $\underline{x}^*$ *Polynom vom Grade k*. Für die Menge $\underline{X}_0^* = K[\zeta]$ aller dieser Polynome gilt

$$\underline{X}_0^* = K[\zeta] = \left\{ \underline{x}^* \Big|\ \underset{k \in \mathbb{N}}{\exists}\ (\underline{x}(t) = 0, t > k) \right\} \subset K[[\zeta]] = \underline{X}^*. \tag{3.42}$$

Die Menge $K[\zeta]$ ist also die Menge aller Polynome beliebigen (endlichen) Grades. Sie ist eine Teilmenge der Menge $K[[\zeta]]$ aller Potenzreihen.

Die zwischen der Menge $\underline{X}$ aller Signale $\underline{x}$ und der Menge $K[[\zeta]]$ aller Potenzreihen in (3.37) notierte bijektive Abbildung gilt dann ebenso zwischen der Menge $\underline{X}_0$ aller (endlichen) Wörter ($\underline{X}_0 \subset \underline{X}$) und der Menge $\underline{X}_0^* = K[\zeta]$ aller Polynome beliebigen Grades. In Abb. 3.4 ist dieser Sachverhalt schematisch veranschaulicht.

Wir werden nun auch auf $\underline{X}^*$ Operationen einführen, und zwar so, daß $\underline{Z}$ ein Isomorphismus wird.

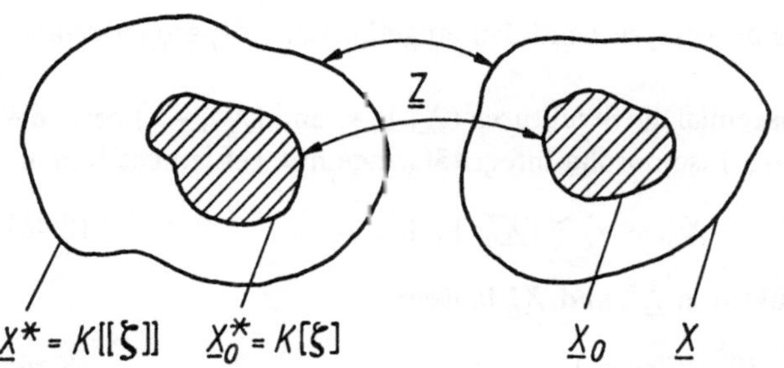

Abb. 3.4. Bijektive Abbildung zwischen Wortmenge und Potenzreihenmenge.

Bedeutet für die Elemente vom $\underline{X}^*$ das Symbol $+$ die übliche Potenzreihenaddition, $\cdot$ die übliche Potenzreihenmultiplikation, so gilt mit (3.29) und (3.32)

$$\underline{Z}(\underline{x}_1 + \underline{x}_2) = \underline{Z}(\underline{x}_1) + \underline{Z}(\underline{x}_2) = \underline{x}_1^* + \underline{x}_2^*, \tag{3.43}$$

$$\underline{Z}(\underline{x}_1 * \underline{x}_2) = \underline{Z}(\underline{x}_1) \cdot \underline{Z}(\underline{x}_2) = \underline{x}_1^* \cdot \underline{x}_2^*, \tag{3.44}$$

was in der folgenden Tabelle noch auf andere Weise übersichtlich nebeneinandergestellt erläutert ist.

Menge	$\underline{X}$ (bzw. $\underline{X}_0$)	$\underline{X}^*$ (bzw. $\underline{X}_0^*$)
1. Operation	$+$: Folgenaddition	$+$: Reihenaddition
	$(x_i) + (y_i) = (z_i)$	$\displaystyle\sum_i x_i\zeta^i + \sum_i y_i\zeta^i = \sum_i z_i\zeta^i$
	mit	mit
	$z_i = x_i + y_i$	$z_i = x_i + y_i$
2. Operation	$*$: Faltung	$\cdot$: Reihenmultiplikation
	$(x_i) * (y_i) = (z_i)$	$\displaystyle(\sum_i x_i\zeta^i) \cdot (\sum_i y_i\zeta^i) = \sum_i z_i\zeta^i$
	mit	mit
	$\displaystyle z_i = \sum_{j=0}^{i} x_j y_{i-j}$	$\displaystyle z_i = \sum_{j=0}^{i} x_j y_{i-j}$

Die Signaladdition und die Potenzreihenaddition (Polynomaddition) werden so ausgeführt, daß eine gliedweise Addition vorgenommen wird (Addition der i–ten Glieder des Signals bzw. der Summanden der Reihe mit der i–ten Potenz von ζ).

Die Faltung zweier Folgen ist eine etwas kompliziertere Operation. Aus (3.32) geht hervor, wie die Glieder z_i des Signals (z_i) zu bestimmen sind, wenn zwei Signale (x_i) und (y_i) miteinander gefaltet werden. Man erhält ausführlich angeschrieben

$$
\begin{aligned}
z_0 &= x_0 y_0 \\
z_1 &= x_0 y_1 + x_1 y_0 \\
z_2 &= x_0 y_2 + x_1 y_1 + x_2 y_0 \qquad\qquad (x_i = \underline{x}(i);\ \ y_i = \underline{y}(i)) \\
z_3 &= x_0 y_3 + x_1 y_2 + x_2 y_1 + x_3 y_0 \quad \text{usw.}
\end{aligned}
$$

Bei der additiven bzw. multiplikativen Verknüpfung von Signalgliedern (Buchstaben) in (3.43) bzw. (3.44) ist jedoch zu beachten, daß es sich hier um Elemente eines Körpers handelt, d.h., die Operationen sind entsprechend den eingeführten Körperoperationen auszuführen.

Wesentlich ist, daß definitionsgemäß die Strukturen $(\underline{X}, +, *)$ und $(\underline{X}^*, +, \cdot)$ bzw. die Strukturen $(\underline{X}_0, +, *)$ und $(\underline{X}^*, +, \cdot)$ isomorphe Integritätsringe mit 1–Element bilden:

$$(\underline{X}, +, *) \cong (\underline{X}^*, +, \cdot) \quad \text{bzw.} \quad (\underline{X}_0, +, *) \cong (\underline{X}_0^*, +, \cdot). \tag{3.45}$$

Die neutralen Elemente der Strukturen $\underline{X}^*$ und $\underline{X}_0^*$ lauten:

$$0 + 0\zeta + 0\zeta^2 + \ldots \ = \ \underline{0}^* \quad (0 - \text{Element}), \tag{3.46}$$

$$1 + 0\zeta + 0\zeta^2 + \ldots \ = \ \underline{1}^* \quad (1 - \text{Element}). \tag{3.47}$$

Damit stellen die beiden isomorphen Integritätsringe $(\underline{X}, +, *)$ und $(\underline{X}^*, +, \cdot)$ Strukturen dar, die der Struktur $(\mathbb{Z}, +, \cdot)$ der ganzen Zahlen, die ja ebenfalls einen Integritätsring bilden, sehr ähnlich sind.

Eine Konstante $a \in K$ (K Körper) kann mit

$$\underline{a}^* = a + 0\zeta + 0\zeta^2 + \ldots \in \underline{X}^* \tag{3.48-a}$$

identifiziert werden, denn $\underline{X}^*$ enthält die Teilmenge

$$K^* = \{a + 0\zeta + 0\zeta^2 + \ldots \,|\, a \in K\}, \tag{3.48-b}$$

die ersichtlich einen zu K isomorphen Körper bildet. Die neutralen Elemente $\underline{0}^* = 0 + 0\zeta + 0\zeta^2 + \ldots$ und $\underline{1}^* = 1 + 0\zeta + 0\zeta^2 + \ldots$ liegen natürlich ebenfalls in K^* (sonst könnte K^* ja kein Körper sein!). Abb. 3.5 zeigt diesen Sachverhalt in schematischer Darstellung.

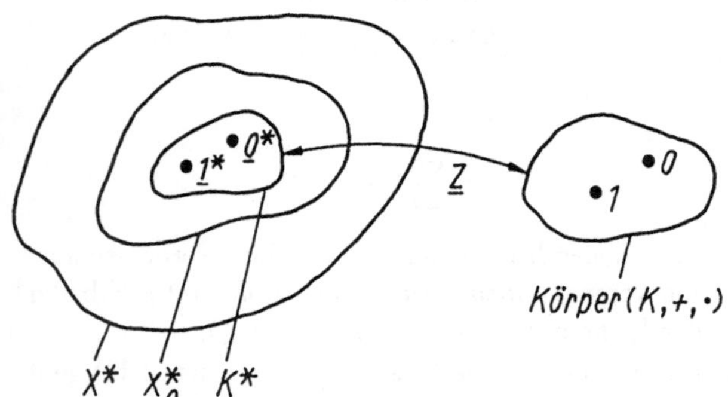

Abb. 3.5. Einbettung von $\underline{K}^*$ in $\underline{X}^*$.

Auf einen wichtigen Aspekt soll bereits an dieser Stelle hingewiesen werden.

Da die Strukturen $(\underline{X}, +, *)$ und $(\underline{X}^*, +, \cdot)$ isomorph zueinander sind, ist es prinzipiell gleichgültig, in welcher Struktur gerechnet wird. Ist also z.B. in der Signalmenge $\underline{X}$ eine Faltung von zwei Wörtern durchzuführen, so wird man zweckmäßiger in der Potenzreihenmenge $\underline{X}^* = K[[\zeta]]$ die bequemere (und wohlbekannte) Reihenmultiplikation ausführen. Es wird sich zeigen, daß u.a. diese Vereinfachung der Rechenoperationen auch ein Grund dafür ist, daß man den Wörtern $\underline{x}$ formale Potenzreihen $\underline{x}^* = \sum x_i \zeta^i$ zuordnet.

3.1.2.3 Signalquotienten

Im vorangegangenen Abschnitt haben wir den Integritätsring $\underline{X}^* = K[[\zeta]]$ der formalen Potenzreihen kennengelernt. Wir wollen nun aus diesem Integritätsring einen Körper konstruieren. Zur Erleichterung des Verständnisses der einzelnen Schritte wollen wir diese Konstruktion zunächst an einem geläufigen Beispiel, dem Integritätsring $(\mathbb{Z}, +, \cdot)$ der ganzen Zahlen vornehmen, aus dem wir den Körper $(\mathbb{Q}, +, \cdot)$ der rationalen Zahlen konstruieren.

Rationale Zahlen sind bekanntlich als Brüche (x/y) ganzer Zahlen x und y darstellbar. Eine rationale Zahl kann damit auch als ein geordnetes Paar von ganzen Zahlen x und y in der Form

$$\left(\frac{x}{y}\right) = (x, y) \qquad (y \neq 0) \tag{3.49}$$

aufgefaßt werden $(x, y \in \mathbb{Z})$. Folglich ist ein Bruch (x, y) also ein Element der Menge $\mathbb{Z} \times (\mathbb{Z} \setminus \{0\})$.

Weiterhin ist bekannt, daß ein und dieselbe rationale Zahl auf unterschiedliche Weise durch ganze Zahlen dargestellt werden kann. So sind z. B.

$$\left(\frac{3}{4}\right) \quad \text{und} \quad \left(\frac{9}{12}\right) \quad \text{bzw.} \quad (3, 4) \quad \text{und} \quad (9, 12)$$

gleichwertige (äquivalente) Darstellungen ein und derselben rationalen Zahl. Diese Eigenschaft wird erfaßt, indem man auf der Menge der Brüche eine Äquivalenzrelation π durch

$$(x, y)\pi(x', y') \Leftrightarrow (xy' = x'y) \tag{3.50}$$

definiert. Werden die $(x/y) = (x, y)$ aus der Menge $\mathbb{Z} \times (\mathbb{Z} \setminus \{0\})$ entnommen, kommen also Brüche der Form $(x/0) = (x, 0)$ nicht vor, so ist π in (3.50) tatsächlich eine Äquivalenzrelation. Dadurch wird die Menge der Brüche in Äquivalenzklassen $[(x, y)]$ eingeteilt, wobei in einer Klasse alle die Brüche enthalten sind, die bezüglich der Relation (3.50) äquivalent sind. Jede Klasse $[(x, y)]$ wird durch einen Repräsentanten $(x/y) = (x, y)$ charakterisiert und stellt eine *rationale Zahl* (Quotient) x/y dar:

$$[(x, y)] = \frac{x}{y}. \tag{3.51}$$

Eine rationale Zahl ist also eine Äquivalenzklasse von $\mathbb{Z} \times (\mathbb{Z} \setminus \{0\})$ bezüglich der Äquivalenzrelation (3.50).

Die Menge

$$\mathbb{Q} = Q(\mathbb{Z}) \tag{3.52}$$

der rationalen Zahlen (durch Konstruktion aus der Menge $\mathbb{Z}$ der ganzen Zahlen) ist die Klasseneinteilung $[\mathbb{Z} \times (\mathbb{Z} \setminus \{0\})]/_\pi$.

Es ist zu beachten, daß die ganzen Zahlen auch in der Menge der rationalen Zahlen „enthalten" sind, denn jede ganze Zahl $x \in \mathbb{Z}$ läßt sich bekanntlich in der Form $(x, 1) = (x/1)$ darstellen und gehört damit der Äquivalenzklasse $[(x, 1)] = x/1$ an; es gilt also

$$x = \frac{x}{1} \in \mathbb{Q}. \tag{3.53}$$

Der letzte Schritt der Konstruktion besteht darin, auf der Menge $\mathbb{Q}$, d.h. auf der Klasseneinteilung $[\mathbb{Z} \times (\mathbb{Z} \setminus \{0\})]/_\pi$ zwei Operationen (nämlich Addition $+$ und Multiplikation $\cdot$) einzuführen:

$$+: \quad [(x,y)] + [(x',y')] = \frac{x}{y} + \frac{x'}{y'} = \frac{xy' + x'y}{yy'} = [(xy' + x'y, yy')], \tag{3.54}$$

$$\cdot: \quad [(x,y)] \cdot [(x',y')] = \frac{x}{y} \cdot \frac{x'}{y'} = \frac{xx'}{yy'} = [(xx', yy')]. \tag{3.55}$$

Tafel 3.1. Konstruktion des Quotientenköpers

Integritätsring:	
$(\mathbb{Z}, +, \cdot)$	$(K[[\zeta]], +, \cdot) = (\underline{X}^*, +, \cdot)$
Es wird gebildet:	
$\mathbb{Z} \times (\mathbb{Z} \setminus \{0\})$	$\underline{X}^* \times (\underline{X}^* \setminus \{0^*\})$
Es existiert eine Äquivalenzrelation π:	
$(x,y)\pi(x',y')$	$(\underline{x}^*, \underline{y}^*)\pi(\underline{x}'^*, \underline{y}'^*)$
$\Leftrightarrow (xy' = x'y)$	$\Leftrightarrow \underline{x}^*\underline{y}'^* = \underline{x}'^*\underline{y}^*$
Bezeichnung der Äquivalenzklassen	
$[(x,y)] = \frac{x}{y}$	$[(\underline{x}^*, \underline{y}^*)] = \frac{\underline{x}^*}{\underline{y}^*}$
rationale Zahl	Quotient
Es gilt:	Es gilt:
$\alpha)\ x = \frac{x}{1}$	$\alpha)\ \underline{x}^* = \frac{\underline{x}^*}{\underline{1}^*}$
$\beta)$ Menge aller $\frac{x}{y}$ bildet	$\beta)$ Menge alle $\frac{\underline{x}^*}{\underline{y}^*}$ bildet
einen Körper $\mathbb{Q}$ mit	einen Körper Q_ζ mit
Nullelement	Nullelement
$0 = \frac{0}{1} \in \mathbb{Q}$	$\underline{0}^* = \frac{\underline{0}^*}{\underline{1}^*} \in Q_\zeta$
und Einselement	und Einselement
$1 = \frac{1}{1} \in \mathbb{Q}$	$\underline{1}^* = \frac{\underline{1}^*}{\underline{1}^*} \in Q_\zeta$
wenn auf	
$\mathbb{Q}$	Q_ζ
noch die folgenden Operationen eingeführt werden:	
Addition:	Addition:
$\frac{x}{y} + \frac{x'}{y'} = \frac{x \cdot y' + x' \cdot y}{y \cdot y'}$	$\frac{\underline{x}^*}{\underline{y}^*} + \frac{\underline{x}'^*}{\underline{y}'^*} = \frac{\underline{x}^* \cdot \underline{y}'^* + \underline{x}'^* \cdot \underline{y}^*}{\underline{y}^* \cdot \underline{y}'^*}$ (*)
Multiplikation:	Multiplikation:
$\frac{x}{y} \cdot \frac{x'}{y'} = \frac{x \cdot x'}{y \cdot y'}$	$\frac{\underline{x}^*}{\underline{y}^*} \cdot \frac{\underline{x}'^*}{\underline{y}'^*} = \frac{\underline{x}^* \cdot \underline{x}'^*}{\underline{y}^* \cdot \underline{y}'^*}$ (**)

Beide Operationen, die nicht von der Wahl der Klassenrepräsentanten abhängen, entsprechen den aus der Bruchrechnung bekannten Operationen (Summe und Produkt von Brüchen). Es läßt sich zeigen, daß die Menge $\mathbb{Q}$ mit den beiden zuletzt erklärten Operationen einen Körper bildet. Es gilt also der

Satz: Die algebraische Struktur $(\mathbb{Q}, +, \cdot)$ der rationalen Zahlen bildet einen Körper, genauer einen Quotientenkörper.

Die oben für den Integritätsring der ganzen Zahlen durchgeführte Konstruktion eines Quotientenkörpers läßt sich auf jeden beliebigen Integritätsring übertragen, speziell also auch auf den Integritätsring $(\underline{X}^*, +, \cdot)$ der formalen Potenzreihen.

In der Tafel 3.1 sind die einzelnen Schritte der Konstruktion noch einmal zusammengestellt. In der linken Spalte haben wir die bereits besprochenen Konstruktionsschritte für den Integritätsring $(\mathbb{Z}, +, \cdot)$ nochmals aufgenommen. In der rechten Spalte finden wir die entsprechenden Konstruktionsschritte für den Integritätsring der formalen Potenzreihen. Das analoge Vorgehen in beiden Fällen ist aus der Darstellung sofort ersichtlich. Der Unterschied besteht lediglich darin, daß wir im ersten Fall mit ganzen Zahlen $\underline{x}, \underline{x}', \underline{y}, \underline{y}'$ arbeiten, während wir im zweiten Fall mit Potenzreihen $\underline{x}^*, \underline{x}'^*, \underline{y}^*, \underline{y}'^*$ aus $(\underline{X}^*, +, \cdot)$ operieren. Wir erhalten damit das folgende

Ergebnis: Die algebraische Struktur $(Q_\zeta, +, \cdot)$ der Quotienten formaler Potenzreihen mit der Addition und Multiplikation gemäß (*) und (**) (vgl. Tafel 3.1) bildet einen Körper.

Auch hier handelt es sich um einen Quotientenkörper, ebenso wie bei den rationalen Zahlen.

Bei diesem Quotientenkörper ist wieder besonders zu beachten, daß die Elemente $\underline{x}^*$ des Integritätsringes $(\underline{X}^*, +, \cdot)$ als spezielle Elemente des Quotientenkörpers angesehen werden können, nämlich als Elemente der Form

$$\underline{x}^* = \frac{\underline{x}^*}{\underline{1}^*} = \frac{x_0 + x_1\zeta + x_2\zeta^2 + \ldots}{1 + 0\zeta + 0\zeta^2 + 0\zeta^3 + \ldots} \tag{3.56}$$

oder allgemeiner

$$\underline{x}^* = \frac{\underline{x}^* \cdot \underline{x}_1^*}{\underline{x}_1^*}, \tag{3.57}$$

worin $\underline{x}_1^* \neq \underline{0}^*$ ein beliebiges Element von $\underline{X}^* = K[[\zeta]]$ bezeichnet. Der Integritätsring $(K[[\zeta]], +, \cdot)$ ist auf diese Weise in den Quotientenkörper $(Q_\zeta, +, \cdot)$ *eingebettet* (Abb. 3.6).

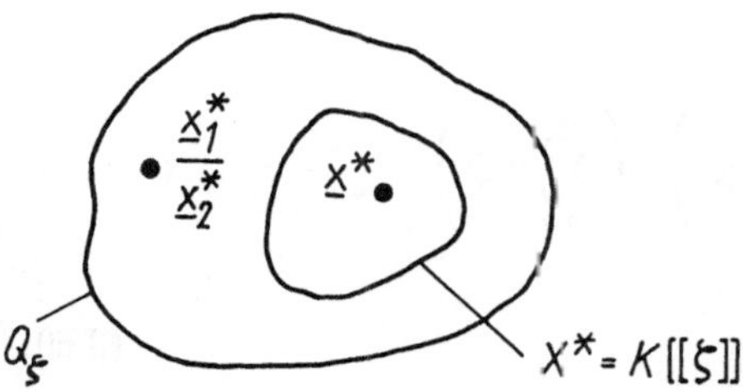

Abb. 3.6. Ringerweiterung.

Im Quotientenkörper $(\mathbb{Q}, +, \cdot)$ der rationalen Zahlen kennen wir zu den beiden Operationen $+$ und $\cdot$ die zugehörigen Umkehroperationen: Die Subtraktion $(-)$ als Umkehrung der Addition $(+)$ und die Division $(:)$ als Umkehrung der Multiplikation $(\cdot)$. Auch im Quotientenkörper $(Q_\zeta, +, \cdot)$ der formalen Potenzreihen haben wir diese Umkehroperationen, die wir ebenfalls mit $-$ und $:$ bezeichnen.

An einem einfachen Beispiel soll noch gezeigt werden, wie diese Operationen auszuführen sind. Subtraktion und Division werden so durchgeführt, wie es bei den gewöhnlichen Potenzreihen üblich ist.

Beispiel: Es sei $K = \mathbb{Q}$ der Körper der rationalen Zahlen (Quotientenkörper des Integritätsringes der ganzen Zahlen) und

$$
\begin{aligned}
\underline{x}_1^* &= 2\zeta^3 + 4\zeta^4 + \zeta^5 + 5\zeta^6 \in \mathbb{Q}[[\zeta]], \\
\underline{x}_2^* &= 1 - 2\zeta - \zeta^4 + 2\zeta^5 \in \mathbb{Q}[[\zeta]].
\end{aligned}
$$

Dann gilt:

$$
\begin{aligned}
\underline{x}_1^* + \underline{x}_2^* &= 1 - 2\zeta + 2\zeta^3 + 3\zeta^4 + 3\zeta^5 + 5\zeta^6, \\
\underline{x}_1^* - \underline{x}_2^* &= -1 + 2\zeta + 2\zeta^3 + 5\zeta^4 - \zeta^5 + 5\zeta^6, \\
\underline{x}_1^* \cdot \underline{x}_2^* &= 2\zeta^3 - 7\zeta^5 + 3\zeta^6 - 12\zeta^7 + 7\zeta^9 - 3\zeta^{10} + 10\zeta^{11}.
\end{aligned}
$$

$\underline{x}_1^* : \underline{x}_2^*$ ergibt sich wie folgt:

$$
\begin{array}{l}
(2\zeta^3 + 4\zeta^4 + \zeta^5 + \quad 5\zeta^6) \quad : (1 - \quad 2\zeta - \quad \zeta^4 + 2\zeta^5) = 2\zeta^3 + 8\zeta^4 + 17\zeta^5 + \ldots \\
\underline{2\zeta^3 - 4\zeta^4 - 2\zeta^7 + \quad 4\zeta^8} \\
\qquad\quad 8\zeta^4 + \zeta^5 + \quad 5\zeta^6 + \quad 2\zeta^7 - \quad 4\zeta^8 \\
\qquad\quad \underline{8\zeta^4 - 16\zeta^5 - 8\zeta^8 + \quad 16\zeta^9} \\
\qquad\qquad\quad 17\zeta^5 + 5\zeta^6 + \quad 2\zeta^7 + \quad 4\zeta^8 - 16\zeta^9 \\
\qquad\qquad\quad \underline{17\zeta^5 - 34\zeta^6 - 17\zeta^9 + \quad 24\zeta^{10}} \\
\qquad\qquad\qquad\quad 39\zeta^6 \quad\; + 2\zeta^7 + 4\zeta^8 + \zeta^9 - 34\zeta^{10} \\
\qquad\qquad\qquad\qquad \cdots
\end{array}
\tag{3.58}
$$

$\square$

Wir wollen nun einige wichtige *Rechenregeln* der Zeta–Transformation angeben:

Addition und Faltung: Es seien $\underline{x}$ und $\underline{y}$ Wörter über dem gleichen Körper $(K, +, \cdot)$. Dann gilt mit $\underline{x} = (x_i)$, $\underline{y} = (y_i)$

$$
\underline{Z}(\underline{x} + \underline{y}) = \sum_{i=0}^{\infty} (x_i + y_i)\zeta^i = \sum_{i=0}^{\infty} x_i \zeta^i + \sum_{i=0}^{\infty} y_i \zeta^i,
$$

oder

$$
\underline{Z}(\underline{x} + \underline{y}) = \underline{Z}(x) + \underline{Z}(y) = \underline{x}^* + \underline{y}^*.
\tag{3.59}
$$

Für die Faltung zweier Wörter gilt

$$
\underline{Z}(\underline{x} * \underline{y}) = \sum_{i=0}^{\infty} \left(\sum_{j=0}^{i} x_j y_{i-j} \right) \zeta^i = \left(\sum_{i=0}^{\infty} x_i \zeta^i \right) \cdot \left(\sum_{j=0}^{\infty} y_j \zeta^j \right)
$$

und damit

$$
\underline{Z}(\underline{x} * \underline{y}) = \underline{Z}(\underline{x}) \cdot \underline{Z}(\underline{y}) = \underline{x}^* \cdot \underline{y}^*.
\tag{3.60}
$$

Skalarmultiplikation: Ist $\underline{x}$ ein Wort über dem Körper $(K, +, \cdot)$ und

$$\underline{a} = (a, 0, 0, \ldots) = a \in K,$$

so gilt

$$\underline{Z}(a\underline{x}) = \sum_{i=0}^{\infty} a x_i \zeta^i = a \sum_{i=0}^{\infty} x_i \zeta^i, \tag{3.61}$$

d. h.,

$$\underline{Z}(a\underline{x}) = a\underline{Z}(\underline{x}) = a\underline{x}^*.$$

Auf der rechten Seite der letzten Gleichung wurde vereinbarungsgemäß geschrieben

$$\underline{a}^* = a = a\zeta^0 + 0\zeta^1 + 0\zeta^2 + \ldots$$

Translation: Bezeichnet $\underline{x} = (x_0, x_1, x_2, \ldots)$ ein Wort, so gilt mit (3.31) bei einer Verschiebung um n Takte

$$\underline{S}^n(\underline{x}) = \underbrace{(0, 0, \ldots, 0,}_{n} x_0, x_1, x_2, \ldots) \tag{3.62}$$

beziehungsweise

$$\underline{S}^{-n}(\underline{x}) = (x_n, x_{n+1}, x_{n+2}, \ldots). \tag{3.63}$$

Wir bestimmen nun die Zeta-Transformierte der verschobenen Wörter und erhalten:

$$\underline{Z}(\underline{S}^n(\underline{x})) = \sum_{i=0}^{\infty} x_i \zeta^{i+n} = \zeta^n \cdot \sum_{i=0}^{\infty} x_i \zeta^i,$$

also

$$\underline{Z}(\underline{S}^n(\underline{x})) = \zeta^n \cdot \underline{Z}(\underline{x}) = \zeta^n \cdot \underline{x}^*. \tag{3.64}$$

Dabei wurde wieder vereinbarungsgemäß geschrieben

$$\zeta^n = 0\zeta^0 + 0\zeta^1 + \ldots + 0\zeta^{n-1} + 1\zeta^n + 0\zeta^{n+1} + \ldots$$

$$\underline{Z}(\underline{S}^{-n}(\underline{x})) = \sum_{i=n}^{\infty} x_i \zeta^{i-n} = \frac{\sum_{i=n}^{\infty} x_i \zeta^i}{\zeta^n} = \left(\sum_{i=0}^{\infty} x_i \zeta^i - \sum_{i=0}^{n-1} x_i \zeta^i \right) \zeta^{-n}$$

$$\underline{Z}(\underline{S}^{-n}(\underline{x})) = \frac{\underline{Z}(\underline{x})}{\zeta^n} - \frac{\sum_{i=0}^{n-1} x_i \zeta^i}{\zeta^n}. \tag{3.65}$$

(Die zuletzt durchgeführte Division durch ζ^n ist eine im Quotientenkörper $(Q_\zeta, +, \cdot)$ der formalen Potenzreihen erlaubte Rechenoperation!).

Speziell für $n = 1$ lautet die letzte Gleichung

$$\underline{Z}(\underline{S}^{-1}(\underline{x})) = \frac{\underline{Z}(\underline{x})}{\zeta} - \frac{x_0}{\zeta} = \frac{\underline{x}^*}{\zeta} - \frac{x_0}{\zeta}. \tag{3.66}$$

Periodisches Wort: Die Zeta–Transformierte des Wortes

$$\underline{x} = (\underbrace{1,0,0,\ldots,0}_{k}, a^k,0,0,\ldots,0,a^{2k},0,0,\ldots,0,a^{3k},0,\ldots)$$

mit $a \in K$ und $k \in \mathbb{N}$ lautet

$$\underline{Z}(\underline{x}) = 1 + a^k\zeta^k + a^{2k}\zeta^{2k} + a^{3k}\zeta^{3k} + \ldots = \frac{1}{1 - a^k\zeta^k}. \tag{3.67}$$

Der Beweis ergibt sich folgendermaßen: Zunächst ist

$$\underline{Z}(\underline{x}) = \sum_{i=0}^{\infty} a^{ki}\zeta^{ki}.$$

Multiplizieren wir diese Gleichung mit $1 - a^k\zeta^k$, so folgt

$$\begin{aligned}
(1 - a^k\zeta^k)\underline{Z}(\underline{x}) &= (1 - a^k\zeta^k) \cdot \sum_{i=0}^{\infty} a^{ki}\zeta^{ki} \\
&= \sum_{i=0}^{\infty} a^{ki}\zeta^{ki} - \sum_{i=0}^{\infty} a^{k(i+1)}\zeta^{k(i+1)} \\
&= \sum_{i=0}^{\infty} a^{ki}\zeta^{ki} - \sum_{i=1}^{\infty} a^{ki}\zeta^{ki} = a^0\zeta^0 = 1.
\end{aligned}$$

Nach Division durch $(1 - a^k\zeta^k)$ folgt unmittelbar (3.67). Setzen wir in dieser Gleichung speziell $k = 1$, so ist

$$\underline{Z}((a^i)) = \underline{Z}((1,a,a^2,a^3,\ldots)) = \frac{1}{1 - a\zeta}. \tag{3.68}$$

Das besonders Bemerkenswerte an den Gleichungen (3.67) und (3.68) ist, daß ein unendliches Wort bei der Darstellung als formale Potenzreihe (d. h. als Zeta–Transformierte) in einen endlichen Ausdruck übergeht. Wir demonstrieren das noch an folgendem

Beispiel: Gegeben sei das periodische Wort

$$\underline{x} = (2,0,2|1,0,0,2,0,0|1,0,0,2,0,0|\ldots)$$

über dem Körper $\mathbb{Q}$ mit der Periode $(1,0,0,2,0,0)$. Zu berechnen ist $\underline{Z}(\underline{S}^{-1}(\underline{x}))$. Mit (3.66) erhalten wir

$$\begin{aligned}
\underline{Z}(\underline{S}^{-1}(\underline{x})) &= \frac{\underline{x}^*}{\zeta} - \frac{\underline{x}_0}{\zeta} \\
&= \frac{2 + 2\zeta^2 + \zeta^3 + 2\zeta^6 + \zeta^9 + 2\zeta^{12} + \ldots}{\zeta} - \frac{2}{\zeta} \\
&= 2\zeta + \zeta^2 + 2\zeta^5 + \zeta^8 + 2\zeta^{11} + \ldots \\
&= 2\zeta + (\zeta^2 + 2\zeta^5)(1 + \zeta^6 + \zeta^{12} + \zeta^{18} + \ldots).
\end{aligned}$$

Mit (3.67) ist ($a = 1$, $k = 6$)

$$\underline{Z}(\underline{S}^{-1}(\underline{x})) = 2\zeta + \frac{\zeta^2 + 2\zeta^5}{1 - \zeta^6} = \frac{2\zeta + \zeta^2 + 2\zeta^5 - 2\zeta^7}{1 - \zeta^6}.$$

$\square$

Allgemein gilt

$$\underline{Z}((x_0, x_1, \ldots, x_{k-1} | x_C, x_1, \ldots, x_{k-1} | \ldots)) = \frac{1}{1 - \zeta^k} \sum_{t=0}^{k-1} x_t \zeta^t. \tag{3.69}$$

Für die Anwendungen wird die oben angegebene Regel (3.68) noch in einer etwas allgemeineren Form benötigt.

Bisher haben wir immer nur Signale über einem Körper betrachtet (d. h., die Buchstaben der Signale sind Elemente von K). In einem allgemeineren Fall kann man auch Signale über einem Ring bilden. Sie bilden bezüglich Addition und Faltung zwar wieder einen Ring, aber im allgemeinen keinen Integritätsring mehr.

Bekanntlich bildet die Menge der quadratischen Matrizen gleicher Zeilenzahl, deren Elemente einem Körper $(K, +, \cdot)$ angehören, einen assoziativen Ring mit Einselement (vgl. Abschn. 1.3.2). Bezeichnet A eine quadratische Matrix über dem Körper K, so kann einer Folge von Matrizen

$$(A^i) = (E, A, A^2, A^3, \ldots), \tag{3.70}$$

worin E die Einheitsmatrix

$$E = \begin{pmatrix} 1 & 0 & 0 & \cdots & 0 & 0 \\ 0 & 1 & 0 & & & \vdots \\ 0 & 0 & 1 & & & \\ \vdots & & & \ddots & & 0 \\ 0 & \cdots & & & 0 & 1 \end{pmatrix}$$

ist, eine Zeta–Transformierte zugeordnet werden. Man erhält dann anstelle von (3.68)

$$\underline{Z}((A^i)) = \underline{Z}((E, A, A^2, \ldots)) = \sum_{i=0}^{\infty} A^i \zeta^i = (E - A\zeta)^{-1}. \tag{3.71}$$

In dieser Gleichung, deren Gültigkeit sich durch Multiplikation mit $(\underline{E} - \underline{A}\zeta)$ ergibt (vgl. (3.67)), ist $(\underline{E} - \underline{A}\zeta)^{-1}$ das inverse Element zu $(\underline{E} - \underline{A}\zeta)$. Da wir es hier mit Elementen eines Ringes zu tun haben, tritt an die Stelle der Division die Multiplikation mit dem inversen Element, sofern es existiert.

Abschließend fassen wir noch einmal die Vorteile zusammen, die sich bisher ergeben haben, wenn man dazu übergeht, ein Wort über einem Körper $(K, +, \cdot)$ durch eine formale Potenzreihe (Zeta–Transformierte) darzustellen:

a) Die transformierten Wörter sind Elemente eines Quotientenkörpers, d. h., man kann mit ihnen die Rechenoperationen Addition, Multiplikation, Subtraktion und Division (mit Ausnahme der Division durch 0) uneingeschränkt und nach geläufigen Regeln ausführen.

b) Der komplizierten Operation der Faltung zweier Wörter im Originalbereich entspricht die einfachere Operation der Reihenmultiplikation bei der Darstellung im Bildbereich.

c) Bei der Darstellung unendlicher periodischer Wörter durch formale Potenzreihen erhält man endliche Ausdrücke (Quotienten von Polynomen).

d) Die Translation (insbesondere für $n > 0$ und $n = -1$) läßt sich sehr einfach angeben.

e) Spezielle (und in den Anwendungen wichtige) Signale sind durch einfache geschlossene Ausdrücke darstellbar (z. B. das Signal $\underline{x} = (a^i) = (1, a, a^2, \ldots)$).

3.1.3　Restklassenring

3.1.3.1　Kongruenz modulo p

Im Abschnitt 1.3.2.2 wurde die algebraische Struktur des Ringes $(A, *, \nabla)$ betrachtet. Dabei bildet definitionsgemäß $(A, *)$ eine Abelsche Gruppe (Modul), (A, ∇) ist ein Gruppoid, und die Operation ∇ ist distributiv bezüglich der Operation $*$. In der Mathematik kennt man eine Vielzahl von Ringen, die zusätzliche Eigenschaften besitzen, die über die entsprechend der Definition geforderten hinausgehen.

Betrachten wir als Beispiel den Ring $(\mathbb{Z}, +, \cdot)$ der ganzen Zahlen mit der Addition und Multiplikation. Dieser Ring besitzt zusätzlich zu den geforderten noch die folgenden Eigenschaften:

a) Die Operation $\cdot$ ist assoziativ und kommutativ;

b) Aus $x_1 \cdot x_2 = 0$ folgt $x_1 = 0 \vee x_2 = 0$ $(x_1, x_2 \in \mathbb{Z})$ (Der Ring besitzt keine Nullteiler);

c) Es gibt ein neutrales Element bezüglich der Multiplikation (1–Element): $x \cdot 1 = 1 \cdot x = x$ $(1, x \in \mathbb{Z})$;

d) Eine *Division mit Rest* ist möglich, d. h., es gilt mit

$$\frac{x_1}{p} = q + \frac{r}{p} \qquad (x_1, p, q, r \in \mathbb{Z}) \tag{3.72-a}$$
$$|r| < |p|.$$

Aus der letzten Gleichung folgt, daß sich jedes $x \in \mathbb{Z}$ für ein gegebenes $p \in \mathbb{Z}$ in der Form

$$x = q \cdot p + r \qquad (|r| < |p|) \tag{3.72-b}$$

darstellen läßt. Das Element r bezeichnet man gewöhnlich als *Rest*, und es gilt

$$r \in \mathbb{Z}_p = \{0, 1, 2, \ldots, |p| - 1\} \subset \mathbb{Z}. \tag{3.72-c}$$

Jedem $p \in \mathbb{Z}$ ist damit eine *Restmenge* $\mathbb{Z}_p$ zugeordnet. So gilt z. B. für $p = -4$

$$\mathbb{Z}_{-4} = \{0, 1, 2, 3\} = \mathbb{Z}_4,$$

und man kann mit (3.72-b) schreiben

$$23 = (-5) \cdot (-4) + 3, \qquad r = 3 \in \mathbb{Z}_{-4}$$
$$-23 = 6 \cdot (-4) + 1, \qquad r = 1 \in \mathbb{Z}_{-4}$$

usw.

Ringe, die zunächst zu den Ringeigenschaften noch die Eigenschaften a) bis d) oder einige davon haben, kommen der Struktur eines Körpers bereits recht nahe. Man nennt Ringe mit den genannten Eigenschaften a) bis d) *Euklidische Ringe*. Der Ring der ganzen Zahlen $\mathbb{Z}$ ist damit nicht nur ein Integritätsring, sondern sogar ein Euklidischer Ring.

Ausgehend von (3.80) wird nun die *Kongruenz* zweier ganzer Zahlen *modulo p* wie folgt definiert:

Haben zwei Zahlen $x_1 \in \mathbb{Z}$ und $x_2 \in \mathbb{Z}$ bei der Division durch $p \in \mathbb{Z}$ den gleichen Rest $r \in \mathbb{Z}_p$, so heißen diese beiden Zahlen kongruent modulo p, in Zeichen:

$$x_1 \stackrel{p}{\equiv} x_2 \qquad \text{oder} \qquad x_1 \equiv x_2 (\text{mod } p). \tag{3.73}$$

Dieser Sachverhalt kann kurz auf die Form

$$x_1 \stackrel{p}{\equiv} x_2 \quad \Leftrightarrow \quad (x_1 = q_1 p + r) \wedge (x_2 = q_2 p + r) \tag{3.74}$$
$$x_1 - x_2 = q_3 p \qquad (r \in \mathbb{Z}_p)$$

gebracht werden.

Beispiel: Die Zahlen 8 und 29 sind kongruent modulo 3, d.h., es gilt

$$8 \stackrel{3}{\equiv} 29$$

denn es ist

$$8 = 2 \cdot 3 + 2, \qquad 29 = 9 \cdot 3 + 2, \qquad 29 - 8 = 7 \cdot 3.$$

Bei der Division der beiden Zahlen 8 und 29 durch 3 tritt der gleiche Rest 2 auf. Für die Zahl 2 gilt natürlich ebenfalls $2 \stackrel{3}{\equiv} 8$ und $2 \stackrel{3}{\equiv} 29$.

Die in (3.73) bzw. (3.74) definierte Kongruenz modulo p stellt eine Äquivalenzrelation (vgl. Abschn. 1.2.1.3) dar. Die Menge $\mathbb{Z}$ der ganzen Zahlen wird duch diese Relation in Äquivalenzklassen eingeteilt. Jede Äquivalenzklasse kann durch ein Element der Restmenge $\mathbb{Z}_p$ repräsentiert werden.

So haben wir im letzten Beispiel die durch $\mathbb{Z}_3 = \{0, 1, 2\}$ gegebenen Klassen

$$[0] = \{\ldots, -6, -3, 0, 3, 6, 9, \ldots\},$$
$$[1] = \{\ldots, -5, -2, 1, 4, 7, 10, \ldots\},$$
$$[2] = \{\ldots, -4, -1, 2, 5, 8, 11, \ldots\}.$$

$\square$

Alle Elemente einer Klasse sind kongruent modulo p. Man braucht diese Elemente nicht mehr voneinander zu unterscheiden und kann sie durch einen Repräsentanten aus der Restmenge $\mathbb{Z}_p$ ersetzen.

3.1.3.2   Restklassenring modulo p

Wie aus (3.72-c) hervorgeht, ist jeder ganzen Zahl $p \in \mathbb{Z}$ eine Restmenge

$$\mathbb{Z}_p = \{0, 1, 2, \ldots, |p| - 1\}$$

zugeordnet. Diese Menge enthält die Zahl 0 und natürliche Zahlen, so daß man besser schreibt

$$\mathbb{Z}_p = \{0, 1, 2, \ldots, p - 1\} \qquad (p \in \mathbb{N}).$$

Auf der Menge $\mathbb{Z}_p$ sollen nun zwei (innere) Operationen so definiert werden, daß ein Ring entsteht.

Wir definieren also:

1. Operation (*Addition modulo p*):

$$\oplus: \quad x_1 \oplus x_2 = x: \quad x \overset{p}{\equiv} (x_1 + x_2). \tag{3.75-a}$$

2. Operation (*Multiplikation modulo p*):

$$\odot: \quad x_1 \odot x_2 = x': \quad x' \overset{p}{\equiv} (x_1 x_2). \tag{3.75-b}$$

Dabei gilt $x_1, x_2, x, x' \in \mathbb{Z}_p$.
Diese Operationen werden wie folgt ausgeführt:

Zunächst werden die Zahlen x_1 und x_2 im üblichen Sinn miteinander verknüpft (addiert oder multipliziert). Ist das Ergebnis ein Element von $\mathbb{Z}_p$, so ist es auch das gesuchte Ergebnis der entsprechenden Modulo–Operation. Ist das Ergebnis kein Element von $\mathbb{Z}_p$, so wird das Ergebnis durch p dividiert, und der Divisionsrest ist das gesuchte Ergebnis der Modulo–Operation.

Beispiele: Addition modulo 5 : $4 \oplus 2 = 1$,
   Multiplikation modulo 5 : $4 \odot 2 = 3$. $\square$
   Von besonderer Bedeutung sind nun die folgenden Sätze:

1. Die algebraische Struktur $(\mathbb{Z}_p, \oplus, \odot)$ mit den Operationen $\oplus$ und $\odot$ (Addition und Multiplikation modulo p) bildet einen Ring. Dieser Ring heißt *Restklassenring modulo p*.

2. Ein Restklassenring $(\mathbb{Z}_p, \oplus, \odot)$ bildet genau dann einen Körper, wenn p eine Primzahl ist. Man nennt den Körper in diesem Fall ein *Galois–Feld* und schreibt

$$(\mathbb{Z}_p, \oplus, \odot) = GF(p).$$

Beispiele: Galois–Felder sind die nachstehend angegebenen Strukturen $GF(2)$ und $GF(3)$ mit ihren Operationstafeln:

$$GF(2), \qquad \mathbb{Z}_2 = \{0,1\}$$

$\oplus$	0	1
0	0	1
1	1	0

$\odot$	0	1
0	0	0
1	0	1

$$GF(3), \qquad \mathbb{Z}_3 = \{0,1,2\}$$

$\oplus$	0	1	2
0	0	1	2
1	1	2	0
2	2	0	1

$\odot$	0	1	2
0	0	0	0
1	0	1	2
2	0	2	1

Es läßt sich leicht zeigen, daß es sich bei den angegebenen Strukturen wirklich um Körper handelt (Aufgabe 3.1-6). □

Wie die angegebenen Beispiele zeigten, ist es möglich, aus dem Euklidischen Ring der ganzen Zahlen einen Restklassenring modulo p bzw. einen endlichen Körper zu bilden (wenn p eine Primzahl ist). Man kann zeigen, daß auf entsprechende Weise aus jedem Euklidischen Ring (z. B aus dem Ring der Polynome mit Koeffizienten aus einem Körper) ein neuer Körper konstruiert werden kann.

3.1.4 Aufgaben zum Abschnitt 3.1

3.1-1 Gegeben ist die algebraische Struktur $(L, \dot{+})$ mit

$$L = \left\{ \sum_{\nu=0}^{n} \alpha_\nu x^\nu \,|\, \alpha_\nu \in \mathbb{R}, n \in \{0,1,2,3\} \right\}$$

und der Operation $\dot{+} : L \times L \to L$ (Polynomaddition).

a) Man zeige, daß (L, K) einen linearen Raum über dem Körper der reellen Zahlen bildet ($K = \mathbb{R}$)!

b) Man untersuche die Elemente $x_i \in L$ auf lineare Unabhängigkeit:
$$x_1 = 6x^2 + 4, \quad x_2 = 4x^3 + x^2 + 5x, \quad x_3 = 4x^3, \quad x_4 = 9x^2 + 6.$$

c) Bilden die folgenden Teilmengen $B_i \subset L$ Systeme linear unabhängiger Vektoren?
$$B_1 = \{1, -3x, 2x^3\}, \qquad B_3 = \{1, x, x^2, x^3\},$$
$$B_2 = \{x - 1, 2x^2, -4x^2\}, \qquad B_4 = \{1, x + 1, x^2 + 2x + 1, x^3 + 3x^2 + 3x + 1\}.$$

d) Welche der unter c) gegebenen Teilmengen von L bilden eine Basis von L? Welche Dimension hat L?

e) Man stelle das Polynom $x_1 = 6x^2 + 4 \in L$ mit Hilfe der unter d) gefundenen Basen dar!

f) Man zeige, daß die Abbildung (Polynomdifferentiation)
$$\Phi : L \to L, \qquad \Phi(x_\nu) = \frac{d}{dx} x_\nu$$
linear ist!

3.1-2 Es sei
$$\underline{A}_{33} = \{A = ((a_{ik})) \,|\, a_{ik} \in \mathbb{R}; i, k = 1, 2, 3\}$$

die Menge aller dreireihigen quadratischen Matrizen und $\dot{+}$ die Matrizenaddition.

a) Man zeige, daß $(\underline{A}_{33}, K)$ einen linearen Raum L über dem Körper der reellen Zahlen bildet $(K = \mathbb{R})$!

b) Man gebe eine Basis von L an und stelle die Matrix

$$\begin{pmatrix} 3 & -1 & 0 \\ 0 & 2 & 0 \\ \pi & 0 & \sqrt{5} \end{pmatrix} \in \underline{A}_{33}$$

mit ihrer Hilfe dar! Welche Dimension hat L?

c) Man zeige, daß die Abbildung

$$\Phi : \mathbb{R}^3 \to \mathbb{R}^3, \qquad \Phi(x_1, x_2, x_3) = A \begin{pmatrix} x_1 \\ x_2 \\ x_3 \end{pmatrix}$$

linear ist!

3.1-3 Für die periodischen Wörter

$$\begin{aligned} \underline{x}_1 &= (1, 0, 0, 2, 1|0, 1, 2|0, 1, 2|\ldots) \\ \underline{x}_2 &= (0, 0, 1, 2|1, 2, 1|1, 2, 1|\ldots) \end{aligned}$$

mit Elementen aus dem Körper $\mathbb{Q}$ der rationalen Zahlen sind anzugeben:

a) $\underline{x}_1 + \underline{x}_2$ b) $\underline{x}_1 * \underline{x}_2$

c) die Zeta–Transformierten $\underline{x}_1^*$ und $\underline{x}_2^*$ in endlicher Form

d) $\underline{x}_1^* \cdot \underline{x}_2^*$ e) $\underline{x}_1^*/\underline{x}_2^*$

3.1-4 Gegeben ist die Zeta–Transformierte

$$\underline{Z}(\underline{x}) = \underline{x}^* = \frac{1 + 3\zeta^2 + 3\zeta^3 + 3\zeta^4}{1 + 4\zeta^2}$$

Man gebe das zugehörige Wort $\underline{x} = \underline{Z}^{-1}(\underline{x}^*)$ über dem Körper $\mathbb{Q}$ der rationalen Zahlen an!

3.1-5 Gegeben seien die Wörter

$$\underline{x}_1 = (1, 0, 1, 0, 1) \quad \text{und} \quad \underline{x}_2 = (1, 1, 1, 1, 1),$$

deren Buchstaben Elemente von $B = \{0, 1\}$ sind, für welche die Rechenregeln

+	0	1		·	0	1
0	0	1		0	0	0
1	1	0		1	0	1

gelten.

a) Man berechne die Wörter $\underline{x}_1 + \underline{x}_2$ und $\underline{x}_1 * \underline{x}_2$!

b) Man bestimme $\underline{x}_1^* = \underline{Z}(\underline{x}_1)$ und $\underline{x}_2^* = \underline{Z}(\underline{x}_2)$ und gebe $\underline{x}_1^* \cdot \underline{x}_2^*$ an!

c) Man zeige an diesem Beispiel, daß

$$\underline{Z}(\underline{x}_1 * \underline{x}_2) = \underline{x}_1^* \cdot \underline{x}_2^*$$

gilt!

3.1-6 Man zeige, daß $GF(3) = (\{0, 1, 2\}, \oplus, \odot)$ ein Körper ist! Die Operationen $\oplus$ und $\odot$ bezeichnen die Addition und Multiplikation modulo 3.

3.1-7 Man zeige, daß $(\mathbb{Z}_4, \oplus, \odot) = (\{0, 1, 2, 3\}, \oplus, \odot)$ einen Ring, aber keinen Körper bildet! ($\oplus$ ist die Addition und $\odot$ die Multiplikation modulo 4.)

3.1-8 Gegeben ist der Körper $GF(5) = (\mathbb{Z}_5, \oplus, \odot)$.

a) Man gebe die Operationstabellen für $\oplus$ und $\odot$ an!

b) Man gebe die inversen Elemente von $x \in \mathbb{Z}_5$ bezüglich $\oplus$ und von $x \in \mathbb{Z}_5 \setminus \{0\}$ bezüglich $\odot$ an!

c) Man gebe für das lineare Gleichungssystem

$$(2 \odot x_1) \oplus (3 \odot x_2) = 3$$
$$x_1 \ominus x_2 = 0$$

die Lösungen x_1 und x_2 an!

3.1-9 Man löse die Aufgabe 3.1-3 für den Fall, daß die gegebenen Wörter $\underline{x}_1$ und $\underline{x}_2$ Buchstaben aus dem Körper $GF(3)$ enthalten!

3.1-10 Man gebe zu

$$\underline{x}^* = \frac{1 + 3\zeta^2 + 3\zeta^3 + 3\zeta^4}{1 + 4\zeta^2} \qquad \text{(vgl. Aufgabe 3.1-4)}$$

das zugehörige Wort $\underline{x} = \underline{Z}^{-1}(\underline{x}^*)$ über dem Körper $GF(5)$ an!

3.1-11 Gegeben ist die Matrix

$$A = \begin{pmatrix} 1 & 0 & 2 \\ 0 & 1 & 1 \\ 0 & 0 & 2 \end{pmatrix}$$

mit Elementen aus dem Körper $GF(3)$.

a) Man bestimme die Zeta-Transformierte $\underline{\Phi}^*$ von

$$\underline{\Phi} = (E, A, A^2, A^3, \ldots)$$

b) Man zeige, daß das Ergebnis von a) auch durch Berechnung von $\underline{\Phi}^* = (E - A\zeta)^{-1}$ erhalten werden kann! (E ist die Einheitsmatrix.)

3.2 Systembeschreibung

3.2.1 Zustandsbeschreibung

3.2.1.1 Zustandsgleichungen

Bei der Betrachtung des sequentiellen Automaten im Kapitel 2 hatten wir die drei Alphabete, Eingabealphabet X, Ausgabealphabet Y und Zustandsalphabet Z als beliebige Mengen X, Y und Z eingeführt. Der wesentliche Unterschied gegenüber den früheren Ausführungen besteht nun darin, daß wir diese Alphabete als lineare Räume (über dem gleichen Körper) voraussetzen. Es gelten also nunmehr die folgenden Annahmen:

a) Die Alphabete X, Y und Z bilden Vektorräume (z. B. $X = ((X, \dotplus), K)$) der Dimensionen q, m und n über dem gleichen Körper $K = GF(p)$ als Operatorbereich (p: Primzahl). Es ist also

$$x = \begin{pmatrix} x_1 \\ x_2 \\ \vdots \\ x_q \end{pmatrix}, \quad y = \begin{pmatrix} y_1 \\ y_2 \\ \vdots \\ y_m \end{pmatrix}, \quad z = \begin{pmatrix} z_1 \\ z_2 \\ \vdots \\ z_n \end{pmatrix}$$

für alle $x \in X$, $y \in Y$ und $z \in Z$. Dabei ist q die Anzahl der Eingänge, m die Anzahl der Ausgänge und n die Anzahl der Speicherelemente des Automaten.

b) Überführungsfunktion f und Ergebnisfunktion g sind lineare Abbildungen (vgl. (3.22)) d. h., es gilt

$$\begin{aligned} f(z \dotplus z', x \dotplus x') &= f(z, x) \dotplus f(z', x') \\ f(\alpha \cdot z, \alpha \cdot x) &= \alpha \cdot f(z, x) \end{aligned} \qquad (3.76)$$

und

$$g(z \dotplus z', x \dotplus x') = g(z, x) \dotplus g(z', x') \qquad (3.77)$$

wobei

$$x, x' \in X; \quad z, z' \in Z; \quad \alpha \in K = GF(p).$$

Bemerkung: Mit (3.22) wurde der Begriff der linearen Abbildung $\Phi : L \to L'$ eingeführt. Die Abbildungen f und g sind aber Abbildungen vom Typ $f : Z \times X \to Z$ bzw. $g : Z \times X \to Y$. Man muß also bei der Herleitung von (3.76) bzw. (3.77) so vorgehen, daß man zunächst einen *Produktraum* $Z \times X$ konstruiert. Es ist leicht einzusehen, daß $Z \times X$ mit der inneren Operation

$$\dotplus : (z, x) \dotplus (z', x') = (z \dotplus z', x \dotplus x')$$

eine Abelsche Gruppe und mit der äußeren Operation

$$\bullet : \alpha \bullet (z, x) = (\alpha \cdot z, \alpha \cdot x) \qquad (\alpha \in K)$$

einen Vektorraum über K bildet. Dann sind Überführungsfunktion f und Ergebnisfunktion g lineare Abbildungen bezüglich $Z \times X$, d. h. es gilt

$$f\left((z,x)+(z',x')\right) = f(z,x)\dot{+}f(z',x')$$

$$f\left(\alpha \bullet (z,x)\right) = \alpha \cdot f(z,x)$$

und entsprechendes für g. Damit sind (3.76) und (3.77) bestätigt.

Aus (3.76) und (3.77) ergeben sich nachstehende Folgerungen:

Indem wir jeweils in den ersten Gleichungen x und x' miteinander vertauschen und
anschließend $x' = 0$ und $z' = 0$ setzen, erhalten wir die Darstellung

$$f(z,x) \;=\; f(z,0)\dot{+}f(0,x) \tag{3.78}$$
$$g(z,x) \;=\; g(z,0)\dot{+}g(0,x). \tag{3.79}$$

Die Nullelemente $0 \in X$ und $0 \in Z$ wurden hier nicht voneinander unterschieden; aus
der Stellung dieser Elemente ist unmittelbar ersichtlich, welches Nullelement gemeint
ist.

Die letzten Gleichungen stellen bereits eine erhebliche Vereinfachung der Darstel-
lung der Abbildungen f und g dar. Weitere Vereinfachungen ergeben sich, wenn die
Elemente $x \in X$ und $z \in Z$ auf die Basiselemente dieser Vektorräume bezogen werden.
Bekanntlich läßt sich nach (3.12) jedes $z \in Z$ durch Basisvektoren in der Form

$$z = \sum_{j=1}^{n} z_j \cdot b_j \tag{3.80}$$

darstellen, worin die $b_j \in B \subset Z$ die Basisvektoren (B Basis) und die $z_j \in K = GF(p)$
Elemente des Körpers sind. Damit erhalten wir z. B.

$$f(z,0) = f\left(\sum_{j=1}^{n} z_j \cdot b_j, 0\right) = \sum_{j=1}^{n} f(z_j \cdot b_j, 0) = \sum_{j=1}^{n} z_j \cdot f(b_j, 0). \tag{3.81}$$

Für den ersten Schritt der Umrechnung wurde die erste und für den zweiten Schritt die
zweite Gleichung von (3.76) benutzt. Eine entsprechende Umformung läßt sich auch
für die anderen Summanden in (3.78) und (3.79) durchführen, so daß man schließlich

$$f(z,x) \;=\; \sum_{j=1}^{n} z_j \cdot f(b_j, 0) + \sum_{j=1}^{q} x_j \cdot f(0, b'_j) \tag{3.82}$$

$$g(z,x) \;=\; \sum_{j=1}^{n} z_j \cdot g(b_j, 0) + \sum_{j=1}^{q} x_j \cdot g(0, b'_j) \tag{3.83}$$

erhält. In dieser Gleichung müssen die Basisvektoren $b_j \in Z$ von den Basisvektoren
$b'_j \in X$ unterschieden werden.

Beziehen wir (vgl. (2.83)) auch

$$z' = f(z,x) \in Z \tag{3.84}$$

und

$$y = g(z, x) \in Y \tag{3.85}$$

auf die ensprechenden Basen, d. h., schreiben wir mit (3.80)

$$z' = \sum_{i=1}^{n} z'_i \cdot b_i \tag{3.86}$$

und

$$y = \sum_{i=1}^{m} y_i \cdot b''_i \qquad (b''_i \in Y) \tag{3.87}$$

und beachten ferner, daß in (3.82) $f(b_j, 0) \in Z$ und $f(0, b'_j) \in Z$ sowie in (3.83) $g(b_j, 0) \in Y$ und $g(0, b'_j) \in Y$ ebenfalls in dieser Weise auf die Basis bezogen werden kann, so gilt mit

$$f(b_j, 0) = \sum_{i=1}^{n} \alpha_{ij} \cdot b_i, \quad f(0, b'_j) = \sum_{i=1}^{n} \beta_{ij} \cdot b_i \tag{3.88}$$

$$g(b_j, 0) = \sum_{i=1}^{m} \gamma_{ij} \cdot b''_i, \quad g(0, b'_j) = \sum_{i=1}^{m} \delta_{ij} \cdot b''_i \tag{3.89}$$

nach Einsetzen in (3.82) und (3.83)

$$\sum_{i=1}^{n} z'_i \cdot b_i = \sum_{j=1}^{n}\sum_{i=1}^{n} (z_j \alpha_{ij}) \cdot b_i + \sum_{j=1}^{q}\sum_{i=1}^{n} (x_j \beta_{ij}) \cdot b_i \tag{3.90}$$

$$\sum_{i=1}^{m} y_i \cdot b''_i = \sum_{j=1}^{n}\sum_{i=1}^{m} (z_j \gamma_{ij}) \cdot b''_i + \sum_{j=1}^{q}\sum_{i=1}^{m} (x_j \delta_{ij}) \cdot b''_i. \tag{3.91}$$

Dabei bedeutet

$$z_j \alpha_{ij} = z_j \odot \alpha_{ij} \quad (\text{Multiplikation mod } p)$$
$$x_j \beta_{ij} = x_j \odot \beta_{ij} \quad \text{usw.}$$

In den letzten beiden Gleichungen haben wir auf beiden Seiten die gleichen Basiselemente. Die Gleichungen können also nur dann gelten, wenn auch die entsprechenden Körperelemente (Koordinaten) übereinstimmen. Es muß also gelten

$$z'_i = \sum_{j=1}^{n} \alpha_{ij} z_j + \sum_{j=1}^{q} \beta_{ij} x_j \quad (i = 1, 2, \dots, q) \tag{3.92}$$

$$y_i = \sum_{j=1}^{n} \gamma_{ij} z_j + \sum_{j=1}^{q} \delta_{ij} x_j \quad (i = 1, 2, \dots, m) \tag{3.93}$$

wenn noch $+$ statt $\oplus$ (Addition mod p) geschrieben wird. Beachten wir noch, daß z' den Zustand im nächstfolgenden Taktzeitpunkt kennzeichnet, so folgt

$$
\begin{aligned}
\underline{z}_i(t+1) &= \sum_{j=1}^{n} \alpha_{ij}\underline{z}_j(t) + \sum_{j=1}^{q} \beta_{ij}\underline{x}_j(t) \\
&= f_i(\underline{z}_1(t), \ldots, \underline{z}_n(t); \underline{x}_1(t), \ldots, \underline{x}_q(t))
\end{aligned}
\tag{3.94}
$$

$$
\begin{aligned}
\underline{y}_i(t) &= \sum_{j=1}^{n} \gamma_{ij}\underline{z}_j(t) + \sum_{j=1}^{q} \delta_{ij}\underline{x}_j(t) \\
&= g_i(\underline{z}_1(t), \ldots, \underline{z}_n(t); \underline{x}_1(t), \ldots, \underline{x}_q(t)).
\end{aligned}
\tag{3.95}
$$

Dieses insgesamt aus $n+m$ Gleichungen bestehende Gleichungssystem läßt sich einfacher und übersichtlicher in Matrizenform wie folgt darstellen:

$$
\begin{aligned}
\underline{z}(t+1) &= A\underline{z}(t) + B\underline{x}(t) \tag{3.96} \\
\underline{y}(t) &= C\underline{z}(t) + D\underline{x}(t). \tag{3.97}
\end{aligned}
$$

Die Gleichungen (3.96) und (3.97) bilden die *Zustandsgleichungen* eines *linearen Automaten*. Darin bedeuten

$$
\underline{x}(t) = \begin{pmatrix} \underline{x}_1(t) \\ \vdots \\ \underline{x}_q(t) \end{pmatrix}, \quad
\underline{y}(t) = \begin{pmatrix} \underline{y}_1(t) \\ \vdots \\ \underline{y}_m(t) \end{pmatrix}, \quad
\underline{z}(t) = \begin{pmatrix} \underline{z}_1(t) \\ \vdots \\ \underline{z}_n(t) \end{pmatrix}
\tag{3.98}
$$

Eingabebuchstabe, Ausgabebuchstabe und Zustand im Takt t, $\underline{z}(t+1)$ ist der Zustand im Takt $t+1$ und

$$
\begin{aligned}
A &= \begin{pmatrix} \alpha_{11} & \cdots & \alpha_{1n} \\ \vdots & & \vdots \\ \alpha_{n1} & \cdots & \alpha_{nn} \end{pmatrix} \quad
B = \begin{pmatrix} \beta_{11} & \cdots & \beta_{1q} \\ \vdots & & \vdots \\ \beta_{n1} & \cdots & \beta_{nq} \end{pmatrix} \\[2ex]
C &= \begin{pmatrix} \gamma_{11} & \cdots & \gamma_{1n} \\ \vdots & & \vdots \\ \gamma_{m1} & \cdots & \gamma_{mn} \end{pmatrix} \quad
D = \begin{pmatrix} \delta_{11} & \cdots & \delta_{1q} \\ \vdots & & \vdots \\ \delta_{m1} & \cdots & \delta_{mq} \end{pmatrix}
\end{aligned}
\tag{3.99}
$$

sind konstante Matrizen, deren Elemente dem Körper $K = GF(p)$ (p: Primzahl) angehören.

Aus den Gleichungen (3.94) und (3.95) ist sofort ersichtlich, welche *Grundschaltelemente* wir benötigen, wenn wir einen linearen Automaten (elektrisch) realisieren wollen. In Abb. 3.7 sind diese Schaltelemente zusammengestellt.

Die Multiplikation mit einer Konstanten α wird durch einen *Verstärker* (Abb. 3.7a) realisiert. Jeder Buchstabe eines eingegebenen Wortes $\underline{x}$ wird mit der Konstanten α multipliziert, so daß am Ausgang das Wort $\alpha \cdot \underline{x}$ erscheint. Zur Summenbildung dient das *Addierglied* (Abb. 3.7b), das am Ausgang die buchstabenweise gebildete Summe der eingegebenen Wörter liefert. Bei diesen Operationen müssen selbstverständlich die für endliche Körper gültigen Rechenregeln beachtet werden(!) Als letztes Bauelement benötigen wir schließlich noch zur Realisierung der Zeitverzögerung das bereits

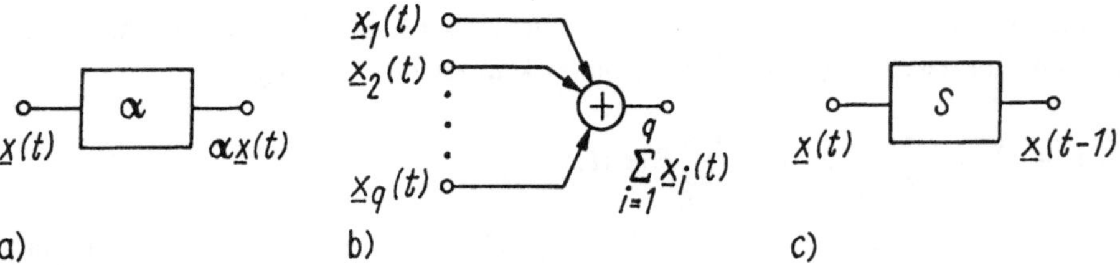

Abb. 3.7. Grundschaltelemente des linearen Automaten: a) Verstärker; b) Addierstufe; c) Speicher.

im Abschnitt 2.3.1.1 eingeführte *Speicherelement* (Abb. 3.7c), an dessen Ausgang der Buchstabe $\underline{x}(t-1)$ erscheint, wenn $\underline{x}(t)$ eingegeben wird.

Das Blockschaltbild des linearen Automaten läßt sich unmittelbar aus dem im Abschnitt 2.3.1.2 angegebenen allgemeinen Blockschaltbild des Automaten ableiten. Die Blöcke für die Überführungsfunktion f und die Ergebnisfunktion g müssen nur entsprechend (3.94) und (3.95) spezialisiert werden. Wir erhalten dann die in Abb. 3.8 gezeigte Darstellung.

3.2.1.2 Lösung im Bildbereich

Die Zustandsgleichungen des allgemeinen Automaten lassen sich (von Sonderfällen abgesehen) nur schrittweise lösen, indem man bei $t = 0$ beginnend die Lösung von Taktzeitpunkt zu Taktzeitpunkt rekursiv entwickelt. Bei einem linearen Automaten haben sich diese Gleichungen jedoch so stark vereinfacht, daß eine geschlossene Lösung möglich ist.

Aus (3.94) erhält man zunächst

$$\underline{z}_i(t+1) = \sum_{j=1}^{n} \alpha_{ij}\underline{z}_j(t) + \sum_{j=1}^{q} \beta_{ij}\underline{x}_j(t). \tag{3.100}$$

Setzen wir nun noch mit (3.31)

$$\underline{z}_i(t+1) = \left(\underline{S}^{-1}(\underline{z}_i)\right)(t) \tag{3.101}$$

in (3.100) ein, so entsteht

$$\left(\underline{S}^{-1}(\underline{z}_i)\right)(t) = \sum_{j=1}^{n} \alpha_{ij}\underline{z}_j(t) + \sum_{j=1}^{q} \beta_{ij}\underline{x}_j(t). \tag{3.102}$$

Da diese Gleichung für jeden beliebigen Taktzeitpunkt t gilt, erhalten wir eine Beziehung zwischen den Wörtern, nämlich

$$\underline{S}^{-1}(\underline{z}_i) = \sum_{j=1}^{n} \alpha_{ij}\underline{z}_j + \sum_{j=1}^{q} \beta_{ij}\underline{x}_j. \tag{3.103}$$

Auf die letzte Gleichung soll die Zeta–Transformation angewandt werden. Wir erhalten mit (3.59) und (3.66)

$$\frac{z_i^*}{\zeta} - \frac{\underline{z}_i(0)}{\zeta} = \sum_{j=1}^{n} \alpha_{ij}z_j^* + \sum_{j=1}^{q} \beta_{ij}\underline{x}_j^* \tag{3.104}$$

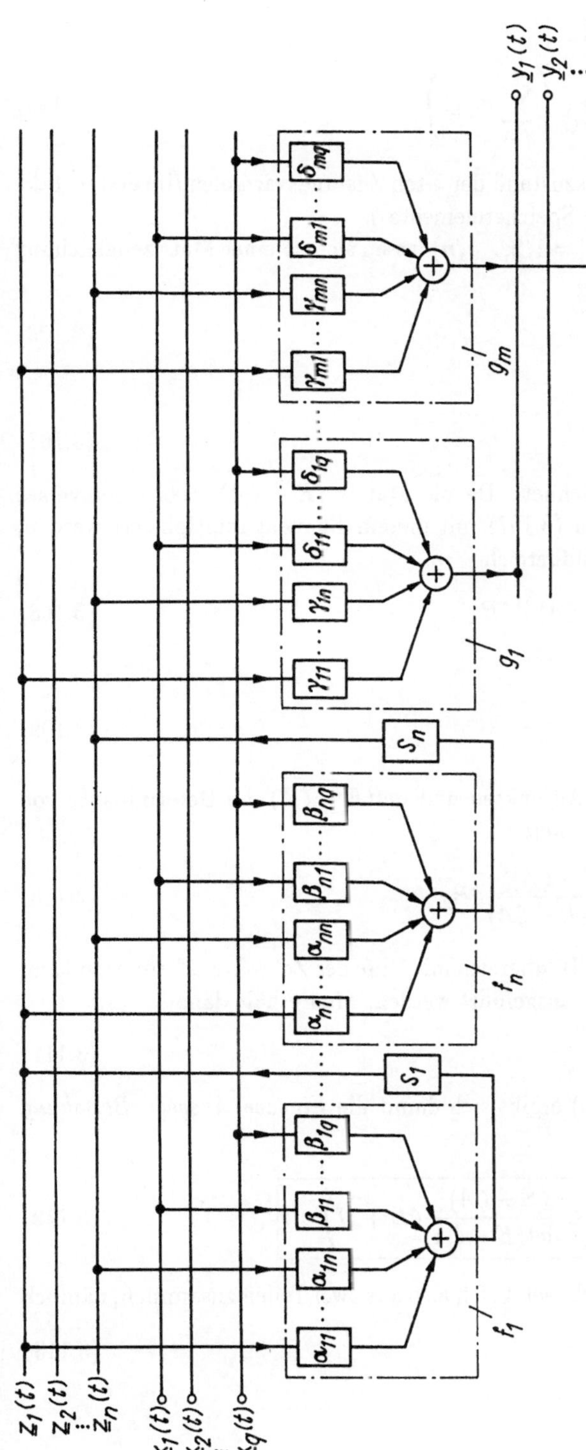

Abb. 3.8. Blockschaltbild eines linearen Automaten.

oder nach Multiplikation mit ζ

$$\underline{z}_i^* - \underline{z}_i(0) = \zeta \left(\sum_{j=1}^{n} \alpha_{ij} \underline{z}_j^* \right) + \zeta \left(\sum_{j=1}^{q} \beta_{ij} \underline{x}_j^* \right). \tag{3.105}$$

Dabei bezeichnet $z_i(0)$ den Anfangszustand der i-ten Zustandsvariablen (im ersten Takt ausgegebener Buchstabe des i-ten Speicherelementes).

Die insgesamt n Gleichungen ($i = 1, 2, \ldots, n$) lassen sich zu einer Matrizengleichung zusammenfassen. Man erhält dann

$$\underline{z}^* - \underline{z}(0) = \zeta A \underline{z}^* + \zeta B \underline{x}^* \tag{3.106}$$

und nach Umstellung

$$(E - \zeta A)\underline{z}^* = \underline{z}(0) + \zeta B \underline{x}^*, \tag{3.107}$$

worin E die Einheitsmatrix bezeichnet. Da die Matrix $(E - \zeta A)$ stets ein inverses Element $(E - \zeta A)^{-1}$ besitzt, kann (3.107) mit diesem Element multipliziert werden, und wir erhalten als Lösung im Bildbereich

$$\underline{z}^* = (E - \zeta A)^{-1} \underline{z}(0) + (E - \zeta A)^{-1} \zeta B \underline{x}^*. \tag{3.108}$$

Setzen wir noch

$$(E - \zeta A)^{-1} = \frac{(E - \zeta A)^+}{\det(E - \zeta A)} \tag{3.109}$$

worin $(E - \zeta A)^+$ die Matrix der Adjunkten und $\det(E - \zeta A)$ die Determinante von $E - \zeta A$ bezeichnet, so erhalten wir weiter

$$\underline{z}^* = \frac{(E - \zeta A)^+}{\det(E - \zeta A)} \underline{z}(0) + \frac{(E - \zeta A)^+}{\det(E - \zeta A)} \zeta B \underline{x}^*. \tag{3.110}$$

Die Übertragung von (3.97) in den Bildbereich mit Hilfe der Zeta–Transformation kann nun ohne Schwierigkeiten ebenfalls ausgeführt werden. Man erhält dann

$$\underline{y}^* = C \underline{z}^* + D \underline{x}^*. \tag{3.111}$$

Durch Einsetzen von $\underline{z}^*$ aus (3.110) ergibt sich damit die *Eingabe–Ausgabe–Beziehung (input–output–Gleichung)*

$$\boxed{\underline{y}^* = C \frac{(E - \zeta A)^+}{\det(E - \zeta A)} \underline{z}(0) + \left(C \frac{(E - \zeta A)^+}{\det(E - \zeta A)} \zeta B + D \right) \underline{x}^*.} \tag{3.112}$$

Das Ausgabewort $\underline{y}^*$ (im Bildbereich) setzt sich also aus zwei Teilen zusammen, nämlich

$$\underline{y}^* = \underline{y}_f^* + \underline{y}_e^*, \tag{3.113}$$

worin

$$\underline{y}_f^* = C \frac{(E - \zeta A)^+}{\det(E - \zeta A)} \underline{z}(0) \tag{3.114}$$

im wesentlichen durch den Anfangszustand $\underline{z}(0)$ des Automaten und

$$\underline{y}_e^* = \left(C\frac{(E-\zeta A)^+}{\det(E-\zeta A)}\zeta B + D \right) \underline{x}^* \tag{3.115}$$

hauptsächlich durch das Eingabewort $\underline{x}^*$ bestimmt wird.

Zur Beschreibung des linearen Automaten und seines Verhaltens werden folgende Begriffe definiert:

a) Zur Abkürzung setzen wir

$$(E-\zeta A)^{-1} = \frac{(E-\zeta A)^+}{\det(E-\zeta A)} = \underline{\Phi}^* \tag{3.116}$$

und nennen die Matrix

$$\underline{\Phi}^* = \begin{pmatrix} \underline{\varphi}_{11}^* & \underline{\varphi}_{12}^* & \cdots & \underline{\varphi}_{1n}^* \\ \vdots & & & \vdots \\ \underline{\varphi}_{n1}^* & \cdots & & \underline{\varphi}_{nn}^* \end{pmatrix} \tag{3.117}$$

die (transformierte) *Fundamentalmatrix* des Automaten. Es ist leicht nachzurechnen, daß die Elemente $\underline{\varphi}_{ij}^*$ von $\underline{\Phi}^*$ von der Form

$$\underline{\varphi}_{ij}^* = \frac{\sum\limits_\nu a_\nu \zeta^\nu}{\det(E-\zeta A)} = \frac{\sum\limits_\nu a_\nu \zeta^\nu}{\varphi_A^*} \tag{3.118}$$

mit

$$\varphi_A^* = \det(E-\zeta A) = \sum_\nu b_\nu \zeta^\nu$$

sind, d.h. Quotienten von Polynomen darstellen.

b) Befindet sich der Automat im Anfangszustand $\underline{z}(0) \neq 0$, und wird das Wort $\underline{x} = \underline{0}$ eingegeben, so ist (vgl. Abb. 3.9a)

$$\underline{y}^* = \underline{y}_f^* = C\underline{\Phi}^*\underline{z}(0). \tag{3.119}$$

Man nennt die Komponente $\underline{y}_f^*$ von $\underline{y}^*$ den *freien Vorgang*. Dieser Vorgang wird durch den Anfangszustand $\underline{z}(0)$ des Automaten bestimmt.

Wir wollen nun die eben im Bildbereich erhaltene Lösung in den Originalbereich übertragen. Zunächst erhalten wir mit (3.71) (vgl. Abschn. 3.1.2.3) anstelle von

$$\underline{\Phi}^* = (E-\zeta A)^{-1} \tag{3.120}$$

im Originalbereich die Folge

$$\underline{\Phi} = (E, A, A^2, A^3, \ldots,); \tag{3.121}$$

das bedeutet, es gilt

$$\underline{\Phi}(t) = A^t. \tag{3.122}$$

Die Matrix $\underline{\Phi}(t)$ ist die *Fundamentalmatrix im Originalbereich.*

Damit erhalten wir für den freien Vorgang nach (3.119) im Originalbereich die Beziehung

$$\underline{y}_f(t) = C\underline{\Phi}(t)\underline{z}(0) = C A^t \underline{z}(0). \tag{3.123}$$

Der freie Vorgang läßt sich mithin buchstabenweise berechnen, wenn der Anfangszustand $\underline{z}(0)$ des Automaten und die Matrizen A und C bekannt sind.

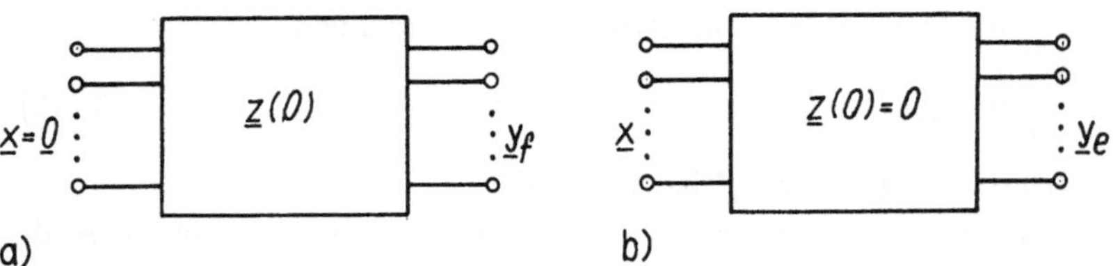

a)　　　　　　　　　　　　　　　　　　　　b)

Abb. 3.9. Freier und erzwungener Vorgang: a) Freier Vorgang; b) Erzwungener Vorgang.

3.2.2　Input–output–Beschreibung

3.2.2.1　Übertragungsfunktion, Impulsantwort

Befindet sich der Automat im Zustand $\underline{z}(0) = 0$ (d. h., alle Speicher geben im ersten Takt eine 0 aus) und wird das Wort $\underline{x}$ eingegeben, so ist (vgl. Abb. 3.9b)

$$\underline{y}^* = \underline{y}_e^* = (C\underline{\Phi}^*\zeta B + D)\,\underline{x}^*.$$

Man spricht in diesem Fall von einem *erzwungenen Vorgang*, d. h., das ausgegebene Wort $\underline{y}^*$ wird durch das eingegebene Wort $\underline{x}^*$ bestimmt.

Wir setzen nun zur Abkürzung

$$C\underline{\Phi}^*\zeta B + D = \underline{H}^*. \tag{3.124}$$

Die Matrix

$$\underline{H}^* = \begin{pmatrix} \underline{h}_{11}^* & \underline{h}_{12}^* & \cdots & \underline{h}_{1q}^* \\ \vdots & & & \vdots \\ \underline{h}_{m1}^* & \cdots & & \underline{h}_{mq}^* \end{pmatrix} \tag{3.125}$$

heißt *Übertragungsmatrix* des linearen Automaten. Sie vermittelt den Zusammenhang zwischen Eingabe– und Ausgabewörtern im Bildbereich. Da die Elemente von $\underline{\Phi}^*$ nach (3.118) als Quotienten von Polynomen dargestellt werden können, folgt aus (3.124) unmittelbar, daß dies auch für die Elemente von $\underline{H}^*$ der Fall ist, d. h., es gilt für die *Übertragungsfunktionen*

$$\underline{h}_{ij}^* = \frac{\displaystyle\sum_\nu c_\nu \zeta^\nu}{\varphi_A^*} = \frac{\displaystyle\sum_\nu c_\nu \zeta^\nu}{\displaystyle\sum_\nu b_\nu \zeta^\nu} = \sum_{\nu=0}^\infty d_\nu \zeta^\nu. \tag{3.126}$$

Wir wollen nun die für den erzwungenen Vorgang $\underline{y}_e^*$ im Bildbereich erhaltene Lösung

$$\boxed{\underline{y}_e^* = \underline{H}^*\underline{x}^*} \tag{3.127}$$

ebenfalls in den Originalbereich übertragen. Zunächst erhalten wir für die i–te Zeile von (3.127)

$$(\underline{y}_i^*)_e = \sum_{j=1}^q \underline{h}_{ij}^*\underline{x}_j^*. \tag{3.128}$$

Nach (3.60) (vgl. Abschn. 3.1.2.3) kann dann geschrieben werden

$$(\underline{y}_i)_e = \sum_{j=1}^{q} \underline{h}_{ij} * \underline{x}_j \tag{3.129}$$

oder mit (3.32)

$$(\underline{y}_i)_e(t) = \sum_{j=1}^{q} \left(\sum_{\tau=0}^{t} \underline{h}_{ij}(t-\tau)\underline{x}_j(\tau) \right) = \sum_{\tau=0}^{t} \left(\sum_{j=1}^{q} \underline{h}_{ij}(t-\tau)\underline{x}_j(\tau) \right). \tag{3.130}$$

Nun können wir die n Gleichungen ($i = 1, 2, \ldots, n$) wieder zu einer Matrizengleichung zusammenfassen. Dann erhalten wir

$$\boxed{\underline{y}_e(t) = \sum_{\tau=0}^{t} \underline{H}(t-\tau)\underline{x}(\tau)} \tag{3.131}$$

als Lösung für den erzwungenen Vorgang im Originalbereich. Die in der Matrix

$$\underline{H}(t) = \begin{pmatrix} \underline{h}_{11}(t) & \underline{h}_{12}(t) & \cdots & \underline{h}_{1q}(t) \\ \vdots & & & \vdots \\ \underline{h}_{m1}(t) & \cdots & & \underline{h}_{mq}(t) \end{pmatrix} \tag{3.132}$$

enthaltenen Elemente $\underline{h}_{ij}$ heißen *Impulsantworten* des Automaten. Sie lassen sich wie folgt meßtechnisch bestimmen (Abb. 3.10):

Der Automat befinde sich im Zustand $\underline{z}(0) = 0$. An dem j–ten Eingang des Automaten wird das Wort

$$\underline{x}_j = (1, 0, 0, \ldots) = \underline{1} \tag{3.133}$$

eingegeben, während an allen übrigen Eingängen das Wort

$$\underline{x}_\nu = (0, 0, 0, \ldots) = \underline{0} \qquad (\nu \neq j) \tag{3.134}$$

eingegeben wird. Dann erhalten wir am i–ten Ausgang nach (3.130)

$$\underline{y}_i(t) = \underline{h}_{ij}(t) \cdot 1 = \underline{h}_{ij}(t) \tag{3.135}$$

oder

$$\underline{y}_i = \underline{h}_{ij}$$

Am i–ten Ausgang erhalten wir also gerade die Impulsantwort $\underline{h}_{ij}$. Wiederholt man diesen Versuch für alle $j = 1, 2, \ldots, q$ und $i = 1, 2, \ldots, m$, so können alle Elemente der Matrix $\underline{H}$ bestimmt werden.

Die Impulsantworten $\underline{h}_{ij}$ (ebenso wie auch die Elemente φ_{ij} der Fundamentalmatrix $\underline{\Phi}$) haben die Eigenschaft, daß sich die Buchstaben in diesen Wörtern nach einer gewissen Anzahl von Takten periodisch wiederholen. Da die Buchstaben in $\underline{h}_{ij}$ (und ebenso in φ_{ij}) Elemente eines endlichen Körpers $GF(p)$ sind (p Primzahl) und der Automat nur endlich viele voneinander verschiedene Zustände annehmen kann, muß sich

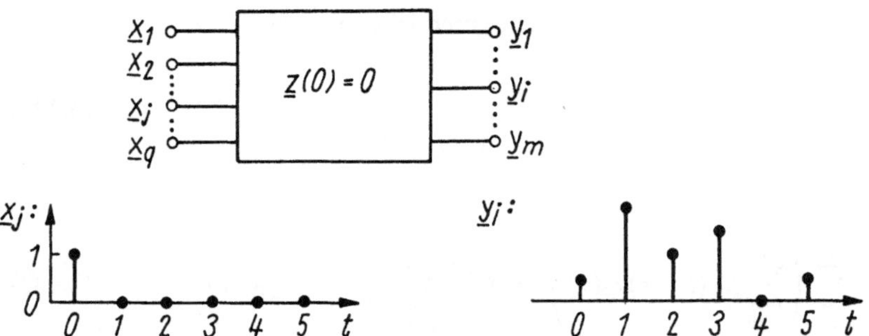

Abb. 3.10. Messung der Impulsantwort.

nach einer gewissen Anzahl von Takten zwangsläufig eine Wiederholung eines früheren Zustandes und damit auch der Folgezustände ergeben, da ja die Eingabe nach (3.133) und (3.134) nach dem ersten Takt nicht mehr verändert wird. Demzufolge werden auch die Impulsantworten h_{ij} nach einer gewissen Anzahl von Takten periodisch. Bei der Darstellung solcher periodischer Wörter im Bildbereich erhalten wir für $\underline{h}_{ij}^{*}$ endliche Ausdrücke, d.h. Quotienten von Polynomen entsprechend (3.126) (vgl. auch das im Abschn. 3.1.2.3 angegebene Beispiel und (3.69)).

Die wichtigsten *Systemcharakteristiken*, die zur Beschreibung des linearen Automaten dienen, sollen nun noch einmal kurz zusammengefaßt werden. Der lineare Automat wird charakterisiert durch:

a) Die Matrizen A, B, C und D (vgl. (3.96) und (3.97)).

b) Die Fundamentalmatrix $\underline{\Phi}^{*}$ (im Bildbereich) oder $\underline{\Phi}$ (im Originalbereich). Sie charakterisiert zusammen mit der Matrix C und dem Anfangszustand $\underline{z}(0)$ den freien Vorgang $\underline{y}_{f}$.

c) Die Übertragungsmatrix $\underline{H}^{*}$ (im Bildbereich) oder $\underline{H}$ (im Originalbereich). Sie charakterisiert zusammen mit dem Eingabewort $\underline{x}$ den erzwungenen Vorgang $\underline{y}_{e}$.

d) Die Impulsantworten und Übertragungsfunktionen

$$\underline{h}_{ij} = (\underline{y}_{i}(0), \underline{y}_{i}(1), \underline{y}_{i}(2), \ldots)|_{\underline{x}_{j}=\underline{1}}$$

und

$$\underline{h}_{ij}^{*} = \underline{y}_{i}(0) + \underline{y}_{i}(1)\zeta + \underline{y}_{i}(2)\zeta^{2} + \ldots,$$

die die Matrix $\underline{H}$ bzw. $\underline{H}^{*}$ bestimmen und die meßtechnisch leicht ermittelt werden können.

3.2.2.2 Systemanalyse

Wir betrachten als Ergänzung zu den allgemeinen Betrachtungen über lineare Automaten noch folgendes

Beispiel 1: Gegeben sei ein Automat durch die Zustandsgleichungen (bzw. durch Abb. 3.11)

$$\begin{pmatrix} \underline{z}_1(t+1) \\ \underline{z}_2(t+1) \end{pmatrix} = \begin{pmatrix} 1 & 2 \\ 0 & 1 \end{pmatrix} \begin{pmatrix} \underline{z}_1(t) \\ \underline{z}_2(t) \end{pmatrix} + \begin{pmatrix} 2 \\ 1 \end{pmatrix} \underline{x}(t)$$

$$\underline{y}(t) = (1 \ \ 2) \begin{pmatrix} \underline{z}_1(t) \\ \underline{z}_2(t) \end{pmatrix} + 2\underline{x}(t).$$

Mit 0, 1, 2 bezeichnen wir die Elemente des $GF(3)$ mit der Additions- bzw. Multiplikationstabelle

+	0	1	2		$\cdot$	0	1	2
0	0	1	2		0	0	0	0
1	1	2	0		1	0	1	2
2	2	0	1		2	0	2	1

Hierbei ist 0 das Nullelement und 1 das Einselement des dreielementigen Körpers.

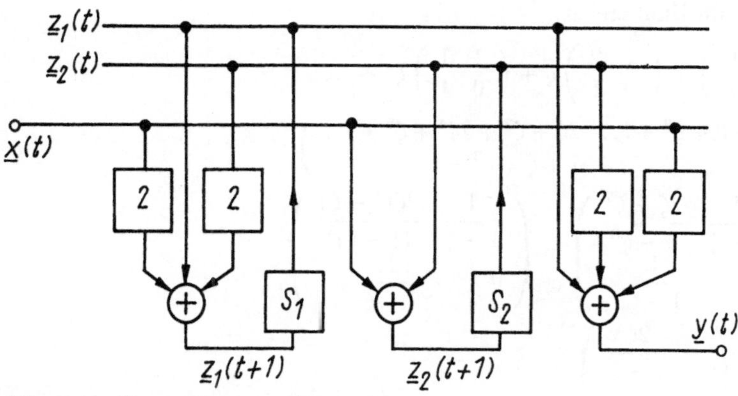

Abb. 3.11. Linearer Automat (Beispiel).

Da wir eine Eingangsgröße, eine Ausgangsgröße und zwei Zustandsgrößen haben, erhalten wir für das Eingangs- bzw. Ausgangsalphabet

$$X = Y = \{0, 1, 2\}$$

und das Zustandsalphabet

$$Z = \left\{ \begin{pmatrix} 0 \\ 0 \end{pmatrix}, \begin{pmatrix} 0 \\ 1 \end{pmatrix}, \begin{pmatrix} 0 \\ 2 \end{pmatrix}, \begin{pmatrix} 1 \\ 0 \end{pmatrix}, \begin{pmatrix} 1 \\ 1 \end{pmatrix}, \begin{pmatrix} 1 \\ 2 \end{pmatrix}, \begin{pmatrix} 2 \\ 0 \end{pmatrix}, \begin{pmatrix} 2 \\ 1 \end{pmatrix}, \begin{pmatrix} 2 \\ 2 \end{pmatrix} \right\}.$$

Der Automat kann sich also in einem bestimmten Taktzeitpunkt nur in einem dieser neun Zustände befinden.

Die Matrizen A, B, C und D lassen sich aus den eingangs gegebenen Zustandsgleichungen sofort ablesen. Wir erhalten

$$A = \begin{pmatrix} 1 & 2 \\ 0 & 1 \end{pmatrix}, \quad B = \begin{pmatrix} 2 \\ 1 \end{pmatrix},$$

$$C = (1 \ \ 2), \quad D = (2).$$

Wir berechnen nun zunächst die Fundamentalmatrix. Im Originalbereich erhalten wir
mit (3.122)

$$\underline{\Phi}(t) = A^t,$$

also

$$A^0 = E = \begin{pmatrix} 1 & 0 \\ 0 & 1 \end{pmatrix}, \quad A^1 = \begin{pmatrix} 1 & 2 \\ 0 & 1 \end{pmatrix}, \quad A^2 = \begin{pmatrix} 1 & 1 \\ 0 & 1 \end{pmatrix},$$

$$A^3 = \begin{pmatrix} 1 & 0 \\ 0 & 1 \end{pmatrix} = A^0$$

$$A^4 = A^1, \quad A^5 = A^2, \ldots$$

und mit (3.121)

$$\underline{\Phi} = \left(\begin{pmatrix} 1 & 0 \\ 0 & 1 \end{pmatrix}, \begin{pmatrix} 1 & 2 \\ 0 & 1 \end{pmatrix}, \begin{pmatrix} 1 & 1 \\ 0 & 1 \end{pmatrix}, \ldots \right).$$

Daraus erhalten wir im Bildbereich

$$
\begin{aligned}
\underline{\Phi}^* &= \begin{pmatrix} 1 & 0 \\ 0 & 1 \end{pmatrix} + \begin{pmatrix} 1 & 2 \\ 0 & 1 \end{pmatrix} \zeta + \begin{pmatrix} 1 & 1 \\ 0 & 1 \end{pmatrix} \zeta^2 + \ldots \\[2mm]
&= \begin{pmatrix} 1 + \zeta + \zeta^2 + \ldots & 2\zeta + \zeta^2 + 2\zeta^4 + \zeta^5 + \ldots \\ 0 & 1 + \zeta + \zeta^2 + \ldots \end{pmatrix} \\[2mm]
&= \begin{pmatrix} \dfrac{1}{1-\zeta} & \dfrac{2\zeta + \zeta^2}{1-\zeta^3} \\ 0 & \dfrac{1}{1-\zeta} \end{pmatrix} = \begin{pmatrix} \dfrac{1}{1-\zeta} & \dfrac{2\zeta(1-\zeta)}{(1-\zeta)^3} \\ 0 & \dfrac{1}{1-\zeta} \end{pmatrix} \\[2mm]
&= \frac{1}{1-\zeta} \begin{pmatrix} 1 & \dfrac{2\zeta}{1-\zeta} \\ 0 & 1 \end{pmatrix}.
\end{aligned}
$$

Dieses Ergebnis erhält man natürlich auch, wenn man mit (3.120) rechnet. Dann ergibt
sich

$$
\begin{aligned}
\underline{\Phi}^* &= (E - \zeta A)^{-1} = \left(\begin{pmatrix} 1 & 0 \\ 0 & 1 \end{pmatrix} - \zeta \begin{pmatrix} 1 & 2 \\ 0 & 1 \end{pmatrix} \right)^{-1} \\[2mm]
&= \begin{pmatrix} 1-\zeta & -2\zeta \\ 0 & 1-\zeta \end{pmatrix}^{-1} = \frac{1}{(1-\zeta)^2} \begin{pmatrix} 1-\zeta & 2\zeta \\ 0 & 1-\zeta \end{pmatrix} \\[2mm]
&= \frac{1}{1-\zeta} \begin{pmatrix} 1 & \dfrac{2\zeta}{1-\zeta} \\ 0 & 1 \end{pmatrix}.
\end{aligned}
$$

Mit Hilfe der Fundamentalmatrix kann der freie Vorgang (für $\underline{x} = \underline{0}$) nach (3.123) durch

$$\underline{y}_f(t) = C\underline{\Phi}(t)\underline{z}(0) = CA^t\underline{z}(0)$$

berechnet werden. Insgesamt gibt es hierfür neun Möglichkeiten, da wir neun verschiedene Anfangszustände haben können. Wir geben hier nur einige Möglichkeiten an:

a) Ist $\underline{z}(0) = \begin{pmatrix} 0 \\ 0 \end{pmatrix} = 0$, so ist

$$\underline{y}_f(t) = (1\ \ 2) \begin{pmatrix} 1 & 2 \\ 0 & 1 \end{pmatrix}^t \begin{pmatrix} 0 \\ 0 \end{pmatrix} = 0$$

für alle t, d. h., $\underline{y}_f = (0,0,0,\dots)$.

b) Ist $\underline{z}(0) = \begin{pmatrix} 0 \\ 1 \end{pmatrix}$, so ist

$$\underline{y}_f(t) = (1\ \ 2) \begin{pmatrix} 1 & 2 \\ 0 & 1 \end{pmatrix}^t \begin{pmatrix} 0 \\ 1 \end{pmatrix}$$

und es folgt $\underline{y}_f = (2,1,0,2,1,0,\dots)$ mit der Periode $(2,1,0)$.

c) Man kann die Berechnung von $\underline{y}_f$ natürlich auch im Bildbereich ausführen. Ist z. B. $\underline{z}(0) = \begin{pmatrix} 2 \\ 0 \end{pmatrix}$, so ist

$$\begin{aligned}
\underline{y}_f^* &= C\Phi^* \underline{z}(0) \\[2mm]
&= (1\ \ 2)\frac{1}{1-\zeta} \begin{pmatrix} 1 & \dfrac{2\zeta}{1-\zeta} \\ 0 & 1 \end{pmatrix} \begin{pmatrix} 2 \\ 0 \end{pmatrix} = \frac{2}{1-\zeta} \\[2mm]
&= 2 + 2\zeta + 2\zeta^2 + 2\zeta^3 + \dots
\end{aligned}$$

Daraus erhält man

$$\underline{y}_f = (2,2,2,2,\dots).$$

Unsere nächste Aufgabe soll darin bestehen, die Übertragungsmatrix $\underline{H}^*$ zu bestimmen. Wir erhalten mit (3.124) den Ausdruck

$$\begin{aligned}
\underline{H}^* &= C\underline{\Phi}^* \zeta B + D \\[2mm]
&= (1\ \ 2)\frac{1}{1-\zeta} \begin{pmatrix} 1 & \dfrac{2\zeta}{1-\zeta} \\ 0 & 1 \end{pmatrix} \zeta \begin{pmatrix} 2 \\ 1 \end{pmatrix} + 2 \\[2mm]
&= \frac{\zeta}{1-\zeta}(1\ \ 2) \begin{pmatrix} 1 & \dfrac{2\zeta}{1-\zeta} \\ 0 & 1 \end{pmatrix} \begin{pmatrix} 2 \\ 1 \end{pmatrix} + 2 \\[2mm]
&= \frac{2}{(1-\zeta)^2} = \frac{2}{1+\zeta+\zeta^2} = \underline{h}_{11}^*.
\end{aligned}$$

Die Übertragungsmatrix enthält in unserem Beispiel (Automat mit einem Eingang und einem Ausgang) nur ein einziges Element $\underline{h}_{11}^*$. Durch Reihenentwicklung (Polynomdivision) erhalten wir daraus die Impulsantwort

$$\underline{h}_{11} = (2,1,0,2,1,0,2,\dots)$$

mit der Periode $(2, 1, 0)$.

Mit Hilfe der Impulsantwort kann für eine beliebige Eingabe, z. B. für

$$\underline{x} = (2, 1, 1, 0, 2, 0, 0, 0, \ldots)$$

das Ausgabewort $\underline{y} = \underline{y}_e$ (d. h. der erzwungene Vorgang) berechnet werden. Wir nehmen dazu an, daß sich der Automat im Anfangszustand $\underline{z}(0) = 0$ befindet. Aus (3.127) erhalten wir

$$\begin{aligned}
\underline{y}_e^* &= \underline{H}^* \cdot \underline{x}^* = \underline{h}_{11}^* \cdot \underline{x}^* \\
&= (2 + \zeta + 2\zeta^3 + \zeta^4 + 2\zeta^6 + \ldots)(2 + \zeta + \zeta^2 + 2\zeta^4) \\
&= 1 + \zeta + 2\zeta^3 + 2\zeta^4 + 2\zeta^5 + 2\zeta^6 + \ldots
\end{aligned}$$

und

$$\underline{y}_e = (1, 1, 0, 2, 2, 2, \ldots).$$

$\square$

Beispiel 2:   Gegeben sei ein linearer Automat durch sein Schaltungsschema Abb. 3.12a.

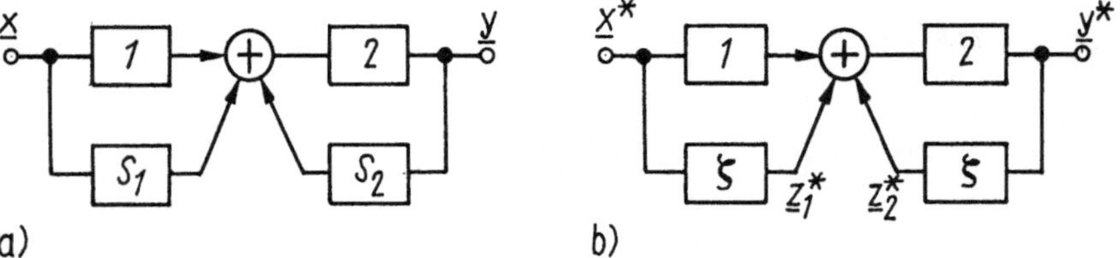

a)   b)

Abb. 3.12. Linearer Automat (Beispiel).

Interessiert vor allem die Übertragungsmatrix $\underline{H}^*$, so ist es zweckmäßig, zunächst von der Originalschaltung zur „Bildschaltung" überzugehen und danach die Analyse gleich im Bildbereich der Zeta–Transformation vorzunehmen. Dieses Verfahren steht in Analogie zu der bekannten „symbolischen Methode" ($j\omega$–Rechnung) der Wechselstromlehre, bei der z. B. der Strom–Spannungsbeziehung $u = L(di/dt)$ einer Induktivität formal die transformierte Beziehung $U = j\omega LI$ zugeordnet wird.

In Abb. 3.13 sind zunächst die (symbolischen) Grundschaltelemente mit ihren symbolischen (transformierten) Ein- und Ausgaben angeben. Die symbolische (transformierte) Schaltung von Abb. 3.12a ist in Abb. 3.12b dargestellt. Das an diesem Beispiel dargelegte Verfahren läßt sich offenbar ohne Schwierigkeiten auf beliebige lineare Automaten übertragen.

Die Bild–Zustandsgleichungen lauten ersichtlich

$$\begin{aligned}
\underline{z}_1^* &= \zeta \underline{x}^* \\
\underline{z}_2^* &= 2\zeta(\underline{x}^* + \underline{z}_1^* + \underline{z}_2^*) \\
\underline{y}^* &= 2(\underline{z}_1^* + \underline{z}_2^* + \underline{x}^*).
\end{aligned}$$

Aus den ersten beiden Gleichungen erhält man für den Fall $K = GF(5)$

$$\underline{z}_2^* = \frac{2\zeta(1 + \zeta)}{1 + 3\zeta} \underline{x}^*$$

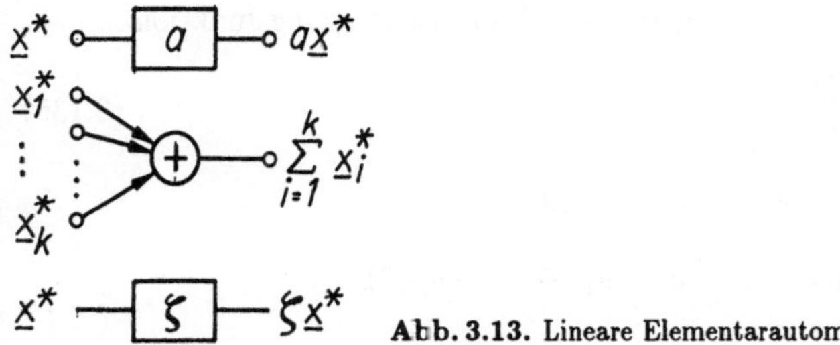

Abb. 3.13. Lineare Elementarautomaten.

und daraus mit der dritten Gleichung

$$\underline{y}^* = \frac{2 + 2\zeta}{1 + 3\zeta}\underline{x}^*,$$

also

$$\underline{H}^* = \underline{h}_{11}^* = \underline{h}^* = \frac{2 + 2\zeta}{1 + 3\zeta}.$$

Durch Ausdivision von $\underline{h}^*$ erhält man die Impulsantwort:

$$
\begin{array}{l}
(2+2\zeta):(1+3\zeta) = 2 + \zeta \;\; +2\zeta^2 + 4\zeta^3 + 3\zeta^4 + \zeta^5 + 2\zeta^6 + \ldots \\
\underline{2+ \zeta} \\
\qquad \zeta \\
\qquad \underline{\zeta + 3\zeta^2} \\
\qquad\quad 2\zeta^2 \\
\qquad\quad \underline{2\zeta^2 + \zeta^3} \\
\qquad\qquad 4\zeta^3 \\
\qquad\qquad \underline{4\zeta^3 + 2\zeta^4} \\
\qquad\qquad\quad 3\zeta^4 \ldots
\end{array}
$$

Hieraus liest man ab:

$$\underline{h} = (2\,|\,1, 2, 4, 3\,|\,1, 2, 4, 3\,|\,1 \ldots).$$

$\square$

3.2.2.3 Systemsynthese

Bei der Systemsynthese handelt es sich um die Konstruktion eines linearen Automaten zu einer gegebenen Systemcharakteristik, insbesondere zu $\underline{H}^*$. In Abb. 3.14 ist die allgemeine Problematik in einem Schema übersichtlich dargestellt.

Beim Analyseproblem handelt es sich darum, zu einem durch seine Schaltung gegebenen Automaten die Systemcharakteristiken (speziell $\underline{H}^*$) zu ermitteln. Ein Syntheseproblem liegt vor, wenn zu einer vorgegebenen oder gemessenen Charakteristik (speziell $\underline{H}$) ein Schaltungsmodell (Automat) oder eine Zustandsbeschreibung (durch die Matrizen A, B, C und D) gefunden werden soll.

Auf die beiden zuletzt genannten Probleme soll nun noch genauer eingegangen werden. Wir beschränken uns dabei auf den Fall $q = m = 1$ (eine einzige Ein- und Ausgangsgröße), also auf den Fall $\underline{H} = \underline{h}_{11} = \underline{h}$.

Durch Messung von $\underline{h}$ oder direkt vorgegeben sei die Übertragungsfunktion

$$\underline{h}^* = \frac{a_0 + a_1\zeta + \ldots + a_n\zeta^n}{1 + b_1\zeta + \ldots + b_n\zeta^n} = \frac{\underline{y}^*}{\underline{x}^*}. \tag{3.136}$$

Für $\underline{x}^* = \underline{1}^*$ ist $\underline{h}^* = \underline{y}^*$, und wir erhalten aus (3.136)

$$\underline{y}^* + \underline{y}^*(b_1\zeta + b_2\zeta^2 + \ldots + b_n\zeta^n) = (a_0 + a_1\zeta + \ldots + a_n\zeta^n)$$

oder

$$\underline{y}^* = (a_0 + a_1\zeta + \ldots + a_n\zeta^n) - (b_1\zeta + b_2\zeta^2 + \ldots + b_n\zeta^n)\underline{y}^*.$$

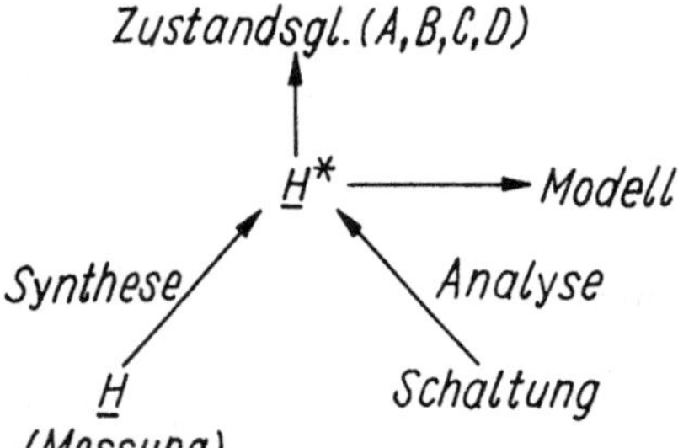

Abb. 3.14. Realisierungsschema (Analyse–Synthese).

Die letzte Gleichung kann durch Einführung neuer Variabler wie folgt aufgegliedert werden:

$$
\begin{aligned}
\underline{y}^* &= a_0 + \underline{z}_n^* \\
&\quad \underline{z}_n^* = (a_1\zeta + \ldots + a_n\zeta^n) - (b_1\zeta + \ldots + b_n\zeta^n)\underline{y}^* \\
\underline{z}_n^* &= \zeta(a_1 + \underline{z}_{n-1}^* - b_1\underline{y}^*) \\
&\quad \underline{z}_{n-1}^* = (a_2\zeta + \ldots + a_n\zeta^{n-1}) - (b_2\zeta + \ldots + b_n\zeta^{n-1})\underline{y}^* \\
&\ \ \vdots \\
\underline{z}_1^* &= \zeta(a_n - b_n\underline{y}^*).
\end{aligned}
\tag{3.137}
$$

Dieses Gleichungssystem ist der Beziehung (3.136) gleichwertig und kann unmittelbar durch das Automatenmodell Abb. 3.15 realisiert werden. Die „Hilfsvariablen" $\underline{z}_\nu^*$ spielen hierbei die Rolle von Zustandsvariablen.

Das System (3.137) ermöglicht die Bildung eines Systems von Zustandsgleichungen des Automaten Abb. 3.15. Entsprechend umgeordnet und nach Elimination von $\underline{y}^*$ in den n Gleichungen für die $\underline{z}_\nu^*$ erhält man ($\underline{x}^* = \underline{1}^*$)

$$
\begin{aligned}
\underline{z}_1^* &= (-b_n\underline{z}_n^* + (a_n - b_na_0)\underline{x}^*)\zeta \\
\underline{z}_2^* &= (\underline{z}_1^* - b_{n-1}\underline{z}_n^* + (a_{n-1} - b_{n-1}a_0)\underline{x}^*)\zeta \\
&\ \vdots \qquad \vdots \qquad \vdots \qquad \vdots \qquad \vdots \\
\underline{z}_n^* &= (\underline{z}_{n-1}^* - b_1\underline{z}_n^* + (a_1 - b_1a_0)\underline{x}^*)\zeta \\
\underline{y}^* &= a_0\underline{x}^* + \underline{z}_n^*.
\end{aligned}
$$

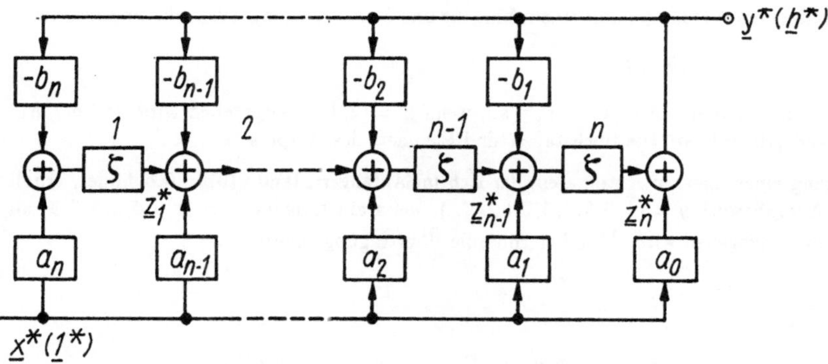

Abb. 3.15. Universelles Modell des linearen Automaten.

Das Koeffizientensystem der ersten n Gleichungen dieses Systems ergibt eine mögliche Zustandsdarstellung des Automaten, wenn man beachtet, daß mit (3.96) und (3.106) für $\underline{z}(0) = \underline{0}$ and $q = m = 1$ gilt

$$\begin{pmatrix} z_1^* \\ \vdots \\ z_n^* \end{pmatrix} = \zeta A \begin{pmatrix} z_1^* \\ \vdots \\ z_n^* \end{pmatrix} + \zeta B \underline{x}^*$$

$$\underline{y}^* = C \begin{pmatrix} z_1^* \\ \vdots \\ z_n^* \end{pmatrix} + d_{11} \underline{x}^*.$$

Man erhält

$$A = \begin{pmatrix} 0 & 0 & 0 & \ldots & 0 & -b_n \\ 1 & 0 & 0 & \ldots & 0 & -b_{n-1} \\ 0 & 1 & 0 & \ldots & 0 & -b_{n-2} \\ \vdots & & & & & \\ 0 & 0 & 0 & \ldots & 1 & -b_1 \end{pmatrix}, \quad B = \begin{pmatrix} a_n - b_n a_0 \\ a_{n-1} - b_{n-1} a_0 \\ \vdots \\ a_1 - b_1 a_0 \end{pmatrix}, \qquad (3.138)$$

$$C = (0\ 0\ 0\ \ldots\ 0\ 1), \quad D = d_{11} = a_0.$$

Man erkennt leicht, daß die Zustandsgleichungen nicht eindeutig durch $\underline{H}^*$ bzw. durch die Schaltung bestimmt sind. Wird anstelle von (3.137) ein anderer geeigneter Ansatz gewählt, so ergeben sich auch andere Zustandsgleichungen.

3.2.3 Aufgaben zu Abschnitt 3.2

3.2-1 Für ein lineares digitales System gilt $\underline{y} = \underline{S}^n(\underline{x})$, d.h., ein am Eingang eingegebenes Wort $\underline{x}$ wird um n Takte verzögert ausgegeben. Man bestimme die Impulsantwort $\underline{h}$ und die Übertragungsfunktion

$$\underline{h}^* = \frac{\underline{y}^*}{\underline{x}^*}$$

dieses Systems!

3.2-2 Von einem linearen Automaten mit einem Eingang und einem Ausgang wurde die Impulsantwort

$$\underline{h} = (0, 1, 2, 1, 0, 0, 0, \ldots)$$

bestimmt. Man gebe das Ausgabewort $\underline{y}$ an, wenn $\underline{x} = (2, 1, 0)$ eingegeben wird und der Anfangszustand $\underline{z}(0) = 0$ ist! Die Buchstaben sind Elemente des Körpers $GF(3)$.

3.2-3 Am Ausgang eines linearen Automaten, der sich im Anfangszustand $\underline{z}(0) = 0$ befindet, erhält man das Ausgabewort $\underline{y} = (1, 0, 2, 0, 4, 0, 0, 0, \ldots)$, wenn am Eingang $\underline{x} = (1, 0, 4, 0, 3, 0, 3)$ als Eingabewort eingegeben wird. Man berechne die Übertragungsfunktion

$$\underline{h}^* = \frac{\underline{y}^*}{\underline{x}^*}$$

und die Impulsantwort! Die Buchstaben sind Elemente des Körpers $GF(5)$.

3.2-4 Für die in Abb. 3.2-4 dargestellte Schaltung gebe man die Zustandsgleichungen und die Impulsantwort $\underline{h}$ an! Was erhält man am Ausgang, wenn der Anfangszustand $\underline{z}(0) = 0$ ist und die periodische Folge $\underline{x} = (1, 1, 0, 0, 1, 1, 0, 0, \ldots)$ eingegeben wird? Die Buchstaben sind Elemente des Körpers $GF(2)$.

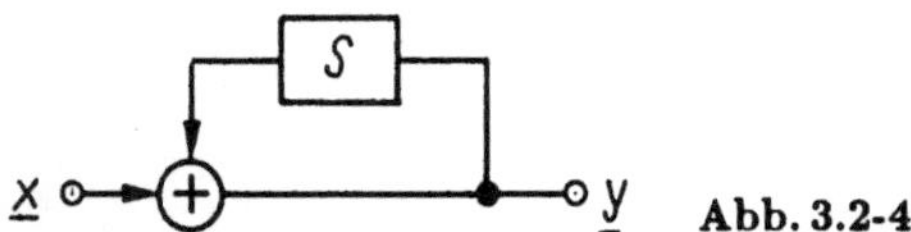

Abb. 3.2-4

3.2-5 Gegeben ist die Schaltung Abb. 3.2-5. Man bestimme die Zustandsgleichungen mit den Matrizen A, B, C und D sowie im Bildbereich der Zeta–Transformation die Fundamentalmatrix $\underline{\Phi}^*$ und die Übertragungsmatrix $\underline{H}^*$! Die Matrixelemente von A, B, C und D sind Elemente des Körpers $GF(5)$.

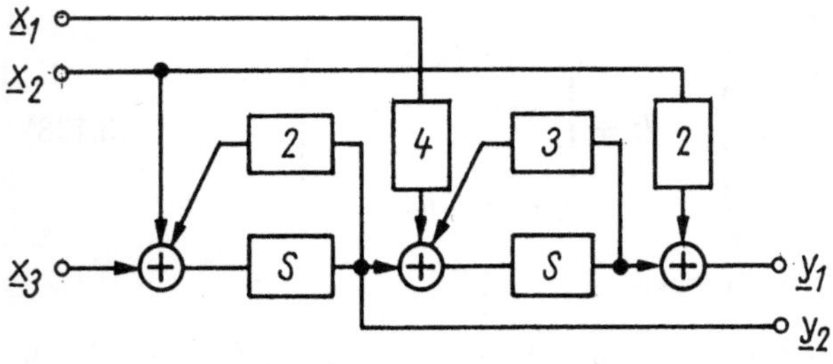

Abb. 3.2-5

3.2-6 Gegeben sind die Zustandgleichungen

$$
\begin{aligned}
\underline{z}_1(t+1) &= \underline{z}_1(t) + \underline{z}_3(t) + \underline{x}_1(t) + \underline{x}_2(t) \\
\underline{z}_2(t+1) &= \underline{z}_2(t) + \underline{x}_2(t) \\
\underline{z}_3(t+1) &= \underline{z}_1(t) + \underline{z}_2(t) + \underline{x}_2(t) \\
\underline{y}_1(t) &= \underline{z}_1(t) + \underline{z}_2(t) + \underline{x}_1(t) \\
\underline{y}_2(t) &= \underline{z}_2(t) + \underline{x}_1(t)
\end{aligned}
$$

eines linearen Automaten. Die Buchstaben $\underline{x}_\nu(t)$, $\underline{y}_\nu(t)$ ($\nu = 1, 2$) und $\underline{z}_\mu(t)$ ($\mu = 1, 2, 3$) sind Elemente des Körpers $GF(2)$.

a) Man gebe die Alphabete X, Y und Z an!

b) Man gebe eine Realisierung des linearen Automaten an!

c) Man bestimme die Fundamentalmatrix und gebe alle Möglichkeiten eines freien Vorganges an ($\underline{x} = \underline{0}$)!

3.2-7 Es ist eine Realisierung eines linearen Automaten mit einem Eingang und einem Ausgang anzugeben, der die Impulsantwort

$$\underline{h} = (\underline{h}(0), \underline{h}(1), \underline{h}(2), \underline{h}(3), \underline{h}(4), 0, 0, \ldots)$$

besitzt!

4 Lösungen zu den Übungsaufgaben

Lösungen zu Kapitel 1

1.1-1 a) falsch:

  Zwischen der Menge $\{2\}$, die als (einziges) Element die Zahl 2 enthält, und diesem ihrem Element kann keine Gleichheitsrelation bestehen (Mengen unterschiedlicher Stufe).

  b) richtig:

  Die Menge $\{2\}$ enthält 2 als (einziges) Element.

  c) falsch [vgl. a)]:

  Die leere Menge ist mit dem Objekt 0 nicht vergleichbar.

  d) falsch:

  Die leere Menge enthält kein Element, also auch nicht das Element 0.

1.1-2 $B = \emptyset$.

1.1-3 Wir geben alle Teilmengen $B \subset A$ an und markieren diejenigen Teilmengen, die den jeweiligen Bedingungen genügen. Lösung: $\{1\}, \{1,2\}, \{1,3\}$.

1.1-4 $\underline{P}(M) = \underline{P}(\{a,b,c,d\}) \quad = \quad \{\emptyset,$
$\{a\}, \{b\}, \{c\}, \{d\},$
$\{a,b\}, \{a,c\}, \{a,d\}, \{b,c\}, \{b,d\}, \{c,d\},$
$\{a,b,c\}, \{a,b,d\}, \{a,c,d\}, \{b,c,d\},$
$\{a,b,c,d\}\}.$

1.1-5 a) $\emptyset$ ist eine Menge 1. Stufe und kann damit nicht Element von A sein. Es gilt aber $\emptyset \subset A$ (die leere Menge ist Teilmenge jeder Menge), und damit ist $\emptyset$ in der Menge aller Teilmengen von A als Element enthalten.

  b) x ist Element von A, kann aber nicht Element von $\underline{P}(A)$ sein, da die Elemente der Potenzmenge Mengen 1. Stufe sind.

  c) Die Menge 1. Stufe $\{x,y\}$ ist eine Teilmenge von A und als solche Element von $\underline{P}(A)$.

  d) Es gilt $A \in \underline{P}(A)$, denn jede Menge ist Teilmenge von sich selbst, aber A kann als Menge (1. Stufe) nicht Teilmenge eines Mengensystems sein.

  e) Das Mengensystem $\{A\}$, das als (einziges) Element die Menge A enthält, ist Teilmenge von $\underline{P}(A)$, da die Potenzmenge ebenfalls A als Element enthält [vgl. d)].

1.1-6 Nach den Regeln der Kombinatorik gibt es $\binom{n}{k}$ verschiedene Möglichkeiten, aus einer Menge mit n Elementen k Elemente auszuwählen (Anzahl der Kombinationen). Demzufolge besitzt die Potenzmenge $\underline{P}(M)$ genau

$\binom{n}{0}$ leere Mengen,

$$\binom{n}{1} \quad \text{einelementige Mengen,}$$

$$\binom{n}{2} \quad \text{zweielementige Mengen,}$$

$$\vdots$$

$$\binom{n}{n} \quad n - \text{elementige Mengen.}$$

Die Anzahl m der Elemente der Potenzmenge $\underline{P}(M)$ ist also $m = \sum_{k=0}^{n} \binom{n}{k}$. Mit Hilfe der binomischen Formel

$$(a+b)^n = \sum_{k=0}^{n} \binom{n}{k} a^k b^{n-k}$$

erhalten wir mit $a = b = 1$ die Lösung $m = 2^n$.

1.1-7 1. Es ist zu zeigen: $A \setminus (A \setminus B) \subset (A \cap B)$.

Voraussetzung: $x \in (A \setminus (A \setminus B))$.
Folgerungen: $\Rightarrow (x \in A) \wedge (x \notin (A \setminus B))$
$\Rightarrow (x \in A) \wedge (x \in B)$
$\Rightarrow x \in (A \cap B)$
$\Rightarrow A \setminus (A \setminus B) \subset (A \cap B)$.

2. Es ist zu zeigen: $(A \cap B) \subset A \setminus (A \setminus B)$.

Voraussetzung: $x \in A \cap B$.
Folgerungen: $\Rightarrow (x \in A) \wedge (x \in B)$
$\Rightarrow (x \in A) \wedge (x \notin (A \setminus B))$
$\Rightarrow x \in A \setminus (A \setminus B)$
$\Rightarrow (A \cap B) \subset A \setminus (A \setminus B)$.

Das zugehörige Venn–Diagramm zeigt Abb. 1.1-7*. Zur Vereinfachung von $(A \cup B) \setminus ((A \cup B) \setminus B)$ setzen wir $A \cup B = M$ und erhalten

$$(A \cup B) \setminus ((A \cup B) \setminus B) = M \setminus (M \setminus B) = M \cap B = (A \cup B) \cap B = B.$$

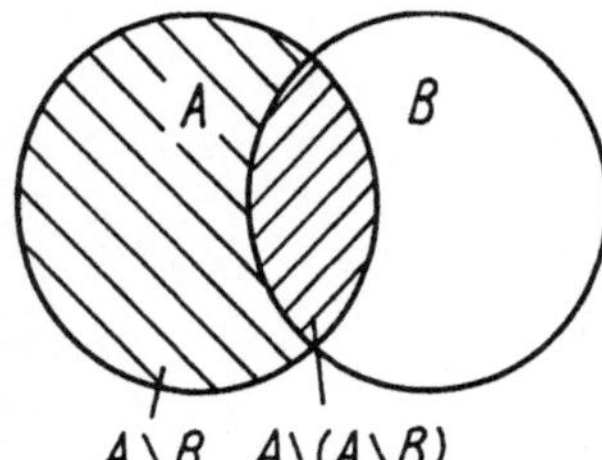

Abb. 1.1-7 *

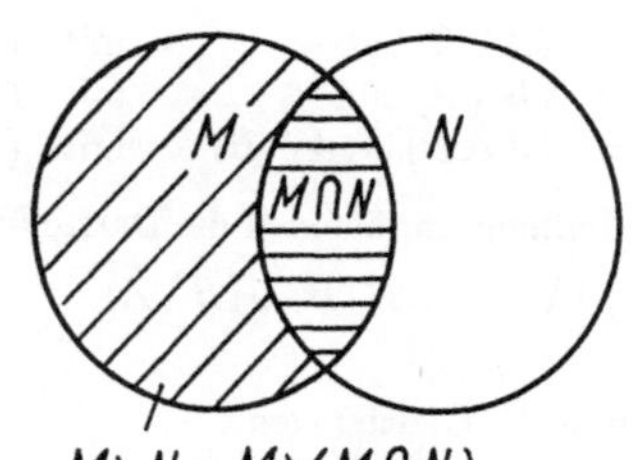

Abb. 1.1-8*

1.1-8 Mengentheoretischer Beweis:

1. Es ist zu zeigen: $M \setminus N \subset M \setminus (M \cap N)$.

Voraussetzung: $x \in M \setminus N$.
Folgerungen: $\Rightarrow (x \in M) \wedge (x \notin M \cap N)$
$\Rightarrow x \in (M \setminus (M \cap N))$
$\Rightarrow M \setminus N \subset M \setminus (M \cap N)$.

2. Es ist zu zeigen: $M \setminus (M \cap N) \subset M \setminus N$.

Voraussetzung: $x \in M \setminus (M \cap N)$.
Folgerungen: $\Rightarrow (x \in M) \wedge (x \notin M \cap N)$
                 $\Rightarrow (x \in M) \wedge (x \notin N) \Rightarrow x \in M \setminus N$
                 $\Rightarrow M \setminus (M \cap N) \subset M \setminus N$.

Den grafischen Beweis zeigt das Venn–Diagramm, Abb. 1.1-8*.

1.1-9 a) $A \cup B$,   e) A,
       b) $\emptyset$,   f) A,
       c) $A \setminus B$,   g) $B \setminus A$.
       d) A,

1.1-10 Wir notieren die Ergebnisse der n–fachen Verknüpfung von A mit sich selbst für die ersten n:

$n = 1$ $D_1 = A \, \Delta \, A = \emptyset$,

$n = 2$ $D_2 = A \, \Delta \, A \, \Delta \, A = \emptyset \, \Delta \, A = A$,

$n = 3$ $D_3 = A \, \Delta \, A \, \Delta \, A \, \Delta \, A = (A \, \Delta \, A \, \Delta \, A) \, \Delta \, A = A \, \Delta \, A = \emptyset$,

$n = 4$ $D_4 = A \, \Delta \, A \, \Delta \, A \, \Delta A \, \Delta \, A = D_3 \, \Delta A = \emptyset \, \Delta \, A = A$ usw.

Es ergeben sich mit wachsendem n im Wechsel die leere Menge und die Menge A. Damit lautet das Ergebnis

$$D_n = \left\{ \begin{array}{ll} \emptyset & \text{für ungerade } n, \\ A & \text{für gerade } n. \end{array} \right.$$

1.1-11 a) Aus dem Venn–Diagramm (Abb. 1.1-11*) liest man folgende Darstellungsmöglichkeiten von $A \cup B$ als Vereinigung *zweier* disjunkter Mengen ab:

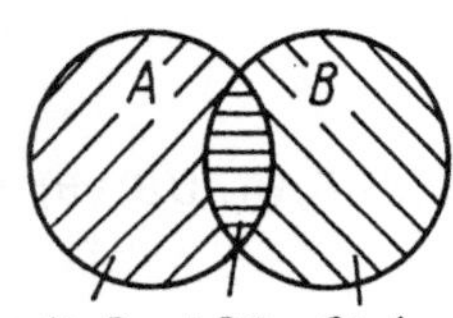

Abb. 1.1-11 *

$$\begin{aligned} A \cup B &= (A \setminus B) \cup B & \text{mit} \quad (A \setminus B) \cap B = \emptyset, \\ &= (B \setminus A) \cup A & \text{mit} \quad (B \setminus A) \cap A = \emptyset, \\ &= (A \, \Delta \, B) \cup (A \cap B) & \text{mit} \quad (A \, \Delta \, B) \cap (A \cap B) = \emptyset. \end{aligned}$$

Für *drei* Teilmengen läßt sich die Darstellung

$$A \cup B = (A \setminus B) \cup (A \cap B) \cup (B \setminus A)$$

angeben.

Dabei gelten die Gleichungen

$(A \setminus B) \cap (A \cap B) = \emptyset$,
$(A \setminus B) \cap (B \setminus A) = \emptyset$,
$(A \cap B) \cap (B \setminus A) = \emptyset$,

d. h., die drei Teilmengen $(A \setminus B)$, $(A \cap B)$ und $(B \setminus A)$ sind *paarweise* disjunkt.

b) Das Mengensystem $\{A \setminus B, A \cap B, B\}$ ist keine Klasseneinteilung von $A \cup B$. Es gilt zwar

$$(A \setminus B) \cup (A \cap B) \cup B = A \cup B,$$

aber die drei Mengen sind nicht paarweise disjunkt:

$(A \setminus B) \cap (A \cap B) = \emptyset$,
$(A \setminus B) \cap B = \emptyset$,
$(A \cap B) \cap B = A \cap B \neq \emptyset.(!)$

Damit sind die eine Klasseneinteilung definierenden Gleichungen nicht erfüllt.

1.1-12 a) Die Gleichung gilt für beliebige Mengen (Distributivgesetz).
b) Die Gleichung gilt für beliebige Mengen.
c) Die Gleichung gilt nur für $X = Y$.
d) Die Gleichung gilt für beliebige Mengen.
e) Die Gleichung gilt nur für $X \supset Y$.
f) Die Gleichung gilt für beliebige Mengen (de Morgansche Regel).

1.1-13 a) $M \times M = \{(1,1),(1,2),(1,3),(2,1),(2,2),(2,3),(3,1),(3,2),(3,3)\}$.
b) $M \times N = \{(1,1),(1,2),(2,1),(2,2),(3,1),(3,2)\}$.
c) $P \setminus N = \{3,4\}$,
$M \times (P \setminus N) = \{(1,3),(1,4),(2,3),(2,4),(3,3),(3,4)\}$.
d) Wegen $N \subset M$ ist $M \cap N = N$ und damit
$P \times (M \cap N) = P \times N = \{(1,1),(1,2),(2,1),(2,2),(3,1),(3,2),(4,1),(4,2)\}$.
e) Die Elemente des dreifachen kartesischen Produkts $M \times M \times M$ sind alle geordneten Tripel, die aus den Elementen von M gebildet werden können:

$M \times M \times M$
$$= \{(1,1,1),(1,1,2),(1,1,3),(1,2,1),(1,2,2),(1,2,3),(1,3,1),(1,3,2),(1,3,3),$$
$$(2,1,1),(2,1,2),(2,1,3),(2,2,1),(2,2,2),(2,2,3),(2,3,1),(2,3,2),(2,3,3),$$
$$(3,1,1),(3,1,2),(3,1,3),(3,2,1),(3,2,2),(3,2,3),(3,3,1),(3,3,2),(3,3,3)\}.$$

Diese Menge kann durch ein räumliches (dreidimensionales) Punktgitter dargestellt werden.

1.1-14 a) $(x,y) \in A \times (B \cap C) \Leftrightarrow (x \in A) \wedge (y \in B \cap C)$
$\Leftrightarrow (x \in A) \wedge (y \in B \wedge y \in C)$
$\Leftrightarrow (x \in A \wedge y \in B) \wedge (x \in A \wedge y \in C)$
$\Leftrightarrow (x,y) \in (A \times B) \cap (A \times C).$

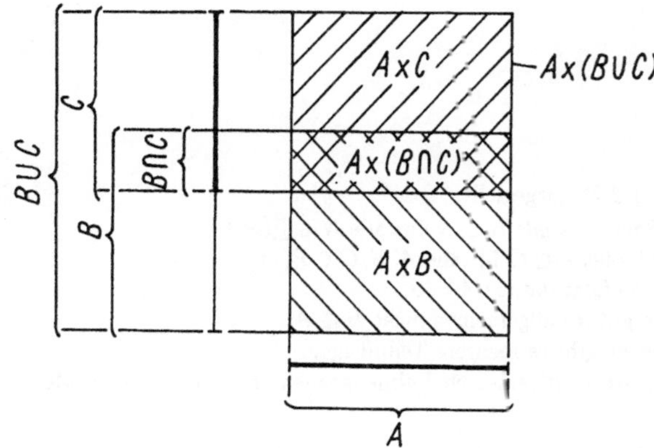

Abb. 1.1-14 *

b) $(x,y) \in A \times (B \cup C) \Leftrightarrow (x \in A) \wedge (y \in B \cup C)$
$\Leftrightarrow (x \in A) \wedge (y \in B \vee y \in C)$
$\Leftrightarrow (x \in A \wedge y \in B) \vee (x \in A \wedge y \in C)$
$\Leftrightarrow (x,y) \in A \times B \vee (x,y) \in A \times C$
$\Leftrightarrow (x,y) \in (A \times B) \cup (A \times C).$

Wählt man zwecks einer grafischen Darstellung Punktmengen von Strecken als Repräsentanten der Mengen A, B und C, dann erhält man für die auftretenden Mengenprodukte ein Venn–Diagramm, mit dessen Hilfe die bewiesenen Beziehungen veranschaulicht werden können (Abb. 1.1-14*).

1.2-1 a) Abb. 1.2-1*a zeigt die Lösung.

    b) Die Aussage $\mathcal{P}(x, y)$ lautet: „x ist um 2 kleiner als y".

    c) Es gibt zwei Möglichkeiten zur Darstellung des Relationengraphen (Abb. 1.2-1*b und c).

    d)   1. Die Relation ist nicht reflexiv, weil die Paare $(1,1)$, $(2,2)$, $(3,3)$, $(4,4)$, $(5,5)$ nicht zu σ gehören.

        2. Die Relation σ ist nicht symmetrisch, weil z. B. aus $1\sigma3$ nicht $3\sigma1$ folgt.

        3. Die Relation σ ist nicht transitiv, denn aus $(1,3) \in \sigma$ und $(3,5) \in \sigma$ folgt nicht $(1,5) \in \sigma$.

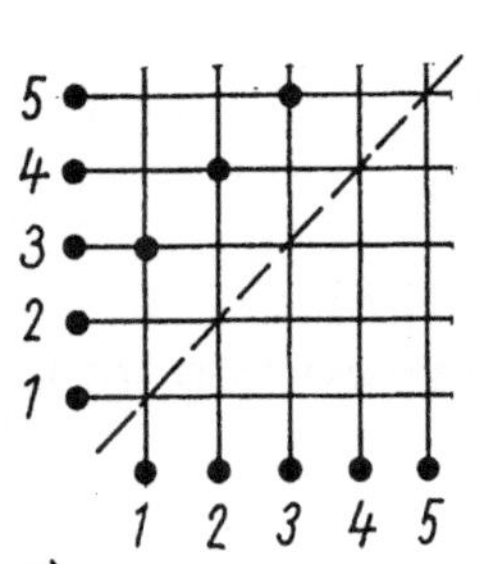
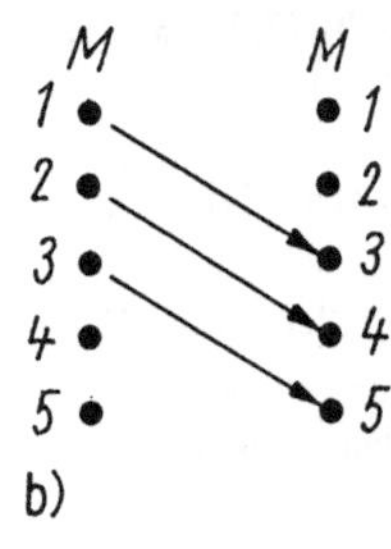
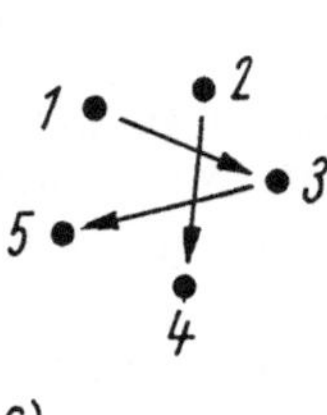

a)

Abb. 1.2-1 *

1.2-2 a) Mit $\underline{P}(M) = \{\emptyset, \{a\}, \{b\}, \{a,b\}\}$ erhalten wir
$$\sigma = \mathsf{C} = \{(\emptyset,\emptyset),(\emptyset,\{a\}),(\emptyset,\{b\}),(\emptyset,\{a,b\}),(\{a\},\{a\}),$$
$$(\{a\},\{a,b\}),(\{b\},\{b\}),(\{b\},\{a,b\}),(\{a,b\},\{a,b\})\}.$$

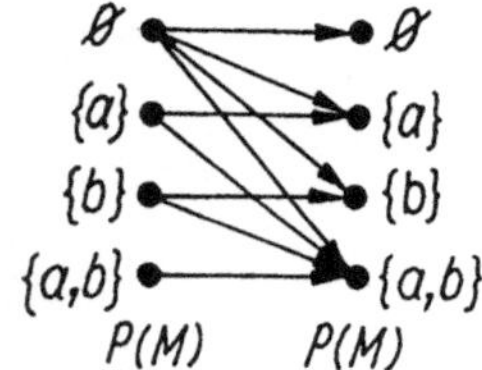

Abb. 1.2-2 *

    b) Der Relationengraph ist in Abb. 1.2-2* dargestellt.

    c) Die Relation C auf $\underline{P}(M)$ ist reflexiv: Es gilt $N \subset N$ für alle $N \in \underline{P}(M)$.
transitiv: Aus $A \subset B$ und $B \subset C$ folgt $A \subset C$ für alle $A, B, C \in \underline{P}(M)$.
identitiv: Ist $A \subset B$ und $B \subset A$, so folgt daraus $A = B$.
nicht symmetrisch: Ist $A \subset B$, so gilt im allgemeinen nicht $B \subset A$.
nicht linkseindeutig: Zu einer Menge gibt es mehrere Teilmengen.
nicht rechtseindeutig: Eine Menge ist im allgemeinen Teilmenge mehrerer verschiedener Mengen.

1.2-3 a) Eine n–stellige Relation ist eine Teilmenge von $M_1 \times M_2 \times \ldots \times M_n$. Die zuletzt genannte Menge hat $m_1 \cdot m_2 \ldots m_n$ Elemente. Folglich gibt es $2^{m_1 m_2 \ldots m_n}$ Teilmengen und damit ebenso viele n–stellige Relationen.

    b) Mit $m_1 = m_2 = \ldots m_n = m$ ergeben sich $2^{(m^n)}$ n–stellige Relationen

    c) $m = 2$, $n = 3$ liefert $2^{(2^3)} = 2^8 = 256$ Relationen.

1.2-4 a) $\sigma_1 = \{(1,a),(2,a),(3,b)\}$,
$\sigma_2 = \{(1,c),(3,a),(3,b)\}$,
$\sigma_3 = \{(1,b),(2,c),(3,a)\}$.

    b) $D_{\sigma_1} = \{1,2,3\}$; $D_{\sigma_2} = \{1,3\}$; $D_{\sigma_3} = \{1,2,3\}$;
$W_{\sigma_1} = \{a,b\}$; $W_{\sigma_2} = \{a,b,c\}$; $W_{\sigma_3} = \{a,b,c\}$.

c) σ_1 ist rechtseindeutig, σ_2 ist linkseindeutig,
σ_3 ist rechts– und linkseindeutig (also eineindeutig).

1.2-5 Es ist zu untersuchen, ob die gegebenen Relationen reflexiv, symmetrisch und transitiv sind.
Relation σ_1:
Reflexivität: Für alle $(z_1, z_2) \in \mathbb{N}^2$ muß gelten $(z_1, z_2)\sigma_1(z_1, z_2)$, d. h. $z_1 + z_1 = z_2 + z_2$.
Das ist sicher nicht der Fall, d. h., σ_1 ist keine Äquivalenzrelation.
Relation σ_2:
Reflexivität: Aus $(z_1, z_2)\sigma_2(z_1, z_2)$ folgt $z_1 + z_2 = z_2 + z_1$, was für alle $(z_1, z_2) \in \mathbb{N}^2$ richtig ist,
d. h., σ_2 ist reflexiv.
Symmetrie: Aus $(z_1, z_2)\sigma_2(z_1', z_2')$, d. h. $z_1 + z_2' = z_2 + z_1'$ folgt umgeformt: $z_1' + z_2 = z_2' + z_1$, d. h.,
es gilt $(z_1', z_2')\sigma_2(z_1, z_2)$;
σ_2 ist also symmetrisch.
Transitivität: Aus $(z_1, z_2)\sigma_2(z_1', z_2')$, d. h., $z_1 + z_2' = z_2 + z_1'$ und $(z_1', z_2')\sigma_2(z_1'', z_2'')$, d. h.,
$z_1' + z_2'' = z_2' + z_1''$ folgt $z_1 + z_2'' = z_2 + z_1''$ oder $(z_1, z_2)\sigma_2(z_1'', z_2'')$.
Damit ist σ_2 auch transitiv und folglich eine Äquivalenzrelation: $\sigma_2 = \pi$. Damit ist eine Klasseneinteilung von $\mathbb{N}^2$ gegeben. Formt man die σ_2 definierende Gleichung um zu $z_1 - z_2 = z_1' - z_2'$,
so erkennt man, daß alle die Elemente $(z_1, z_2) \in \mathbb{N}^2$ einer Klasse angehören, die die gleiche
Differenz $d = z_1 - z_2$ haben, d. h., die auf der Geraden $z_2 = z_1 - d$ (d ganze Zahl) liegen.

1.2-6 a) Eine Abbildung von M in N ist eine Menge von geordneten Paaren (m_μ, n_ν) ($m_\mu \in M$;
$n_\nu \in N$); $(\mu = 1, 2, \ldots, m; \nu = 1, 2, \ldots, n)$, worin wegen der Identität des Definitionsbereiches
mit M und der Rechtseindeutigkeit in der Menge dieser Paare jedes $m_\mu \in M$ genau einmal
an erster Stelle auftritt. Hingegen werden an das Auftreten der $n_\nu \in N$ als zweite Elemente
in (m_μ, n_ν) keine Bedingungen gestellt. Die Konstruktion der Abbildungen von M in N
geschieht dann folgendermaßen: Es sind so viele geordnete Paare (m_μ, n_ν) vorzusehen, wie
es Elemente von M gibt, also m.

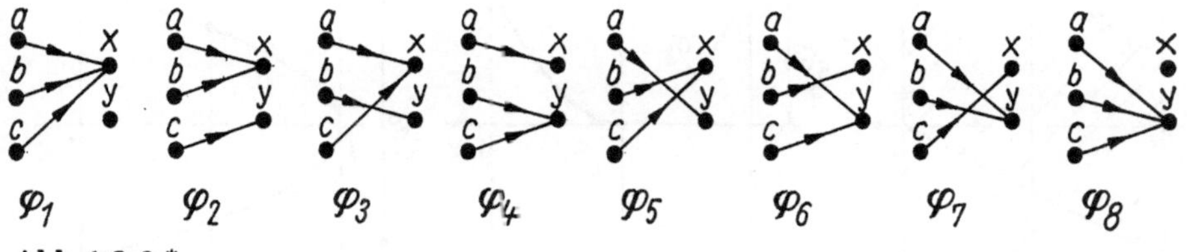

Abb. 1.2-6 *

Die ersten Elemente der (m_μ, n_ν) werden durch alle $m_\mu \in M$ ($\mu = 1, 2, \ldots, m$) gebildet.
Die für das zweite Element n_ν verbleibenden Stellen (ebenfalls m) sind durch die Elemente
von N aufzufüllen, wobei beliebige Wiederholungen zugelassen sind. Es gibt nun offenbar
ebenso viele verschiedene Abbildungen von M in N wie Möglichkeiten, die n Elemente n_ν
($\nu = 1, 2, \ldots, n$) auf m (zweite) Plätze in den geordneten Paaren zu verteilen, d. h.

$$
\left.
\begin{array}{l}
\left.\begin{array}{l}
(m_1, n_\nu) \ (\nu = 1, \ldots, n) \ n \text{ Möglichkeiten} \\
(m_2, n_\nu) \ (\nu = 1, \ldots, n) \ n \text{ Möglichkeiten}
\end{array}\right\} n^2 \\
\quad\vdots \\
(m_m, n_\nu) \ (\nu = 1, \ldots, n) \ n \text{ Möglichkeiten}
\end{array}
\right\} n^m \text{ Möglichkeiten.}
$$

Somit existieren n^m Abbildungen von einer m–elementigen in eine n–elementige Menge.

b) Mit $m = 3$ und $n = 2$ erhalten wir die $2^3 = 8$ Abbildungen

$$
\begin{array}{ll}
\varphi_1 = \{(a, x), (b, x), (c, x)\}, & \varphi_5 = \{(a, y), (b, x), (c, x)\}, \\
\varphi_2 = \{(a, x), (b, x), (c, y)\}, & \varphi_6 = \{(a, y), (b, x), (c, y)\}, \\
\varphi_3 = \{(a, x), (b, y), (c, x)\}, & \varphi_7 = \{(a, y), (b, y), (c, x)\}, \\
\varphi_4 = \{(a, x), (b, y), (c, y)\}, & \varphi_8 = \{(a, y), (b, y), (c, y)\}.
\end{array}
$$

Abb. 1.2-6* zeigt die Veranschaulichung dieser Abbildungen durch Graphen.

1.2-7 a) Die Relation σ ist rechtseindeutig, denn jedem Tripel $\begin{pmatrix} x \\ y \\ z \end{pmatrix}$ wird genau ein Tripel $\begin{pmatrix} x' \\ y' \\ z' \end{pmatrix}$

zugeordnet.

b) Die Relation σ ist linkseindeutig, wenn jedem Tripel $\begin{pmatrix} x' \\ y' \\ z' \end{pmatrix}$ genau ein Tripel $\begin{pmatrix} x \\ y \\ z \end{pmatrix}$ zuge-

ordnet ist, d.h., wenn die Gleichung eindeutig nach $\begin{pmatrix} x \\ y \\ z \end{pmatrix}$ auflösbar ist.

Das ist der Fall, wenn

$$D = \begin{vmatrix} a_{11} & a_{12} & a_{13} \\ a_{21} & a_{22} & a_{23} \\ a_{31} & a_{32} & a_{33} \end{vmatrix} \neq 0 \quad \text{gilt.}$$

1.2-8 a) σ_a ist rechts- und linkseindeutig (injektive Abbildung).
   $D_{\sigma_a} = \{x| -1 \leq x \leq 1\} = M, \qquad W_{\sigma_a} = \{y| -1 \leq y \leq 0\} \subset M$.

b) σ_b ist rechtseindeutig, aber nicht linkseindeutig (Abbildung).
   $D_{\sigma_b} = \{x| -1 \leq x \leq 1\} = M, \qquad W_{\sigma_b} = \{y|0 \leq y \leq 1\} \subset M$.

c) σ_c ist linkseindeutig, aber nicht rechtseindeutig (keine Abbildung)
   $D_{\sigma_c} = \{x| -1 \leq x \leq 1) = M, \qquad W_{\sigma_c} = \{y| -1 \leq y \leq 1\} = M$.
   Abb. 1.2-8* zeigt die grafische Veranschaulichung.

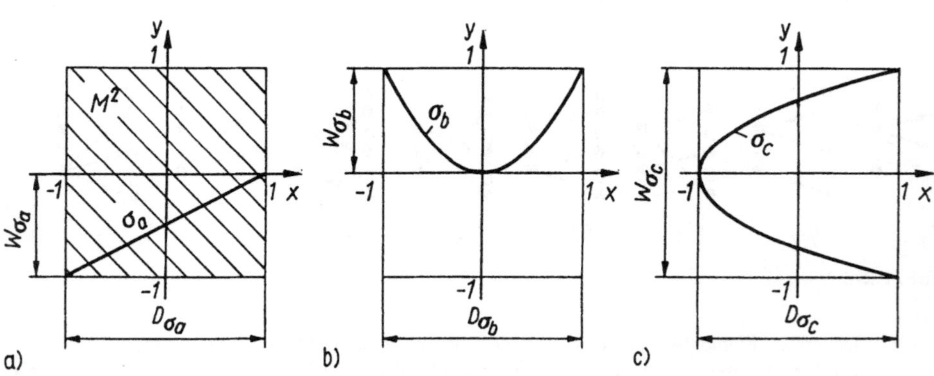

Abb. 1.2-8 *

1.2-9 a) Abb. 1.2-9* zeigt die Lösung.

b) Man erhält $W_\varphi = \{1, 2, 3\}$.

c) Da W_φ drei Elemente enthält, haben wir drei Urbilder: $\varphi^{-1}(1) = \{1, 3\}$, $\varphi^{-1}(2) = \{2, 4\}$ und $\varphi^{-1}(3) = \{5\}$. Die Urbilder der Elemente 4 und 5 sind leer: $\varphi^{-1}(4) = \varphi^{-1}(5) = \emptyset$.

d) Die Menge aller Urbilder ergibt die Klasseneinteilung
   $\underline{\amalg}(M) = \{\{1, 3\}, \{2, 4\}, \{5\}\}$.

e) Die Abbildung φ ist nicht surjektiv (da z. B. $4 \notin W_\varphi$) und nicht injektiv, denn die inverse Relation φ^{-1} ist nicht rechtseindeutig (da $1\varphi^{-1}1$ und $1\varphi^{-1}3$ gilt).

1.2-10 Die gegebenen Abbildungen sind als Teilmengen von $\mathbb{R} \times \mathbb{R}$ in Abb. 1.2-10* dargestellt.

a) φ ist nicht surjektiv und nicht injektiv.

b) φ ist injektiv, aber nicht surjektiv, weil $W_\varphi \subset \mathbb{R}$.

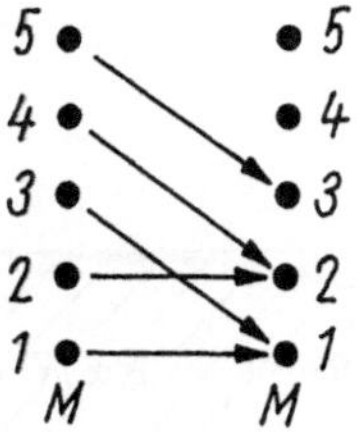

Abb. 1.2-9 *

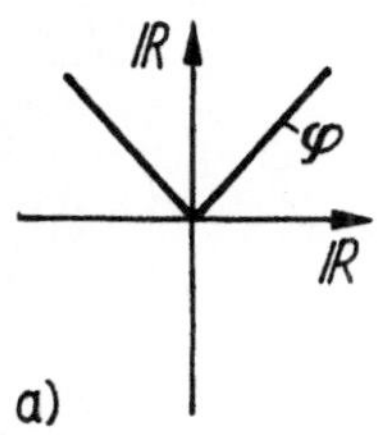 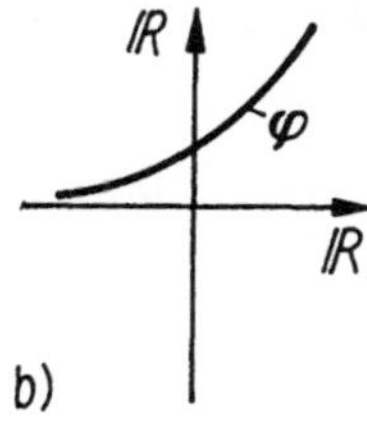 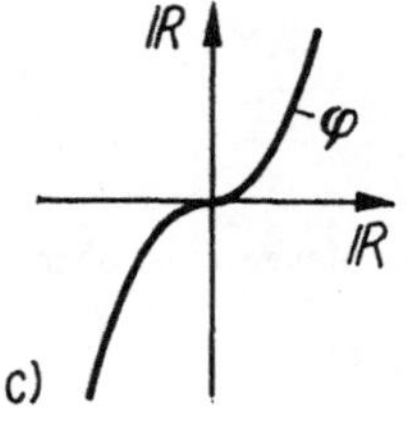 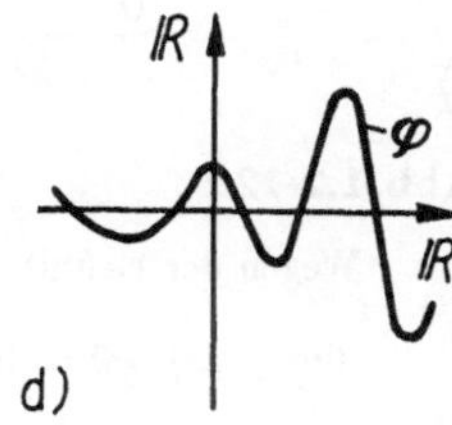

a)   b)   c)   d)

Abb. 1.2-10 *

c) φ ist injektiv und surjektiv, damit also bijektiv.

d) φ ist surjektiv, aber nicht injektiv.

1.2-11 Notiert man die Elemente von $\mathbb{N}^2$ in der Form

$$\mathbb{N}^2 = \{(1,1) \rightarrow (1,2) \quad (1,3) \rightarrow (1,4) \ \ldots$$
$$(2,1) \quad (2,2) \quad (2,3) \quad \ldots$$
$$(3,1) \quad (3,2) \quad \ldots \quad \ldots \},$$
$$\vdots$$

so läßt sich durch Abzählen in Pfeilrichtung folgende bijektive Abbildung finden:

$$\mathbb{N}^2 = \{(1,1) \ (1,2) \ (2,1) \ (3,1) \ (2,2) \ (1,3) \ (1,4) \ \ldots\}$$
$$\updownarrow \quad\ \updownarrow \quad\ \updownarrow \quad\ \updownarrow \quad\ \updownarrow \quad\ \updownarrow \quad\ \updownarrow$$
$$\mathbb{N} = \{1, \quad 2, \quad 3, \quad 4, \quad 5, \quad 6, \quad 7, \quad \ldots\}.$$

Damit ist die Gleichmächtigkeit bestätigt.

1.2-12   a)   Es muß eine bijektive Abbildung φ von $M = \{x | a \le x \le b\}$ auf $M' = \{x' | a' \le x' \le b'\}$ gefunden werden. Abb. 1.2-12*a) zeigt ein Beispiel.

$$\varphi : \varphi(x) = x', \quad x' = \frac{b' - a'}{b - a}x + \frac{ba' - b'a}{b - a}.$$

b)   Es muß eine bijektive Abbildung φ von $\mathbb{R} = \{x | -\infty < x < +\infty\}$ auf $\mathbb{R}' = \{x' | 0 < x' < 1\}$ gefunden werden. In Abb. 1.2-12*b) ist ein Beispiel dargestellt.

$$\varphi : \varphi(x) = x', \quad x' = \frac{1}{2} + \frac{1}{\pi} \arctan x \quad \text{oder} \quad \varphi : \varphi(x) = x', \quad x' = \frac{1}{2}(\tanh x + 1).$$

1.2-13   Die Rechtseindeutigkeit der Abbildung „Differentiation" ist offensichtlich. Zum Beweis der Linkseindeutigkeit wird geprüft, ob für alle $f_1 \in D$, $f_2 \in D$ und $g \in D$

$$(f_1'(x) = g(x)) \wedge (f_2'(x) = g(x)) \Rightarrow (f_1(x) = f_2(x))$$

gilt. Wird die linke Seite als gültig vorausgesetzt, so gilt $f_1'(x) = f_2'(x)$, und es entsteht durch Integration

$$f_1(x) = f_2(x) + C \qquad (C \text{ Integrationskonstante}).$$

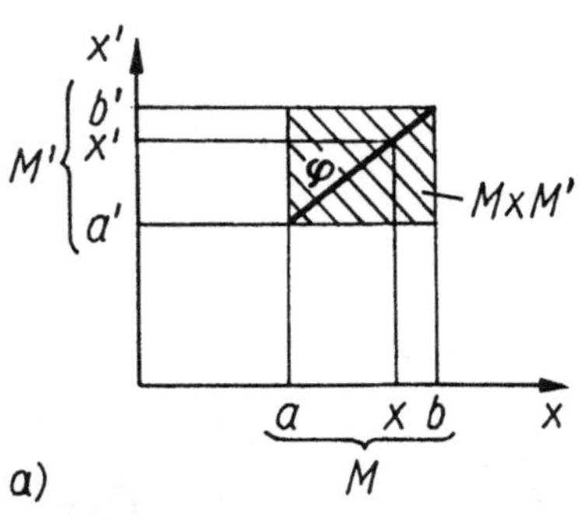

a)

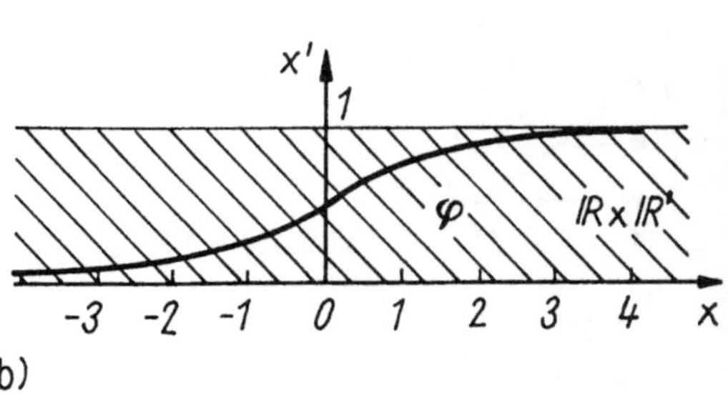

b)

Abb. 1.2-12 *

Wegen der Definition der Menge D ist aber

$$\lim_{x\to\infty} f_1(x) = 0 = \lim_{x\to\infty} f_2(x).$$

Damit erhalten wir speziell für obige Gleichung

$$\lim_{x\to\infty} f_1(x) = \lim_{x\to\infty} f_2(x) + C = 0,$$

woraus

$$C = 0$$

folgt. Das wiederum bedeutet, daß $f_1(x) = f_2(x)$ gilt, womit die Linkseindeutigkeit bewiesen ist. Da vorstehende Überlegungen für alle $f \in D$ gelten, ist die betrachtete Abbildung bijektiv.

1.2-14 $(\varphi_1 \circ \varphi_2)(5) = \varphi_2(\varphi_1(5)) = \varphi_2(2\cdot 25 + 2) = \varphi_2(52) = e^{52}$,
$\quad\quad (\varphi_1 \times \varphi_2)(2,3) = (\varphi_1(2), \varphi_2(3)) = (2\cdot 4 + 2, e^3) = (10, e^3)$,
$\quad\quad \langle \varphi_1, \varphi_2 \rangle(4) = (\varphi_1(4), \varphi_2(4)) = (2\cdot 16 + 2, e^4) = (34, e^4)$.

1.3-1 Wir erhalten die folgenden Operationstabellen:

+	−1	0	+1
−1	−2	−1	0
0	−1	0	+1
+1	0	+1	+2

−	−1	0	+1
−1	0	−1	−2
0	+1	0	−1
+1	+2	+1	0

	−1	0	+1
−1	+1	0	−1
0	0	0	0
+1	−1	0	+1

Die Addition und Subtraktion sind Abbildungen der Art

$$Z \times Z \to X \quad \text{mit} \quad X = \{-2, -1, 0, +1, +2\}.$$

Es handelt sich also um äußere Operationen. Die Multiplikation ist eine Abbildung der Art $Z \times Z \to Z$. Es handelt sich somit um eine innere Operation.

1.3-2 In Abb. 1.3-2*a) sind alle bijektiven Abbildungen von M auf M dargestellt. Wir erhalten also

$$\Phi = \{\varphi_1, \varphi_2, \varphi_3, \varphi_4, \varphi_5, \varphi_6\}.$$

Die Verknüpfung zweier Abbildungen ist in Abb. 1.3-2*b) erläutert und liefert die folgende Verknüpfungstabelle

$\circ$	φ_1	φ_2	φ_3	φ_4	φ_5	φ_6
φ_1	φ_1	φ_2	φ_3	φ_4	φ_5	φ_6
φ_2	φ_2	φ_1	φ_4	φ_3	φ_6	φ_5
φ_3	φ_3	φ_5	φ_1	φ_6	φ_2	φ_4
φ_4	φ_4	φ_6	φ_2	φ_5	φ_1	φ_3
φ_5	φ_5	φ_3	φ_6	φ_1	φ_4	φ_2
φ_6	φ_6	φ_4	φ_5	φ_2	φ_3	φ_1

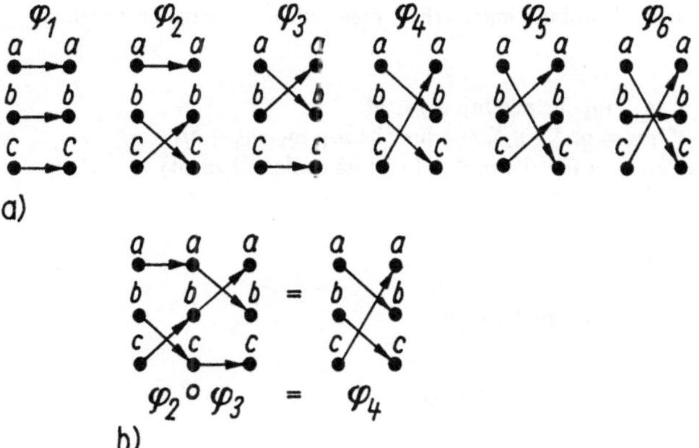

a)

$$\varphi_2 \circ \varphi_3 \;=\; \varphi_4$$

b)

Abb. 1.3-2 *

Die Operation $\circ$ auf Φ ist

1. *assoziativ*:
   Einerseits gilt

   $$
   \begin{aligned}
   (\varphi_\nu \circ (\varphi_\mu \circ \varphi_\lambda))(m) &= \varphi'(\varphi_\nu(m)) \\
   &= (\varphi_\mu \circ \varphi_\lambda)(\varphi_\nu(m)) \\
   &= \varphi_\lambda(\varphi_\mu(\varphi_\nu(m))).
   \end{aligned}
   $$

   Andererseits gilt

   $$
   \begin{aligned}
   ((\varphi_\nu \circ \varphi_\mu) \circ \varphi_\lambda)(m) &= \varphi_\lambda(\varphi''(m)) \\
   &= \varphi_\lambda((\varphi_\nu \circ \varphi_\mu)(m)) \\
   &= \varphi_\lambda(\varphi_\mu(\varphi_\nu(m))),
   \end{aligned}
   $$

   wobei $\mu, \nu, \lambda \in \{1, 2, 3, 4, 5, 6\}$ und $m \in M$. Folglich gilt

   $$\varphi_\nu \circ (\varphi_\mu \circ \varphi_\lambda) = (\varphi_\nu \circ \varphi_\mu) \circ \varphi_\lambda.$$

2. *nicht kommutativ*:
   Es gilt z. B. (siehe Tabelle) $\varphi_2 \circ \varphi_3 = \varphi_4$,
   $$\varphi_3 \circ \varphi_2 = \varphi_5.$$

3. *nicht idempotent*:
   Es gilt z. B. (siehe Tabelle) $\varphi_3 \circ \varphi_3 = \varphi_1$.

4. Es existiert ein *neutrales Element* in Gestalt von φ_1, denn es gilt

   $$
   \begin{aligned}
   \varphi_1 \circ \varphi_\nu &= \varphi_\nu, \\
   \varphi_\nu \circ \varphi_1 &= \varphi_\nu.
   \end{aligned}
   \qquad \nu \in \{1, 2, 3, 4, 5, 6\}
   $$

5. Es existiert ein *inverses Element* $\overline{\varphi}_\nu$ zu jedem $\varphi_\nu \in \Phi$. Aus der Tabelle liest man ab:

   $$\overline{\varphi}_1 = \varphi_1; \quad \overline{\varphi}_2 = \varphi_2; \quad \overline{\varphi}_3 = \varphi_3; \quad \overline{\varphi}_4 = \varphi_5; \quad \overline{\varphi}_5 = \varphi_4; \quad \overline{\varphi}_6 = \varphi_6.$$

   Mit den angegebenen Eigenschaften ist die Struktur $(\Phi, \circ)$ eine Gruppe.

1.3-3 a) Aus $f_1 \in C$ und $f_2 \in C$ folgt, daß auch $f_1 * f_2 \in C$, denn das Produkt zweier stetiger Funktionen ergibt wieder eine stetige Funktion. Durch das Integral wird $f_1 * f_2$ sogar differenzierbar.

b) Mit der Substitution $t - \tau = \tau'$ folgt aus

$$
\begin{aligned}
(f_1 * f_2)(t) &= \int_0^t f_1(\tau) f_2(t - \tau)\,d\tau = -\int_t^0 f_1(t - \tau') f_2(\tau')\,d\tau' \\
&= \int_0^t f_2(\tau') f_1(t - \tau')\,d\tau' = (f_2 * f_1)(t),
\end{aligned}
$$

daß die Operation $*$ kommutativ ist.

1.3-4 Durch Untersuchung aller möglichen Kombinationen erhält man aus den Operationstabellen:

1. *Operation* ∇

kommutativ : $\qquad m_1 \nabla m_2 = m_2 \nabla m_1$ für alle $m_1, m_2 \in M$.
assoziativ : $\qquad (m_1 \nabla m_2)\nabla m_3 = m_1 \nabla (m_2 \nabla m_3)$ für alle $m_1, m_2, m_3 \in M$.
neutrales Element : $\;\; a\nabla m = m\nabla a = m$ für alle $m \in M$ (a ist neutrales Element).
inverse Elemente : $\;\;\;\; a\nabla a = a$, d.h. $\tilde{a} = a$,
$\qquad\qquad\qquad\qquad b\nabla c = a$, d.h. $\tilde{b} = c$,
$\qquad\qquad\qquad\qquad c\nabla b = a$, d.h. $\tilde{c} = b$.

Die Struktur (M, ∇) bildet also eine Abelsche Gruppe.

2. *Operation* $*$
assoziativ: Aus $m_1 * m_2 = m_1$ für alle $m_1, m_2 \in M$ folgt

$$\left.\begin{array}{l} m_1 * (m_2 * m_3) = m_1 \\ (m_1 * m_2) * m_3 = m_1 * m_2 = m_1 \end{array}\right\} \quad \text{für alle} \quad m_1, m_2, m_3 \in M.$$

idempotent: Aus $m_1 * m_2 = m_1$ für alle $m_1, m_2 \in M$ folgt
$m * m = m$ für alle $m \in M$.
Die Operation ist nicht kommutativ, es existiert kein neutrales Element und keine inversen Elemente.
Die Struktur $(M, *)$ bildet eine Halbgruppe.

3. *Distributivität von* ∇ *bezüglich* $*$:
Wegen 2. gilt
$(m_1 * m_2)\nabla m_3 = m_1 \nabla m_3$
$(m_1 \nabla m_3) * (m_2 \nabla m_3) = m_1 \nabla m_3$ für alle $m_1, m_2, m_3 \in M$, womit das Distributivgesetz bestätigt ist.

4. *Distributivität von* $*$ *bezüglich* ∇:
Da die Operation $*$ nicht kommutativ ist, müssen zwei Fälle untersucht werden:

a) $(m_1 \nabla m_2) * m_3 = m_1 \nabla m_2$

$\quad (m_1 * m_3)\nabla (m_2 * m_3) = m_1 \nabla m_2$ für alle $m_1, m_2, m_3 \in M$.

$\quad$ Das Distributivgesetz ist erfüllt.

b) $m_1 * (m_2 \nabla m_3) = m_1$

$\quad (m_1 * m_2)\nabla (m_1 * m_3) = m_1 \nabla m_1 \neq m_1$.

$\quad$ Das Distributivgesetz ist nicht erfüllt.

1.3-5 Zur Abkürzung setzen wir $\{-1, +1\} = A$

1. Aus der Operationstabelle

	-1	$+1$
-1	$+1$	-1
$+1$	-1	$+1$

$\quad$ folgt: Mit $a, b \in A$ ist auch $a \cdot b \in A$, d.h., $(A, \cdot)$ ist ein *Gruppoid*.

2. Für alle $a, b, c \in A$ gilt $a \cdot (b \cdot c) = (a \cdot b) \cdot c$ (Assoziativgesetz). Damit ist $(A, \cdot)$ eine *Halbgruppe*.

3. Für alle $a \in A$ gilt $a \cdot (+1) = (+1) \cdot a = a$.
$\quad$ Es existiert also ein neutrales Element $+1$. Damit ist $(A, \cdot)$ ein *Monoid*.

4. Aus $(-1) \cdot (-1) = +1$ und $(+1) \cdot (+1) = +1$ folgt, daß jedes Element von A invers zu sich selbst ist. $(A, \cdot)$ ist damit eine *Gruppe*.

5. Wegen $a \cdot b = b \cdot a$ für alle $a, b \in A$ (Kommutativgesetz) ist $(A, \cdot)$ eine *Abelsche Gruppe*.

1.3-6 1. Für alle $M_1, M_2 \in \underline{P}(M)$ ist $M_1 \,\Delta\, M_2 = M_3 \in \underline{P}(M)$. Folglich ist $(\underline{P}(M), \Delta)$ ein *Gruppoid*.

2. Für alle $M_1, M_2, M_3 \in \underline{P}(M)$ gilt das Assoziativgesetz
$(M_1 \,\Delta\, M_2)\,\Delta\, M_3 = M_1\,\Delta\,(M_2\,\Delta\, M_3)$ (Abb. 1.3-6*).
Damit ist $(\underline{P}(M),\Delta)$ eine *Halbgruppe*.

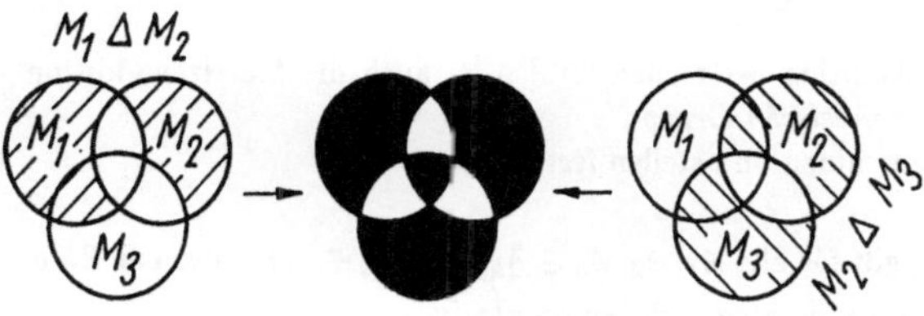

$$(M_1\,\Delta M_2)\,\Delta M_3 = M_1\,\Delta(M_2\,\Delta M_3)$$

Abb. 1.3-6 *

3. Für alle $M_1 \in \underline{P}(M)$ gilt $M_1\,\Delta\,\emptyset = M_1$, folglich ist $\emptyset \in \underline{P}(M)$ das neutrale Element. Die Struktur $(\underline{P}(M),\Delta)$ ist also ein *Monoid*.

4. Für alle $M_1 \in \underline{P}(M)$ gilt $M_1\,\Delta\, M_1 = \emptyset$. Folglich ist jedes Element M_1 invers zu sich selbst und damit $(\underline{P}(M),\Delta)$ eine *Gruppe*.

5. Für alle $M_1, M_2 \in \underline{P}(M)$ gilt $M_1\,\Delta\, M_2 = M_2\,\Delta\, M_1$ (Kommutativgesetz). $(\underline{P}(M),\Delta)$ ist folglich eine *Abelsche Gruppe*.
Voraussetzung für die Isomorphie von $(\underline{P}(M),\Delta)$ mit $(\{-1,+1\},\cdot)$ ist die Gleichmächtigkeit der Trägermengen. Soll $\underline{P}(M)$ zweielementig sein, kann M nur ein Element haben, z. B. $M = \{m\}$, $\underline{P}(M) = \{\emptyset, M\}$. Durch Vergleich der Operationstabellen

Δ	M	$\emptyset$			-1	$+1$
M	$\emptyset$	M		-1	$+1$	-1
$\emptyset$	M	$\emptyset$		$+1$	-1	$+1$

erhält man den Isomorphismus ψ mit $\psi(M) = -1$ und $\psi(\emptyset) = +1$.

1.3-7 In Aufgabe 1.3-6 wurde gezeigt, daß $(\underline{P}(M),\Delta)$ eine Abelsche Gruppe bildet. Es braucht also nur noch die Distributivität von $\cap$ bezüglich Δ nachgeprüft zu werden, d. h., es ist zu zeigen, daß

$$(A\,\Delta\, B)\cap C = (A\cap C)\,\Delta\,(B\cap C) \qquad A, B, C \in \underline{P}(M)$$

gilt. Die Bestätigung zeigt das Venn–Diagramm, Abb. 1.3-7*. Beachten Sie ferner: Die Ringoperation $\cap$ ist assoziativ und kommutativ, es existiert ein neutrales Element M $(A\cap M = A$ für alle $A \in \underline{P}(M))$, jedoch nur für $M \in \underline{P}(M)$ ein inverses Element $\tilde{M} = M$. Die Struktur $(\underline{P}(M),\Delta,\cap)$ ist folglich kein Körper.

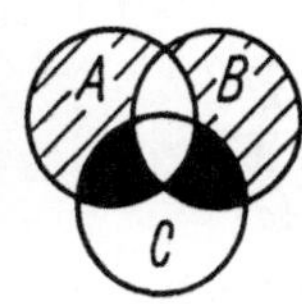

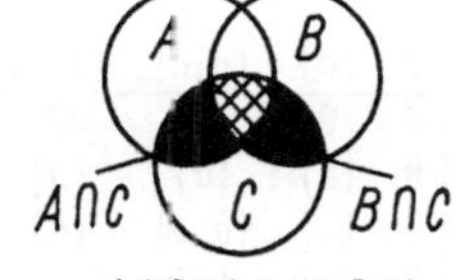

Abb. 1.3-7 *

1.3-8 Zur Abkürzung bezeichnen wir eine Matrix $((a_{ij})) = A \in \underline{A}_{nn}$. Wir untersuchen zunächst die Struktur $(\underline{A}_{nn},+)$:

1. Mit $A_1, A_2 \in \underline{A}_{nn}$ ist auch $A_1 + A_2 = A_3 \in \underline{A}_{nn}$. Folglich ist $(\underline{A}_{nn},+)$ ein *Gruppoid*.

2. Die Matrizenaddition ist assoziativ, da die Addition der reellen Zahlen assoziativ ist. Damit ist $(\underline{A}_{nn},+)$ eine *Halbgruppe*.

3. Für alle $A \in \underline{A}_{nn}$ gilt $A + 0 = 0 + A = A$. Die Nullmatrix 0 ist also das neutrale Element. $(\underline{A}_{nn}, +)$ ist ein *Monoid*.

4. Zu jeder Matrix $A \in \underline{A}_{nn}$ ist $\tilde{A} = -A$ das inverse Element, denn es gilt $A + (-A) = 0$. $(\underline{A}_{nn}, +)$ ist also eine *Gruppe*.

5. Wegen der Kommutativität der Addition der reellen Zahlen ist auch die Matrizenaddition kommutativ. $(\underline{A}_{nn}, +)$ ist also eine *Abelsche Gruppe*.
   Wir nehmen nun die Multiplikation hinzu und stellen fest:

6. Das Distributivgesetz
   $A_1 \cdot (A_2 + A_3) = A_1 \cdot A_2 + A_1 \cdot A_3$ gilt für alle $A_1, A_2, A_3 \in \underline{A}_{nn}$. $(\underline{A}_{nn}, +, \cdot)$ ist also ein *Ring*.

7. Die Matrizenmultiplikation ist assoziativ, aber nicht kommutativ.

8. Für alle $A \in \underline{A}_{nn}$ gilt $A \cdot 1 = 1 \cdot A = A$. Die Einheitsmatrix 1 ist also das neutrale Element bezüglich der Multiplikation.

9. Ein inverses Element A^{-1} als Lösung von $A \cdot A^{-1} = 1$ existiert nur für die Matrizen, für die $\det A \neq 0$ gilt.

10. Es kann gelten $A_1 \cdot A_2 = 0$, obwohl $A_1 \neq 0$ und $A_2 \neq 0$ $(A_1, A_2 \in \underline{A}_{nn})$. Die Struktur $(\underline{A}_{nn}, +, \cdot)$ ist also ein Ring mit Nullteilern.
    Beispiel zu 10:
$$\begin{pmatrix} 2 & 4 \\ 1 & 2 \end{pmatrix} \cdot \begin{pmatrix} 6 & 10 \\ -3 & -5 \end{pmatrix} = \begin{pmatrix} 0 & 0 \\ 0 & 0 \end{pmatrix}$$

1.3-9 Wir erhalten die folgenden Operationstabellen:

$\perp$	1	2	4	6	12
1	1	2	4	6	12
2	2	2	4	6	12
4	4	4	4	12	12
6	6	6	12	6	12
12	12	12	12	12	12

$\top$	1	2	4	6	12
1	1	1	1	1	1
2	1	2	2	2	2
4	1	2	4	2	4
6	1	2	2	6	6
12	1	2	4	6	12

Der Träger $\underline{M}$ der isomorphen Mengenstruktur muß, um eine bijektive Abbildung $\eta : \underline{M} \to Z$ zu ermöglichen, die gleiche Anzahl von Teilmengen einer Menge M enthalten, wie Z Elemente enthält, nämlich 5. Dazu benutzen wir die Potenzmenge $\underline{P}(M)$ von $M = \{a, b, c\}$. Sie enthält 8 Elemente, von denen wir 5 so auswählen, daß nach erfolgter bijektiver Abbildung auf die Elemente von Z die Operation $\perp$ und $\cup$ bzw. $\top$ und $\cap$ einander ensprechen.
Wählen wir z. B. (es gibt mehrere Lösungen!)

$z \in Z$	1	2	4	6	12
$\eta(z) \in \underline{M}$	$\emptyset$	$\{a\}$	$\{a, c\}$	$\{a, b\}$	M

$M = \{a, b, c\}$

so erhalten wir die Operationstabellen:

$\cup$	$\emptyset$	$\{a\}$	$\{a,c\}$	$\{a,b\}$	M
$\emptyset$	$\emptyset$	$\{a\}$	$\{a,c\}$	$\{a,b\}$	M
$\{a\}$	$\{a\}$	$\{a\}$	$\{a,c\}$	$\{a,b\}$	M
$\{a,c\}$	$\{a,c\}$	$\{a,c\}$	$\{a,c\}$	M	M
$\{a,b\}$	$\{a,b\}$	$\{a,b\}$	M	$\{a,b\}$	M
M	M	M	M	M	M

$\cap$	$\emptyset$	$\{a\}$	$\{a,c\}$	$\{a,b\}$	M
$\emptyset$	$\emptyset$	$\emptyset$	$\emptyset$	$\emptyset$	$\emptyset$
$\{a\}$	$\emptyset$	$\{a\}$	$\{a\}$	$\{a\}$	$\{a\}$
$\{a,c\}$	$\emptyset$	$\{a\}$	$\{a,c\}$	$\{a\}$	$\{a,c\}$
$\{a,b\}$	$\emptyset$	$\{a\}$	$\{a\}$	$\{a,b\}$	$\{a,b\}$
M	$\emptyset$	$\{a\}$	$\{a,c\}$	$\{a,b\}$	M

Die Isomorphie der Strukturen $(Z, \perp, \top)$ und $(\underline{M}, \cup, \cap)$ ergibt sich unmittelbar aus dem Vergleich der Operationstabellen.
Analyse der Struktur $(\underline{M}, \cup, \cap)$:
1. Beide Operationen sind assoziativ.
2. Beide Operationen sind kommutativ.
3. Jede der Operationen ist adjunktiv bezüglich der anderen.

4. Jede der Operationen ist distributiv bezüglich der anderen.

5. Es existieren neutrale Elemente, und zwar:

$$e_\cap = M, \text{ denn es gilt } M \cap N = N$$

für alle $N \in \underline{M}$; $e_\cup = \emptyset$, denn es gilt $\emptyset \cup N = N$ für alle $N \in \underline{M}$.

Die neutralen Elemente der Struktur $(Z, \bot, \top)$ sind dann entsprechend $e_\bot = 1$ und $e_\top = 12$.

Lösungen zu Kapitel 2

2.1-1 Die Existenz eines Komplementes $\overline{x} \in B$ zu jedem $x \in B$ ist entsprechend der Definition der Booleschen Algebra gesichert. Es ist noch zu zeigen, daß $\overline{x}$ eindeutig bestimmt ist.

Annahme: Es gibt noch ein weiteres Element $\overline{x}' \in B$ mit $\overline{x}' \neq \overline{x}$, so daß die Gleichungen gelten:

$$x \vee \overline{x} = 1, \qquad x \vee \overline{x}' = 1,$$
$$x \wedge \overline{x} = 0, \qquad x \wedge \overline{x}' = 0.$$

Dann folgt:

$$\overline{x} = 1 \wedge \overline{x} = (x \vee \overline{x}')\overline{x} = x\overline{x} \vee \overline{x}'\overline{x} = 0 \vee \overline{x}'\overline{x} = x\overline{x}' \vee \overline{x}\,\overline{x}' = (x \vee \overline{x})\overline{x}' = \overline{x}'.$$

Es gilt also $\overline{x} = \overline{x}'$ entgegen der Annahme.

2.1-2 Annahme: Es gibt ein $x \in B$, so daß $\overline{x} = x$ ist. Dann müssen die Gleichungen $x \vee x = 1$ und $xx = 0$ gelten. Wegen $x \vee x = x$ kommt für die erste Gleichung nur $x = 1$ als Lösung in Frage. Diese Lösung erfüllt aber die zweite Gleichung nicht, denn $1 \wedge 1 = 1 \neq 0$. Die zweite Gleichung ist wegen $x \wedge x = x$ nur für $x = 0$ richtig. Dann ist aber die erste nicht erfüllt, denn $0 \vee 0 = 0 \neq 1$. Folglich ist die Annahme falsch, und es gibt in $(B, \vee, \wedge, ^-, 0, 1)$ kein zu sich selbst komplementäres Element.

2.1-3 Im Träger B einer Booleschen Algebra existiert zu jedem $x \in B$ genau ein komplementäres Element $\overline{x} \in B$ (Aufgabe 2.1-1) mit $x \neq \overline{x}$ (Aufgabe 2.1-2). Mithin kann B in Elementepaare $\{x, \overline{x}\}$ zerlegt werden, so daß die Elementeanzahl gerade sein muß. Jedoch kann nicht jede Menge mit gerader Elementeanzahl Träger einer Booleschen Algebra sein (vgl. Abschn. 2.1.1).

2.1-4 a) Man erhält die folgenden Operationstabellen:

P	○	▷	◁	●
○	○	▷	◁	●
▷	▷	▷	●	●
◁	◁	●	◁	●
●	●	●	●	●

R	○	▷	◁	●
○	○	○	○	○
▷	○	▷	○	▷
◁	○	○	◁	◁
●	○	▷	◁	●

b) Mit $\underline{P}(\{a, b\}) = \{\emptyset, \{a\}, \{b\}, \{a, b\}\}$ ergibt sich:

$\cup$	$\emptyset$	$\{a\}$	$\{b\}$	$\{a, b\}$
$\emptyset$	$\emptyset$	$\{a\}$	$\{b\}$	$\{a, b\}$
$\{a\}$	$\{a\}$	$\{a\}$	$\{a, b\}$	$\{a, b\}$
$\{b\}$	$\{b\}$	$\{a, b\}$	$\{b\}$	$\{a, b\}$
$\{a, b\}$	$\{a, b\}$	$\{a, b\}$	$\{a, b\}$	$\{a, b\}$

$\cap$	$\emptyset$	$\{a\}$	$\{b\}$	$\{a, b\}$
$\emptyset$	$\emptyset$	$\emptyset$	$\emptyset$	$\emptyset$
$\{a\}$	$\emptyset$	$\{a\}$	$\emptyset$	$\{a\}$
$\{b\}$	$\emptyset$	$\emptyset$	$\{b\}$	$\{b\}$
$\{a, b\}$	$\emptyset$	$\{a\}$	$\{b\}$	$\{a, b\}$

Der Vergleich der Operationstabellen liefert unmittelbar den Isomorphismus

$$\psi : N \to \underline{P}(\{a, b\}) \qquad \begin{array}{rcl} \circ &\to& \emptyset \\ \triangleright &\to& \{a\} \\ \triangleleft &\to& \{b\} \\ \bullet &\to& \{a, b\} \end{array}$$

Bemerkung: Es läßt sich zeigen, daß $(N, P, R, ^-, \circ, \bullet)$ sogar eine Boolesche Algebra bildet und zu $(\underline{P}(\{a, b\}), \cup, \cap, ^-, \emptyset, \{a, b\})$ isomorph ist. Hierbei gilt noch für die Operation $^-$:

$^-$	$\circ$	$\triangleright$	$\triangleleft$	$\bullet$
	$\bullet$	$\triangleleft$	$\triangleright$	$\circ$

$^-$	$\emptyset$	$\{a\}$	$\{b\}$	$\{a, b\}$
	$\{a, b\}$	$\{b\}$	$\{a\}$	$\emptyset$

Die neutralen Elemente sind

$e_P = \circ$ (Parallelschalten einer Unterbrechung ändert nichts)

$e_R = \bullet$ (Reihenschaltung einer widerstandslosen Verbindung ändert nichts)

c) Aus dem Isomorphismus ψ folgt für beliebige $\square_i \in N$:

$\psi(\square_i) = M_i \in P(\{a, b\})$.

Für den Zweipol gilt also:

$$\begin{array}{lcl}
\textit{Original} & & \textit{Bild} \\
(\square_1 R \square_2) P \square_2 & \longmapsto & (M_1 \cap M_2) \cup M_2 \\
\square_2 & \longleftrightarrow & = M_2
\end{array}$$

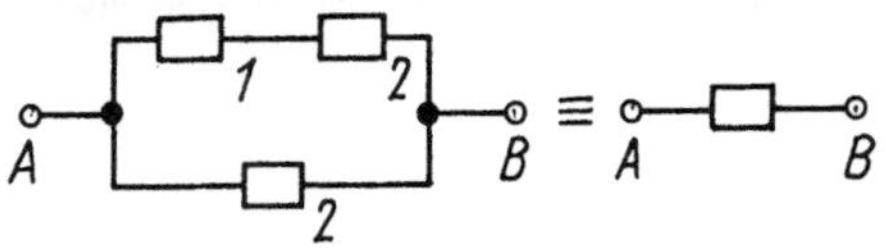

Abb. 2.1-4 *

Die beiden in Abb. 2.1-4* dargestellten Zweipole haben demnach identisches Verhalten (äquivalente Zweipole).

2.1-5 $x \vee \overline{x}y = (x \vee \overline{x})(x \vee y) = 1(x \vee y) = x \vee y$ (Distributivität von $\vee$ bezüglich $\cdot$).

2.1-6 $P = x(\overline{x} \vee y) \vee y(y \vee z) \vee y$
    $= x\overline{x} \vee xy \vee y \vee y = 0 \vee xy \vee y = y$.

2.1-7 Die gegebenen Polynome werden zur Erleichterung der Auswertung zunächst soweit wie möglich vereinfacht. Wir erhalten:

a) $P = \overline{(\overline{x}_1 \vee x_1)}x_2 \vee \overline{x_1 x_3} \vee x_3$
    $= (0 \wedge x_2) \vee \overline{x}_1 \vee \overline{x}_3 \vee x_3 = \overline{x}_1 \vee 1 = 1$

b) $P = \overline{x}_1 x_2 \vee x_3(x_1 \vee \overline{x}_2)$ (keine Vereinfachung möglich)

x_1	x_2	x_3	a)$\psi(x_1, x_2, x_3)$	b)$\psi(x_1, x_2, x_3)$
0	0	0	1	0
0	0	1	1	1
0	1	0	1	1
0	1	1	1	1
1	0	0	1	0
1	0	1	1	1
1	1	0	1	0
1	1	1	1	1

2.1-8 α) Wir erhalten die Wertetabellen:

x	x_1	x_2	x_3	Lösung a) $\varphi(x_1, x_2, x_3)$	Minterm	Lösung b) $\varphi(x_1, x_2, x_3)$	Minterm
0	0	0	0	1	$\overline{x}_1\overline{x}_2\overline{x}_3$	1	$\overline{x}_1\overline{x}_2\overline{x}_3$
1	0	0	1	1	$\overline{x}_1\overline{x}_2 x_3$	1	$\overline{x}_1\overline{x}_2 x_3$
2	0	1	0	1	$\overline{x}_1 x_2\overline{x}_3$	1	$\overline{x}_1 x_2\overline{x}_3$
3	0	1	1	1	$\overline{x}_1 x_2 x_3$	1	$\overline{x}_1 x_2 x_3$
4	1	0	0	0	$-$	1	$x_1\overline{x}_2\overline{x}_3$
5	1	0	1	0	$-$	1	$x_1\overline{x}_2 x_3$
6	1	1	0	1	$x_1 x_2\overline{x}_3$	0	$-$
7	1	1	1	0	$-$	0	$-$

Daraus ergeben sich die disjunktiven Normalformen

a) $N(x_1, x_2, x_3) = \overline{x}_1\overline{x}_2\overline{x}_3 \vee \overline{x}_1\overline{x}_2x_3 \vee \overline{x}_1x_2\overline{x}_3 \vee \overline{x}_1x_2x_3 \vee x_1x_2\overline{x}_3.$

b) $N(x_1, x_2, x_3) = \overline{x}_1\overline{x}_2\overline{x}_3 \vee \overline{x}_1x_2x_3 \vee \overline{x}_1x_2\overline{x}_3 \vee \overline{x}_1x_2x_3 \vee x_1\overline{x}_2\overline{x}_3 \vee x_1\overline{x}_2x_3.$

β a) $P = \overline{x_1\overline{x}_2 \vee x_1x_3} \vee \overline{x}_1$

$\quad = (\overline{x}_1 \vee x_2)(\overline{x}_1 \vee \overline{x}_3) \vee \overline{x}_1$

$\quad = \overline{x}_1(1 \vee x_3 \vee x_2) \vee x_2\overline{x}_3 = \overline{x}_1 \vee x_2\overline{x}_3$

$\quad = \overline{x}_1(x_2 \vee \overline{x}_2)(x_3 \vee \overline{x}_3) \vee (x_1 \vee \overline{x}_1)x_2\overline{x}_3$

$\quad = \overline{x}_1x_2x_3 \vee \overline{x}_1x_2\overline{x}_3 \vee \overline{x}_1\overline{x}_2x_3 \vee \overline{x}_1\overline{x}_2\overline{x}_3 \vee x_1x_2\overline{x}_3 \vee \overline{x}_1x_2\overline{x}_3$

$\quad = \overline{x}_1\overline{x}_2\overline{x}_3 \vee \overline{x}_1\overline{x}_2x_3 \vee \overline{x}_1x_2\overline{x}_3 \vee \overline{x}_1x_2x_3 \vee x_1x_2\overline{x}_3 = N(x_1, x_2, x_3).$

b) $P = (\overline{x}_1 \vee x_2)\overline{x}_1 \vee \overline{\overline{x}_1x_2\overline{x}_2}$

$\quad = \overline{x}_1 \vee \overline{x}_1x_2 \vee (x_1 \vee \overline{x}_2)\overline{x}_2 = \overline{x}_1 \vee \overline{x}_2$

$\quad = \overline{x}_1(x_2 \vee \overline{x}_2)(x_3 \vee \overline{x}_3) \vee (x_1 \vee \overline{x}_1)\overline{x}_2(x_3 \vee \overline{x}_3)$

$\quad = \overline{x}_1\overline{x}_2\overline{x}_3 \vee \overline{x}_1\overline{x}_2x_3 \vee \overline{x}_1x_2\overline{x}_3 \vee \overline{x}_1x_2x_3 \vee x_1\overline{x}_2\overline{x}_3 \vee x_1\overline{x}_2x_3 = N(x_1, x_2, x_3).$

2.1-9 a) Wir stellen zunächst eine Wertetabelle auf:

x	x_1	x_2	x_3	P_1	P_2	P_3	P_4	P_5	P_6
0	0	0	0	0	0	0	0	0	0
1	0	0	1	0	0	0	0	0	0
2	0	1	0	0	1	0	1	0	0
3	0	1	1	0	1	0	1	0	0
4	1	0	0	1	0	1	0	1	0
5	1	0	1	1	0	1	0	1	0
6	1	1	0	1	1	1	1	1	1
7	1	1	1	1	1	1	1	1	1

Durch die gegebenen Polynome werden drei verschiedene Abbildungen vom Typ $\{0,1\}^3 \to \{0,1\}$ realisiert, d. h. die Menge der Polynome läßt sich in drei Äquivalenzklassen $[P]_{\varphi 1}$, $[P]_{\varphi 2}$ und $[P]_{\varphi 3}$ einteilen. Dann gilt

$$P_1, P_3, P_5 \in [P]_{\varphi 1},$$
$$P_2, P_4 \in [P]_{\varphi 2},$$
$$P_6 \in [P]_{\varphi 3}.$$

b) Die disjunktiven Normalformen lassen sich aus der Wertetabelle unter a) ablesen. Sie lauten folgendermaßen:

$$N_1 = x_1\overline{x}_2\overline{x}_3 \vee x_1\overline{x}_2x_3 \vee x_1x_2\overline{x}_3 \vee x_1x_2x_3 \in [P]_{\varphi 1},$$
$$N_2 = \overline{x}_1x_2\overline{x}_3 \vee \overline{x}_1x_2x_3 \vee x_1x_2\overline{x}_3 \vee x_1x_2x_3 \in [P]_{\varphi 2},$$
$$N_3 = x_1x_2\overline{x}_3 \vee x_1x_2x_3 \in [P]_{\varphi 3}.$$

2.1-10

x_1	x_2	x_3	Lösung a) $\varphi(x_1, x_2, x_3)$	Lösung b) $\varphi(x_1, x_2, x_3)$
0	0	0	0	0
0	0	1	0	0
0	1	0	0	0
0	1	1	1	1
1	0	0	0	0
1	0	1	1	1
1	1	0	1	1
1	1	1	1	0

Aus der obenstehenden Wertetabelle lassen sich die Schaltfunktionen ablesen

a) $\varphi(x_1, x_2, x_3) = \overline{x}_1x_2x_3 \vee x_1\overline{x}_2x_3 \vee x_1x_2\overline{x}_3 \vee x_1x_2x_3$

$\quad\quad\quad\quad\quad = x_3(\overline{x}_1x_2 \vee x_1\overline{x}_2 \vee x_1x_2).$

b) $\varphi(x_1, x_2, x_3) = \overline{x}_1x_2x_3 \vee x_1\overline{x}_2x_3 \vee x_1x_2\overline{x}_3 = x_3(\overline{x}_1x_2 \vee x_1\overline{x}_2) \vee x_1x_2\overline{x}_3.$

2.1-11   Lösung a)   Lösung b)

x_1	x_2	x_3	$\varphi(x_1,x_2,x_3)$	$\varphi(x_1,x_2,x_3)$
0	0	0	0	1
0	0	1	0	0
0	1	0	0	0
0	1	1	1	1
1	0	0	0	0
1	0	1	1	1
1	1	0	1	1
1	1	1	1	1

Aus der Wertetabelle liest man die folgenden Schaltfunktionen ab:

a) $\varphi(x_1,x_2,x_3) = (x_1 \vee x_2 \vee x_3)(x_1 \vee x_2 \vee \overline{x}_3)(x_1 \vee \overline{x}_2 \vee x_3)(\overline{x}_1 \vee x_2 \vee x_3)$.

b) $\varphi(x_1,x_2,x_3) = (x_1 \vee x_2 \vee \overline{x}_3)(x_1 \vee \overline{x}_2 \vee x_3)(\overline{x}_1 \vee x_2 \vee x_3)$.

2.1-12 a) $P_1 = x_1 \vee \overline{x}_1 x_2 \vee \overline{x}_1 \overline{x}_2 x_3$.

   Es können drei Viererblöcke gebildet werden (Abb. 2.1-12*a), und man erhält

   $P_1 = x_1 \vee x_2 \vee x_3$.

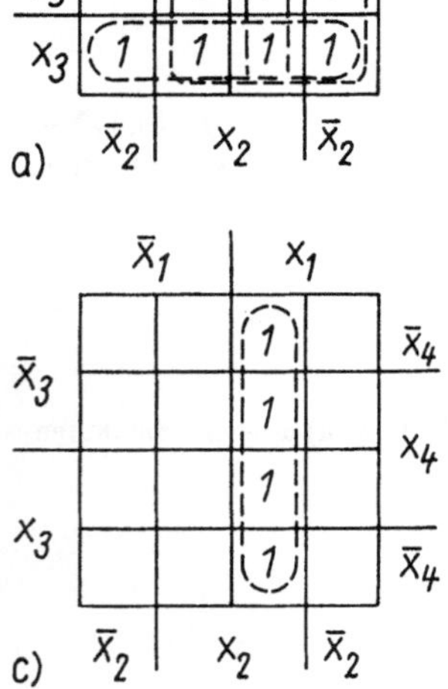

Abb. 2.1-12 *

b) $P_2 = x_1 \overline{x}_3 \vee x_2 \overline{x}_1 \vee x_2 x_3$.

   In Abb. 2.1-12*b) können ein Vierer– und ein Zweierblock gebildet werden, das ergibt

   $P_2 = x_2 \vee x_1 \overline{x}_3$.

c) $P_3 = x_1 x_2 \vee x_1 x_2 \overline{x}_3 \vee x_1 x_2 \overline{x}_4 \vee x_1 x_2 x_3 x_4$.

   Ein Viererblock in Abb. 2.1-12*c) ergibt

   $P_3 = x_1 x_2$.

d) $P_4 = \overline{x}_1 \overline{x}_2 \vee \overline{x}_4 \vee x_1 x_3 \vee x_2 x_3$.

   Zwei Achterblöcke und ein Viererblock in Abb. 2.1-12*d) ergeben

   $P_4 = x_3 \vee \overline{x}_4 \vee \overline{x}_1 \overline{x}_2$.

2.2-1 a) Die Lösung ist in Abb. 2.2-1*a) dargestellt.

b) Die Vereinfachung der gegebenen Schaltfunktion ergibt $\varphi(x_1, x_2, x_3) = x_1 \vee x_2 \vee x_3$ (vgl. Aufgabe 2.1-12a). Abb. 2.2-1*b) zeigt die vereinfachte Schaltung.

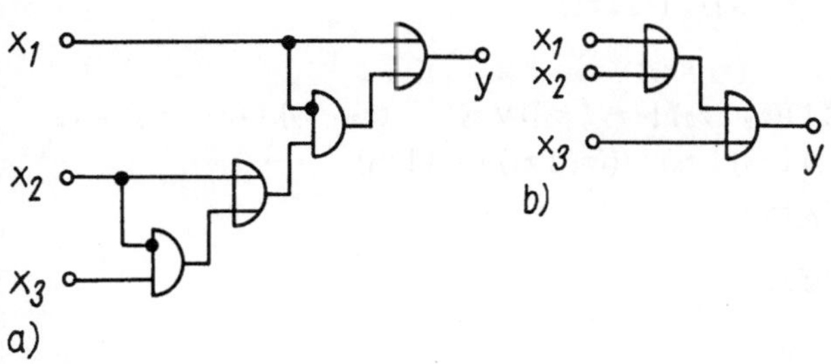

a)

Abb. 2.2-1 *

2.2-2 a) $\varphi(x_1, x_2, x_3) = x_1 \overline{x}_2 \vee x_3 = y$.
Die Schaltung zeigt Abb. 2.2-2*a).

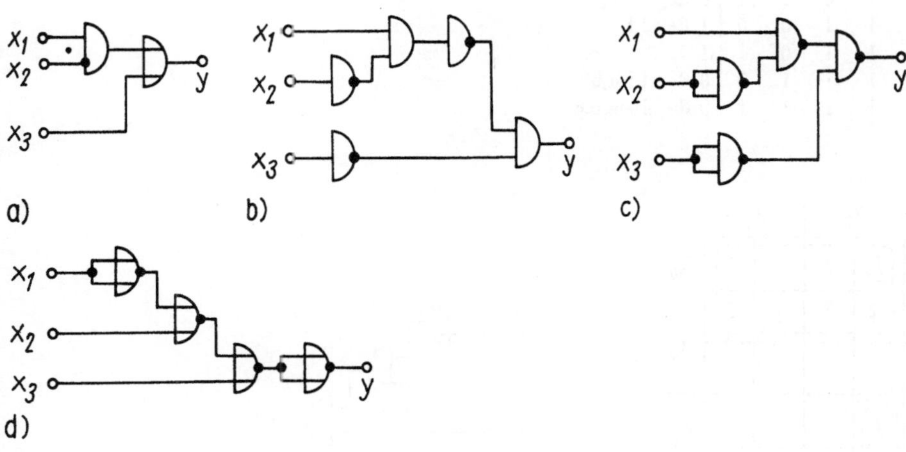

d)

Abb. 2.2-2 *

b) Mit $a \vee b = \overline{\overline{a} \wedge \overline{b}}$ folgt $\varphi(x_1, x_2, x_3) = \overline{\overline{x_1 \overline{x}_2} \wedge \overline{x}_3} = y$.
Die Schaltung ist in Abb. 2.2-2*b) dargestellt.

c) Ausdrücken von $\vee, \wedge, ^-$ durch Nand mit $\overline{x_1 x_2} = x_1 \uparrow x_2$:

$$\overline{x} = x \uparrow x; \qquad x_1 \vee x_2 = (x_1 \uparrow x_1) \uparrow (x_2 \uparrow x_2)$$
$$x_1 x_2 = (x_1 \uparrow x_2) \uparrow (x_1 \uparrow x_2)$$

$$\begin{aligned}
\varphi(x_1, x_2, x_3) &= x_1 \overline{x}_2 \vee x_3 = x_1(x_2 \uparrow x_2) \vee x_3 \\
&= (x_1 \uparrow (x_2 \uparrow x_2)) \uparrow (x_1 \uparrow (x_2 \uparrow x_2)) \vee x_3 \qquad (x_1 \uparrow (x_2 \uparrow x_2)) = u \\
&= ((u \uparrow u) \uparrow (u \uparrow u)) \uparrow (x_3 \uparrow x_3)
\end{aligned}$$

$$= (x_1 \uparrow (x_2 \uparrow x_2)) \uparrow (x_3 \uparrow x_3).$$

Die Schaltung zeigt Abb. 2.2-2*c).

d) Ausdrücken von $\vee, \wedge, {}^-$ durch Nor mit $\overline{x_1 \vee x_2} = x_1 \downarrow x_2$:

$$\overline{x} = x \downarrow x; \qquad x_1 \vee x_2 = (x_1 \downarrow x_2) \downarrow (x_1 \downarrow x_2)$$
$$x_1 x_2 = (x_1 \downarrow x_1) \downarrow (x_2 \downarrow x_2)$$

$$\begin{aligned}
\varphi(x_1, x_2, x_3) &= x_1 \overline{x}_2 \vee x_3 = x_1(x_2 \downarrow x_2) \vee x_3 \\
&= (x_1 \downarrow x_1) \downarrow ((x_2 \downarrow x_2) \downarrow (x_2 \downarrow x_2)) \vee x_3 \qquad ((x_2 \downarrow x_2) \downarrow (x_2 \downarrow x_2)) = x_2 \\
&= (((x_1 \downarrow x_1) \downarrow x_2) \downarrow x_3) \downarrow (((x_1 \downarrow x_1) \downarrow x_2) \downarrow x_3).
\end{aligned}$$

Die Schaltung zeigt Abb. 2.2-2*d).

2.2-3

x_1	x_2	x_3	x_4	$\varphi(x_1, x_2, x_3, x_4)$
0	0	0	0	1 Regel I
0	0	0	1	1
0	0	1	0	1 Regel II
0	0	1	1	0 Regel IIc
0	1	0	0	1 Regel I
0	1	0	1	1
0	1	1	0	0 Regel IIb
0	1	1	1	0 Regel IIb,c
1	0	0	0	1 Regel I
1	0	0	1	1
1	0	1	0	0 Regel IIa
1	0	1	1	0 Regel IIa,c
1	1	0	0	1 Regel I
1	1	0	1	1
1	1	1	0	0 Regel IIa,b
1	1	1	1	0 Regel IIa,b,c

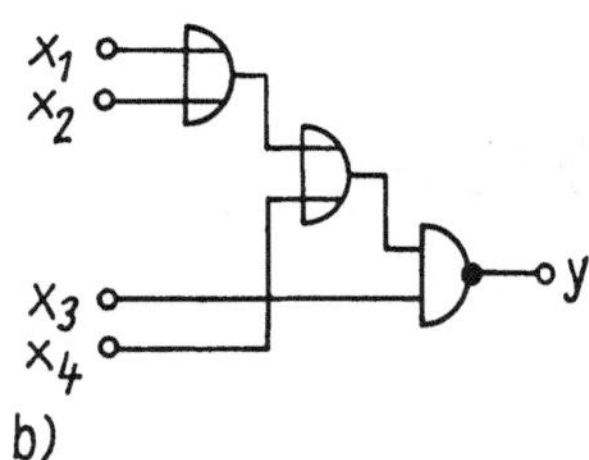

Abb. 2.2-3 *

Aus der Wertetabelle ergibt sich das Karnaugh-Diagramm (Abb. 2.2-3*a). Daraus ergibt sich folgendes: Werden die mit dem Symbol ? belegten Felder ebenfalls mit 1 belegt, so lassen sich ein Achter- und ein Zweierblock bilden. Damit gilt

$$\begin{aligned}
y = \varphi(x_1, x_2, x_3, x_4) &= \overline{x}_3 \vee \overline{x}_1 \overline{x}_2 \overline{x}_4 \\
&= \overline{x_3(x_1 \vee x_2 \vee x_4)}.
\end{aligned}$$

Abb. 2.2-3*b) zeigt eine Möglichkeit der Realisierung von φ.

2.2-4 Aus der nachfolgend angegebenen Tabelle folgt

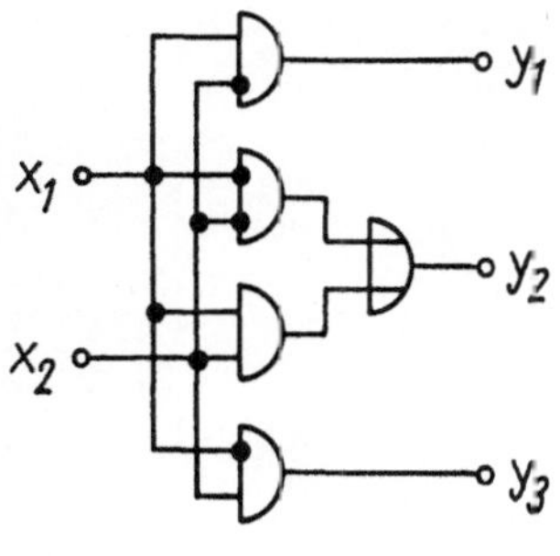

Abb. 2.2-4 *

$$y = \overline{x}_1 x_2 x_3 \vee x_1 \overline{x}_2 \overline{x}_3 \vee x_1 \overline{x}_2 x_3 \vee x_1 x_2 \overline{x}_3$$
$$= \overline{x}_1 x_2 x_3 \vee x_1(\overline{x}_2 \vee \overline{x}_3). \qquad (*)$$

Andererseits folgt aus der Schaltung

$$y = x_1 \overline{x_2 x_3} \vee x_3 u = x_1(\overline{x}_2 \vee \overline{x}_3) \vee x_3 u. \qquad (**)$$

Durch Vergleichen von $(*)$ und $(**)$ erhält man $u = \varphi(x_1, x_2) = \overline{x}_1 x_2$.

x_1	x_2	x_3	y
0	0	0	0
0	0	1	0
0	1	0	0
0	1	1	1
1	0	0	1
1	0	1	1
1	1	0	1
1	1	1	0

Abb. 2.2-4* zeigt die zugehörige Gatterschaltung.

2.2-5 a)

x_1	x_2	y_1	y_2	y_3
0	0	0	1	0
0	1	0	0	1
1	0	1	0	0
1	1	0	1	0

$$y_1 = \varphi_1(x_1, x_2) = x_1 \overline{x}_2,$$
$$y_2 = \varphi_2(x_1, x_2) = \overline{x}_1 \overline{x}_2 \vee x_1 x_2,$$
$$y_3 = \varphi_3(x_1, x_2) = \overline{x}_1 x_2.$$

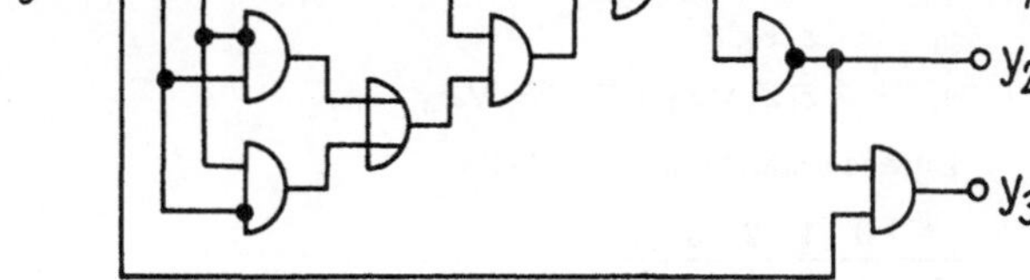

Abb. 2.2-5 *   Abb. 2.2-6*

b) Abb. 2.2-5* zeigt die zugehörige Schaltung.

2.2-6 Wir bezeichnen mit y_i die Ausgabesignale

$$y_i = \begin{cases} 1 & \text{Motor } i \text{ arbeitet,} \\ 0 & \text{Motor } i \text{ arbeitet nicht} \end{cases} \quad (i = 1, 2, 3).$$

Aus der Tabelle erhalten wir die Schaltfunktionen:

x_1	x_2	x_3	y_1	y_2	y_3
0	0	0	0	1	0
0	0	1	0	1	1
0	1	0	0	1	0
0	1	1	1	0	0
1	0	0	0	1	0
1	0	1	1	0	0
1	1	0	1	0	0
1	1	1	1	0	0

$$\begin{aligned}
y_1 = \varphi_1(x_1, x_2, x_3) &= \overline{x}_1 x_2 x_3 \vee x_1 \overline{x}_2 x_3 \vee x_1 x_2 \overline{x}_3 \vee x_1 x_2 x_3 \\
&= x_1 x_2 \vee x_3(x_1 \overline{x}_2 \vee \overline{x}_1 x_2), \\
y_2 = \varphi_2(x_1, x_2, x_3) &= \overline{y}_1, \\
y_3 = \varphi_3(x_1, x_2, x_3) &= \overline{x}_1 \overline{x}_2 x_3.
\end{aligned}$$

Abb. 2.2-6* zeigt eine Lösung dieser Aufgabe.

2.2-7 a) $y = \varphi(x_1, x_2, x_3) = \overline{x}_1 \overline{x}_2 x_3 \vee \overline{x}_1 x_2 \overline{x}_3 \vee \overline{x}_1 x_2 x_3 \vee x_1 x_2 x_3;$

b) $y = \overline{x}_1(x_2 \vee x_3) \vee x_2 x_3.$
    Abb. 2.2-7* zeigt die Gatterschaltung.

c) Das Ausgabewort lautet $\underline{y} = (0, 1, 1, 0).$

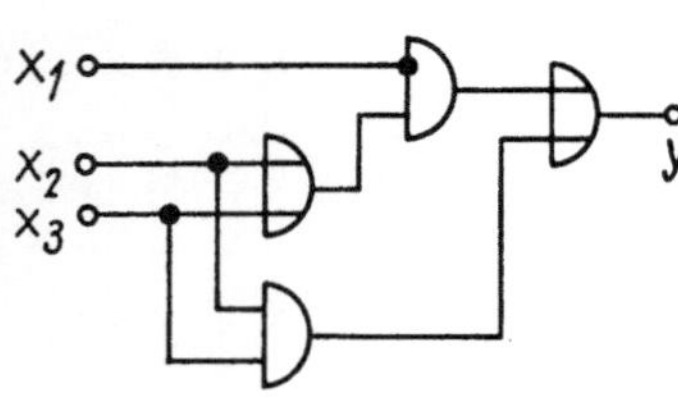

Abb. 2.2-7 *

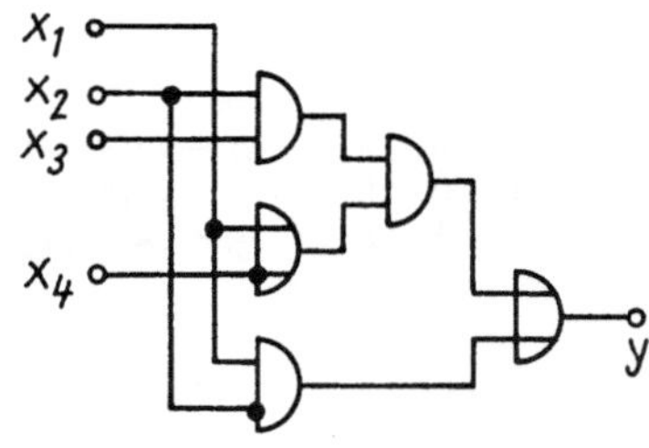

Abb. 2.2-9*

2.2-8 Aus der Schaltung erhält man

$$\begin{aligned}
y_1 &= x_1 x_2, \\
y_2 &= \overline{x_1 x_2} \vee x_3 = \overline{x}_1 \vee \overline{x}_2 \vee x_3.
\end{aligned}$$

Daraus erhält man die Tabelle:

t	0	1	2	3	4
$\underline{x}_1$	1	0	1	1	0
$\underline{x}_2$	0	1	1	0	0
$\underline{x}_3$	0	0	1	0	1
$\underline{y}_1$	0	0	1	0	0
$\underline{y}_2$	1	1	1	1	1

Es ist also

$$y = \begin{pmatrix} y_1 \\ y_2 \end{pmatrix} = \begin{pmatrix} (0,0,1,0,0) \\ (1,1,1,1,1) \end{pmatrix}.$$

2.2-9 a) Die Lösung zeigt Abb. 2.2-9*.

b) Aus der Tabelle liest man $y = (0,1,1)$ ab.

t	0	1	2
x_1	0	1	1
x_2	1	0	1
x_3	0	0	1
x_4	0	0	0
$x_1 \vee \overline{x}_4$	1	1	1
$x_2 x_3$	0	0	1
$x_1 \overline{x}_2$	0	1	0
y	0	1	1

2.3-1 Die Lösung ist aus der nachfolgenden Tabelle ersichtlich:

t	0	1	2	3	4
x_1	1	0	0	1	
x_2	1	0	1	0	
x_3	0	0	1	0	
$S(x_2)$	0	1	0	1	0
$x_1 \wedge S(x_2)$	1	1	1	0	
$S(x_1 \wedge S(x_2))$	0	1	1	1	0
$S(x_3)$	1	0	0	1	0
y	1	1	1	1	

$y = (1,1,1,1)$

2.3-2 Aus der Schaltung liest man ab:

$$y(t) = y(t-1) \vee x(t).$$

Daraus folgt durch Rekursion:

$$\begin{aligned}
y(1) &= y(0) \vee x(1) \quad (y(0) = 0 \text{ gegeben}) \\
y(2) &= y(1) \vee x(2) = y(0) \vee x(1) \vee x(2) \\
y(3) &= y(2) \vee x(3) = y(0) \vee x(1) \vee x(2) \vee x(3)
\end{aligned}$$

$$\vdots$$

$$y(t) = y(0) \vee \bigvee_{\nu=1}^{t} x(\nu).$$

Speziell erhalten wir die folgende Tabelle:

t	0	1	2	3	4	5	6	7	8	...
x	0	0	0	0	0	1	0	0	0	...
y	0	0	0	0	0	1	1	1	1	...

2.3-3 a) $X = B^4 = \{(0,0,0,0), (0,0,0,1), (0,0,1,0), (0,0,1,1), (0,1,0,0),$
$(0,1,0,1), (0,1,1,0), (0,1,1,1), (1,0,0,0), (1,0,0,1),$
$(1,0,1,0), (1,0,1,1), (1,1,0,0), (1,1,0,1), (1,1,1,0), (1,1,1,1)\};$
$Y = B^2 = \{(0,0), (0,1), (1,0), (1,1)\};$
$Z = B^3 = \{(0,0,0), (0,0,1), (0,1,0), (0,1,1), (1,0,0), (1,0,1), (1,1,0), (1,1,1)\}.$

b) An den Ausgängen der Speicher werden die Zustandsvariablen $\underline{z}_1$, $\underline{z}_2$ und $\underline{z}_3$ eingeführt. Dann
erhält man die Gleichungen

$$
\begin{aligned}
\underline{z}_1(t+1) &= \underline{z}_1(t) \vee \underline{z}_3(t) \vee \underline{x}_1(t) \vee \underline{x}_2(t) &&= f_1(\underline{z}_1(t), \underline{z}_3(t), \underline{x}_1(t), \underline{x}_2(t)) \\
\underline{z}_2(t+1) &= \underline{z}_2(t)\underline{x}_2(t) \vee \underline{z}_3(t) &&= f_2(\underline{z}_2(t), \underline{z}_3(t), \underline{x}_2(t)) \\
\underline{z}_3(t+1) &= \underline{z}_3(t) \vee \underline{x}_4(t) &&= f_3(\underline{z}_3(t), \underline{x}_4(t)) \\
\underline{y}_1(t) &= \underline{x}_1(t) \vee \underline{z}_1(t)\underline{z}_3(t) &&= g_1(\underline{z}_1(t), \underline{z}_3(t), \underline{x}_1(t)) \\
\underline{y}_2(t) &= \underline{z}_3(t) &&= g_2(\underline{z}_3(t)).
\end{aligned}
$$

c) Da die Zustandsgröße $\underline{z}_2$ nur in der zweiten Gleichung des Zustandsgleichungssystems vor-
kommt und in allen anderen Gleichungen nicht, kann diese Gleichung gestrichen werden, ohne
daß sich das Eingabe–Ausgabe–Verhalten ändert.
In Abb. 2.3-3 können deshalb der Speicher S_2 und die beiden angeschlossenen Gatter (Und–
und Oder–Gatter) eingespart werden.

2.3-4 Aus den angegebenen Gleichungen folgt unmittelbar die in Abb. 2.3-4* dargestellte Schaltung.

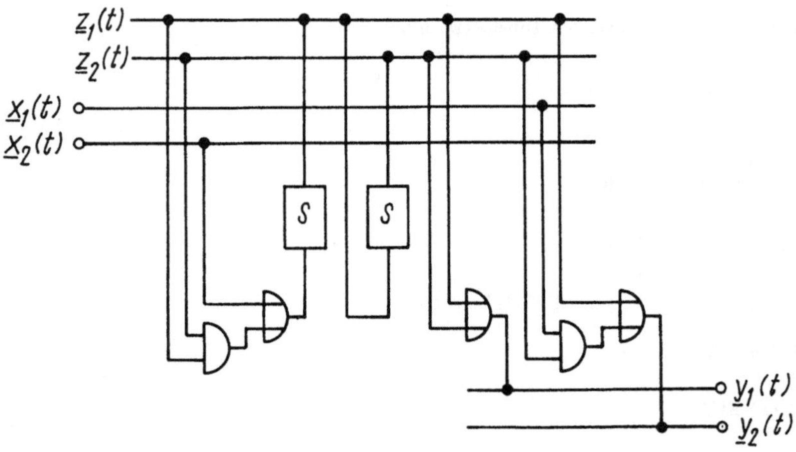

Abb. 2.3-4 *

2.3-5 Zur Charakterisierung des Zustandes des Systems führen wir die Zustandsgröße $\underline{z}$ ein. Dann gilt
im Takt t z. B.
$\underline{z}(t) = 1$: „Motor warm", d. h., der Motor hat im vorhergehenden Takt gearbeitet;
$\underline{z}(t) = 0$: „Motor kalt", d. h., der Motor hat im vorhergehenden Takt geruht.
Dann erhalten wir die folgenden Überführungs– und Ergebnistabellen:

f	$\underline{z}(t) = 0$	$\underline{z}(t) = 1$
$\underline{x}(t) = 0$	0	0
$\underline{x}(t) = 1$	1	0

g	$\underline{z}(t) = 0$	$\underline{z}(t) = 1$
$\underline{x}(t) = 0$	0	0
$\underline{x}(t) = 1$	1	0

Daraus folgt

$$
\begin{aligned}
f(\underline{z}(t), \underline{x}(t)) &= \underline{z}(t+1) &&= \overline{\underline{z}}(t)\underline{x}(t) \\
g(\underline{z}(t), \underline{x}(t)) &= \underline{y}(t) &&= \overline{\underline{z}}(t)\underline{x}(t),
\end{aligned}
$$

und es ergibt sich die Schaltung Abb. 2.3-5*.

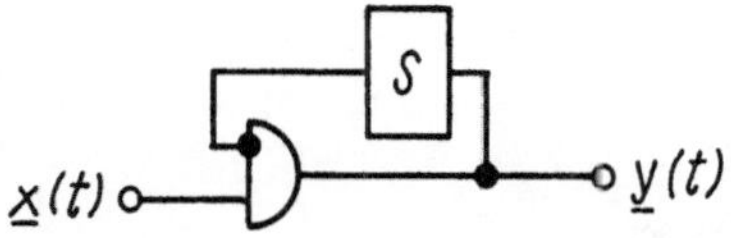

Abb. 2.3-5 *

2.3-6 Zunächst übersetzen wir den gegebenen Graphen in Tabellenform:

f	0	1
0	0	1
1	0	0
2	0	0
3	1	0

g	0	1
0	0	1
1	0	2
2	0	2
3	2	2

Alphabete
$X = \{0,1,2,3\}$,
$Y = \{0,1,2\}$,
$Z = \{0,1\}$

Kodierung

X	B^2
0	$(0,0)$
1	$(0,1)$
2	$(1,0)$
3	$(1,1)$

Y	B^2
0	$(0,0)$
1	$(0,1)$
2	$(1,0)$

Wertetabelle:

$\underline{z}(t)$	$\underline{x}_1(t)$	$\underline{x}_2(t)$	$f(\underline{z}(t),\underline{x}_1(t),\underline{x}_2(t))$	$g_1(\underline{z}(t),\underline{x}_1(t),\underline{x}_2(t))$	$g_2(\underline{z}(t),\underline{x}_1(t),\underline{x}_2(t))$
0	0	0	0	0	0
0	0	1	0	0	0
0	1	0	0	0	0
0	1	1	1	1	0
1	0	0	1	0	1
1	0	1	0	1	0
1	1	0	0	1	0
1	1	1	0	1	0

Aus der letzten Tabelle lesen wir ab

$$f : f(\underline{z}(t),\underline{x}_1(t),\underline{x}_2(t)) = \underline{z}(t+1) = \overline{\underline{z}}(t)\underline{x}_1(t)\underline{x}_2(t) \vee \underline{z}(t)\overline{\underline{x}}_1(t)\overline{\underline{x}}_2(t)$$

$$g : g_1(\underline{z}(t),\underline{x}_1(t),\underline{x}_2(t)) = \underline{y}_1(t) = \underline{z}(t)\,(\overline{\underline{x}}_1(t)\underline{x}_2(t) \vee \underline{x}_1(t)\overline{\underline{x}}_2(t)) \vee \underline{x}_1(t)\underline{x}_2(t)$$

$$g_2(\underline{z}(t),\underline{x}_1(t),\underline{x}_2(t)) = \underline{y}_2(t) = \underline{z}(t)\overline{\underline{x}}_1(t)\overline{\underline{x}}_2(t).$$

2.3-7 a) Werden Zustandsgrößen $\underline{z}_1$ und $\underline{z}_2$ eingeführt, so liest man ab:

$$\underline{z}_1(t) = \underline{z}_2(t-1)$$
$$\underline{z}_2(t) = \underline{z}_2(t-1) \vee \underline{x}_1(t-1)\underline{z}_1(t-1) = \underline{y}_1(t-1)$$
$$\overline{\underline{x}}_2(t) \vee \overline{\underline{z}}_2(t) = \underline{y}_2(t).$$

Durch Erhöhung von t auf $t+1$ folgt:

Überführungsfunktion f :
$$\underline{z}_1(t+1) = \underline{z}_2(t)$$
$$\underline{z}_2(t+1) = \underline{x}_1(t)\underline{z}_1(t) \vee \underline{z}_2(t).$$

Ergebnisfunktion g :
$$\underline{y}_1(t) = \underline{x}_1(t)\underline{z}_1(t) \vee \underline{z}_2(t)$$
$$\underline{y}_2(t) = \overline{\underline{x}}_2(t) \vee \overline{\underline{z}}_2(t).$$

b) Zur Berechnung von F wird das Gleichungssystem

$$\underline{z}_1(t+1) = \underline{z}_2(t)$$
$$\underline{z}_2(t+1) = \underline{x}_1(t)\underline{z}_1(t) \vee \underline{z}_2(t)$$

rekursiv aufgelöst, wobei $\underline{z}_1(0)$ und $\underline{z}_2(0)$ sowie $\underline{x} = (\underline{x}(0),\underline{x}(1),\underline{x}(2),\ldots)$ als gegeben zu betrachten sind.

$t = 0:$
$$\underline{z}_1(1) = \underline{z}_2(0)$$
$$\underline{z}_2(1) = \underline{x}_1(0)\underline{z}_1(0) \vee \underline{z}_2(0)$$

$t = 1:$
$$\underline{z}_1(2) = \underline{z}_2(1) \qquad\qquad = \underline{x}_1(0)\underline{z}_1(0) \vee \underline{z}_2(0)$$
$$\underline{z}_2(2) = \underline{x}_1(1)\underline{z}_1(1) \vee \underline{z}_2(1)$$
$$\qquad = \underline{x}_1(1)\underline{z}_2(0) \vee \underline{x}_1(0)\underline{z}_1(0) \vee \underline{z}_2(0) \quad = \underline{x}_1(0)\underline{z}_1(0) \vee \underline{z}_2(0)$$

$t = 2:$
$$\underline{z}_1(3) = \underline{z}_2(2) \qquad\qquad = \underline{x}_1(0)\underline{z}_1(0) \vee \underline{z}_2(0)$$
$$\underline{z}_2(3) = \underline{z}_2(2) \vee \underline{x}_1(2)\underline{z}_1(2) \quad = \underline{x}_1(0)\underline{z}_1(0) \vee \underline{z}_2(0)$$

$\vdots$

Damit gilt allgemein

$$F: \quad \underline{z}_1(t+1) = \underline{x}_1(0)\underline{z}_1(0) \vee \underline{z}_2(0) \qquad (t \geq 1)$$
$$\underline{z}_2(t+1) = \underline{x}_1(0)\underline{z}_1(0) \vee \underline{z}_2(0).$$

Mit der Ergebnisfunktion g erhalten wir in ähnlicher Weise:

$$t = 0: \quad \underline{y}_1(0) = \underline{x}_1(0)\underline{z}_1(0) \vee \underline{z}_2(0)$$
$$\underline{y}_2(0) = \overline{\underline{x}}_2(0) \vee \overline{\underline{z}}_2(0)$$
$$t = 1: \quad \underline{y}_1(1) = \underline{x}_1(1)\underline{z}_1(1) \vee \underline{z}_2(1) \quad = \underline{x}_1(0)\underline{z}_1(0) \vee \underline{z}_2(0)$$
$$\underline{y}_2(1) = \overline{\underline{x}}_2(1) \vee \overline{\underline{z}}(1) \quad = \overline{\underline{x}}_2(1) \vee \overline{\underline{x}_1(0)\underline{z}_1(0) \vee \underline{z}_2(0)}$$
$$t = 2: \quad \underline{y}_1(2) = \underline{x}_1(2)\underline{z}_1(2) \vee \underline{z}_2(2) \quad = \underline{x}_1(0)\underline{z}_1(0) \vee \underline{z}_2(0)$$
$$\underline{y}_2(2) = \overline{\underline{x}}_2(2) \vee \overline{\underline{z}}_2(2) \quad = \overline{\underline{x}}(2) \vee \overline{\underline{x}_1(0)\underline{z}_1(0) \vee \underline{z}_2(0)}$$
$$\vdots \qquad\qquad \vdots$$

Damit gilt allgemein

$$G: \quad \underline{y}_1(t) = \underline{x}_1(0)\underline{z}_1(0) \vee \underline{z}_2(0)$$
$$\underline{y}_2(t) = \overline{\underline{x}}_2(t) \vee \overline{\underline{x}_1(0)\underline{z}_1(0) \vee \underline{z}_2(0)}. \qquad (t \geq 1)$$

2.3-8 Die Zustandsgleichungen lauten:

$$\underline{z}_1(t+1) = \underline{x}_1(t)\underline{z}_2(t),$$
$$\underline{z}_2(t+1) = \underline{x}_1(t) \vee \underline{x}_2(t),$$
$$\underline{y}(t) = \underline{z}_1(t)\underline{z}_2(t).$$

Es gibt vier mögliche Anfangszustände $z = (\underline{z}_1(0), \underline{z}_2(0))$, nämlich $z_{00} = (0,0)$, $z_{01} = (0,1)$, $z_{10} = (1,0)$, $z_{11} = (1,1)$. Demnach ergeben sich bei Eingabe von $\underline{x}$ vier Lösungen für $\underline{y}$. Die Tabellen zeigen die Rechnung:

t	0	1	2	3	4
$\underline{x}_1(t)$	1	0	1	1	
$\underline{x}_2(t)$	0	0	1	0	
$\underline{z}_1(t)$	0	0	0	0	1
$\underline{z}_2(t)$	0	1	0	1	1
① $\underline{y}(t)$	0	0	0	0	
$\underline{z}_1(t)$	0	1	0	0	1
$\underline{z}_2(t)$	1	1	0	1	1
② $\underline{y}(t)$	0	1	0	0	

t	0	1	2	3	4
$\underline{x}_1(t)$	1	0	1	1	
$\underline{x}_2(t)$	0	0	1	0	
$\underline{z}_1(t)$	1	0	0	0	1
$\underline{z}_2(t)$	0	1	0	1	1
③ $\underline{y}(t)$	0	0	0	0	
$\underline{z}_1(t)$	1	1	0	0	1
$\underline{z}_2(t)$	1	1	0	1	1
④ $\underline{y}(t)$	1	1	0	0	

Die Lösung lautet:

$$\underline{\Phi}_{00}(\underline{x}) = (0,0,0,0), \qquad \underline{\Phi}_{10}(\underline{x}) = (0,0,0,0),$$
$$\underline{\Phi}_{01}(\underline{x}) = (0,1,0,0), \qquad \underline{\Phi}_{11}(\underline{x}) = (1,1,0,0).$$

2.4-1 a) Der Multiplexer ist als einfacher kombinatorischer Automat darstellbar, denn es gilt

$$\underline{y}(t) = \varphi\left(\underline{a}_0(t), \underline{a}_1(t), \underline{x}_0(t), \underline{x}_1(t), \underline{x}_2(t), \underline{x}_3(t)\right).$$

b) Da das Aufstellen der Wertetabelle für eine Schaltfunktion von 6 Variablen ($2^6 = 64$ Zeilen!) zu aufwendig ist, stellen wir $\underline{y}(t)$ in der Form

$$\underline{y}(t) = \varphi_0\left(\underline{a}_0(t), \underline{a}_1(t)\right)\underline{x}_0(t) \vee \varphi_1\left(\underline{a}_0(t), \underline{a}_1(t)\right)\underline{x}_1(t)$$
$$\vee \varphi_2\left(\underline{a}_0(t), \underline{a}_1(t)\right)\underline{x}_2(t) \vee \varphi_3\left(\underline{a}_0(t), \underline{a}_1(t)\right)\underline{x}_3(t)$$

dar. Hierbei gilt folgende Tabelle:

a_0	a_1	$\varphi_0(a_0, a_1)$	$\varphi_1(a_0, a_1)$	$\varphi_2(a_0, a_1)$	$\varphi_3(a_0, a_1)$
0	0	1	0	0	0
0	1	0	1	0	0
1	0	0	0	1	0
1	1	0	0	0	1

Damit ergibt sich

$$\underline{y}(t) = \overline{\underline{a}_0(t)}\,\overline{\underline{a}_1(t)}\underline{x}_0(t) \vee \overline{\underline{a}_0(t)}\underline{a}_1(t)\underline{x}_1(t)$$
$$\vee \underline{a}_0(t)\overline{\underline{a}_1(t)}\underline{x}_2(t) \vee \underline{a}_0(t)\underline{a}_1(t)\underline{x}_3(t).$$

Die Realisierung ist in Abb. 2.4-1* dargestellt.

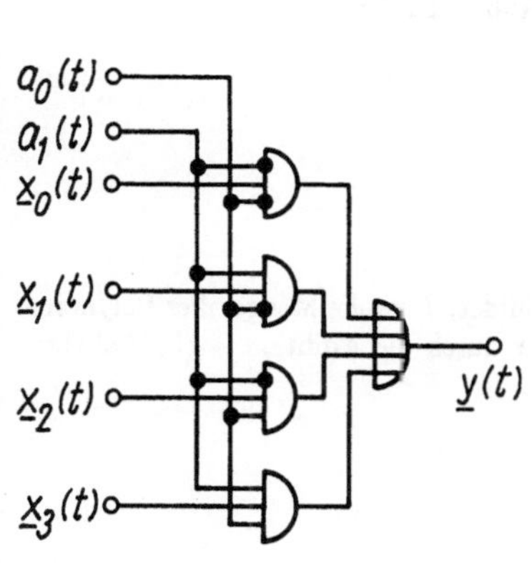

Abb. 2.4-1 *

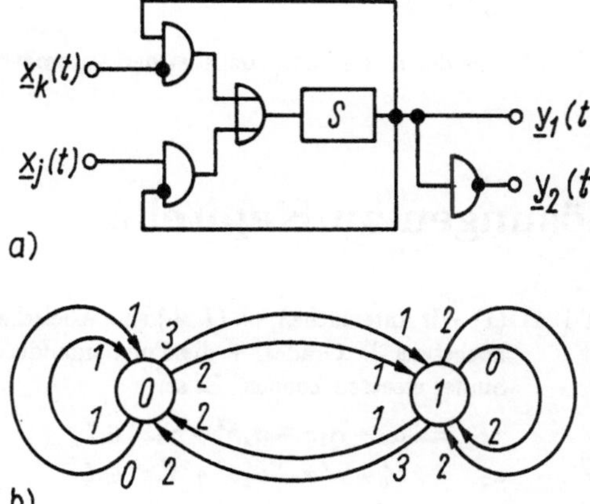

Abb. 2.4-2*

2.4-2 a) Wir übersetzen die gegebenen Zusammenhänge in Tabellenform und erhalten

$\underline{x}_j(t)$	$\underline{x}_k(t)$	$\underline{z}(t)$	$\underline{z}(t+1)$	$\underline{y}_1(t)$	$\underline{y}_2(t)$
0	0	0	0	0	1
0	0	1	1	1	0
0	1	0	0	0	1
0	1	1	0	1	0
1	0	0	1	0	1
1	0	1	1	1	0
1	1	0	1	0	1
1	1	1	0	1	0

Aus der Tabelle erhalten wir weiter

$$\underline{z}(t+1) = \overline{\underline{x}}_k(t)\underline{z}(t) \vee \underline{x}_j(t)\overline{\underline{z}}(t)$$
$$\underline{y}_1(t) = \underline{z}(t)$$
$$\underline{y}_2(t) = \overline{\underline{z}}(t).$$

b) Daraus ergibt sich die Schaltung (Abb. 2.4-2*a).

c) Mit der Kodierung

$$0 \mapsto (0,0), \qquad 1 \mapsto (0,1), \qquad 2 \mapsto (1,0), \qquad 3 \mapsto (1,1)$$

erhalten wir die Alphabete
$X = \{0, 1, 2, 3\},$

$Y = \{1, 2\}$.

Außerdem ist entsprechend der Aufgabenstellung

$Z = \{0, 1\}$.

Die folgende Automatentabelle ergibt sich aus der Wertetabelle von a).

f	0	1
0	0	1
1	0	0
2	1	1
3	1	0

g	0	1
0	1	2
1	1	2
2	1	2
3	1	2

d) Aus der Automatentabelle ist der Automatengraph (Abb. 2.4-2*b) ablesbar.

Lösungen zu Kapitel 3

3.1-1 a) (1) Wir untersuchen, ob $(L, \dotplus)$ eine Abelsche Gruppe bildet. L ist die Menge aller Polynome höchstens 3. Grades, $\dotplus$ die Polynomaddition, die wir durch die Addition $+$ (im üblichen Sinne) ersetzen können. Es sei

$$x_1 = \alpha_0 + \alpha_1 x + \alpha_2 x^2 + \alpha_3 x^3 \in L,$$
$$x_2 = \alpha_0' + \alpha_1' x + \alpha_2' x^2 + \alpha_3' x^3 \in L,$$
$$x_3 = \alpha_0'' + \alpha_1'' x + \alpha_2'' x^2 + \alpha_3'' x^3 \in L,$$
$$(\alpha_\nu, \alpha_\nu', \alpha_\nu'' \in \mathbb{R}; \nu \in \{0, 1, 2, 3\}).$$

Dann gilt:

1. $x_1 + x_2 = (\alpha_0 + \alpha_0') + (\alpha_1 + \alpha_1')x + (\alpha_2 + \alpha_2')x^2 + (\alpha_3 + \alpha_3')x^3 \in L$.

$(L, +)$ ist ein Gruppoid.

2. $x_1 + (x_2 + x_3) = (x_1 + x_2) + x_3$.

$(L, +)$ ist eine Halbgruppe.

3. $x_1 + x_0 = x_1$.

Es existiert ein neutrales Element $x_0 = 0 + 0x + 0x^2 + 0x^3 = 0$.

4. $x_1 + \tilde{x}_1 = x_0 \Rightarrow \tilde{x}_1 = -x_1$.

Zu jedem $x_1 \in L$ existiert ein inverses Element

$$\tilde{x}_1 = -\alpha_0 - \alpha_1 x - \alpha_2 x^2 - \alpha_3 x^3.$$

$(L, +)$ ist eine Gruppe.

5. $x_1 + x_2 = x_2 + x_1$.

$(L, +)$ ist eine Abelsche Gruppe.

(2) Es gilt weiterhin $(\alpha, \beta \in \mathbb{R})$:

$$\alpha(\beta x_1) = (\alpha\beta)x_1$$
$$(\alpha + \beta)x_1 = \alpha x_1 + \beta x_1$$
$$\alpha(x_1 + x_2) = \alpha x_1 + \alpha x_2.$$

Wir zeigen hier nur die Richtigkeit der letzten Gleichung

$$
\begin{aligned}
\alpha(x_1 + x_2) &= \alpha\big((\alpha_0 + \alpha_0') + (\alpha_1 + \alpha_1')x + (\alpha_2 + \alpha_2')x^2 + (\alpha_3 + \alpha_3')x^3\big) \\
&= \alpha(\alpha_0 + \alpha_1 x + \alpha_2 x^2 + \alpha_3 x^3) + \alpha(\alpha_0' + \alpha_1' x + \alpha_2' x^2 + \alpha_3' x^3) \\
&= \alpha x_1 - \alpha x_2.
\end{aligned}
$$

Damit ist $(L, \mathbb{R})$ ein linearer Raum.

b) Die Elemente $x_i \in L$ sind linear unabhängig, wenn aus $\sum_{i=1}^{n} \alpha_i x_i = 0$ folgt $\underset{i}{\forall}\, \alpha_i = 0$ $(\alpha_i \in \mathbb{R})$.

Es ist also

$$
\alpha_1(6x^2 + 4) + \alpha_2(4x^3 + x^2 + 5x) + \alpha_3 4x^3 + \alpha_4(9x^2 + 6) = 0.
$$

Da diese Gleichung für beliebige x gelten muß, folgt

$$
\begin{aligned}
4\alpha_2 + 4\alpha_3 &= 0 \\
6\alpha_1 + \alpha_2 + 9\alpha_4 &= 0 \\
5\alpha_2 &= 0 \\
4\alpha_1 + 6\alpha_4 &= 0
\end{aligned}
$$

mit den Lösungen: $\alpha_2 = 0$; $\alpha_3 = 0$; $\alpha_1 = -1,5\alpha_4$.
Mithin sind x_1 und x_4 linear abhängig.

c) Es muß untersucht werden, ob alle Teilmengen der B_ν $(\nu = 1,2,3,4)$ linear unabhängig sind (Vorgehen wie bei der Lösung von b)). Ergebnis: B_1, B_3 und B_4 sind Systeme linear unabhängiger Vektoren In B_2 sind die Elemente $2x^2$ und $-4x^2$ linear abhängig.

d) $B_3 = \{1, x, x^2, x^3\}$ ist eine Basis, denn mit B_3 läßt sich jedes Polynom höchstens 3. Grades darstellen:

$$
\sum_{i=1}^{4} \alpha_i b_i = \alpha_1 b_1 + \alpha_2 b_2 + \alpha_3 b_3 + \alpha_4 b_4 = \alpha_1 1 + \alpha_2 x + \alpha_3 x^2 + \alpha_4 x^3.
$$

B_4 ist ebenfalls eine Basis, denn B_4 ist ein System linear unabhängiger Vektoren und es gilt $|B_4| = |B_3|$. Die Dimension von L ist $|B_3| = |B_4| = 4$.

e) $x_1 = 6x^2 + 4$.

Darstellung mit $B_3 : x_1 = 4b_1 + 0b_2 + 6b_3 + 0b_4$
$$= 4 \cdot 1 + 0x + 6x^2 + 0x^3 = 4 + 6x^2.$$

Darstellung mit $B_4 : x_1 = \alpha_1 b_1' + \alpha_2 b_2' + \alpha_3 b_3' + \alpha_4 b_4'$
$$= \alpha_1 1 + \alpha_2(x + 1) + \alpha_3(x^2 + 2x + 1) + \alpha_4(x^3 + 3x^2 + 3x + 1)$$
$$= 6x^2 + 4.$$

Durch Koeffizientenvergleich erhalten wir

$$
\begin{aligned}
\alpha_4 &= 0 \\
\alpha_3 + 3\alpha_4 &= 6 \Rightarrow \alpha_3 = 6 \\
\alpha_2 + 2\alpha_3 + 3\alpha_4 &= 0 \Rightarrow \alpha_2 = -12 \\
\alpha_1 + \alpha_2 + \alpha_3 + \alpha_4 &= 4 \Rightarrow \alpha_1 = 10.
\end{aligned}
$$

Damit ist

$$
\begin{aligned}
x_1 &= 10b_1' - 12b_2' + 6b_3' + 0b_4' \\
&= 10 - 12(x + 1) + 6(x^2 + 2x + 1).
\end{aligned}
$$

f) Wählen wir $x_1, x_2 \in L$ wie in a), so ist

$$
\begin{aligned}
\Phi(x_1 + x_2) &= \frac{\mathrm{d}}{\mathrm{d}x}\big((\alpha_0 + \alpha_0') + (\alpha_1 + \alpha_1')x + (\alpha_2 + \alpha_2')x^2 + (\alpha_3 + \alpha_3')x^3\big) \\
&= (\alpha_1 + \alpha_1') + 2(\alpha_2 + \alpha_2')x + 3(\alpha_3 + \alpha_3')x^2 \\
&= \alpha_1 + 2\alpha_2 x + 3\alpha_3 x^2 + \alpha_1' + 2\alpha_2' x + 3\alpha_3' x^3
\end{aligned}
$$

$$= \frac{d}{dx}x_1 + \frac{d}{dx}x_2 = \Phi(x_1) + \Phi(x_2).$$

$$\Phi(\alpha x_1) = \frac{d}{dx}\left(\alpha\alpha_0 + \alpha\alpha_1 x + \alpha\alpha_2 x^2 + \alpha\alpha_3 x^3\right)$$

$$= \alpha\alpha_1 + \alpha 2\alpha_2 x + \alpha 3\alpha_3 x^2 = \alpha(\alpha_1 + 2\alpha_2 x + 3\alpha_3 x^2)$$

$$= \alpha\frac{d}{dx}x_1 = \alpha\Phi(x_1).$$

Damit ist gezeigt, daß Φ linear ist.

3.1-2 a) Es seien $A_1, A_2, A_3 \in \underline{A}_{33}$ dreireihige quadratische Matrizen. Dann gilt:

1. $A_1 \dot{+} A_2 \in \underline{A}_{33}$; $(\underline{A}_{33}, \dot{+})$ ist ein Gruppoid.
2. $A_1 \dot{+}(A_2 \dot{+} A_3) = (A_1 \dot{+} A_2) \dot{+} A_3$; $(\underline{A}_{33}, \dot{+})$ ist eine Halbgruppe.
3. $A_1 \dot{+} 0 = A_1$; Neutrales Element ist die Nullmatrix 0.
4. $A_1 \dot{+} \tilde{A}_1 = 0$; Es existiert ein inverses Element $\tilde{A}_1 = -A_1$ zu jedem $A_1 \in \underline{A}_{33}$ (Gruppeneigenschaft).
5. $A_1 \dot{+} A_2 = A_2 \dot{+} A_1$; $(\underline{A}_{33}, \dot{+})$ ist eine Abelsche Gruppe.

Für beliebige $\alpha, \beta \in \mathbb{R}$ gilt ferner

6. $\alpha(\beta A_1) = (\alpha\beta)A_1$
7. $(\alpha + \beta)A_1 = \alpha A_1 \dot{+} \beta A_1$
8. $\alpha(A_1 \dot{+} A_2) = \alpha A_1 \dot{+} \alpha A_2$.

Damit ist $(\underline{A}_{33}, \mathbb{R})$ ein linearer Raum.

b) Eine Basis des linearen Raumes ist z. B.

$$B = \left\{ \begin{pmatrix} 1 & 0 & 0 \\ 0 & 0 & 0 \\ 0 & 0 & 0 \end{pmatrix}, \begin{pmatrix} 0 & 1 & 0 \\ 0 & 0 & 0 \\ 0 & 0 & 0 \end{pmatrix}, \begin{pmatrix} 0 & 0 & 1 \\ 0 & 0 & 0 \\ 0 & 0 & 0 \end{pmatrix}, \begin{pmatrix} 0 & 0 & 0 \\ 1 & 0 & 0 \\ 0 & 0 & 0 \end{pmatrix}, \begin{pmatrix} 0 & 0 & 0 \\ 0 & 1 & 0 \\ 0 & 0 & 0 \end{pmatrix}, \right.$$

$$\left. \begin{pmatrix} 0 & 0 & 0 \\ 0 & 0 & 1 \\ 0 & 0 & 0 \end{pmatrix}, \begin{pmatrix} 0 & 0 & 0 \\ 0 & 0 & 0 \\ 1 & 0 & 0 \end{pmatrix}, \begin{pmatrix} 0 & 0 & 0 \\ 0 & 0 & 0 \\ 0 & 1 & 0 \end{pmatrix}, \begin{pmatrix} 0 & 0 & 0 \\ 0 & 0 & 0 \\ 0 & 0 & 1 \end{pmatrix} \right\} \subset \underline{A}_{33}.$$

Damit ist

$$\begin{pmatrix} 3 & -1 & 0 \\ 0 & 2 & 0 \\ \pi & 0 & \sqrt{5} \end{pmatrix} = 3\begin{pmatrix} 1 & 0 & 0 \\ 0 & 0 & 0 \\ 0 & 0 & 0 \end{pmatrix} \dot{-} \begin{pmatrix} 0 & 1 & 0 \\ 0 & 0 & 0 \\ 0 & 0 & 0 \end{pmatrix} \dot{+} 2\begin{pmatrix} 0 & 0 & 0 \\ 0 & 1 & 0 \\ 0 & 0 & 0 \end{pmatrix}$$

$$\dot{+}\pi\begin{pmatrix} 0 & 0 & 0 \\ 0 & 0 & 0 \\ 1 & 0 & 0 \end{pmatrix} \dot{+}\sqrt{5}\begin{pmatrix} 0 & 0 & 0 \\ 0 & 0 & 0 \\ 0 & 0 & 1 \end{pmatrix}.$$

Die Dimension des linearen Raumes ist $|B| = 9$.

c) Es gilt

$$\Phi(x_1 + x_1', x_2 + x_2', x_3 + x_3') = A\begin{pmatrix} x_1 + x_1' \\ x_2 + x_2' \\ x_3 + x_3' \end{pmatrix} = A\begin{pmatrix} x_1 \\ x_2 \\ x_3 \end{pmatrix} + A\begin{pmatrix} x_1' \\ x_2' \\ x_3' \end{pmatrix}$$

$$= \Phi(x_1, x_2, x_3) + \Phi(x_1', x_2', x_3');$$

$$\Phi(\alpha x_1, \alpha x_2, \alpha x_3) = A\begin{pmatrix} \alpha x_1 \\ \alpha x_2 \\ \alpha x_3 \end{pmatrix} = \alpha A\begin{pmatrix} x_1 \\ x_2 \\ x_3 \end{pmatrix}$$

$$= \alpha\Phi(x_1, x_2, x_3).$$

Damit ist Φ eine lineare Abbildung.

3.1-3 a) $\underline{x}_1 + \underline{x}_2 = (1, 0, 1, 4, 2|2, 2, 3|2, 2, 3| \ldots).$

b) Mit $(\underline{x}_1 * \underline{x}_2)(t) = \sum_{n=0}^{t} \underline{x}_1(n)\underline{x}_2(t-n)$ folgt

$$\underline{x}_1 * \underline{x}_2 = (0,0,1,2,1,4,6,5,8,9,9,12,\dots).$$

c) $\underline{x}_1^* = 1 + 2\zeta^3 + \zeta^4 + (\zeta^6 + 2\zeta^7)(1 + \zeta^3 + \zeta^6 + \zeta^9 + \dots)$

$$= 1 + 2\zeta^3 + \zeta^4 + \frac{\zeta^6 + 2\zeta^7}{1-\zeta^3} = \frac{1 + \zeta^3 + \zeta^4 - \zeta^6 + \zeta^7}{1-\zeta^3}.$$

$$\underline{x}_2^* = \frac{\zeta^2 + 2\zeta^3 + \zeta^4 + \zeta^5 - \zeta^6}{1-\zeta^3}.$$

d) $\underline{x}_1^* \cdot \underline{x}_2^* = \dfrac{\zeta^2 + 2\zeta^3 + \zeta^4 + 2\zeta^5 + 2\zeta^6 + 3\zeta^7 + \zeta^8 - \zeta^9 + 2\zeta^{12} - \zeta^{13}}{1 - 2\zeta^3 + \zeta^6}.$

e) $\dfrac{\underline{x}_1^*}{\underline{x}_2^*} = \dfrac{1 + \zeta^3 + \zeta^4 - \zeta^6 + \zeta^7}{\zeta^2 + 2\zeta^3 + \zeta^4 + \zeta^5 - \zeta^6}.$

3.1-4 Durch Polynomdivision erhalten wir:

$$(1 + 3\zeta^2 + 3\zeta^3 + 3\zeta^4) : (1 + 4\zeta^2) = 1 - \zeta^2 + 3\zeta^3 + 7\zeta^4 - 12\zeta^5 - 28\zeta^6 \pm \dots$$

```
    -(1    +4ζ²)
    ──────────────────────
          -ζ²   +3ζ³    +3ζ⁴
          -(-ζ²        -4ζ⁴)
    ──────────────────────
                 3ζ³    +7ζ⁴
               -(3ζ³          +12ζ⁵)
    ──────────────────────
                        7ζ⁴   -12ζ⁵
                        7ζ⁴              +28ζ⁶   usw.
```

Es ist also $\underline{x} = \underline{Z}^{-1}(\underline{x}^*) = (1, 0, -1, 3, 7, -12, -28, \dots)$.

3.1-5 a) $\underline{x}_1 + \underline{x}_2 = (0,1,0,1,0)$
$\underline{x}_1 * \underline{x}_2 = (1,1,0,0,1,0,0,1,1)$

Die Lösung ergibt sich aus $(\underline{x}_1 * \underline{x}_2)(t) = \sum_{n=0}^{t} x_1(n)x_2(t-n)$.

b) $\underline{x}_1^* = \underline{Z}(\underline{x}_1) = 1 + \zeta^2 - \zeta^4$.
$\underline{x}_2^* = \underline{Z}(\underline{x}_2) = 1 + \zeta + \zeta^2 + \zeta^3 + \zeta^4$.

$\underline{x}_1^* \cdot \underline{x}_2^* = 1 + \zeta + \zeta^2 + \zeta^3 + \zeta^4 + \zeta^2 + \zeta^3 + \zeta^4 + \zeta^5 + \zeta^6 + \zeta^4 + \zeta^5 + \zeta^6 + \zeta^7 + \zeta^8$
$\phantom{\underline{x}_1^* \cdot \underline{x}_2^*} = 1 + \zeta + \zeta^4 + \zeta^7 + \zeta^8.$

c) Mit dem Ergebnis von a) ist

$$\underline{Z}(\underline{x}_1 * \underline{x}_2) = 1 + \zeta + \zeta^4 + \zeta^7 + \zeta^8 \qquad \text{(Ergebnis von } b\text{)).}$$

3.1-6 Aus der nachstehenden Operationstabelle folgt, daß $(\{0,1,2\}, \oplus)$ eine Abelsche Gruppe ist, denn für alle

$\oplus$	0	1	2
0	0	1	2
1	1	2	0
2	2	0	1

$x, y, z \in \{0,1,2\}$ gilt:

1. $x \oplus y \in \{0,1,2\}$;
2. $x \oplus (y \oplus z) = (x \oplus y) \oplus z$;
3. $x \oplus 0 = x$, 0 neutrales Element;
4. $x \oplus \tilde{x} = 0$; es existieren inverse Elemente: $\tilde{0} = 0$, $\tilde{1} = 2$, $\tilde{2} = 1$;
5. $x \oplus y = y \oplus x$.

Nehmen wir noch die Operation $\odot$ hinzu, so folgt aus nachstehender Operationstabelle, daß $(\{0,1,2\}, \oplus, \odot)$ ein Ring ist, denn

$\odot$	0	1	2
0	0	0	0
1	0	1	2
2	0	2	1

1. $(\{0,1,2\}, \oplus)$ ist eine Abelsche Gruppe;
2. $(\{0,1,2\}, \odot)$ ist ein Gruppoid:
$x \odot y \in \{0,1,2\} \forall x, y \in \{0,1,2\}$;
3. $\odot$ ist distributiv bezüglich $\oplus$.

Daß $(\{0,1,2\}, \oplus, \odot)$ sogar ein Körper ist, folgt daraus, daß $(\{0,1,2\} \setminus \{0\}, \odot) = (\{1,2\}, \odot)$ eine Abelsche Gruppe bildet. Für alle $x, y, z \in \{1,2\}$ gilt nämlich

1. $\quad x \odot y \in \{1,2\}$;

2. $\quad x \odot (y \odot z) = (x \odot y) \odot z$;

3. $\quad x \odot 1 = x$, $\qquad$ 1 neutrales Element;

4. $\quad x \odot \overset{\approx}{x} = 1$, $\qquad$ inverse Elemente: $\overset{\approx}{1} = 1$, $\overset{\approx}{2} = 2$;

5. $\quad x \odot y = y \odot x$.

3.1-7 Die Lösung ist die gleiche wie in Aufgabe 3.1-6 mit dem Unterschied, daß die Operationstabellen lauten

$\oplus$	0	1	2	3
0	0	1	2	3
1	1	2	3	0
2	2	3	0	1
3	3	0	1	2

$\odot$	0	1	2	3
0	0	0	0	0
1	0	1	2	3
2	0	2	0	2
3	0	3	2	1

und daß der letzte Schritt nicht vollzogen werden kann. Es ist nämlich $(\{0,1,2,3\} \setminus \{0\}, \odot) = (\{1,2,3\}, \odot)$ keine Abelsche Gruppe, denn das Element 2 hat kein inverses Element. Gäbe es ein zu 2 inverses Element $\overset{\approx}{2}$ so müßte $2 \odot \overset{\approx}{2} = 1$ (1 neutrales Element bezüglich $\odot$) gelten. Das steht aber im Widerspruch zu obiger Operationstabelle für $\odot$.

3.1-8 a) Die Operationstabellen lauten

$\oplus$	0	1	2	3	4
0	0	1	2	3	4
1	1	2	3	4	0
2	2	3	4	0	1
3	3	4	0	1	2
4	4	0	1	2	3

$\odot$	0	1	2	3	4
0	0	0	0	0	0
1	0	1	2	3	4
2	0	2	4	1	3
3	0	3	1	4	2
4	0	4	3	2	1

b) Das neutrale Element bezüglich $\oplus$ lautet 0, denn es ist $x \oplus 0 = x \forall x \in \{0,1,2,3,4\} = \mathbb{Z}_5$. Für die bezüglich $\oplus$ inversen Elemente gilt $x \oplus \tilde{x} = 0$, d.h. $\tilde{0} = 0$, $\tilde{1} = 4$, $\tilde{2} = 3$, $\tilde{3} = 2$, $\tilde{4} = 1$. Das neutrale Element bezüglich $\odot$ ist das Element 1, denn es ist $x \odot 1 = x \forall x \in \mathbb{Z}_5$.
Für die bezüglich $\odot$ inversen Elemente der Menge $\mathbb{Z}_5 \setminus \{0\} = \{1,2,3,4\}$ gilt $x \odot \overset{\approx}{x} = 1$, d.h., es ist $\overset{\approx}{1} = 1$, $\overset{\approx}{2} = 3$, $\overset{\approx}{3} = 2$, $\overset{\approx}{4} = 4$.

c) $\quad$
$$
\begin{aligned}
2 \odot x_1 \oplus 3 \odot x_2 &= 3 \\
x_1 \oplus x_2 &= 0 \,| \quad \oplus 4 \odot x_1 \quad \Rightarrow x_2 = 4 \odot x_1 \\
2 \odot x_1 \oplus 3 \odot (4 \odot x_1) &= 3 \qquad\qquad 2 \odot x_2 = 0 \\
2 \odot x_1 \oplus 2 \odot x_1 &= 3 \qquad\qquad x_2 = 3 \\
4 \odot x_1 &= 3 \\
x_1 &= 3 \odot 4 = 2
\end{aligned}
$$

3.1-9 a) $\underline{x}_1 + \underline{x}_2 = (1,0,1,1,2|2,2,0|2,2,0|\dots)$

b) $\underline{x}_1 * \underline{x}_2 = (0,0,1,2,1,1,0,2,2,0,0,\dots)$

c) $\underline{x}_1^* = 1 + 2\zeta^3 + \zeta^4 + \dfrac{\zeta^6 + 2\zeta^7}{1 - \zeta^3}$

$$
\phantom{\underline{x}_1^*} = \dfrac{1 + \zeta^3 + \zeta^4 + 2\zeta^6 + \zeta^7}{1 + 2\zeta^3}
$$

$$
\underline{x}_2^* = \dfrac{\zeta^2 + 2\zeta^3 + \zeta^4 + \zeta^5 + 2\zeta^6}{1 + 2\zeta^3}
$$

d) $\underline{x}_1^* \cdot \underline{x}_2^* = \dfrac{\zeta^2 + 2\zeta^3 + \zeta^4 + 2\zeta^5 + 2\zeta^6 + \zeta^8 + 2\zeta^9 + 2\zeta^{12} + 2\zeta^{13}}{1 + \zeta^3 + \zeta^6}$

e) $\dfrac{x_1^*}{x_2^*} = \dfrac{1 + \zeta^3 + \zeta^4 + 2\zeta^6 + \zeta^7}{\zeta^2 + 2\zeta^3 + \zeta^4 + \zeta^5 + 2\zeta^6}$

3.1-10 $\quad (1 + 3\zeta^2 + 3\zeta^3 + 3\zeta^4) : (1 + 4\zeta^2) = 1 + 4\zeta^2 + 3\zeta^3 + 2\zeta^4 + 3\zeta^5 + \ldots$

$$
\begin{array}{l}
\underline{-(1 \quad +4\zeta^2)} \\
\quad\quad 4\zeta^2 \ +3\zeta^3 \quad +3\zeta^4 \\
\quad\quad \underline{-(4\zeta^2 \quad\quad +\zeta^4)} \\
\quad\quad\quad\quad 3\zeta^3 \ +2\zeta^4 \\
\quad\quad\quad\quad \underline{-(3\zeta^3 \quad\quad +2\zeta^5)} \\
\quad\quad\quad\quad\quad\quad 2\zeta^4 \ +3\zeta^5 \\
\quad\quad\quad\quad\quad\quad 2\zeta^4 \quad\quad\quad +3\zeta^6 \quad \text{usw.}
\end{array}
$$

Damit ist $\underline{x} = (1, 0, 4, 3, 2|3, 2|\ldots)$ mit der Periode $(3, 2)$.

3.1-11 a)

$$
E \;=\; A^0 = \begin{pmatrix} 1 & 0 & 0 \\ 0 & 1 & 0 \\ 0 & 0 & 1 \end{pmatrix}; \qquad A^1 = A = \begin{pmatrix} 1 & 0 & 2 \\ 0 & 1 & 1 \\ 0 & 0 & 2 \end{pmatrix};
$$

$$
A^2 \;=\; \begin{pmatrix} 1 & 0 & 2 \\ 0 & 1 & 1 \\ 0 & 0 & 2 \end{pmatrix} \begin{pmatrix} 1 & 0 & 2 \\ 0 & 1 & 1 \\ 0 & 0 & 2 \end{pmatrix} = \begin{pmatrix} 1 & 0 & 0 \\ 0 & 1 & 0 \\ 0 & 0 & 1 \end{pmatrix}; \quad A^3 = A, \ A^4 = E, \ldots
$$

$$
\underline{\Phi} \;=\; \left(\begin{pmatrix} 1 & 0 & 0 \\ 0 & 1 & 0 \\ 0 & 0 & 1 \end{pmatrix}, \begin{pmatrix} 1 & 0 & 2 \\ 0 & 1 & 1 \\ 0 & 0 & 2 \end{pmatrix}, \begin{pmatrix} 1 & 0 & 0 \\ 0 & 1 & 0 \\ 0 & 0 & 1 \end{pmatrix}, \begin{pmatrix} 1 & 0 & 2 \\ 0 & 1 & 1 \\ 0 & 0 & 2 \end{pmatrix}, \ldots \right)
$$

$$
\underline{\Phi}^* \;=\; \begin{pmatrix} 1 + \zeta + \zeta^2 + \ldots & 0 & 2\zeta + 2\zeta^3 + 2\zeta^5 + \ldots \\ 0 & 1 + \zeta + \zeta^2 + \ldots & \zeta + \zeta^3 + \zeta^5 + \ldots \\ 0 & 0 & 1 + 2\zeta + \zeta^2 + 2\zeta^3 + \zeta^4 + \ldots \end{pmatrix}
$$

$$
\;=\; \begin{pmatrix} \dfrac{1}{1-\zeta} & 0 & \dfrac{2\zeta}{1-\zeta^2} \\[2ex] 0 & \dfrac{1}{1-\zeta} & \dfrac{\zeta}{1-\zeta^2} \\[2ex] 0 & 0 & \dfrac{1+2\zeta}{1-\zeta^2} \end{pmatrix}
$$

b) $\quad \underline{\Phi}^* = (E - A\zeta)^{-1}$

$$
\;=\; \begin{pmatrix} 1-\zeta & 0 & -2\zeta \\ 0 & 1-\zeta & -\zeta \\ 0 & 0 & 1-2\zeta \end{pmatrix}^{-1}
$$

$$
\;=\; \frac{\begin{pmatrix} (1-\zeta)(1+\zeta) & 0 & 2\zeta(1-\zeta) \\ 0 & (1-\zeta)(1+\zeta) & \zeta(1-\zeta) \\ 0 & 0 & (1-\zeta)(1-\zeta) \end{pmatrix}}{(1-\zeta)(1-\zeta)(1+\zeta)}
$$

$$
\;=\; \begin{pmatrix} \dfrac{1}{1-\zeta} & 0 & \dfrac{2\zeta}{1-\zeta^2} \\[2ex] 0 & \dfrac{1}{1-\zeta} & \dfrac{\zeta}{1-\zeta^2} \\[2ex] 0 & 0 & \dfrac{1}{1+\zeta} \end{pmatrix}
$$

Dieses Ergebnis stimmt mit der Lösung von a) überein, wenn man beachtet, daß

$$
\frac{1+2\zeta}{1-\zeta^2} = \frac{1-\zeta}{(1-\zeta)(1+\zeta)} = \frac{1}{1+\zeta}
$$

gilt.

3.2-1 Wir bestimmen zunächst

$$\underline{Z}(\underline{y}) \;=\; \underline{Z}(\underline{S}^n(\underline{x})) = \sum_{i=0}^{\infty} x_i \zeta^{i+n}$$

$$\;=\; \zeta^n \sum_{i=0}^{\infty} x_i \zeta^{i} = \zeta^n \underline{Z}(\underline{x}).$$

Daraus folgt

$$\underline{h}^* = \frac{\underline{y}^*}{\underline{x}^*} = \frac{\zeta^n \underline{x}^*}{\underline{x}^*} = \zeta^n$$

und

$$\underline{h} = \underbrace{(0,0,\ldots,0}_{n},1,0,0,\ldots).$$

3.2-2 Aus $\underline{h}$ und $\underline{x}$ erhalten wir

$$\underline{h}^* \;=\; \zeta + 2\zeta^2 + \zeta^3$$
$$\underline{x}^* \;=\; 2 + \zeta.$$

Daraus folgt

$$\underline{y}^* = \underline{h}^* \underline{x}^* = 2\zeta + 2\zeta^2 + \zeta^3 + \zeta^4$$

und das Ausgabewort lautet

$$\underline{y} = (0,2,2,1,1,0,0,0,\ldots).$$

3.2-3 Mit $\underline{y}^* = 1 + 2\zeta^2 + 4\zeta^4$ und $\underline{x}^* = 1 + 4\zeta^2 + 3\zeta^4 + 3\zeta^6$ erhalten wir

$$
\begin{array}{l}
(1 + 2\zeta^2 + 4\zeta^4) : (1 + 4\zeta^2 + 3\zeta^4 + 3\zeta^6) = 1 + 3\zeta^2 + 4\zeta^4 + 2\zeta^6 + \zeta^8 + \ldots \\[2pt]
\underline{-(1 \quad +4\zeta^2 \quad\;\; +3\zeta^4 \quad\;\; +3\zeta^6)} \\[2pt]
\qquad\quad 3\zeta^2 \;\; +\zeta^4 \quad\;\; +2\zeta^6 \\[2pt]
\qquad\;\;\underline{-(3\zeta^2 \quad +2\zeta^4 \quad +4\zeta^6 \quad\;\; +4\zeta^8)} \\[2pt]
\qquad\qquad\quad 4\zeta^4 \quad +3\zeta^6 \quad +\zeta^8 \\[2pt]
\qquad\qquad\;\underline{-(4\zeta^4 \quad +\zeta^6 \quad\;\; +2\zeta^8 \quad +2\zeta^{10})} \\[2pt]
\qquad\qquad\qquad\quad 2\zeta^6 \quad +4\zeta^8 \quad +3\zeta^{10} \\[2pt]
\qquad\qquad\qquad\;\underline{-(2\zeta^6 \quad +3\zeta^8 \quad +\zeta^{10} \quad\;\; +\zeta^{12})} \\[2pt]
\qquad\qquad\qquad\qquad\quad \zeta^8 \qquad +2\zeta^{10} \quad +4\zeta^{12} \qquad \text{usw.}
\end{array}
$$

Daraus folgt

$$\underline{h}^* \;=\; (1 + 3\zeta^2 + 4\zeta^4 + 2\zeta^6)(1 + \zeta^8 + \zeta^{16} + \ldots)$$

$$\;=\; \frac{1 + 3\zeta^2 + 3\zeta^4 + 2\zeta^6}{1 - \zeta^8} = \frac{1 + 3\zeta^2 + 4\zeta^4 + 2\zeta^6}{1 + 4\zeta^8}.$$

Wir vereinfachen

$$
\begin{array}{l}
(1 + 4\zeta^8) : (1 + 3\zeta^2 + 4\zeta^4 + 2\zeta^6) = 1 + 2\zeta^2 \\[2pt]
\underline{-(1 \quad +3\zeta^2 + 4\zeta^4 + 2\zeta^6)} \\[2pt]
\qquad\quad 2\zeta^2 + \zeta^4 + 3\zeta^6 \quad +4\zeta^8 \\[2pt]
\qquad\;\underline{-(2\zeta^2 + \zeta^4 + 3\zeta^6 \quad +4\zeta^8)} \\[2pt]
\qquad\qquad\qquad\qquad 0
\end{array}
$$

und erhalten

$$\underline{h}^* = \frac{1}{1 + 2\zeta^2}.$$

Die Impulsantwort lautet

$$\underline{h} = (1, 0, 3, 0, 4, 0, 2|1, 0, 3, 0, 4, 0, 2|\ldots)$$

mit der Periode $(1, 0, 3, 0, 4, 0, 2)$.

3.2-4 Die Zustandsgleichungen lauten

$$
\begin{aligned}
\underline{z}(t+1) &= \underline{z}(t) + \underline{x}(t)\\
\underline{y}(t) &= \underline{z}(t) + \underline{x}(t).
\end{aligned}
$$

Wird am Eingang das Wort $\underline{x} = (1, 0, 0, 0, \ldots)$ eingegeben und ist $\underline{z}(0) = 0$, so folgt $\underline{z}(1) = \underline{z}(2) = \underline{z}(3) = \ldots = 1$ und $\underline{y} = \underline{h} = (1, 1, 1, \ldots)$. Das ist die gesuchte Impulsantwort. Wird $\underline{x} = (1, 1, 0, 0|1, 1, 0, 0|\ldots)$ eingegeben, so ist mit

$$\underline{h}^* = 1 + \zeta + \zeta^2 + \zeta^3 + \ldots = \frac{1}{1-\zeta}$$

und

$$\underline{x}^* = 1 + \zeta + \zeta^4 + \zeta^5 + \ldots = (1+\zeta)(1+\zeta^4+\zeta^8+\ldots) = \frac{1+\zeta}{1-\zeta^4}$$

das Ausgabewort

$$\underline{y}^* = \underline{h}^* \underline{x}^* = \frac{1}{1-\zeta}\,\frac{1+\zeta}{1-\zeta^4} = \frac{1}{1-\zeta^4}$$

und folglich $\underline{y} = (1, 0, 0, 0|1, 0, 0, 0|1, \ldots)$ mit der Periode $(1, 0, 0, 0)$.

3.2-5 Aus der gegebenen Schaltung lesen wir folgende Zustandsgleichungen ab:

$$
\begin{aligned}
\underline{z}_1(t+1) &= 2\underline{z}_1(t) + \underline{x}_2(t) + \underline{x}_3(t)\\
\underline{z}_2(t+1) &= \underline{z}_1(t) + 3\underline{z}_2(t) + 4\underline{x}_1(t)\\
\underline{y}_1(t) &= \underline{z}_2(t) + 2\underline{x}_2(t)\\
\underline{y}_2(t) &= \underline{z}_1(t).
\end{aligned}
$$

Diese Gleichungen lauten in Matrizenform

$$
\begin{pmatrix}\underline{z}_1(t+1)\\ \underline{z}_2(t+1)\end{pmatrix} = \begin{pmatrix} 2 & 0\\ 1 & 3\end{pmatrix}\begin{pmatrix}\underline{z}_1(t)\\ \underline{z}_2(t)\end{pmatrix} + \begin{pmatrix} 0 & 1 & 1\\ 4 & 0 & 0\end{pmatrix}\begin{pmatrix}\underline{x}_1(t)\\ \underline{x}_2(t)\\ \underline{x}_3(t)\end{pmatrix}
$$

$$
\begin{pmatrix}\underline{y}_1(t)\\ \underline{y}_2(t)\end{pmatrix} = \begin{pmatrix} 0 & 1\\ 1 & 0\end{pmatrix}\begin{pmatrix}\underline{z}_1(t)\\ \underline{z}_2(t)\end{pmatrix} + \begin{pmatrix} 0 & 2 & 0\\ 0 & 0 & 0\end{pmatrix}\begin{pmatrix}\underline{x}_1(t)\\ \underline{x}_2(t)\\ \underline{x}_3(t)\end{pmatrix}.
$$

Die Matrizen

$$
A = \begin{pmatrix} 2 & 0\\ 1 & 3\end{pmatrix}, \quad B = \begin{pmatrix} 0 & 1 & 1\\ 4 & 0 & 0\end{pmatrix}, \quad C = \begin{pmatrix} 0 & 1\\ 1 & 0\end{pmatrix}, \quad D = \begin{pmatrix} 0 & 2 & 0\\ 0 & 0 & 0\end{pmatrix}
$$

lassen sich sofort ablesen.
Die Fundamentalmatrix lautet

$$
\begin{aligned}
\underline{\Phi}^* &= (E - \zeta A)^{-1} = \begin{pmatrix} 1-2\zeta & 0\\ -\zeta & 1-3\zeta\end{pmatrix}^{-1}\\[2mm]
&= \frac{1}{(1-2\zeta)(1-3\zeta)}\begin{pmatrix} 1-3\zeta & 0\\ \zeta & 1-2\zeta\end{pmatrix} = \begin{pmatrix} \dfrac{1}{1+3\zeta} & 0\\[3mm] \dfrac{\zeta}{1+\zeta^2} & \dfrac{1}{1+2\zeta}\end{pmatrix}.
\end{aligned}
$$

Die Übertragungsmatrix lautet

$$\underline{H}^* = C\underline{\Phi}^*\zeta B + D$$

$$= \begin{pmatrix} 0 & 1 \\ 1 & 0 \end{pmatrix} \begin{pmatrix} \dfrac{1}{1+3\zeta} & 0 \\ \dfrac{\zeta}{1+\zeta^2} & \dfrac{1}{1+2\zeta} \end{pmatrix} \begin{pmatrix} 0 & \zeta & \zeta \\ 4\zeta & 0 & 0 \end{pmatrix} + \begin{pmatrix} 0 & 2 & 0 \\ 0 & 0 & 0 \end{pmatrix}$$

$$= \begin{pmatrix} \dfrac{4\zeta}{1+2\zeta} & \dfrac{\zeta^2}{1+\zeta^2}+2 & \dfrac{\zeta^2}{1+\zeta^2} \\ 0 & \dfrac{\zeta}{1+3\zeta} & \dfrac{\zeta}{1+3\zeta} \end{pmatrix}.$$

3.2-6 a) $X = \{x_0, x_1, x_2, x_3\};$ $x_0 = y_0 = \begin{pmatrix} 0 \\ 0 \end{pmatrix},$ $x_1 = y_1 = \begin{pmatrix} 0 \\ 1 \end{pmatrix},$

$\quad\quad\;\; Y = \{y_0, y_1, y_2, y_3\};$ $x_2 = y_2 = \begin{pmatrix} 1 \\ 0 \end{pmatrix},$ $x_3 = y_3 = \begin{pmatrix} 1 \\ 1 \end{pmatrix},$

$\quad\quad\;\; Z = \{z_0, z_1, z_2, z_3, z_4, z_5, z_6, z_7\};$ $z_0 = \begin{pmatrix} 0 \\ 0 \\ 0 \end{pmatrix},$ $z_1 = \begin{pmatrix} 0 \\ 0 \\ 1 \end{pmatrix}, \dots, z_7 = \begin{pmatrix} 1 \\ 1 \\ 1 \end{pmatrix}.$

b) Die Realisierung ist in Abb. 3.2-6* dargestellt.

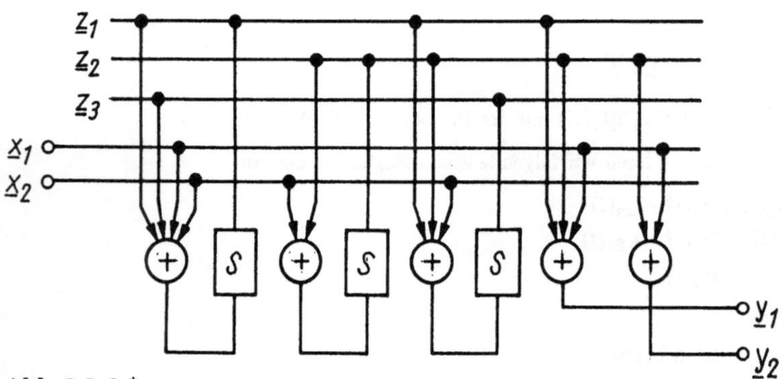

Abb. 3.2-6 *

c) Aus dem Zustandsgleichungssystem liest man ab:

$$A = \begin{pmatrix} 1 & 0 & 1 \\ 0 & 1 & 0 \\ 1 & 1 & 0 \end{pmatrix}.$$

Daraus folgt

$$\underline{\Phi}^* = (E - \zeta A)^{-1} = \begin{pmatrix} 1+\zeta & 0 & \zeta \\ 0 & 1+\zeta & 0 \\ \zeta & \zeta & 1 \end{pmatrix}^{-1} = \frac{\begin{pmatrix} 1+\zeta & \zeta^2 & \zeta(1+\zeta) \\ 0 & 1+\zeta+\zeta^2 & 0 \\ \zeta(1+\zeta) & \zeta(1+\zeta) & 1+\zeta^2 \end{pmatrix}}{(1+\zeta)(1+\zeta+\zeta^2)}.$$

Mit $\underline{x} = 0$ ist der freie Vorgang

$$\underline{y}^* = C\underline{\Phi}^*\underline{z}(0) = \begin{pmatrix} 1 & 1 & 0 \\ 0 & 1 & 0 \end{pmatrix} \underline{\Phi}^*\underline{z}(0). \quad (\underline{z}(0) \in Z)$$

$$= \begin{pmatrix} \dfrac{1}{1+\zeta+\zeta^2} & \dfrac{1}{1+\zeta+\zeta^2} & \dfrac{\zeta}{1+\zeta+\zeta^2} \\ 0 & \dfrac{1}{1+\zeta} & 0 \end{pmatrix} \underline{z}(0).$$

Für $\underline{z}(0)$ gibt es acht Möglichkeiten, folglich erhalten wir:

1. $\underline{z}(0) = z_0 \qquad \underline{y}^* = \begin{pmatrix} 0 \\ 0 \end{pmatrix} \qquad\qquad \underline{y} = (y_0, y_0, y_0, \ldots)$

2. $\underline{z}(0) = z_1 \qquad \underline{y}^* = \begin{pmatrix} \dfrac{\zeta}{1+\zeta+\zeta^2} \\ 0 \end{pmatrix} \qquad \underline{y} = (y_0, y_2, y_2 | y_0, y_2, y_2 | \ldots)$

3. $\underline{z}(0) = z_2 \qquad \underline{y}^* = \begin{pmatrix} \dfrac{1}{1+\zeta+\zeta^2} \\ \dfrac{1}{1+\zeta} \end{pmatrix} \qquad \underline{y} = (y_3, y_3, y_1 | y_3, y_3, y_1 | \ldots)$

4. $\underline{z}(0) = z_3 \qquad \underline{y}^* = \begin{pmatrix} \dfrac{1+\zeta}{1+\zeta+\zeta^2} \\ \dfrac{1}{1+\zeta} \end{pmatrix} \qquad \underline{y} = (y_3, y_1, y_3 | y_3, y_1, y_3 | \ldots)$

5. $\underline{z}(0) = z_4 \qquad \underline{y}^* = \begin{pmatrix} \dfrac{1}{1+\zeta+\zeta^2} \\ 0 \end{pmatrix} \qquad \underline{y} = (y_2, y_2, y_0 | y_2, y_2, y_0 | \ldots)$

6. $\underline{z}(0) = z_5 \qquad \underline{y}^* = \begin{pmatrix} \dfrac{1+\zeta}{1+\zeta+\zeta^2} \\ 0 \end{pmatrix} \qquad \underline{y} = (y_2, y_0, y_2 | y_2, y_0, y_2 | \ldots)$

7. $\underline{z}(0) = z_6 \qquad \underline{y}^* = \begin{pmatrix} 0 \\ \dfrac{1}{1+\zeta} \end{pmatrix} \qquad\quad \underline{y} = (y_1, y_1, y_1, \ldots)$

8. $\underline{z}(0) = z_7 \qquad \underline{y}^* = \begin{pmatrix} \dfrac{\zeta}{1+\zeta+\zeta^2} \\ \dfrac{1}{1+\zeta} \end{pmatrix} \qquad \underline{y} = (y_1, y_3, y_3 | y_1, y_3, y_3 | \ldots).$

3.2-7 Wir zerlegen die Impulsantwort $\underline{h}$ in folgender Weise:

$$\underline{h} = (\underline{h}(0), 0, 0, \ldots) + (0, \underline{h}(1), 0, 0, \ldots) + (0, 0, \underline{h}(2), 0, 0, \ldots)$$
$$+ (0, 0, 0, \underline{h}(3), 0, 0, \ldots) + (0, 0, 0, 0, \underline{h}(4), 0, 0, \ldots).$$

Die Wortsummanden können als Impulsantworten von Kettenschaltungen von Speicherelementen angesehen werden. Damit ergibt sich die in Abb. 3.2-7* dargestellte Schaltung.

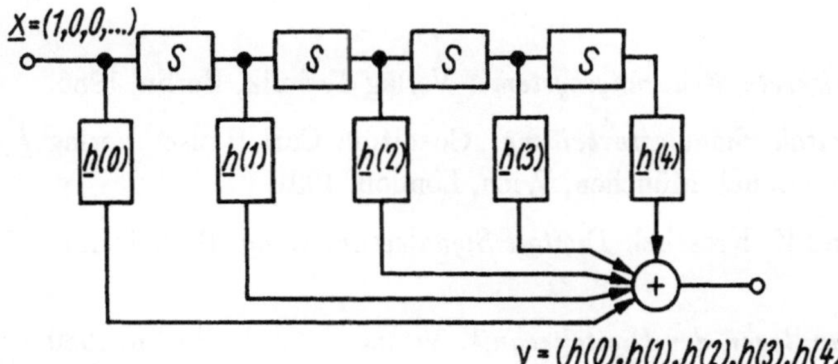

Abb. 3.2-7 *

Literaturverzeichnis

[Ale84] P.S. Alexandrow. *Einführung in die Mengenlehre und die allgemeine Topologie*. Deutscher Verlag der Wissenschaften, Berlin, 1984.

[Arb73] M.A. Arbib. *Algebraische Theorie abstrakter Automaten, formaler Sprachen und Halbgruppen*. Akademie-Verlag, Berlin, 1973.

[Bä65] D. Bär. *Einführung in die Schaltalgebra*. Reihe: Automatisierungstechnik Bd. 25. Verlag Technik, Berlin, 1965.

[Bö69] M. Böhringer. *Theorie und Technik von Schaltnetzwerken*. Verlag Technik, Berlin, 1969.

[Boc82] D. Bochmann. *Automatengraphen*. Akademie-Verlag, Berlin, 1982.

[BP81] D. Bochmann and C. Posthoff. *Binäre dynamische Systeme*. Akademie-Verlag, Berlin, 1981.

[BZP84] D. Bochmann, A.D. Zakrevskij, and C. Posthoff. *Boolesche Gleichungen*. Verlag Technik, Berlin, 1984.

[Die71] D.L. Dietmeyer. *Logic Design of Digital Systems*. Allyn and Bacon, Bosten, 1971.

[Fin85] A. Finger. *Digitale Signalstrukturen in der Informationsverarbeitung*. Verlag Technik, Berlin, 1985.

[Fri81] G. Fritzsche. *Zeitdiskrete und digitale Systeme*. AkademieVerlag, Berlin, 1981.

[FW67] O. Föllinger and E. Weber. *Methoden der Schaltalgebra*. R.Oldenbourg Verlag, München, Wien, 1967.

[Gö72] M. Gössel. *Angewandte Automatentheorie Band 1 und 2*. Akademie-Verlag, Berlin, 1972.

[Gü86] M. Günther. *Zeitdiskrete Steuerungssysteme*. Verlag Technik, Berlin, 1986.

[Joh91] J.R. Johnson. *Digitale Signalverarbeitung*. Coedition Carl Hanser Verlag / Prentice-Hall International, München, Wien, London, 1991.

[KK92] K.D. Kammeyer and K. Kroschel. *Digitale Signalverarbeitung*. B.G. Teubner, Stuttgart, 1992.

[Leo80] E. Leonhardt. *Grundlagen der Digitaltechnik*. Verlag Technik, Berlin, 1980.

[Mey83] G. Meyer. *Digitale Signalverarbeitung*. Verlag Technik, Berlin, 1983.

[Pes71] M. Peschel. *Moderne Anwendungen algebraischer Methoden.* Verlag Technik, Berlin, 1971.

[Pic75] F. Pichler. *Mathematische Systemtheorie.* Walter de Gruyter, Berlin, 1975.

[PW72] M. Peschel and G. Wunsch. *Methoden und Prinzipien der Systemtheorie.* Verlag Technik, Berlin, 1972.

[Rei79] D. Reinert. *Prüftheorie diskreter Systeme.* Verlag Technik, Berlin, 1979.

[SC76] H. Stürz and W. Cimander. *Logischer Entwurf digitaler Schaltungen.* Verlag Technik, Berlin, 1976.

[Sch79] H. Schwarz. *Zeitdiskrete Regelungssysteme.* Akademie-Verlag, Berlin, 1979.

[Sch90] E. Schrüfer. *Signalverarbeitung.* Carl Hanser Verlag, München, Wien, 1990.

[Sei86] M. Seifart. *Digitale Schaltungen.* Verlag Technik, Berlin, 1986.

[Sta65] P.H. Starke. *Abstrakte Automaten.* Verlag der Wissenschaften, Berlin, 1965.

[Sta80] P.H. Starke. *Petri-Netze.* Deutscher Verlag der Wissenschaften, Berlin, 1980.

[WS92] G. Wunsch and H. Schreiber. *Stochastische Systeme.* Springer Verlag, Berlin, 1992.

[WS93] G. Wunsch and H. Schreiber. *Analoge Systeme.* Springer Verlag, Berlin, 1993.

[Wun70] G. Wunsch. *Algebraische Grundbegriffe.* Verlag Technik, Berlin, 1970.

[Wun75] G. Wunsch. *Systemtheorie.* Akademische Verlagsgesellschaft Geest & Portig K.G., Leipzig, 1975.

[Wun77] G. Wunsch. *Zellulare Systeme.* Akademie-Verlag, Berlin, 1977.

[Wun86] G. Wunsch. *Handbuch der Systemtheorie.* Akademie-Verlag, Berlin, 1986.

[Zan82] H.J. Zander. *Logischer Entwurf binärer Systeme.* Verlag Technik, Berlin, 1982.

Sachverzeichnis

Springer-Verlag und Umwelt

G. Wunsch, H. Schreiber

Stochastische Systeme

3., neubearb. u. erw. Aufl. 1992.
XIV, 255 S. 219 Abb.
(Springer-Lehrbuch)
Brosch. DM 78,– ISBN 3-540-54313-9

Das vorliegende Buch verfolgt das Ziel, eine dem gegenwärtigen internationalen Niveau entsprechende, für Ingenieure gedachte Darstellung der Theorie zufälliger Prozesse und deren Anwendungen auf Systeme der Informationstechnik zu geben. Es enthält die wichtigsten Begriffe von Grundlagen zur Analyse stochastischer Systeme. Damit unterscheidet sich das Buch einerseits grundlegend von den hauptsächlich für Mathematiker gedachten Darstellungen, für deren Studium gute Kenntnisse der Wahrscheinlichkeitsrechnung vorausgesetzt werden, und andererseits von den zahlreichen Werken der technischen Literatur, in denen die angewandten Rechenmethoden meist recht knapp begründet sind oder nur sehr spezielle Anwendungen betrachtet werden.

Das Buch ist aus Vorlesungen für Studierende der Fachrichtung Informationstechnik hervorgegangen. Es wurde versucht, den allgemeinen theoretischen Rahmen, in dem sich heute jede moderne Darstellung der Stochastik bewegt, möglichst allgemeingültig und zugleich anschaulich darzustellen. Um dem Charakter dieses Buches als Lehrbuch zu entsprechen, wurden die Abschnitte mit zahlreichen Beispielen und Übungsaufgaben ausgestattet, deren Lösungen im letzten Abschnitt zusammengefaßt sind.